抚顺煤矿瓦斯综合防治与利用

孙学会　著

北　京

冶 金 工 业 出 版 社

2009

内 容 提 要

本书以生产矿井——老虎台矿为重点，针对综放开采瓦斯大、具有突出危险、自然发火和冲击地压严重等特点，着重阐述了复杂工程地质条件下煤层瓦斯赋存特点、瓦斯抽采技术方法、瓦斯监测监控、煤与瓦斯突出防治、瓦斯管理与综合利用等，从而构建“通风可靠、抽采达标、监控有效、管理到位”的瓦斯综合治理体系。

本书内容丰富，资料翔实，实用性强，可供煤炭生产、科研、设计部门的广大工程技术人员、管理干部及煤炭院校师生参考阅读。

图书在版编目（CIP）数据

抚顺煤矿瓦斯综合防治与利用/孙学会著. —北京：冶金工业出版社，2009.4

ISBN 978-7-5024-4878-3

Ⅰ. 抚… Ⅱ. 孙… Ⅲ. ①煤矿—瓦斯爆炸—防治—抚顺市 ②煤层瓦斯—瓦斯涌出—防治—抚顺市 Ⅳ. TD712

中国版本图书馆 CIP 数据核字（2009）第 039544 号

出 版 人　曹胜利

地　　址　北京北河沿大街嵩祝院北巷 39 号，邮编 100009

电　　话　（010）64027926　电子信箱　postmaster@cnmip.com.cn

责任编辑　杨盈园　美术编辑　张媛媛　版式设计　张　青　孙跃红

责任校对　王永欣　责任印制　牛晓波

ISBN 978-7-5024-4878-3

北京百善印刷厂印刷；冶金工业出版社发行；各地新华书店经销

2009 年 4 月第 1 版，2009 年 4 月第 1 次印刷

850mm × 1168mm　1/32；17.75 印张；471 千字；549 页；1-2000 册

50.00 元

冶金工业出版社发行部　电话：（010）64044283　传真：（010）64027893

冶金书店　地址：北京东四西大街 46 号（100711）　电话：（010）65289081

汇集百年实践成果
推进瓦斯综合治理保障
矿井安全生产

尹亮题于二〇〇九年一月

坚持先抽后采监测监控
以风定产强化瓦斯治理提升
矿井安全保障能力

王显政

二〇〇九年三月

前 言

抚顺煤矿开采历史悠久，已逾百年。煤炭生产中瓦斯、煤尘、煤自燃、煤与瓦斯突出、冲击地压和水害影响着矿井安全，尤其在煤层采掘过程中，瓦斯大量涌出和瓦斯动力现象，严重地威胁着矿井安全生产。为此，自1952年龙凤矿在我国首先实施抽采瓦斯以来，经过不断地改革创新，抚顺矿区在矿井瓦斯防治方面已形成煤层瓦斯抽采、优化矿井通风、加强瓦斯监测监控和严格瓦斯管理的综合瓦斯防治体系；同时对抽采瓦斯进行了充分的利用。

瓦斯防治及其开发利用取得了卓越的成效，在胜利、龙凤矿先后停产和关井后，老虎台矿矿井瓦斯抽采率自1996年以来一直保持在60%以上，最高达84%，抽放瓦斯纯量多年超过1亿m^3，有效地控制了矿井风流瓦斯超限，30多年以来矿井未发生瓦斯爆炸事故。在煤与瓦斯突出防治方面，结合煤层开采实际情况实施了四位一体综合防突技术措施，自1998年以来未发生煤与瓦斯突出事故。更为独特的是，对特厚煤层采用分层综放开采方法以来，鉴于煤层自然发火严重的特性，科学地实施了综放工作面采空区瓦斯控制抽采、采面合理通风和对采空区采取防火措施相结合的综合技术，攻克了采空区抽采瓦斯与防止采空区自然发火相矛盾的技术难题，不仅解决了采面瓦斯问题，而且有效地防止了综放面采空区自然发火，矿井自然发火次数连续多年为零。

作者以现生产矿井老虎台矿为重点，针对抚顺煤矿地质构造复杂、开采深度已达800多米、开采煤层最大厚度达到130m，而且采用分层综放开采方法，煤层瓦斯大、具有突出危险、自然发火和冲击地压严重等特点，进行了20多年研究，并着重研究了复杂工程地质条件下矿井瓦斯赋存特点、瓦斯抽采技术方法、瓦斯监测监控、煤与瓦斯突出防治、瓦斯管理和瓦斯综合防治系统以及瓦斯综合利用技术。对深入落实“先抽后采、监测监控、以风定产”的瓦斯防治方针，全面做好高瓦斯与突出矿井的瓦斯综合防治工作，确保矿井的安全生产具有重要参考价值和借鉴意义。

全书共分为9章：第1章为抚顺矿区及老虎台矿概况；第2章为抚顺煤层瓦斯赋存与矿井瓦斯涌出规律；第3章为煤层瓦斯抽采技术与效果；第4章为地面钻井抽采瓦斯工艺技术；第5章为煤与瓦斯突出防治技术与效果；第6章为矿井瓦斯综合治理系统；第7章为矿井瓦斯治理管理制度；第8章为煤层瓦斯综合利用；第9章为瓦斯综合治理与利用技术集成。

本书在编写过程中，得到了吕玉国、吕惠平、李国宏、满柱金、徐昂、齐敬山、佟敬勋、李久旭、赵凤清、陶涛等同仁们的大力协作；在出版过程中得到北方工业大学博士生导师孙世国教授、冯少杰老师的大力帮助，在此一并表示感谢。

作　者

2009年2月

目　录

1　抚顺矿区及老虎台矿概况

1.1　抚顺矿区概况

1.1.1　矿区地理位置与煤田地质

1.1.1.1　矿区地理位置

抚顺矿区位于辽宁省抚顺市区之南，西距沈阳市 48km，矿区内有电气化铁路与国家铁路沈吉线和沈抚线接轨，公路四通八达，交通十分便利（见图 1-1-1）。

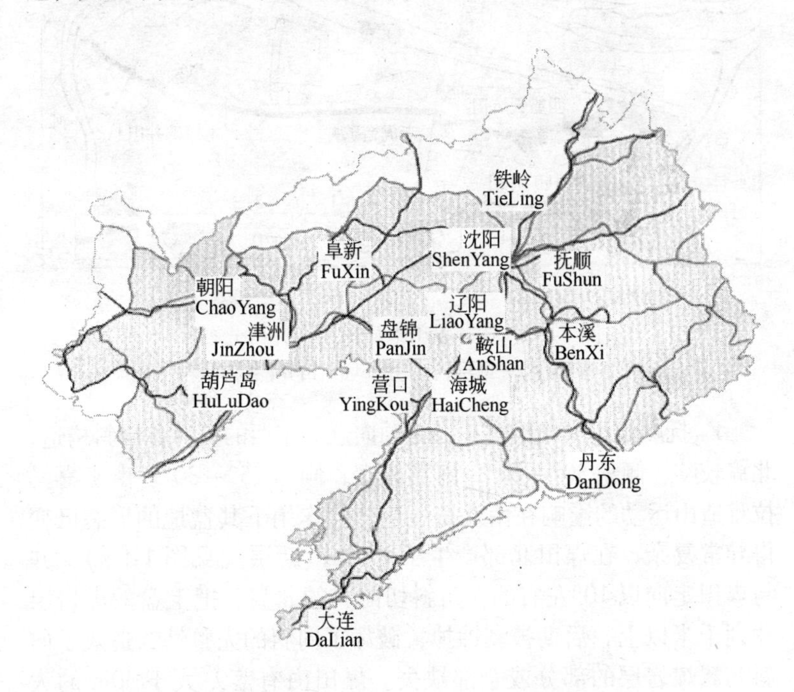

图 1-1-1　抚顺市在辽宁省的位置

1.1.1.2 煤田地质

抚顺煤田西起古城子河，东至东洲河，南起煤层露头，北至 F_1 号断层面。煤田沿浑河河谷东西延伸，走向长 18km，南北宽 2km，面积 36km^2。煤田地形平坦，地势较低，海拔 70～100m。含煤地层主要分布在浑河南岸，煤田南北侧为花岗片麻岩、混合花岗岩等构成的低山，海拔 170m 左右。

矿区原辖 3 个井工矿和一个露天矿。煤田之东、中、西部分别为龙凤矿、老虎台矿和胜利矿，如图 1-1-2 所示。西露天矿开采胜利矿 -400m 以上同一煤层的露头部分。

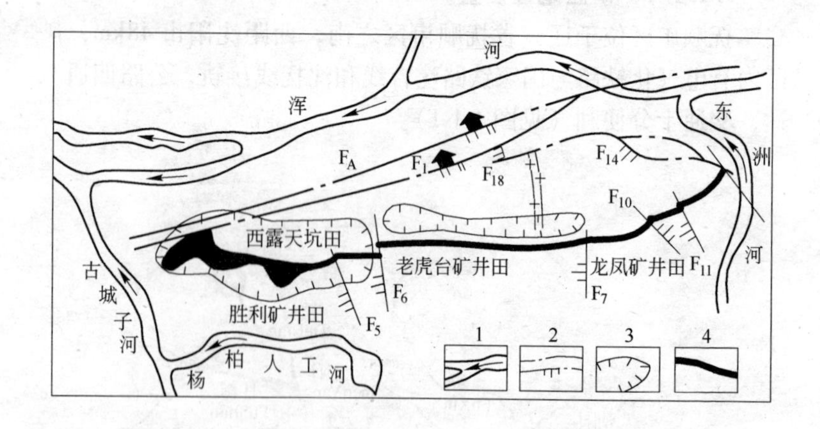

图 1-1-2 抚顺煤田地质地貌及井田分布

1—河流；2—断层；3—井（坑）田界；4—煤层

F_{25} 抚顺煤田属断陷盆地，为轴向近似东西的不对称向斜构造，北翼较陡，倾角 30°～60°，南翼较缓，倾角 15°～30°。由于喜马拉雅造山运动的影响在南北挤压应力的作用下其盆地的形态已变得异常复杂，在煤田北部产生了 F_1 和 F_A 断层（见图 1-1-2），并与煤田走向以 10°左右的夹角斜切向斜的北翼，把上盘的煤岩层冲到千米以上，后期被剥蚀掉，破坏了向斜的完整性，造成了向斜北翼煤岩层的部分或全部缺失。煤田内有落差大于 30m 的大断层 30 条。

1.1.2 煤层与煤层瓦斯

1.1.2.1 煤层

抚顺煤田赋存煤层共有 3 层，即：本层煤，A 层煤和 B 层煤。主要开采的是其中的本层煤，该煤层的最大厚度为 130m（煤田西部），最薄为 8m（东部），平均厚度 50m，最大埋藏深度 1300m，为世界罕见的单一特厚煤层。本层煤的顶板为油母页岩，平均厚度 110m；底板为凝灰岩，厚度为 30～80m，图 1-1-3 所示为抚顺煤田地层构造综合柱状示意图。

抚顺煤矿主要开采的本层煤属低变质的烟煤（气煤、长焰煤），主要用于炼钢等工业。本层煤的层、节理发育，孔隙率较大、透气性很好（见表 1-1-1）。

表 1-1-1 抚顺煤田煤质分析

煤田翼别	井田名称	工业分析/%			孔隙率/%	
		水 分	灰 分	挥发分	干燥煤	含水分煤
东翼	龙凤矿	2.47	10.79	42.83	8.18	4.90
中部	老虎台矿	5.54	3.94	45.76	14.05	6.70
西翼	胜利矿	4.04	7.44	44.12	11.80	5.42
西翼	西露天矿	8.52	5.52	46.74	17.32	6.00

在本层煤下部的灰质砂、页岩和玄武岩中，还分别夹有 A 层煤和 B 层煤。因其分布不规则，很不稳定，为不可采煤层。但含有较高煤层瓦斯，为煤田主要突出危险煤层。

1.1.2.2 煤层瓦斯

A 煤层瓦斯的生成

抚顺煤田成煤期较晚、埋藏较浅、变质程度较低，但煤层瓦斯含量却很高，成为罕见的高富集煤层气田，其主要原因在于：

（1）良好的生气条件。一是当时的气候适宜，森林植物大

地层系统					柱状	厚度/m	岩性概述
新生界	第四系 Q					3~35.5	砂砾石和黏土
新生界	下第三系	抚顺群 E_1	始新统 E_2	耿家街组		111.37~338.05	褐色页岩夹薄层砂岩及绿色泥岩
				西露天组		102~600	以绿色块状泥岩为主,夹薄层褐色页岩及浅绿色泥灰岩
				计军屯组		48~190	浅褐色、暗褐色，致密，含油及动植物化石
				古城子组		0.5~195	为主要含煤层,夹炭质泥岩及砂质泥岩,煤中含有大量琥珀,琥珀中含昆虫化石
			古新统 E_1	栗子沟组		76~115	以灰绿色灰白色凝灰岩具凝灰质砂岩，页岩为主，夹 A 煤组
							平行不整合
				老虎台组		3~193	灰黑色，致密玄武岩，夹凝灰岩及薄层页岩
						45~125	灰黑色玄武岩，夹B煤组及黑色页岩
						3.5~223	灰黑色玄武岩夹三层紫红色砂岩及页岩
							不整合
中生界	白垩系	下统 K_1	龙凤坎组 K_{11}			50~390	灰白色砂岩，夹砂质页岩
						150~279	以灰白色与灰绿色砾岩砂岩为主
						130	以凝灰质碎屑岩为主,上部呈灰白色，中部紫色，下部绿色
						83.45	灰黑色砂质页岩，夹玄武岩，辉绿岩,安山岩和流纹岩
						100~140	暗紫色砂质页岩含介形类化石
							不整合
太古界	鞍山群						由多种片麻岩构成，以花岗片麻岩为主

图 1-1-3　抚顺煤田地层构造综合柱状示意图

量繁殖，为形成特厚煤层和伴生大量煤层瓦斯提供了雄厚的物质基础；二是河流积水增多，形成深水沼泽地带，堆积物随盆地下降，陷入水面以下，为亲氧菌逐渐让位于厌氧菌继而生成大量煤层瓦斯提供了良好的环境条件；三是含煤盆地长期不断下降和剧烈的火山活动，为在煤化作用过程中发生一系列物理化学反应而生成煤层瓦斯提供了所必需的温度和压力变化条件。

（2）良好的储气条件。抚顺煤层尤其本层煤的煤质疏松，层、节理十分发达，孔隙率很高（8.19%～17.32%），透气性好（透气性系数0.25～3.6md），为煤层瓦斯吸附、游离状态的富集和储存提供了宽敞的空间。

（3）良好的封闭条件。该煤田各煤层，在形成时都是独立的和封闭的，顶、底板均为透气性不好的岩层。

（4）良好的盖层。抚顺煤田成煤后，由于长期的地壳活动，以稳定下降为主，接受了大量的、致密的油母页岩和绿色泥岩的沉积，总计厚度达800m以上，为煤层瓦斯的生成、储存提供了良好的盖层条件。

（5）良好的阻移条件。煤田内所有切割煤层的断层皆为封闭断层，不仅成为阻止煤层瓦斯向地表运移扩散的屏障，而且成为煤层瓦斯的富集区域。

B　煤层瓦斯含量

抚顺煤田的瓦斯赋存在各煤层和顶、底板的岩系中。由于成气条件和岩性的不同，其瓦斯含量有很大差异，其中以本层煤含量最高，为10～20m^3/t，是煤田的主要储气层。当然，下部的B层煤和A层煤含煤系的瓦斯含量也很高，都曾多次发生过煤与瓦斯突出动力现象，突出瓦斯最大强度达6万m^3。

覆盖在本层煤之上的油母页岩也含有瓦斯，含量在1.37～2.68m^3/m^3之间，其来源一是成岩过程中自生；二是下部煤层瓦斯部分运移至此。

此外，煤层底板凝灰岩和玄武岩中也含有少量瓦斯，其值为0.33～2.95m^3/m^3。

根据两次大规模地质勘探，测定抚顺煤田原始煤炭地质储量为14.5亿t；油母页岩贫矿（含油率1.17%～4.7%）平均厚度50m、富矿（含油率4.7%～20.7%）平均厚度60m，储量46.05亿t。

按储气层的不同含量，取其偏低均值计算，抚顺煤田原始瓦斯储量达310亿m^3以上。

1.1.3 开采简史与采煤方法演变

1.1.3.1 开采简史

抚顺煤矿始采于1901年。历经沙俄、日本、中华民国等统管时期，至1948年10月抚顺解放后，经多次改造与扩建，矿井产量逐年上升，1960年原煤产量高达1862.68万t。由于抚顺煤层较厚、煤质较好的得天独厚的自然条件和开采历程，新中国成立50多年来，上缴国家利税过百亿元，为国家的工业和经济建设做出了出色贡献，曾使抚顺以“煤都”的称号而著名于世。

从1975年开始，经过国家先后3次对抚顺煤矿实行大规模的“保城限采”，致使采煤区域越来越小，煤炭可采储量锐减，产量也随之逐年下降。1975年随着胜利矿停采和1999年10月龙凤矿关井，抚顺矿业集团原有的4个大型煤矿中已有两个矿井相继停采，只剩下西露天矿和老虎台矿，另有东露天煤炭开发总厂为将来开采东露天矿的试生产阶段。西露天矿作为一个具有百年开采历史的老矿，由于保城限采影响，北深部煤层不能开采，计划到2016年闭坑。

1.1.3.2 采煤方法演变

抚顺煤矿过去一直采用V形走向长壁上行水砂充填采煤法。进入深部开采以来，由于煤层产状发生了明显变化，煤层倾角变缓，V形采煤法出现了充填不满、大面积悬顶、顶板压力大、丢煤严重等问题，于是便开始进行采煤方法的改革。经过多次多种不同采煤方法的实验，于1988年11月试验成功了在“阶段煤柱”采用综合机械化放顶煤开采的采煤方法。通过不断探索与实践，1992 年推广应用于“原生煤体”，到 2000 年全部结束了炮采，矿井机械化程度达到了 100%。到 2007 年底，老虎台矿开采结束综放面计 52 个（其中阶段煤柱综放面 27 个，半原生和原生煤体 25 个），单产百万吨的工作面 8 个，其中最高达 268.41 万 t，创抚顺煤矿产量历史最高水平。

1.1.4 矿区开采过程中的主要自然灾害

抚顺煤矿是一个水、火、瓦斯、煤尘、煤与瓦斯突出、地温、顶板及冲击地压（矿震）等灾害俱全且较严重的老煤矿，历史上曾多次发生过重大灾害事故。据统计，新中国成立以来至 2002 年末，矿井自然发火达 1852 次，百万吨发火率高达 9.48%，平均 18.5 天发火 1 次，其中火灾事故 11 次，死亡 146 人。瓦斯燃爆事故 53 次，死亡 324 人（见表 1-1-2）。煤与瓦斯突出事故 24 次，突出最大瓦斯量 11.26 万 m^3，伤亡 41 人（死亡 19 人）等。

过去，抚顺 3 个井工矿都曾发生过冲击地压动力现象。随着开采深度的增加，地质构造复杂，老虎台矿冲击地压发生的频率和强度日趋严重，危害越来越大。最大震级为 3.7。

1.1.5 井工矿瓦斯抽放与利用简要回顾

1.1.5.1 煤层瓦斯抽放

抚顺龙凤矿于 1952 年开始抽放煤层瓦斯，是我国第一个进行抽放瓦斯的煤矿。当时年抽放量仅为 1080 万 m^3，矿井抽放率也仅为 12.37%。随着抽放技术和施工工艺的不断进步与完善，抽放量逐年增加。自 1971 年来，年抽放量都在 1 亿 m^3 以上，一直居全国首位。尽管自 1998 年以来，由原来的 3 个井工矿变为只有老虎台一个矿井，年抽瓦斯总量仍然保持在 1 亿 m^3 以上，2001 年高达 1.3 亿 m^3，见表 1-1-3、图 1-1-4。

表 1-1-2 抚顺煤矿历年瓦斯燃爆事故统计

序号	时　间	地　　点	性质	瓦斯来源	火　源	伤亡/人			备注
						计	死	伤	
1	1950 年 2 月 3 日 13：30	龙凤矿搭裢坑人车斜井六路车场	爆炸	旧坑涌出（调风）	吸烟	28	15	13	
2	1950 年 6 月 15 日 15：40	老虎台矿 55 号沙井喇叭口	燃烧	旧坑涌出	电火花	4		4	
3	1951 年 9 月 28 日 7：40	西露天矿南昌井 75 号暗井东六路 21 上山	燃烧	旧坑涌出	电火花	4		4	
4	1952 年 10 月	龙凤矿第三下山下二路掘进头	燃烧	停风后瓦斯积聚	自然发火	4		4	
5	1952 年 11 月 11 日 19：20	龙凤矿第二下山一路第三排水道旧巷	爆炸	伪满旧火区喷出	自然发火	10		10	
6	1956 年 2 月 10 日 8：00	龙凤矿第五下山一路 5112 工作面	爆炸		电火花	1	1		
7	1956 年 4 月 8 日 13：22	龙凤矿第三下山一路半回风道	爆炸	下整理串联风	电火花	9	9		
8	1956 年 7 月 15 日 5：20	西露天矿南昌井西一下山三路储水池外	爆炸	旧坑涌出	电火花	2	2		
9	1956 年 11 月 21 日 15：45	老虎台矿 45 号二道车场子绕道	燃烧	通风不良瓦斯积聚	电火花	3		3	
10	1957 年 4 月 6 日 22：35	胜利矿西仲下山采空区(连续爆炸 8 次)	爆炸	通风系统破坏	自然发火	1		1	
11	1959 年 3 月 30 日 13：50	胜利矿 2 号斜井掘进头	爆炸	风量不足瓦斯涌出大	放炮	32	24	8	
12	1959 年 12 月 27 日 11：35	龙凤矿第五风井 −520m 车场子	爆炸	钻孔堵塞不抽瓦斯涌出	信号灯不防爆	19	1	18	
13	1960 年 2 月	老虎台矿 44 号采区八煤门	燃烧		自然发火	4		4	
14	1960 年 4 月 12 日 1：40	龙凤矿搭裢坑新一下山五路 1508 回风道	燃烧		自然发火	3		3	
15	1960 年 5 月 8 日 8：40	龙凤矿 520 采区一水平二幅西小川	爆炸	消火充填后通风不良	电火花	20	9	11	

续表 1-1-2

序号	时　间	地　点	性质	瓦斯来源	火　源	伤亡/人			备注
						计	死	伤	
16	1960 年 5 月 18 日 13：00	龙凤矿 -400m 后水道第三沉淀池	爆炸		自然发火	4		4	
17	1960 年 7 月 18 日 4：30	龙凤矿 520 采区二水平 2/4 西掘进头	燃烧	风量不足瓦斯积聚	电钻失爆	7		7	
18	1960 年 8 月 19 日 15：30	龙凤矿搭裢坑二井六路 1602 工作面	爆炸	风流短路	电钻失爆	27	14	13	
19	1960 年 8 月 24 日 19：00	龙凤矿搭裢新一下山六路采煤工作面	爆炸		放炮	18	18		
20	1961 年 4 月 15 日 11：30	胜利矿东零路下山 17 路 1701 煤仓	爆炸	高落煤仓落煤时挤出	矿灯	22	4	18	
21	1961 年 7 月 13 日 12：40	老虎台矿 43 号二煤门西小川	爆炸	风量不足瓦斯积聚	电火花	4		4	
22	1961 年 7 月 13 日 16：30	西露天矿深部井西上山一煤门	燃烧	高落煤仓涌出瓦斯	自然发火	7	3	4	
23	1961 年 8 月 21 日 13：20	老虎台矿 -330m 62 号一煤门	燃烧	高顶包砂碹	砸钉子出火花	7		7	
24	1961 年 12 月 29 日	龙凤矿 -460m 502 采区二管道	燃烧	风门打开风流短路	自然发火	6		6	
25	1962 年 6 月 21 日 14：48	龙凤矿 -270m 60 采区走向运输道	燃烧	透旧区瓦斯涌出	架线机车导致铁轨放电	66	54	12	
26	1962 年 11 月 17 日 15：00	老虎台矿 -380m 405 采区	燃烧		油灯	15	7	8	
27	1962 年 1 月 10 日	老虎台矿 -330m 64 采区道流水道（连爆三次）	爆炸		自然发火	2		2	

续表 1-1-2

序号	时间	地点	性质	瓦斯来源	火源	伤亡/人			备注
						计	死	伤	
28	1963 年 4 月 2 日	龙凤矿 −520m 508 采区流水道掘进头	燃烧	风量不足	放炮	1		1	
29	1963 年 8 月 16 日 1：00	老虎台矿 −380m 405 采区	爆炸		油灯	7	1	6	
30	1965 年 12 月 17 日 10：00	老虎台矿 −430m 西第一石门	燃烧	密闭出瓦斯	架线	1		1	
31	1967 年 11 月 12 日	胜利矿 502 采区四煤门 2/3 西小川	燃烧		自然发火	6		6	
32	1969 年 9 月 21 日	胜利矿 −480m 502 采区一煤门 2/3 东	爆炸		放炮	4	1	3	
33	1969 年 12 月 11 日 17：00	老虎台矿 −430m 401 采区 4 煤门 5 幅东小川	爆炸		放炮	21	7	14	
34	1970 年 7 月 16 日	老虎台矿 −430m 501 采区一煤门 1/3 溜道	爆炸	火区	自然发火	6		6	
35	1970 年 7 月	老虎台矿 −430m 405 采区二煤门 4/3 东小川	爆炸		放炮	11	6	5	
36	1971 年 7 月 27 日 8：30	龙凤矿	爆炸		电火花	7	1	6	
37	1972 年 5 月 17 日 8：00	老虎台矿 −430m 403 采区三煤门小井子	燃烧		CH-15 开关着火	1		1	
38	1973 年 7 月 4 日	老虎台矿 −505m 505 采区四煤门瓦斯钻场	燃烧		放炮	2		2	

续表 1-1-2

序号	时间	地点	性质	瓦斯来源	火源	伤亡/人			备注
						计	死	伤	
39	1973 年 7 月 18 日	老虎台矿 –505m 505 采区八煤门 2/3 东	燃烧		放炮	3		3	
40	1973 年 12 月 20 日 19：20	老虎台矿 –505m 505 采区四煤门	燃烧			4		4	
41	1975 年 6 月 21 日 10：40	龙凤矿 –515m 504 采区四煤门采空区	爆炸	采空区河沙不满	旧火区	1		1	
42	1975 年 7 月 22 日	老虎台矿 –480m 506 采区四煤门 2/3 西	燃烧		落石砸坏电缆	6		6	
43	1975 年 8 月 18 日 10：30	龙凤矿 –540m 601 采区一煤门皮带尾钻场	燃烧	瓦斯管堵塞、正压	电火花	12		12	
44	1975 年 10 月 4 日	龙凤矿 –570m 603 采区集煤巷	燃烧		火电焊	3		3	
45	1976 年 5 月 23 日 14：00	老虎台矿 –480m 509 采区四煤门（连爆 23 次）	爆炸		自然发火	33		33	
46	1977 年 1 月 4 日 3：15	龙凤矿 –570m 603 采区西翼三煤门 5/3 东	爆炸	风量不足 冒顶瓦斯积聚	CH-15 开关着火	4	1	3	
47	1977 年 4 月 14 日 10：50	老虎台矿 –480m 507 采区五管道平斜交界下 25m（连爆 5 次）	爆炸		自然发火	118	83	35	

续表 1-1-2

序号	时间	地点	性质	瓦斯来源	火源	伤亡/人			备注
						计	死	伤	
48	1978年7月22日14：00	胜利矿 −615m 零条带上部平盘管道	爆炸	采区结束整理出瓦斯	冒顶落石火花	3		3	
49	1978年11月15日15：15	龙凤矿 −570m 604 西翼采区二煤门 1/3 东小川西	爆炸	局扇停风瓦斯积聚	电火花	33	3	30	
50	1979年9月29日8：05	龙凤矿 −635m 603 西翼采区四煤门 1/3 东道口	爆炸	局扇排瓦斯	冒顶落石火花	16	1	15	
51	1987年4月6日	胜利矿 −650m 四条带穿层石门掘进面	燃烧	掘面停风瓦斯积聚	钻孔通火区	9	4	5	
52	1991年11月25日20：05	老虎台矿 507（5703）高档普采面	燃烧	上隅角瓦斯积聚	采空区自然发火	2		2	
53	1997年5月28日17：10	龙凤矿 7403 综放面入顺门口与 −540m 入风巷相交处（三岔口）	爆炸	冲击地压冒顶瓦斯涌出	铁梁撞击摩擦火花	87	69	18	
合计						716	324	392	

表 1-1-3　老虎台矿近年来矿井瓦斯利用情况

时 间	抽采量 /万 $m^3 \cdot a^{-1}$	居民燃料 /万 $m^3 \cdot a^{-1}$	锅炉 /万 $m^3 \cdot a^{-1}$	工业 /万 $m^3 \cdot a^{-1}$	其他 /万 $m^3 \cdot a^{-1}$	合计利用量 /万 $m^3 \cdot a^{-1}$	利用率 /%
2000 年	12684.26	10775.27	983.11			11758.38	92.70
2001 年	13168.14	10765.43	447.97	925.94		12139.34	92.19
2002 年	12133.13	8885.07	1187.38	926.58		10999.03	90.65
2003 年	10506.18	7745.87	527.08	2197.17	31.94	10502.06	99.96
2004 年	10439.08	7463.62	381.64	2530.64	63.18	10439.08	100
2005 年	10008.97	7216.70	218.13	2532.10	42.04	10008.97	100
2006 年	10006.24	7177.67	266.38	2536.72	24.08	10004.85	99.99
2007 年	5466.59	3883.85		1572.01	10.73	5466.59	100
总 计	84412.59	63913.48	4011.69	13221.16	171.97	81318.3	96.33

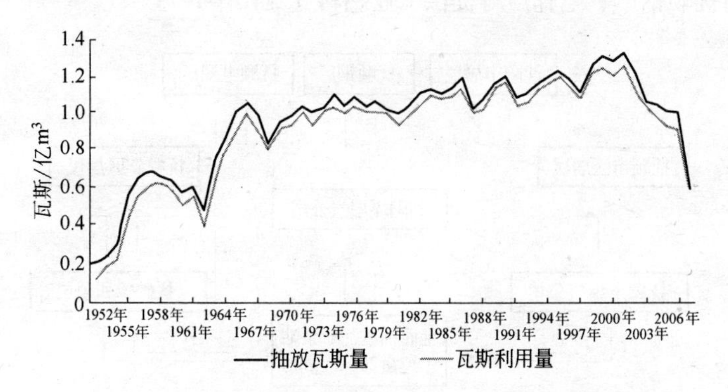

图 1-1-4　抚顺煤矿历年抽放瓦斯量、利用量变化曲线

在 1998 年以前采用炮采开采期间，主要采用采前预抽与边采边抽相结合的方法。坚持“逢采必抽”、“不抽不采”和“采抽比 1∶3”（开采采区个数与预抽采区个数之比、开采时间与预抽时间之比）的原则，预抽率不小于 25%。实施综放开采以来，为适应综放开采强度大瓦斯涌出集中的特点，在原有方法的基础上试验成功了高强度、开放式抽放采空区瓦斯等多种方法，并较好地解决了采空区抽放瓦斯与防止采空区发火的矛盾关系，保证了特厚煤层分层综放开采采煤方法的试验成功与推广应用。采面

和矿井瓦斯抽采率均有大幅度提高。

1.1.5.2 矿井瓦斯利用

抚顺煤矿抽放出的瓦斯95%得到利用，主要用于工业与民用。早在1952~1978年的27年间，利用6.5亿m^3的煤层瓦斯生产优质炭黑8.8万t。还曾利用瓦斯制取出甲醛、生产塑料、瓦斯发电以及用于安全被筒炸药加工炒盐等。而目前，主要是为矿区和抚顺市21.56万户居民用作家庭燃料，使城市煤气化率达到70%以上。抚顺矿区煤层瓦斯开发利用工程是抚顺矿业集团重点转产项目。1998年成立了顺阳煤层气开发公司，专门负责煤层气的开发利用，开拓市场，扩大经营。2000年以来，通过新建成的管路向沈阳市部分居民提供3000m^3/h浓度为60%的瓦斯燃料。另外，还向抚顺钢厂、电瓷厂等提供工业燃料（见图1-1-5）。

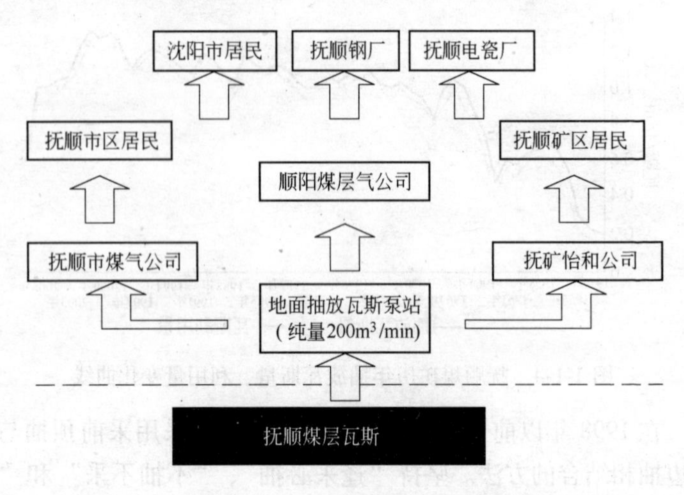

图1-1-5 抚顺煤层瓦斯利用

1.2 老虎台矿概况

1.2.1 矿井位置与范围

老虎台矿位于抚顺煤田中部，东接原龙凤矿、西临西露天矿、上覆东露天矿田。行政区域划归抚顺市东洲区，位于抚顺市中东部。老虎台矿井田东西走向长度 4.8km、南北倾向宽度约 2km，面积为 9.6km²（见图 1-2-1）。

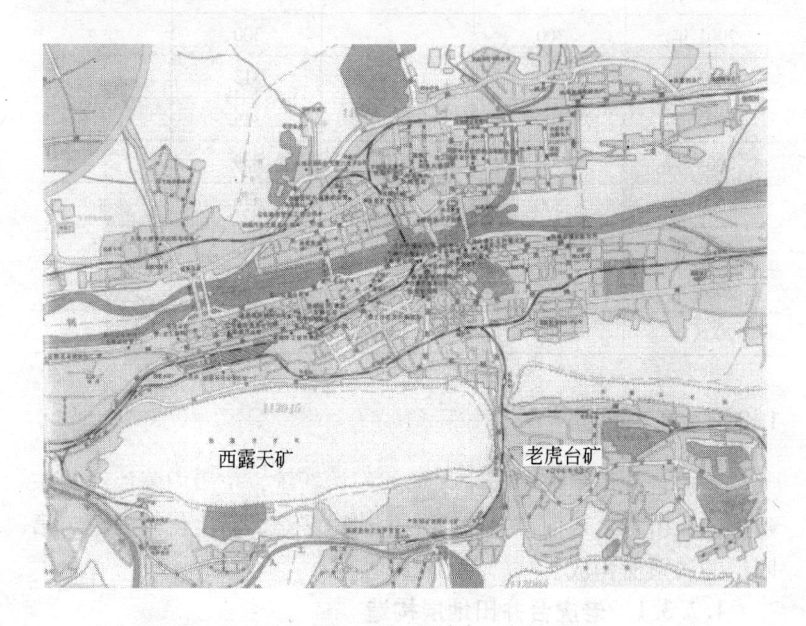

图 1-2-1　老虎台矿位置

1.2.2　煤炭生产沿革

老虎台矿开采于 1907 年，在井田百年开采历史进程中，截至 2007 年末，矿井共采出煤炭 2.263 亿 t；其中新中国成立前 0.33 亿 t，新中国成立后 1.933 亿 t。尚有煤炭储量 2.2788 亿 t、瓦斯储量 46 亿 m³。2005 年及 2006 年核定煤炭生产能力 335 万 t/a，2006 年生产煤炭 260 万 t。2007 年 5 月 8 日辽煤生产（2007）16 号文核定煤炭生产能力 260 万 t/a。

从 2005 年 2 月 16 日至今，先后五次对老虎台矿压产，随着进一步简化生产系统，减少作业人员和降低生产成本等措施的实施，矿井煤炭产量在逐渐下调，见表 1-2-1。

表 1-2-1　老虎台矿 2005 ~ 2009 年原煤产量计划表（万 t/a）

年　度	设计能力	核定能力	实际产量	采面个数
2000 年	300		280	
2001 年	300		300	
2002 年	300		313	
2003 年	300	340	319	4
2004 年	300	340	339	4
2005 年	300	335	319	4
2006 年	300	260	242	3
2007 年	300	260	166	2
2008 年	300	260		2

1.2.3　矿井地质

老虎台井田生成于新生代第三纪始新统，位于内蒙地轴的东延部分，由古生带前震旦纪、中生代白垩纪、新生代第三纪与第四纪的属系所构成。

1.2.3.1　老虎台井田地层构造

图 1-2-2 为老虎台井田地层构造。

A　太古界鞍山群

古生代前震旦纪地层为浅红色和灰绿色片麻岩，黑云母片麻岩等，本层构成整个煤田之基底。

B　中生界（M_2）白垩系（K）下白垩统（K_1）龙凤坎组（E_1l）不整合于花岗片麻岩之上，层厚 47.25 ~ 991m，平均层厚 519.12m

C　古城子统（E_1）老虎台组（E_1^1l）和栗子沟组（E_1^2l）

（1）老虎台组（E_1^1l）由三层组成：

1）无煤层（玄武岩）：玄武岩夹紫红色泥岩，砂质泥岩和褐色、黑色页岩，呈杏仁状构造，柱状节理发育，层厚 5 ~ 52m，平均层厚 28.5m。

界	系	群	统		组	地层	地层柱状	地层厚度/m	岩性描述
新生界 K_z	第四系Q					冲积层		4.00～24.3 14.15	覆盖土层为砂质黏土，细-粗粒砂，砾石等
	下第三系 E	抚顺群 Ef	始新统 E_2	中	耿家街组 E_2^4g	褐色页岩层		111.37～338.05 224.71	褐色页岩，夹少量薄层砂岩，细砂岩，页岩和绿色泥岩，层序正常。与其下连续沉积，与其上不整合接触
				上始新统	西露天组 E_2^3x	绿色页岩 泥灰岩层		358.63～484.50 421.56	绿色块状泥岩，夹薄-中层状褐色页岩和浅绿色泥灰岩，以互层出现，韵律清楚，含丰富的介形虫，螺和孢粉及植物，昆虫和叶肢介
					计军屯组 E_2^2j	油母页岩层		25.81～362.35 194.08	以中-薄层状含炭酸块质油母页岩和泥岩为主，以及泥质油页岩和有机质泥灰岩组成，坚硬，致密，透气性不良，节理发育。本层上部含油率>4%为富矿，下部为贫矿
				下始新统	古城子组 E_2^1g	主煤层		0.6～110.50 55.55	由2～38个自然分层组成的复合煤层，夹薄层黑色页岩炭质页岩油煤灰色泥岩灰褐-灰黑色泥质粉砂岩和细砂岩等。煤层为黑色，玻璃光泽为主，质硬，性脆，垂直与交叉节理，贝壳状断口
			古城子统 E_1		栗子沟组 E_1^2l	凝灰岩砂岩层		8.00～51.50 29.75	自上而下分三层浅灰绿-暗灰绿色凝灰岩层褐色页岩层和灰绿色凝灰岩层，其中又夹有凝灰岩角砾岩，集块岩和凝灰质砂岩，并含硅化木和植物碎片等
					老虎台组 E_1^1l	凝灰岩玄武岩		17.00～148.00 82.50	橄榄玄武岩，灰绿色凝灰岩，灰绿色火山碎屑岩夹硅化木，砂质泥岩和砂岩等
						下部含煤层 玄武岩层		4.00～136.00 70.00	橄榄玄武岩夹B组煤1～4层，煤层以透镜体存在，沿走向与倾斜方向变化无一定规律，厚0.6～1.75m，一般5m，B1层较稳定其他极不稳定，B1层为瓦斯突出层
						无煤层 玄武岩		5.00～52.00 28.50	玄武岩夹紫红色泥岩，砂质泥岩和褐色-黑色页岩，呈杏仁状构造，柱状节理发育
中生界 M_2	白垩系 K		下白垩统 K_1		龙凤坎组 E_1l	杂色砂页岩 砾岩层		47.25～991.00 519.12	暗紫色砂质页岩，灰白色砂岩，薄层炭质页岩和黑色页岩，并夹有灰白-灰色薄层砾岩，杂色凝灰碎屑岩和多层玄武岩，安山岩等。本井田南翼无该层，仅为F1-F1A之间钻孔所见本层与上下界均为不整合接触
太古界	鞍山群					花岗片麻岩		不详	浅红-灰绿-灰白色花岗片麻岩，角闪片麻岩和云母片麻岩等，并有伟晶岩侵入。本层构成整个煤田之基底

图 1-2-2　老虎台井田综合柱状

2）下部含煤层（玄武岩层）：层厚 4～136m，平均层厚 70m，其间夹杂 B_1层为瓦斯突出层。

3）凝灰岩砂岩层：层厚 17～148m，平均层厚 82.5m。

（2）栗子沟组（E_1^2l）：层厚 8～51.5m，平均层厚 29.75m。

D 下始新统古城子组（E_2^1g）主煤层

由2~38个自然分层组成的复合煤层，夹落层黑色页岩、灰质页岩、浊煤灰色泥岩、灰褐、灰黑泥质粉砂岩和细砂岩等。煤层为黑色，玻璃光泽为主、质硬、性脆，垂直与交叉节理，贝壳状断口。层厚0.6~110.50m，平均层厚55.55m。

E 中上始新统计军屯组（E_2^2j）西露天组（E_2^3x）耿家街组（E_2^4g）

（1）计军屯组（E_2^2j）油母页岩层，层厚25.81~362.35m，平均层厚194.08m。

（2）西露天组（E_2^3x）绿色页岩泥灰岩层，层厚358.63~484.50m，平均层厚421.56m。

（3）耿家街组（E_2^4g）褐色页岩层，层厚111.37~338.05m，平均层厚224.71m。

F 第四系（Q）冲积层

层厚4.00~24.3m，平均层厚14.15m。

1.2.3.2 地质构造

抚顺煤田的地质构造从总体看为向斜构造，煤层由南往北倾斜（南浅北深）。老虎台井田煤层属于单斜构造，北翼有局部煤层直立倒转，井田内有数十条落差大于30m的断层，西部有F_6断层与西露天坑为界线，东有F_7断层与龙凤井田为界线，北有F_1、F_{18}断层。随着大断层的出现，又诱导出不少中小型构造，此类地质构造是瓦斯集中、冲击地压易发的区域，对矿井采煤、掘进、通风、防火、瓦斯治理等，均有一定影响。矿井进入-580m水平回采以后，由于井田北部煤层直立倒转以及整个深部煤层倾向变缓，某一些区域甚至趋于水平，给抽放瓦斯钻探施工带来了巨大的技术难题（预抽），迫使抽放瓦斯方式、方法进行改革，以确保煤炭生产过程中治理瓦斯“抽放为主、风排为辅”原则的措施。老虎台井田地质构造见图1-2-3，图1-2-4。

1.2.3.3 水文地质

老虎台井田水文地质构造比较简单，共分4个含水层，除第

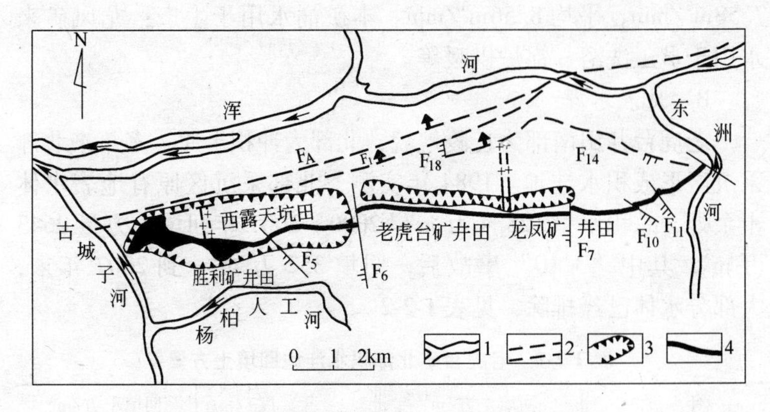

图 1-2-3　抚顺井田老虎台井田地质平面

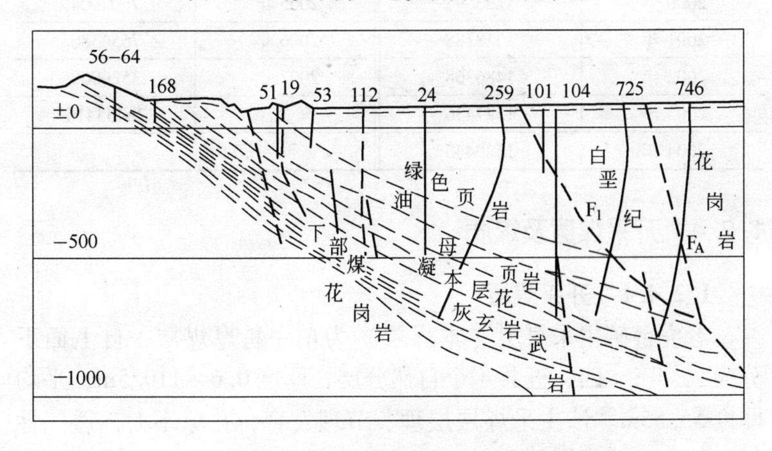

图 1-2-4　老虎台井田地质剖面

四纪冲击层为强含水层外，其余均为弱矿井含水层。开采煤层上方是比较致密的油母页岩和绿色页岩，隔水性能好。水对矿井影响主要有地表水和井下水两部分，其中井下水包括本矿井和原龙凤矿自然涌水。

A　井下自然涌水

据 2000 ~ 2007 年实测统计，老虎台矿自然涌水量为 12.63 ~ 6.61m³/min，平均 8.14m³/min；原龙凤矿来水为 13.16 ~

7.58m^3/min，平均8.56m^3/min。本矿涌水用于生产；龙凤矿来水用于员工洗浴、锅炉供暖等。

B　地表水源

老虎台井田南部为丘陵地貌，北部为冲积平原，多年来北部采沉区形成积水洼地。1984年实测，北部采沉区原有地表水体十余处，总积水量128.4万m^3。2000~2007年回填土方量2643万m^3，其中“3.10”事故后，回填352万m^3。到2007年末，大部分水体已经排除，见表1-2-2。

表1-2-2　老虎台矿北部积水洼地回填土方量

年　度	回填土方/m^3	年　度	回填土方/m^3
2000年	1293595	2005年	7904004
2001年	1518188	2006年	7654380
2002年	1486368	2007年	3520000
2003年	1527436	合　计	26433416
2004年	1529445		

1.2.4　开采煤层及煤质

1.2.4.1　开采煤层

老虎台矿主采煤层（本煤层）为单一特厚煤层，自上而下分为二、三、四、五共4个自然分层，厚度0.6~110.5m，平均厚度55.55m。该主采煤层层理、节理发育，孔隙率大，透气性好，历年矿井瓦斯等鉴定时的瓦斯相对涌出量均在40m^3/t以上。

1.2.4.2　煤质

从煤化程度分析，主采煤层属低硫、低磷、低灰分和高发热量的黏结性煤，煤质牌号为气煤Ⅰ号、Ⅱ号。井田从西往东煤胶质层厚度逐渐增加，最大值为20mm。

1.2.5　矿井开拓部署与采煤方法

1.2.5.1　矿井开拓部署

老虎台矿在－225m水平以上采用盘区式开拓方式，－225m

以下采用斜井—竖井多阶段多水平巷道穿层石门开拓方式。井田中央布置7个入风斜井（6条斜井、1条竖井）；井田东、西两翼各布置两条回风斜井，均位于煤层底板基岩之中。应生产之需，又于水平之间布置20余条暗斜井。现矿井开拓水平仅剩1个即－880m水平；生产水平4个即－380m、－630m、－730m、－830m，见图1-2-5。

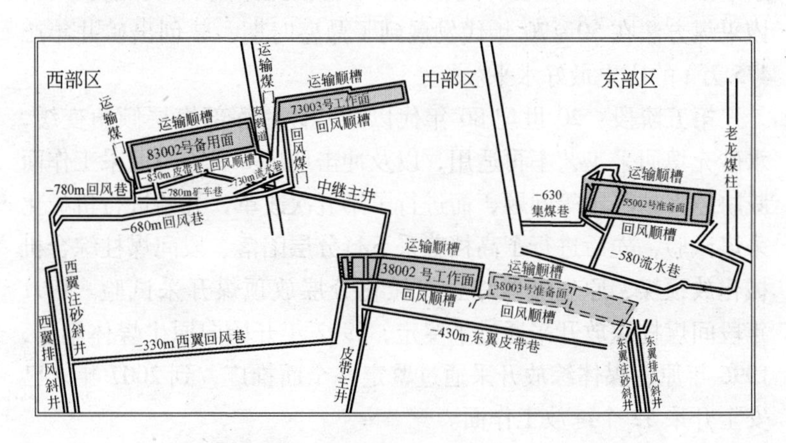

图1-2-5　老虎台矿采掘工程平面

1.2.5.2　采煤方法

老虎台矿现今采用的采煤方法为综合机械化放顶采煤法。在抚顺煤矿百余年的开采历史进程中，采煤方法主要经历了5个阶段。这5个阶段浓缩了中国煤炭的采矿历史，随着时期的推移、科学技术的发展，采煤方法日趋科学合理、安全高效。

第一阶段：1907～1915年采用残柱式采煤法，其工艺为原始的人工采掘方式。

第二阶段：1916～1924年，学习借鉴当时德国贝来郡矿的采煤方法，采用水平分层走向短壁开采，以充填取代残柱，其工艺为炮采、水砂充填、机械运输，充填材料为河砂。

第三阶段：1925～1940年，在分层方式上进行了改进，采用分段倾斜分层上行采煤法，充填材料大量利用干馏后的废弃油母页岩。

第四阶段：20世纪40~70年代，在工作面长度上进行了改进，采用倾斜分层V形长臂水砂充填采煤法，工作面长度由原来的40m增加到80m，其工艺为炮采机运，1976年以后改为炮采水运。1942年十大斜井投产后，煤炭运输由串车改为皮带机，该采煤方法在50~70年代发展到了鼎盛时期，曾创出矿井年产475万t的历史最好水平。

第五阶段：20世纪80年代以后，针对深部煤层倾角变缓，水砂充填回采工艺不再适用，以及冲击地压等灾害对回采工作面威胁越来越严重等问题，而进行了第五次改革，开始进行机械化采煤试验，先后进行了高档普采下行分层陷落、段间煤柱综合机械化放顶煤、原生煤体综合机械化分层放顶煤开采试验。1991年段间煤柱综放开采通过了鉴定，1992年开始向原生煤体推广，1996年原生煤体综放开采通过鉴定并全面推广，到2007年末已安全开采52个综放工作面。

1.2.6 矿井通风

1.2.6.1 矿井通风方式

老虎台矿采用两翼抽出式通风方式，井田中央布置七条入风井筒，两翼各布置两条回风井筒。矿井主扇为DKY26.5F-04A离心式风机（两台）；辅扇为K_4-73-01NO_{32f}离心式风机（两台）。根据安全生产需要，主、辅扇风机配备1600kW、1050kW、630kW和450kW四种功率电机，构成3个风量等级即27000m^3/min、18000m^3/min和16900m^3/min。并且于630kW和450kW各安装高压变频装置，调节风压、风量便捷、灵活，见表1-2-3。

目前，老虎台矿东、西两翼均使用DKY26.5F-04A离心式风机（主扇），且处于变频运行，其实际通风参数见表1-2-4。

表 1-2-3　不同功率电机拖动扇风机实际运转参数

电机/kW	额定风量 /m³ · min⁻¹	有效风量 /m³ · min⁻¹	负压/Pa	转速 /r · min⁻¹
东开 1600 西开 1050	30000	27000	2400 ~ 3200	494/423
东、西分别开 630	18800	16920	1370 ~ 1470	329
东、西分别开 450	20000	18000	1600 ~ 1700	492

表 1-2-4　老虎台矿井通风主要参数

翼别	总排风量 /$m^3 \cdot min^{-1}$	总入风量 /$m^3 \cdot min^{-1}$	有效风量 /$m^3 \cdot min^{-1}$	风机转速 /$r \cdot min^{-1}$	负压 /Pa	频率 /Hz	等积孔 /m^3	有效风量率 /%
东	5595	5258	4623	307	813	32	4.03	87.92
西	7953	7579	6667	355	784	37	5.81	87.97
计	13548	12837	11290	—	—	—	—	87.95

1.2.6.2　采区通风

老虎台矿采区严格实行分区通风。采区工作面通风方式为 U 形，入、回顺槽联络道用一组（两个）气压自动风门隔绝，入风煤门设一组（两个）自动闭锁风量门调节风量。每个工作面均设一条专用回风道，见图 1-2-6。

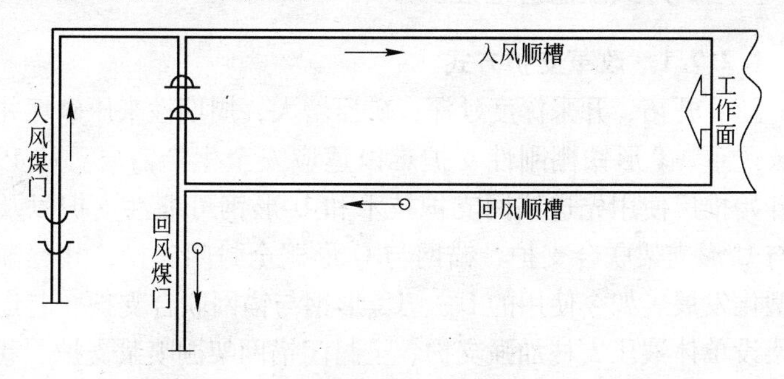

图 1-2-6　老虎台矿采煤工作面通风系统示意图

1.2.6.3 局部通风

所有掘进工作面均实行独立通风，其回风风流直接排入矿井主回风井巷。工作面全部装备了对旋式局部通风机，实现了双风机、双电源、自动切换分风功能，局扇开停状态直接遥测到地面调度室，杜绝了无计划停风和故障停风。风筒使用高强度抗静电材料制成。目前，全矿共有29台对旋风机，其中两台45kWX2、14台30kWX2、9台15kWX2、两台11kWX2、两台5.5kWX2。智能排放瓦斯器4台。

1.2.6.4 通风设施

截至2008年3月末，全矿井共有风门237个、密闭204个、风桥两座（见表1-2-5）。

表1-2-5 老虎台矿通风设施一览表

风门名称		合计	永久	临时
隔绝门	自动	13	13	
	手动	141	127	14
	闭锁门	78	78	
	小计	154	140	14
控制门	手动	83	67	16
合计		237	207	30

1.2.7 矿井安全隐患治理及效果

1.2.7.1 改革支护方式

随着开拓、开采深度延深，矿压增大，周期性来压破坏井巷现象严重，T形铁棚刚性支护难以适应安全生产需要。从1998年开始推广使用先进锚网支护技术和U形钢可缩性支护以及锚网与U形支架联合支护、锚网与O形棚全封闭支护，并逐渐向重型化发展。如今使用的U_{29}、U_{36}形钢与锚网联合支护、巷道中心架设单体液压支柱加强支护、全封闭锚网架棚喷浆支护、巷道叉口处采用整体垛式液压支架支护，极大地提高承载能力，控制了冒顶、片帮、底鼓等现象。

1.2.7.2 合理生产布局、严格开采强度

随着综放开采的成功，一分层、二分层原煤回采完全实施机械化生产；同时，结合煤层赋存标高、产状及外围生产系统状况，对生产布局进行调整。将 -730m、-830m 水平原来按炮采划分的每个采区走向长 400m，全矿 50 余个炮采区，合并为东、中、西 3 个综采区，从而有效地减少了井巷的发生量以及区间煤柱的个数。孤岛煤柱、半岛煤柱大幅度减少，致使容易诱发冲击地压的高应力区大为减少。

2007 年，全矿只有两个综放面生产。其中浅部 -430m 一个段间煤柱复采面与综放面搭配开采，并对各采面的开采强度按照省政府要求的矿井产量实行严格控制。

1.2.7.3 合理优化矿井通风

A 主要工作

一是简化通风网路，进一步合理稳定矿井通风系统。先后报废封闭巷道近 3.5 万 m，其中，2007 年报废 1 万 m，2008 年报废 0.4 万 m，并消除了交叉通风。矿井总用风量大幅度下降，由原来的 39000m³/min 下降到目前的 13100m³/min，矿井有效风量率保持在国家规定的 85% 以上。

二是更换主要通风设备。根据简化后的通风系统及生产实际需要，及时地对东、西主要通风机的电机进行了重新配置，拆除了 2500kW 电机，重新配置了 1050kW、630kW 和 450kW 不同等级的电机，根据矿井生产不同时期的需要，开启不同能力的电机，并可做到无级调速（变频）。

三是合理分配并及时调节风量。根据配风计划和实际生产用风，合理分配和保证采掘工作面及其他用风地点的足够有效风量；同时，还根据生产条件的变化和通风阻力的大小，及时进行风量测定与调节。目前综放工作面的风量，根据需求可在 800 ~ 2000m³/min 之间任意调节，确保了采煤工作面生产用风有足够的调节余地。

四是进一步加强了掘进工作面通风管理。所有掘进工作面全部装备了对旋式局部通风机，并实现了双风机、双电源、自动分风的功能，保证了局部通风的连续性和稳定性，消除了无计划停风和故障停风。

五是进一步强化通风设施的构筑与管理。风门、密闭、挡风墙的设置位置及构筑质量，全部按照规定的质量标准实施，并做到定期检查、及时维修、保证完好和正常发挥作用。

B　通风系统优化效果及现状

通过大量工作，老虎台矿井通风系统由原来炮采时的多水平、多采区、网路十分复杂的通风方式，改变为目前的网路结构简单、通风设备匹配、风量富足有余的合理、稳定、可靠的通风系统，为保障矿井安全生产、各种灾害的治理和提高矿井抗灾、防灾的综合能力，提供了先决条件与可靠基础。

1.2.7.4　瓦斯防治效果与现状

近几年来，老虎台矿认真贯彻执行瓦斯治理的“十二字”方针，坚持“以抽为主、风排为辅、全面监控、消灭积聚”的原则，积极探索并广泛应用瓦斯治理的新技术和新工艺，瓦斯抽放量保持在 1 亿 m^3/a 以上，矿井瓦斯抽放率逐年提高，近几年一直维持在 77% ~84% 之间（见表 1-2-6、图 1-2-7），从而大大减少了采掘过程中的瓦斯涌出量，从源头上遏制了瓦斯隐患发生的可能性；加上完善的瓦斯监测监控系统和强化现场管理及各项管理制度的严格落实等，矿井瓦斯灾害的威胁基本得到有效控制，取得了自 1978 年以来杜绝了瓦斯燃爆事故的明显效果。

表 1-2-6　老虎台矿 12 年来的瓦斯抽放量

年　度	抽放瓦斯量/$m^3 \cdot a^{-1}$	矿井瓦斯抽放率/%
1996 年	78851981.4	62.79
1997 年	83389894.0	63.31
1998 年	100483581.2	65.88
1999 年	128760090.5	78.16
2000 年	126842557.7	77.38

续表 1-2-6

年　度	抽放瓦斯量/$m^3 \cdot a^{-1}$	矿井瓦斯抽放率/%
2001 年	131681428.4	78.12
2002 年	121331319.0	80.81
2003 年	105018430.0	77.12
2004 年	104390811.0	78.52
2005 年	100089683.4	82.79
2006 年	100062374.0	83.14
2007 年	54665899	80.65
合　计	1235568049.6	

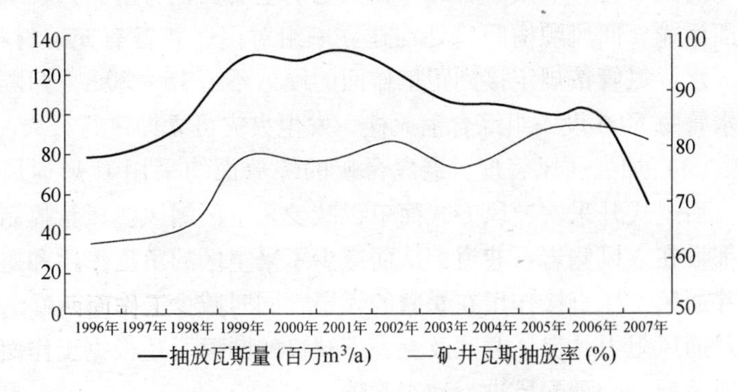

图 1-2-7　老虎台矿 12 年来的矿井瓦斯抽放率

1.2.7.5　自然发火防治

A　主要工作与措施

(1) 完善矿井防灭火系统。老虎台矿地面设有 3 个河砂充填井，炮采工艺结束后，又通过对原页岩井改造，形成地面 2 号、3 号、4 号井 3 个粉煤灰充填灌浆站。砂仓的容积为 $2805m^3$，粉煤灰仓的容积为 $11800m^3$；每个充填灌浆站至少有两套充填系统（两个充填喇叭沟），充填干管至少设置两趟，可同时充填河砂和粉煤灰，也可同时向两个地点进行充填；河砂充填最大能力为 $30m^3/h$，粉煤灰为 $36m^3/h$；每个采区均设置两个充填系统，可同时对工作面运输、回风顺槽进行充填河砂和粉煤灰，并且每个采区均设置一个高压注浆泵站，对采区内高冒顶、砂碹、旧巷等发火隐患地点进行注浆或注胶体来防治煤炭自燃。同时，每个采区都建立注氮系统，在下隅角埋管向采空区注氮；所有巷道都接设了水管，水量充足，压力在0.4MPa以上，并按规程要求设置水头。

（2）建立齐全的防灭火设施。矿井在山北井口和-730m水平建立了非常仓库和消防列车库，每个综采区建立一个采区非常仓库，并按规定备齐了灭火材料、工具；各绞车房、井底车场、火药库、机电硐室、材料库都按要求配备了灭火器、砂箱、防火锹等防火器材、器具，各井口和机电硐室均安设有防火门；每个采面运输、回风顺槽门口处均建立一组对门，并备有充填材料；砂、水、氮管按规定接到距工作面的硬帮不超15~20m，两顺槽的水管每50m设一组综合消火栓，发生火灾可立即进行灭火。

（3）加强通风管理。老虎台矿的综放面均采用U形通风方式，后退式开采。通风方式简单，减少采空区漏风。风量控制门大都设在入风侧岩石巷道，从而减少了采空区的负压作用和避免矿井通风负压直接作用在暴露的煤层，同时减少工作面两端的压差及通风阻力，保证两顺及上、下缺口的断面。还根据工作面的瓦斯情况，合理配风进行动态管理。

（4）建立一氧化碳预测预报网点。通过一氧化碳观测网点对自然发火隐患进行预测预报。工作面每5架布置一个采气点，外围的煤巷、高顶、砂碹、旧巷、砂门、尾巷等均设采气点，每天一次或两次进行气样分析，若有隐患及时采取措施处理。在综放面回风顺槽安装一氧化碳传感器，连续监测回风流中的一氧化碳浓度；专业人员配备便携式一氧化碳鉴定器，随时检查井下各地点空气中的一氧化碳浓度。

（5）加强充填封堵、注浆、注水措施。巷道掘进在遇旧巷前10m时地质部门提供地质情况报告单，距旧巷5m时打钻探明情况，采气样分析，有发火隐患及时采取相应的充填、注浆、注水措施；横穿旧巷时，在旧巷处铺双网打钻或插管充填河砂。正常掘进采用锚网支护维护帮顶的整体性，当帮顶破碎时，打拌子铺双网，有隐患及时充填；回采工作面安装结束开采之前，在架前、架后布置套管充填河砂，防止温度带入采空区。工作面结束后撤架之前同样在工作面架前、架后布置套管充填河砂，在架后采空区形成一道砂墙隔离带，减少漏风，消除氧化带的温度；在生产期间，工作面上、下隅角每推进 5 ~ 10m 封堵一次，利用检修班时间，上、下隅角或架间打套管充填河砂；矿井停产检修时，工作面全长布置套管，充填河砂进行封堵；上、下隅角放顶必须放严，并预埋充填管进行充填封堵防止漏风；工作面两巷超前支护段布置钻孔，充分预注水，防止两巷的温度进入采空区；两顺槽及外围的煤巷高冒顶、旧巷、砂碹等地点；二分层开采时，打立孔到一分层的采空区，采气分析，并利用相关巷道，对一分层的采空区实施充填河砂、粉煤灰、注浆、注水等措施。

（6）合理及时调整采空区抽放瓦斯强度。抽放采空区瓦斯与防止采空区发火是一对尖锐矛盾。为此，全面始终坚持“抽放措施与防火措施同步实施”和对现采面采空区的引巷抽放坚持“低压、高浓、多点、均衡”的原则，根据工作面瓦斯情况，及时调整抽放负压及抽放流量，实行动态管理，减少采空区的漏风供氧。为防止引巷抽放时形成短路而漏风供氧，对砂门的帮顶采取灌注罗克休、泥浆措施。

（7）保证回采工作面推进速度。根据经验总结和采空区“三带”分布规律的现场测试，氧化自燃带的宽度为 15 ~ 18m。对此，规定采面的推进度每月必须保证 20m 以上，使氧化自燃带在自然发火期内（抚顺煤矿为 1 ~ 3 个月）甩入窒息带，达到防止煤炭自然发火的目的。

（8）采取注氮防灭火措施。根据一氧化碳观测网点的分析情况，对工作面的下隅角、旧区、旧巷的漏风入口处注入氮气，惰化内部气体，降低其温度，可起到注水、注浆不能起到的积极作用。

B　自然发火防治效果与现状

矿井配备较为完善可靠的消防火系统、设施及人员，建立了行之有效的消防火管理制度，积累了较丰富的消防火经验，内外因火灾对矿井的威胁基本得到有效控制。2004 年以来，矿井杜绝了内、外因火灾事故，2002 年、2003 年煤炭自然发火各 1 次，2004～2007 年为 0 次（见表 1-2-7、图 1-2-8），创抚顺煤矿历史最好水平。对于一个自然发火严重的矿井来说，这也是难能可贵的。

表 1-2-7　老虎台矿 13 年来自然发火情况统计

年　份	发火次数	发火频率/次·d^{-1}	百万吨发火率/次·t^{-1}
1995 年	40	9.13	12.5×10^6
1996 年	109	3.35	34.1×10^6
1997 年	45	8.11	14.52×10^6
1998 年	23	15.87	7.08×10^6
1999 年	20	18.25	6.89×10^6
2000 年	4	91.25	1.25×10^6
2001 年	4	91.25	1.23×10^6
2002 年	1	365	0.31×10^6
2003 年	1	365	0.31×10^6
2004 年	0	—	—
2005 年	0	—	—
2006 年	0	—	—
2007 年	0	—	—
合　计	247		

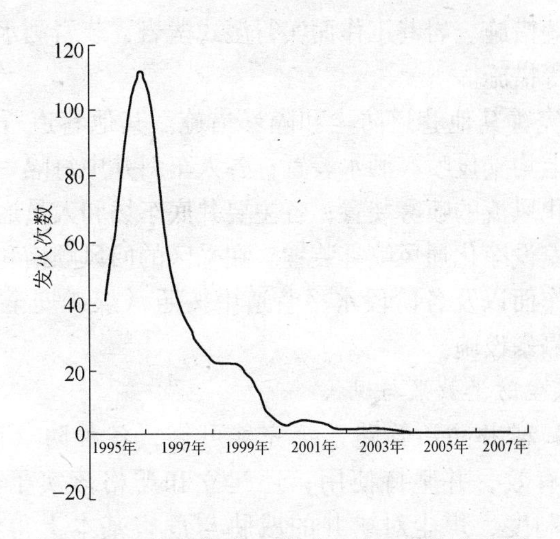

图 1-2-8　老虎台矿 13 年来发火次数变化曲线

1.2.7.6　煤尘防治

A　主要工作

（1）建立完善的综合防尘系统。在矿井 -225m、-330m、-430m、-580m 建立矿井自然涌水水池 7 处；同时，将原龙凤矿井自然涌水用于老虎台矿下部水平的防尘和生产用水。井下防尘管路系统不断更新完善，主干管路采用 ϕ150 ~ 200mm，分支为 ϕ50 ~ 108mm，管路总长度达 72407m。

（2）实施煤体注水的治本措施。煤巷掘进和采煤工作面开采前均实行预注水，水分增值大于 2%、全水分达到 4% 以上方可开采；同时还在开采过程中进行循环高压注水（边采边注），大大降低了原始煤尘的发生量。

（3）完善采、掘工作面防尘设施。割煤机装有内、外喷雾装置，割煤作业时进行喷雾降尘；工作面架前每隔 5 架、架间每隔 10m 和架后每架都装有喷雾降尘装置，割煤、移架、放煤作业时进行喷雾降尘；回风端头和回风顺槽设有 3 道能封闭巷道全断面喷雾装置；运顺入风处安设风流净化装置，进行放炮喷雾；煤巷工作面实行水打眼、放炮时使用水炮泥、运煤洒水以及冲洗巷道帮壁等措施。岩巷工作面实行湿式凿岩，装岩洒水以及冲洗巷道帮壁等措施。

(4) 完善其他巷道防尘和隔暴措施。其他巷道所有皮带运输机转载上均安设喷雾洒水装置；各人车斜井中每隔一定距离安设一组净化风流的喷雾装置；各主要井底车场和人员通行比较集中的巷道安设净化通风喷雾装置。在采区的回风顺槽和长距离煤巷掘进工作面以及各阶段水平巷道中按照《煤矿安全规程》的规定安设隔暴设施。

B 煤尘防治效果与现状

目前，矿井防治管路系统完善可靠，各种防（降）尘设施齐全、有效，并坚持使用；还建立和严格落实了各项综合防尘管理制度，煤尘对矿井的威胁与危害基本上得到有效控制。

1.2.7.7 煤与瓦斯突出防治

A 主要工作

老虎台矿在国内虽然并非属于煤与瓦斯突出严重的矿井，但对安全生产也构成一定威胁和影响。因此，该矿对煤与瓦斯突出的防治工作十分重视。除了严格执行“四位一体”的综合防突措施，采用钻屑量和瓦斯解析指标 Δh_2进行突出危险性预测和防突措施的效果检验（并将测试指标下调钻屑量和瓦斯解析指标分别由《细则》规定的 6kg/m 和 196Pa 降到 4kg/m 和 147Pa，预测的安全距离由 2m 增加到 8m）之外；还创造性地探索出了适合于该矿实际情况的防突措施，如：两掘一钻、两钻一掘、长探短掘、轮掘、边抽边掘、大小循环钻孔、煤层高压注水以及对“迎头工作面”实施半封闭等多项技术措施。在实施防突措施后，经效果检验措施有效方可采取安全防护措施进行作业，若经过效果检查措施无效，则要继续采取措施，直至措施有效后，再采取安全防护措施进行作业，在安全防护方面，按规定设置了反向风门、压风自救系统和避难硐室；所有入井人员全部佩戴隔离式自救器；延长躲炮时间等。

B 煤与瓦斯突出防治效果与现状

基于大量艰苦细致工作，煤与瓦斯突出灾害得到有效控制，效果明显，1998 年以来，矿井杜绝了煤与瓦斯突出事故。目前，西部和中部综采区全部进入二分层及以下分层掘进；东部综采区瓦斯抽放率达到 30% 以上已解除突出危险。目前开采的东、中、西 3 个回采区域内均无煤与瓦斯突出工作面，煤与瓦斯突出对现采区的威胁已经消失。

1.2.7.8 冲击地压防治

A 主要工作与措施

前几年，老虎台矿冲击地压威胁确实较为严重，对此，在不断强化专门组织机构和增配专业人员以及加大安全投入的同时，主要是在防冲措施方面，特别是在冲击危险性预测预报、解危与减震措施、强化现场安全防护等 3 个方面，做了大量艰苦细致的工作。

(1) 成立专门防冲组织机构（见图 1-2-9）。

防冲组织机构全面负责老虎台矿冲击地压防治工作的组织领导、工作协调和在人事、资金、物资等方面的保障供应工作。

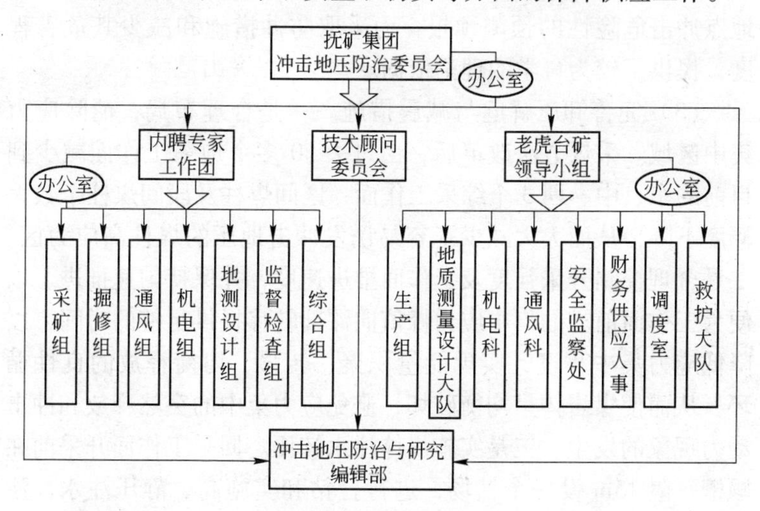

图 1-2-9 防冲组织机构

（2）开展冲击危险长期的预测预报工作。采取区域性预测预报与局部预测预报相结合的方法对冲击地压危险性进行预测预报。通过不断积累、探索与研究总结出地质构造变动带（包括褶曲、断层以及煤层厚度和倾角突然变化区域）、第一分层回采工作面及巷道、回采工作面前方15～100m区段、本层煤或上分层遗留煤柱和回采边界、孤岛型或半岛型煤柱等，为有冲击危险的区域或地点。

局部预测预报方法主要包括钻屑指标法（钻屑量$S\geqslant4$kg/m时有冲击危险；$S<4$kg/m时无冲击危险）、电磁辐射法（最大电磁辐射强度平均值、脉冲值较平稳地保持在200mV、1000n/s以下某一数值时，无冲击危险；达到200mV、1000n/s，但较平稳地保持在某一数值时，为一级冲击危险；当电磁辐射在一段时间内持续上升，上升率在200%时，为二级冲击危险；当电磁辐射强度和脉冲值出现"连续、密集、大幅度的振荡"，振荡幅度不小于200mV、300n/s时，为三级冲击危险）和采空区气体浓度分析法（采空区氧气浓度在10%以下、二氧化碳浓度10%以上、乙烷浓度在1×10^{-3}以上时有冲击危险）通过对区域和局部地点冲击危险性的预测预报，为采取防冲措施和减少其危害程度，提供了较为科学的理论依据。

（3）完善卸压解危与减震措施。一是合理布局，消除应力集中区域。采煤方法改革后，由过去50多个炮采工作面减少到目前的东、中、西3个综采工作面，区间煤柱及段间煤柱个数大幅度下降，从而大大减少了容易诱发冲击地压的煤柱高应力区。二是合理控制开采强度及工作面推进速度，并保持匀速推进。以便为工作面前方的集中应力峰值向深部转移提供足够的时间，以降低应力集中程度，实现能量积聚、转移、均衡释放的良性循环，从而使煤岩体呈均衡破坏，避免应力集中的突然释放和冲击动力现象的发生。三是实施煤体注水卸压。回采工作面开采前在顺槽每隔15m设一个钻场，进行打钻和实施高、静压注水，注水后煤体全水分达到4%、增值达到2%后方可开采；回采工作面利用检修班进行高压短臂注水卸压；煤巷掘进工作面采用高压泵进行高压注水，注水钻孔深度在10m以上，注水压力不低于10MPa，使掘进工作面始终位于卸压带内。四是实施超前卸压钻孔。采取“两掘一钻”方式作业，即在每天一循环中利用一个小班时间打钻前卸压钻孔（孔数7～10个，孔深10m，孔径$\phi=$89mm)，掩护另外两个小班掘进施工，使掘进工作在卸压圈内进行。五是卸压爆破。在有冲击地压危险的巷道，实施深孔卸压爆破，使巷道两帮卸压带的宽度达到10m以上从而起到较好的减震效果。六是实施综合减震措施。利用大孔径卸压钻孔作为卸压爆破的控制孔并兼作高压注水孔，为卸压爆破创造有利的自由面；利用卸压爆破后煤体裂隙发育的条件，进行高压注水和静压注水，使煤体在较短时间内充分湿润，进一步增加煤的塑性，在卸除集中应力的同时改变煤体物理性质，从而强化减震效果，达到抗冲击的目的。

（4）采取安全防护措施。为消除和减少冲击地压造成的损害，专门制定了5项31条预防冲击地压的安全防护措施。一是主动整体防护措施，如，加强工作面装备水平和巷道支护强度，使巷道具有较强的外撑力和良好的可缩性及较高的支护强度，提高抗冲击能力，杜绝巷道冒顶；二是个体防护措施，如，合理安排劳动组织、分散作业人员、限制作业人数及作业时间、及时清理作业闲置设备、必备的设备或设施进行捆绑固定、设置材料设备存放专用硐室和压风自救系统、延长躲炮时间（不少于30min)、冲击危险区域作业人员佩戴抗冲击背心和抗震帽、在冲击地压危险区域内的看守性岗位地点构筑防震屋、制定采掘工作面发生冲击地压应急救援预案以及加强职工“两防”知识全员培训等一系列安全防护措施、并严格贯彻落实，从而有效地杜绝和减缓了冲击地压造成的设备损坏和人员伤害。

（5）采用先进的预测预报设备，加强冲击地压理论研究。为了不断完善冲击地压预测预报的技术手段，外面采用了中国矿业大学研制的电磁辐射仪进行预测预报，包括KBD7电磁辐射仪连续监测6套，通过KJ4-2000瓦斯监测监控系统传输至地面监控室，以及KBD5便携式电磁辐射仪3台，依靠人工现场采集监测数据。从1993年开始，与抚顺市地震局合作，购置了“768地震观测仪”设备，进行微震观测，为研究冲击地压积累了详实准确的技术数据。

B 冲击地压防治效果与现状

老虎台矿在1998~2001年期间，冲击地压发生的频率和强度确实是较为严重的，对矿井安全生产也曾造成过严重威胁。但是，随着矿井开采进入终采标高，综放首分层开采的逐渐结束和进入二分层缓压区开采以来，足以产生冲击地压的覆岩重力应力场和构造应力场，也在逐渐减弱；加上解危、减震等冲击地压防治措施的逐步完善与实施，故此，近几年来，冲击地压发生的次数（见表1-2-8、图1-2-10）、破坏程度（见表1-2-9、图1-2-11）、强度以及造成的人身伤害事故（见表1-2-10、图1-2-12）逐年大幅度降低。

表1-2-8 2000~2006年冲击地压显现情况

年度	发生冲击地压次数				
	合计	1~2级	2~3级	3级以上	最大震级
2000年	124	64	54	6	3.5
2001年	239	126	98	15	3.6
2002年	136	62	56	18	3.7
2003年	88	43	40	5	3.3
2004年	61	22	32	7	3.4
2005年	42	18	20	4	3.4
2006年	20	11	7	2	3.0
2007年	6	3	2	1	3.2
2008年（1~6月）	0	0	0	0	0
合计	716	349	309	58	

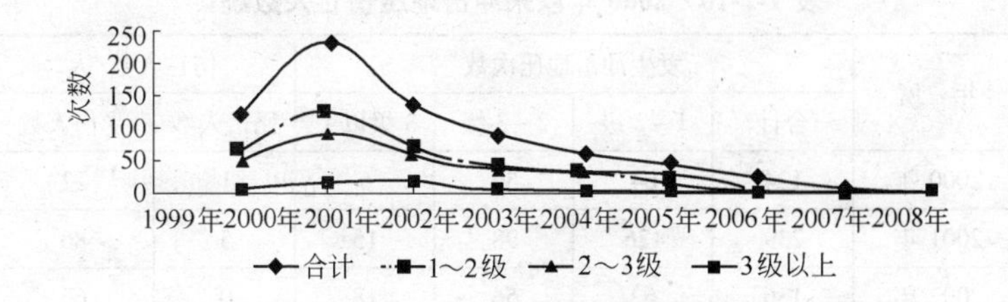

图 1-2-10　2000～2006 年冲击地压显现情况变化曲线

表 1-2-9　2000 年以来冲击地压破坏巷道统计

年　度	破坏巷道/m			备　注
	合　计	采区巷道	掘进巷道	
2000 年	833	465	368	巷道破坏包括：巷道底鼓、支架变形破坏等
2001 年	2585	1994	591	
2002 年	1625	1133	492	
2003 年	1232	1001	231	
2004 年	1001	841	160	
2005 年	907	838	69	
2006 年	170	130	40	
2007 年	100	100	0	
2008 年(1～6 月)	0	0	0	
合　计	8453	6502	1951	

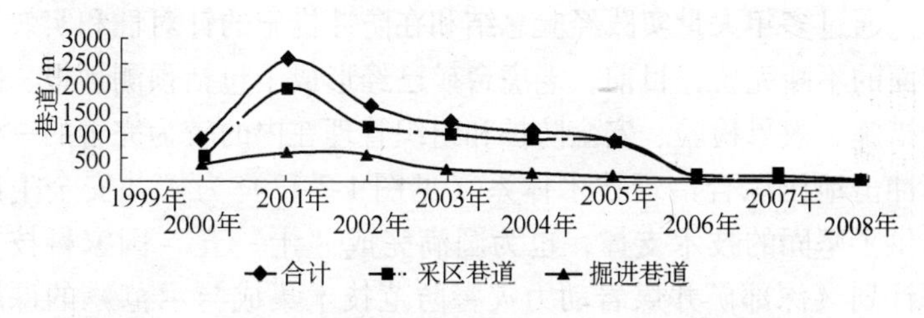

图 1-2-11　2000 年以来冲击地压破坏巷道变化曲线

表 1-2-10　2000 年以来冲击地压伤亡人数统计

年　度	发生冲击地压次数				伤亡人数/人	
	合计	1~2 级	2~3 级	3 级以上	死亡人数	受伤人数
2000 年	124	64	54	6	1	22
2001 年	239	126	98	15	5	86
2002 年	136	62	56	18	0	66
2003 年	88	43	40	5	1	44
2004 年	61	22	32	7	0	27
2005 年	42	18	20	4	1	26
2006 年	20	11	7	2	0	4
2007 年	6	3	2	1	0	8
2008 年（1~6 月）	0	0	0	0	0	0
总　计	716	349	309	58	8	283

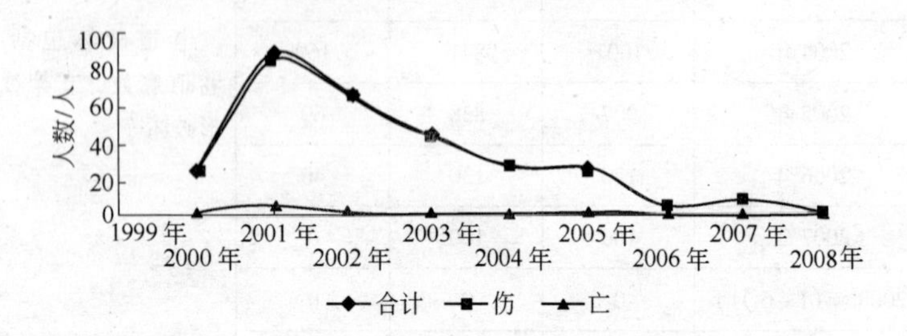

图 1-2-12　2000 年以来冲击地压伤亡人数统计变化曲线

通过多年大量实践经验总结和在防冲措施的针对性和实效性方面的不断完善，目前，老虎台矿已经形成了包括预测预报、防治措施、效果检验、安全防护和组织管理在内的较为完善的一整套冲击地压综合治理技术体系（见图 1-2-13）为矿井安全生产提供了坚固的技术支撑，也为圆满完成“十一五”国家科技支撑计划《深部矿井煤岩动力灾害防范技术集成与示范》的课题研究奠定了良好的基础和条件。

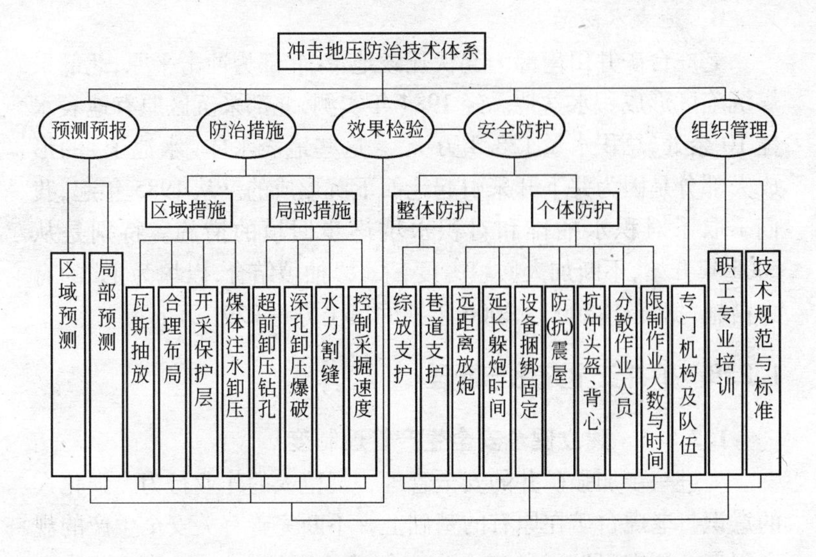

图 1-2-13　老虎台矿冲击地压防治技术体系

1.2.7.9　矿井水害治理

老虎台矿井水文地质构造比较简单，共分有 4 个含水层，除第四纪冲击层为强含水层外，其余均为弱矿井含水层。开采煤层上方是比较致密的油母页岩和绿色页岩，隔水性能好。水对矿井影响主要有地表水和井下水两部分，其中井下水包括本矿和原龙凤矿自然涌水两部分。

A　井下水防治

老虎台矿自然涌水量为 13.592 ~ 9.002m^3/min；原龙凤矿来水为 12.4 ~ 8.5m^3/min。原龙凤矿关井后，老虎台矿从井下 -580m水平向龙凤矿 -570m 水平大巷掘一条疏水专用巷道，铺设放水管路 4500m，现排水量为 360 ~ 600m^3/h。又于 2005 年从 -630m再向龙凤矿掘进一条疏水巷道和两条水仓共 1098m，接设 ϕ426mm 管路 4350m，并安装排水泵三台，形成了 -630m 放水系统。目前，原龙凤矿积水对老虎台矿现生产不再构成威胁，并得以利用。

B　地表水防治

老虎台矿井田南部为起伏丘陵地带,北部为冲击平原,北部采煤沉陷区形成积水盆地。经1984年实测,北部采沉区原有地表水体10余处,总积水量128.4万m^3。这些地表水体(水池子)的形成大部分是因为井下开采引起地面下沉形成的。从1985年起,我们采取了对积水抽排和对积水坑逐步回填的措施。特别是从2005年开始,不断加大回填力度,采取"抽填结合,以填为主"的有力措施,据统计,2000~2006年共回填土方量2291万m^3。

1.2.8　矿井安全文化与管理

1.2.8.1　建立健全安全生产管理制度

为进一步加强矿井的安全管理，规范人的作业行为，强化人的意识，老虎台矿在原有的基础上，不断完善有关安全生产的规章制度，制定引发了《安全生产行政追究规定》、《关于深化安全生产专项整治》等38个文件；2004年制定印发了《安全生产八追查、八追究规定》、《管理规定》等51个文件；2005年制定印发了《关于学习贯彻国务院通知》、《强制落实隐患排查制度规定》等46个文件；2006年制定印发《区域控制人员规定》、《对违反规章制度造成责任事故的处罚暂行规定》文件。2007年制定印发了《井下责任区域划分管理规定》等13个文件的补充完善，使各项规章制度得到了进一步建立健全，为从严依法治矿有章可循奠定了良好的基础。

1.2.8.2　贯彻"三严"原则，加强安全能力建设

一是安全管理严在干部。按照国务院446号令的规定，矿制定了《入井指挥生产和安全检查的规定》，具体规定了矿、科室、车间三级每周入井天数时间。其中要求矿副总以上干部，月入井保证20天，全月保证80小时以上，矿重新调整了矿级领导值班制度，白天上、下午，夜间上半夜和下半夜，每天分成4个值班组跟班下井，24小时都在现场指挥生产。做到了工人三班倒，班班有领导。同时，还建立了各级干部入井登记制度，由组

干部门和安监部门联合进行考核，在各级干部中推进了“十分制度”考核办法，凡在安全工作中出现问题的，轻者扣分罚款，重者给予免职处分；二是现场管理严在规程。主要是强化规程的兑现率和执行力，严禁把规程和措施只是当成开工“护照”而不认真落实；凡作业现场不按规程和措施施工的，发现一件处理一件，决不姑息迁就；三是行为管理严在细节。在员工中狠抓反习惯性违章作业，靠规章制度规范员工的行为，使员工进入施工现场，自觉做到一想规程措施，二看问题隐患，三照章把活干，养成良好的作业习惯，提高自主保安能力。

1.2.8.3　强化隐患排查治理，防范遏制各类事故

老虎台矿建立了矿、系统、车间三级隐患排查治理体系，即矿每月召开一次、采掘机运通五大系统每旬召开一次、车间每周召开一次隐患排查会议。对排查出的各类隐患，按照“四定”要求，定项目、定时间、定负责人、定标准，进行彻底治理。重大隐患，由矿总工程师、安监处长负责进行整改和治理。同时，还制定《老虎台矿重大事故应急预案》，对矿井容易发生的重大隐患或灾害，可做到快速、安全、有效的处置。开展隐患排查治理专项活动，进一步强化了矿井的安全基础工作，为防范遏制各类事故起到了重要作用。

1.2.8.4　强化安全质量大检查

一是由老虎台矿自身主动坚持开展经常性的安全大检查；二是由安监处牵头，每旬开展一次以安全质量标准化为核心的“4321”联合检查（即安全、质量、生产、管理，各占总奖金的40%、30%、20%、10%）；三是各系统每周进行一次专项检查；同时，充分发挥现场安全监察队的监督保障作用，对采掘工作面实施24h全过程的检查、监督和监控，切实做到不安全坚决不准生产。各级检查必须按照省局下发的隐患认定及处罚办法严格兑现，确保将各类隐患处理在萌芽之中。

1.2.8.5　从严遏制“三违”行为

不断完善和修改了对“三违”的处罚，抓考核、抓落实、抓兑现。坚决做到重处“三违”铁面孔、治理隐患铁手腕、兑现处罚铁心肠，严重“三违”人员一经查出，坚决按规定升格处理。

1.2.8.6 强化员工培训，提高员工队伍技术素质

近年来，老虎台矿强化了员工的安全技术培训工作。2006年先后开办了采煤、掘进、井下电钳工、一通三防4个脱产轮训班，每期脱产1个月，共培训15期1860人；举办了班组长培训班10期478人；新技术培训班11期532人；特种作业人员培训班39期1110人。同抚矿工学院联合办学，开办了采矿工程和机电一体化4个大专班，培训181人。特别是今年为吸取“3.10”事故教训，调整了2007年培训计划，对全矿员工重点进行了防治水、避灾路线、规程措施、自救互救、“一通三防”等知识的培训，4~5月份组织井下员工进行了防水灾和“一通三防”演习。员工培训率达100%（见表1-2-11），通过培训进一步提高了干部员工的安全意识和防灾、避灾能力。

表1-2-11　老虎台矿2006~2007年度安全技术培训情况

序号	培训班名称	期(班)数	培训人次	备　注
1	采掘机运通员工脱产培训班	15	1860	矿职工学校
2	班组长脱产培训班	10	478	矿职工学校
3	新技术培训班	11	532	矿职工学校
4	采矿工程及机电一体化大专班	4	181	与抚矿工学院联合办学
5	特种作业人员培训班	39	1110	抚矿安培中心
6	转岗员工及各类员工应急培训班		712	矿职工学校
7	两防知识培训班	11	2862	矿属车间
8	灾害防治培训班	13	3760	矿属车间
9	佩戴自救器实训班	13	4109	矿职工学校
10	入井人员避灾演习	2	6596	矿属车间
11	自救互救演习	16	610	矿职工学校
12	每周技术课安全技能培训		5370	培训率100%

1.2.8.7 以人为本，深化安全文化建设

几年来，坚持以人为本，严爱相济，大力开展了具有虎矿特色的安全文化建设。创新了班前会“三个十分钟”的安教管理模式（传达上级指示和总结工作十分钟，现场注意事项十分钟，安排工作和规程教育十分钟），推行了唱安全歌、背安全誓词、安全“三步曲”和安全操作规程提示卡等新作法，在干部中提出了“安全好不一定升官，安全不好一定丢官”的新理念；在工人中提出了“平安是福，安全是钱”的新理念。特别是今年，安全文化由理念文化向行为文化、制度文化延伸，围绕安全能力建设，矿制定了《老虎台矿安全预防机制考核实施细则》、《老虎台矿员工安全自我保护条例》，着力于提高各级干部安全生产的掌控能力，员工自主保安和避灾避险能力。强化了班组长的管理，开展了“安全型、技能型、管理型”三型班组竞赛，为员工过安全生日等活动。矿还专门建立了安全文化展室，在井上下建立了四处文化长廊和安全文化巷道。安全文化进区队、进班组、进现场。这种人性化的管理和教育，增强了全矿广大干部和员工遵章守纪、爱岗敬业的自觉性，为搞好安全生产起到了潜移默化的作用。

2 抚顺煤层瓦斯赋存与矿井瓦斯涌出规律

2.1 煤层瓦斯生成与赋存状态

2.1.1 煤层与煤质

2.1.1.1 煤层产状

抚顺煤田生成于新生界下第三系始新统，东西走向。呈单一不对称向斜构造。煤田赋存煤层共有三层，即本层煤、A 层煤和 B 层煤。主采煤层是本层煤，最大厚度 130m（煤田西部），最薄 8m（东部），平均厚度 50m，埋藏深度最大 1300m，为世界罕见单一特厚煤层。本层煤的顶板为油母页岩，平均厚度 110m，底板为凝灰岩，厚度 30～80m，本层煤下部的凝灰岩和玄武岩中还分别夹有 A 层煤和 B 层煤，因其分布不规则、不稳定，为不可采煤层。

煤田地质构造较复杂，落差大于 30m 的断层有 30 条，中小型构造为 5.922 条/万 m^2。煤田内所有切割煤层的断层皆为封闭断层，不仅成为阻碍煤层瓦斯向地表运移扩散的屏障，而且成为煤层瓦斯的富集区域。

2.1.1.2 煤质与煤结构参数

从煤化程度看，抚顺煤田的本层煤属低硫、低磷、低灰分和高发热量的黏结性煤，煤质牌号为长焰煤和气煤。其分布规律是：在胜利矿井田范围内，F_5 断层以西为长焰煤，以东为气煤；在龙凤矿井田内，向斜轴北翼 -400m 水平以上为长焰煤，以下为气煤。煤质工业牌号由西露天的长焰煤逐渐过渡到胜利矿井田 F_6 断层以东，到老虎台矿井田分别为气煤Ⅰ号、Ⅱ号，至龙凤矿井田东翼为气煤Ⅲ号。这说明抚顺煤田的变质程度由西向东逐渐增高，其胶质层厚度 Y 值由零增大到20mm，见表2-1-1。

表 2-1-1 抚顺煤田本层煤煤质工业分析

煤田部位	井 田	工业分析/%			孔隙率/%		坚固系数 f
		Mad	*Aad*	*Vda5*	干燥煤	含水分煤	
东部	龙凤矿	2.47	10.79	42.83	8.18	4.9	>2
中部	老虎台矿	5.54	3.94	45.76	14.05	6.7	1 ~ 2
西部	胜利矿	4.04	7.44	44.12	11.8	5.42	1
西部	西露天矿深部井	8.52	5.52	46.74	17.32	6	1

2.1.2 煤层瓦斯生成与煤吸附瓦斯性能

2.1.2.1 煤层瓦斯的生成

抚顺煤田煤系地层赋存煤炭和油母页岩两种有益矿产资源，是抚顺煤矿瓦斯的主要来源。抚顺煤田成煤期较晚，埋藏较浅，变质程度较低，但由于具有良好的生气、贮气、封闭、盖层、阻移等优越集气条件，所以煤层瓦斯含量很高，是一罕见的高富集瓦斯煤层，开采过程中瓦斯涌出较大，见老虎台矿2004 ~ 2007年矿井瓦斯等级鉴定结果（表2-1-2）。

表 2-1-2 老虎台矿历年瓦斯登记鉴定情况

年 限	相对瓦斯涌出量/$m^3 \cdot t^{-1}$	绝对瓦斯涌出量/$m^3 \cdot min^{-1}$
2004 年	35.71	227.27
2005 年	41.5	218.31
2006 年	36.32	212.54
2007 年	39.59	95.62

矿井瓦斯的主要成分是甲烷（CH_4）。它是成煤过程中伴生的一种气体矿床。在古地理环境中，以植物为主的有机物不断地堆积和沉淀，并逐渐被泥砂等所覆盖，随着埋深的增加，在高温高压作用下，成煤植物残骸向煤转化，经煤化作用后转变为不

同品种的煤。煤及暗色泥岩中的分散有机物，在煤化中即伴随有天然气（瓦斯）的生成。其生气过程延续很长时间，即从植物残体沉积埋藏后起，直至变为无烟煤的整个漫长过程。一般而言，煤化作用的时间越长，煤的碳化程度越高，瓦斯生成量越大。抚顺煤田的瓦斯贮存以本层煤含量最高，为 10 ~ 20 m^3/t，是煤田的主要贮气层。下部的 B 层煤和 A 层煤含煤系的瓦斯含量也较高，都曾发生过煤与瓦斯突出动力现象，突出瓦斯最大强度为 6 万 m^3。油母页岩中瓦斯含量在 1.37 ~ 2.6 m^3/m^3之间。

2.1.2.2 煤吸附瓦斯性能与吸附常数

A 煤吸附瓦斯性能

煤是天然的吸附体，其煤化程度越高，吸附瓦斯的能力越强，在其他条件相同时，煤的变质程度越高，其瓦斯含量越大。在同一煤田，煤吸附瓦斯的能力随煤的变质程度的提高而增大，故在同一瓦斯压力和温度条件下，变质程度高的煤层往往能含有更多的瓦斯。抚顺煤田的煤属长焰煤和气煤，沿煤田走向分布，气煤所占的比例达 71%，并分布在 F_6 号断层以东至龙凤矿井田。按国外试验分析资料得知：气煤的生气吨当量为 82 ~ 212m^3。所以，煤田煤层埋藏深度大，压力高，使其碳化程度高，是煤吸附瓦斯性能好、瓦斯含量高的根本原因。老虎台矿在 -630 ~ -730m水平（距地表 730 ~ 830m）测出煤层瓦斯压力为 3.58 ~ 4.5MPa，经测定煤的最大吸附能力达 30 ~ 43$m^3/(t \cdot r)$，煤层瓦斯含量高达 24.4m^3/t。说明煤层不但生气条件好，而且也具有内在的吸附储气条件，故使煤层保留的瓦斯多。抚顺煤田向斜南翼开采深度在 730 ~ 830m。实践证明，深部瓦斯压力增高，钻孔自然涌出瓦斯量增大，意味着瓦斯的威胁会更大。

B 煤吸附瓦斯常数

根据朗格缪尔公式，煤的吸附瓦斯含量可由瓦斯压力和煤的瓦斯吸附常数求得，依据煤的孔隙率和瓦斯压力计算游离瓦斯含量，为此，采用了容量法做煤的吸附瓦斯试验，测定煤的瓦斯吸附常数，并做出瓦斯压力与瓦斯含量关系的瓦斯吸附曲线。还可以根据吸附常数与实测瓦斯压力，按朗氏公式计算吸附瓦斯含量，朗氏公式如下：

$$V_1 = \frac{abp}{1 + bp} \tag{2-1-1}$$

$$V_2 = \frac{p\phi}{\gamma} \tag{2-1-2}$$

式中 V_1，V_2——分别为煤的瓦斯吸附含量($m^3/(t \cdot r)$)和游离瓦斯含量（m^3/t）；

p——吸附试验瓦斯压力或煤层实测瓦斯压力，MPa；

ϕ——煤的孔隙体积，m^3/m^3；

γ——煤的假密度，t/m^3；

a，b——瓦斯吸附常数，可在实验室测定得出。

1982 年原抚顺矿务局通风试验室在老虎台矿开展了瓦斯含量的测算工作。在吸附试验中，测算出 90 个煤样，在吸附压力小于 0.2MPa 的吸附瓦斯含量最小为 $1m^3/(t \cdot r)$，最大为 $2.3m^3/(t \cdot r)$，平均为 $1.7m^3/(t \cdot r)$。当最大吸附压力为 3MPa 时，吸附瓦斯含量为 $17 \sim 23m^3/(t \cdot r)$。吸附煤样取自最大深度为 830m，结果见表 2-1-3，表 2-1-4。

表 2-1-3　各自然分层煤最大瓦斯吸附常数

煤　层	三分层	四分层	五分层	平　均
$a/m^3 \cdot (t \cdot r)^{-1}$	37.471	39.732	41.593	39.599
b①$/MPa^{-1}$	0.0481	0.0427	0.0162	0.0423

① b 也为煤的吸附常数。

表 2-1-4 老虎台矿 -630m 水平东部区自然分层瓦斯含量测算

序号	测定地点（采区-钻场-煤层）	实测瓦斯压力 /MPa	煤孔隙率 /%	煤挥发分 /%	吸附常数		瓦斯含量/$m^3 \cdot t^{-1}$		
					a	b	吸附	游离	总量
1	702-8-3	1.29	5.8	40.73	43.5769	0.0486	16.794	0.75	17.543
2	705-4-3	3.63	6.67	42.72	32.7600	0.05612	22.072	2.455	24.527
3	706-3-3	1.59	9.93	43.67	30.7337	0.04953	13.54	1.579	15.12
4	706-7-3	0.74		43.14	42.8148	0.03801	9.399	0.102	9.501
5	平　均	2.1866	7.467	42.47	37.4714	0.0481	17.469	1.595	19.06
6	702-8-4	1.2	3.79	50.27	36.7586	0.0396	11.902	0.455	12.356
7	706-3-4	1.36	3.1	40.82	39.3204	0.04972	15.855	0.422	16.277
8	706-7-4	0.74	7.8	41.71	43.1183	0.0388	9.616	0.517	10.196
9	平　均	1.28	4.897	44.26	39.732	0.0427	13.879	0.439	14.317
10	702-8-5	1.157	2.27	45.78	45.6667	0.03473	17.905	0.384	18.289
11	706-3-5	1.37	3.1	43.98	37.9346	0.0367	12.724	0.425	13.144
12	706-7-5	0.74	3.76	45.85	41.1279	0.03712	8.840	0.278	9.110
13	平　均	1.272	3.043	45.2	41.593	0.0362	12.901	0.405	13.31
总平均		1.3867	5.14	43.867	39.4327	0.042893	13.8549	0.7367	14.6063

2.1.3 煤层瓦斯沿走向和倾向赋存状态

2.1.3.1 煤层瓦斯沿走向赋存状态

抚顺煤田走向长度为 18km，由 3 个井工矿开采。各井田的走向长度在 4.5 ~ 5km 之间，由于煤层是非均质的，而且影响煤的瓦斯赋存的因素很多，所以，从整个煤田或者井田走向观测，其瓦斯分布和涌出量都是不一样的。就是在一个矿井内，瓦斯涌出量大小也并非一致。

纵观抚顺煤田的瓦斯分布，东部的龙凤矿最大，中部的老虎台矿最小，西部的胜利矿仅次于龙凤矿。这里分别用 -330 ~ -425m水平的相对瓦斯涌出量曲线（见图 2-1-1）和 -400 ~ -505m水平的采区相对瓦斯涌出量（见表 2-1-5），具体说明沿煤田走向（由西往东）瓦斯量变化规律。

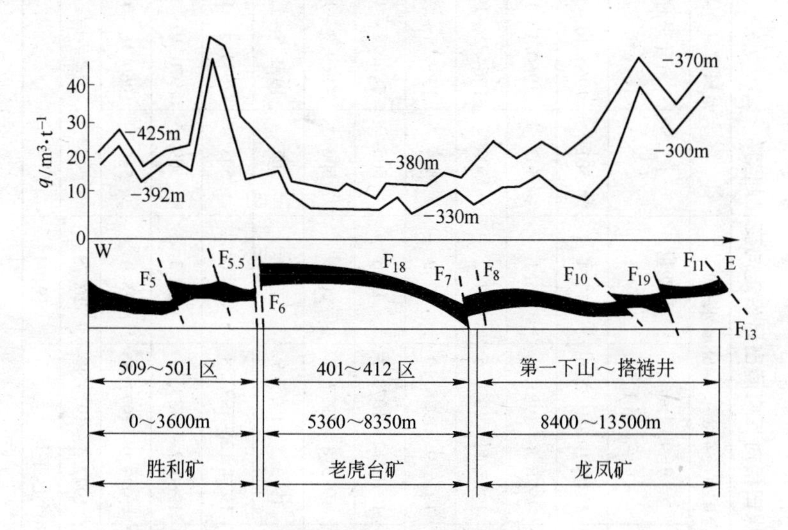

图 2-1-1　抚顺煤田相对瓦斯涌出量沿走向变化趋势

从图 2-1-1 和表 2-1-5，表 2-1-6 可以看出，抚顺煤田的煤层厚度沿走向由西向东变薄，进入龙凤矿井田的东端煤层厚度只有 8m。但是，回采过程中发现，瓦斯涌出量与煤层厚度变化并非一致，在一个井田、一个采区也是如此。所以，瓦斯涌出量沿煤田走向的赋存状态主要与煤质和地质结构影响有着密切的关系。

A　瓦斯赋存状态沿煤层走向变化与煤质的关系

老虎台矿瓦斯含量参数见表 2-1-6。经大量煤质分析和煤炭使用结果表明，抚顺煤田的变质程度是由西向东逐渐增高的，其瓦斯变化规律与煤质的变化规律基本是一致的，即煤的碳化程度高，瓦斯含量大，反之则小，见表 2-1-7。

表 2-1-5　抚顺煤田相对瓦斯涌出量沿走向变化趋势

胜利矿（-460m 水平）			老虎台矿（-448 ~ -468m 水平）			龙凤矿（-490m 水平）		
采区	开采时间（年．月）	瓦斯量 /$m^3 \cdot t^{-1}$	采区	开采时间（年．月）	瓦斯量 /$m^3 \cdot t^{-1}$	采区	开采时间（年．月）	瓦斯量 /$m^3 \cdot t^{-1}$
501	1967. 2 ~ 1973. 6	27. 2	511	1979. 10 ~ 1982. 6	17. 4	501	1966. 10 ~ 1970. 8	21. 67
502	1964. 10 ~ 1973. 12	27. 4	510	1978. 8 ~ 1981. 1	15. 1	502	1960. 1 ~ 1969. 7	28. 3
503	1962. 2 ~ 1966. 11	19. 6	509	1975. 11 ~ 1977. 6	21. 2	503	1964. 2 ~ 1966. 12	20. 1
504	1961. 1 ~ 1964. 9	15. 6	508	1976. 9 ~ 1978. 10	12. 9	504	1960. 5 ~ 1969. 12	21. 6
505	1960. 1 ~ 1962. 12	18. 2	507	1976. 12 ~ 1979. 3	12. 6	505	1966. 1 ~ 1970. 5	20. 5
506	1960. 8 ~ 1963. 8	11. 5	506	1975. 8 ~ 1977. 6	20. 6	506	1969. 3 ~ 1972. 4	31. 9
507	1961. 1 ~ 1966. 5	15. 3	505	1973. 2 ~ 1975. 6	22. 9	507	1971. 5 ~ 1972. 12	36. 84
508	1961. 12 ~ 1967. 5	9. 8	504	1974. 12 ~ 1977. 8	15. 6	508	1971. 5 ~ 1973. 4	37. 27
509	1962. 5 ~ 1971. 5	15. 8	503	1980. 2 ~ 1983. 11	24. 3	509	1970. 10 ~ 1971. 9	32. 5
510	1971 ~ 1972	12. 2	502	1973. 9 ~ 1977. 6	25. 9	510	1969. 10 ~ 1970. 12	32. 5
10 个区平均		17. 25	501	1977. 5 ~ 1979. 8	20. 78	10 个区平均		28. 3
			11 个区平均		19. 04			

表 2-1-6 老虎台矿瓦斯含量参数

测量地点：阶段水平-采区	地点	平均吸附压力 /MPa		吸附常数			瓦斯含量 /$m^3 \cdot t^{-1}$	
		平均	最大	*a*	*b*	*ab*	平均	最大
-480m-511号	2	3.09	3.09	26.05	0.0495	1.29	16.85	21.6
-480m		3.09	3.09	26.05	0.0495	1.29	16.85	21.6
-530m-507号	3	3.10	3.28	27.96	0.055	1.54	18.23	21.2
-530m-508号	3	3.097	3.32	31.47	0.052	1.63	17.46	19.17
-530m-511号	1	2.53	2.53	21.5	0.1	2.2	12.1	12.1
-530m-512号	3	3.15	3.24	21.5	0.088	1.79	15.3	16.5
-530m		2.97	3.32	25.6	0.0725	1.86	15.77	21.2
-540m-502号	6	3.14	3.27	20.9	0.087	1.82	15.12	17.4
-540m-504号	1	2.73	2.73	19.2	0.09	1.82	14.7	14.7
-540m-505号	1	2.69	2.69	21.9	0.086	1.89	16.2	16.2
-540m		2.85	3.27	20.67	0.088	1.81	15.34	17.4
-580m-502号	5	2.798	2.91	17.52	0.11	1.85	13.24	14.7
-580m-504号	4	3.02	3.29	24.15	0.089	2.14	17.45	21.9
-580m-508号	4	2.86	2.91	26.72	0.065	1.74	17.99	20
-580m-505号	6	2.61	3.03	19.82	0.094	1.87	14.75	16.6
-580m		2.822	3.29	22.05	0.0895	1.07	15.86	21.9
-630m-702号	3	2.02	2.03	31.2	0.072	2.25	20.99	24.5
-630m-705号	1	2.02	2.02	32.76	0.05	1.64	19.45	19.45
-630m-706号	7	2.09	2.6	35.3	0.049	1.72	20.7	21.94
-630m-707号	4	2.67	2.8	27.95	0.04	1.12	18.67	27.6
-630m-708号	3	2.42	2.51	23.9	0.076	1.81	16.87	18.8
-630m-709号	3	2.43	2.7	30.56	0.06	1.61	20.1	27.6
-630m-710号	1	2.06	2.06	27.3	0.07	1.94	20	20
-630m		2.24	2.8	29.995	0.058	1.74	19.54	27.6
-730m北进地质	2	2.81	2.9	28.6	0.058	1.66	18.9	21.1
-730m西入风钻场	2	2.84	2.98	23.89	0.071	1.7	17.6	18.5
-730m中央西注砂钻孔	5	2.65	2.75	23.15	0.063	1.45	16.8	19
-730m		2.77	2.98	25.21	0.064	1.61	17.77	21.1

表 2-1-7 瓦斯赋存状态沿走向变化与煤质的关系

矿 井	统计点数	胶质层平均厚度 /mm	平均挥发分 Vad/%	胶质层厚度变化 y/mm	挥发分变化 Vad/%	平均相对瓦斯涌出量 $/m^3 \cdot t^{-1}$
胜利矿	12	8.7	43.49	4.66~8.7	40.03~46.26	17.25
老虎台矿	26	10.27	44.41	6.5~17.6	37.8~46	19.04
龙凤矿	25	12.2	43.34	5.93~20.47	40.26~50.13	28.3

B 瓦斯赋存状态沿煤层走向变化与地质构造的关系

抚顺煤田已发现30条落差大于30m的大型断层构造，其中胜利井田占21.2%；老虎台井田占24.4%；龙凤井田占54.4%，由此看出断层发生的频率自西向东增加。另外，中、小型构造也同时由西向东增多，并集中于煤田东端的龙凤井田。见表2-1-8。

表 2-1-8 抚顺煤田中、小断层沿井田回采区分布

井 田	煤田部位	采 区	中、小断层出现频率 /条·(万 m^2)$^{-1}$	位于井田
龙凤矿	东 部	603E	9.59	东 部
		603W	8.47	中 部
		602W	13.39	中 部
		601E	11.53	西 部
		4个采区平均	10.745	
老虎台矿	中 部	401	2.87	东 部
		404	5.98	东 部
		406	3.85	中 部
		408	8.37	中 部
		410	6.54	西 部
		5个采区平均	5.522	
胜利矿	西 部	501	1.57	东 部
		503	1.41	东 部
		505	1.83	中 部
		507	1.36	中 部
		509	1.63	西 部
		5个采区平均	1.56	

3 个井工矿的断层出现规律统计：胜利矿 1.57 条/万 m^2，老虎台矿 5.522 条/万 m^2，龙凤矿 10.745 条/万 m^2。这说明中、小型地质构造与大型地质构造密切相关，且沿走向变化规律完全一致。其瓦斯赋存状态沿煤层走向与地质构造的关系为：地质构造自西向东增多，瓦斯涌出量增大。

2.1.3.2 煤层瓦斯沿倾向（深度）赋存状态

抚顺煤田的倾向大致为由南往北倾斜，即南浅北深，在老虎台井田 -580m 东部发生部分直立倒转。煤层瓦斯赋存普遍规律是随着煤层埋藏深度增加，即沿煤层倾向由南向北瓦斯涌出量逐渐增加。抚顺煤田本层煤各自然分层瓦斯赋存状态为：三分层大于四分层，四分层大于五分层。以上都说明，抚顺煤田瓦斯分层状态，其涌出量随深度而增加，但经统计分析也表明，瓦斯涌出量随开采深度的增加而增加的趋势是有止境的，如龙凤井田于 -460m水平出现拐点，其原因是，煤层到深部水平后，煤层变薄，-460m 水平较 -400m 煤炭储量减少 1614 万 t；另外，在进行上阶段预抽瓦斯时也能抽出下阶段瓦斯，使深部煤层瓦斯减少，这是瓦斯涌出量出现拐点并呈下降趋势的根本原因，见图 2-1-2、表 2-1-9。

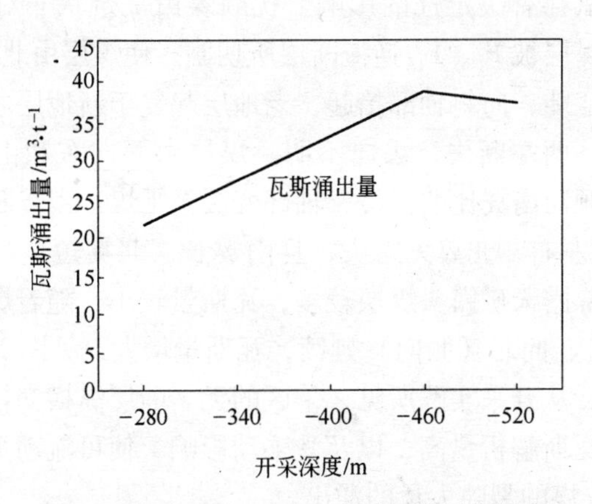

图 2-1-2 龙凤矿 -460m 水平瓦斯涌出拐点

表 2-1-9　龙凤矿相对瓦斯涌出量与煤量和深度关系

矿井标高 /m	走向长 /m	煤量/万 t		相对瓦斯涌出量/$m^3 \cdot t^{-1}$		
		地质	采出	矿井	区风排	区抽放
-340				28.12	14.75	
-400	4200	2860	1945	33.04	18.29	4.5
-460	3800	1246	742.6	39.12	15.90	8.86
-520	4080	2309.6	928.5	37.87	11.78	13.96
-570	4220	2107	1369.8	26.36	10.66	14.36
-635	3825	2045.9	1171.9	(21)①		

① -635m 水平尚有部分采区未开采时的统计值。

2.1.4　构造带瓦斯赋存规律

抚顺煤田属第三纪含煤地层沉积，受华夏式构造体系控制，煤的变质程度较低。但是，该煤田煤层为向斜构造，控制了煤质呈条带状分布的方向性。煤的变质程度愈高，可伴生的瓦斯量也愈大。

在煤层沉积环境和变质程度一定的条件下，区域地质构造对煤层瓦斯赋存有决定性的影响。抚顺煤田呈带状非对称向斜构造，向北煤层被 F_1、F_{1A} 逆掩断层所切割，使煤层由北向南倾斜，并且倾向变陡，向斜轴部抬起，老地层起复于新地层之上，形成向斜封闭，两端断失，去向不明。煤层由西向东和由浅向深变薄，煤层倾向南翼比北翼缓，轴部变缓至平煤。南翼断层露头在 50～100m 左右，北翼无露头，且南翼长，北翼短。对瓦斯赋存而言，西部露天矿露头煤层较多，瓦斯量较小，随着煤层逐渐向东（走向）、向北（倾向）延续，瓦斯量增大，见图 2-1-3。

另外，从开采实践所见，采区的无名断层纵横交错，造成煤质破碎，瓦斯解析量高，以及受采动影响，使可流动瓦斯沿断层线（面）、煤的裂隙大量的涌出。

据统计，各井田内的中、小断层以正断层为主，如胜利矿

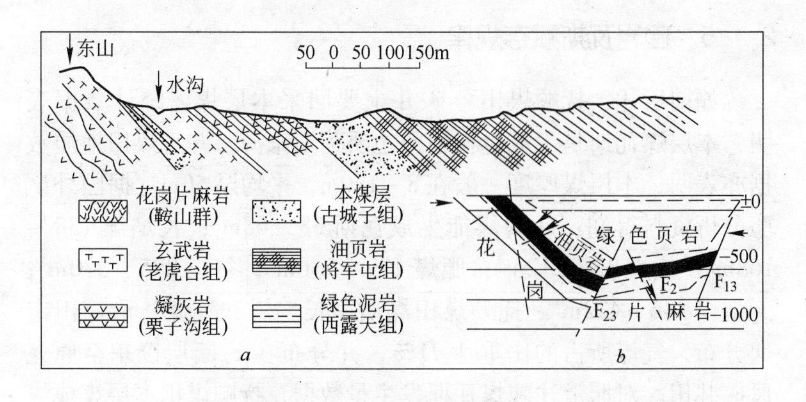

图 2-1-3 抚顺煤田煤层露头

a—东露天 8600 剖面；*b*—煤层总剖面

501、502 区位于 F_6 断层的上盘，其瓦斯量比无断层影响的采区高 5m³/t。位于老虎台矿与胜利矿井田煤柱之间 F_6 号断层，为平移正断层，经距 E3600，倾斜方位 S88W，倾向 35°，垂直落差 3～5m，水平位移 500～850m，走向距离 2km。该断层带内煤质破碎，煤的空隙、裂隙发育，瓦斯极易流动放散，因此，位于正断层下盘煤层的瓦斯量较小。然而，抚顺煤田由于煤层顶、底板岩层透气性极差，而使煤层处于封闭状态，瓦斯并不容易逸散。如老虎台矿的 501 区和 503 区位于 F_7 号断层上盘，煤层瓦斯量较大；龙凤井田端部采区临近 F_7 号断层下盘，瓦斯量更大。在井田大的构造中，正断层多，其邻区的瓦斯量也相对较高，这是因为煤层顶、底板厚而密，对断层瓦斯有良好的封盖作用，只有被采动时，瓦斯才大量涌出。

抚顺煤田瓦斯主要赋存于本层煤和油母页岩之中，其中以本层煤含量最高，为 10～20m³/t，是煤田主要贮气层。下部 B 层煤和 A 层煤含煤系的瓦斯含量也较多，都曾发生过煤与瓦斯突出动力现象。覆盖在本层煤之上的油母页岩中瓦斯含量在1.37～2.6m³/m³之间，其来源是成岩过程中自生和下部煤层瓦斯部分转移至此。

2.1.5 围岩瓦斯赋存规律

如前所述，抚顺煤田各矿井主要回采本层煤，统计数据表明，本层煤瓦斯是生成过程中的主要瓦斯来源，并且煤田地质数据亦表明，本层煤厚度一般在8～130m，平均厚50m。据国外试验分析资料得知：1t褐煤能生成瓦斯38～68m^3；长焰煤138～168m^3；气煤82～212m^3；肥煤199～230m^3；贫煤295～330m^3；无烟煤346～422m^3。抚顺煤田煤质属长焰煤和气煤，沿煤田走向分布，气煤所占的比重达71%，并分布在F_6断层以东至原龙凤矿井田。对照上述吨煤瓦斯发生量数据，抚顺煤田本层煤成煤的吨煤瓦斯发生量应为82～212m^3。

围岩瓦斯主要集中于油母页岩和煤层夹矸之中。油母页岩层中的瓦斯是由两部分组成：一是本身自生自储的瓦斯；二是由本层煤扩散采动瓦斯，其瓦斯含量为1.37～2.6m^3/m^3，且由西往东逐渐增高。

本层煤中3个可采自然分层之间存在着两个夹矸层，其中五分层和四分层之间夹矸层厚度为0.5～2.5m，瓦斯含量1.53m^3/t；四分层和三分层之间夹矸层较厚，瓦斯含量0.33～2.75m^3/t（见表2-1-10）。

表2-1-10 抚顺煤田钻孔所见围岩瓦斯含量

钻孔编号	钻孔深度/m	岩层工业分析/%			瓦斯含量/$m^3 \cdot m^{-3}$	岩层名称
		Mad	*Aad*	*Vdat*		
47	725.66～724.04	33.6	80.87	12.66	2.6	油母页岩
	748.75～749.45	8.55	56.82	17.29	1.6	炭质页岩
	769.00～790.43	5.89	65.87	19.77	1.73	炭质页岩
	772.97～775.38	6.37	63.95	16.68	1.35	炭质页岩
297	550.06～552.5	1.03	84.69	13.55	1.37	油母页岩
	666.96～667.87	1.48	80.96		1.53	页 岩
	692.8～693.57	1.79	85.18		2.75	玄武岩
	736.38～737.98	2.23	96.52		1.35	玄武岩
	801.58～808.63	3.14	84.3		0.33	玄武岩

2.1.6 瓦斯储量

经过数十年的煤炭开采和对煤层瓦斯的抽放，到 2003 年抚顺矿区瓦斯储量仍达 89.6 亿 m^3，其中老虎台矿 51.25 亿 m^3，胜利矿 21.81 亿 m^3，龙凤矿 16.54 亿 m^3。

老虎台矿 51.25 亿 m^3，主要由两部分组成：第一部分 8781.4 万 t 可动用煤炭储量中赋存 14.93 亿 m^3，占甲烷总储量的 29%；第二部分域下压煤 15625.6 万 t 中赋存甲烷 36.3 亿 m^3，占甲烷总储量的 71%。见表 2-1-11（源于 2003.4《强化开发抚顺特厚煤层甲烷资源技术研究》）。

表 2-1-11 老虎台矿煤炭甲烷储量分布

分布地点	项　目	煤炭储量/万 t	相对涌出量/$m^3 \cdot t^{-1}$	储量/亿 m^3
域下压煤区	东部区	2003.6	18	3.62
	西部区	13622.0	24	32.7
	合　计	15625.6		36.32
开采区	可动用煤量	8781.4	17	14.93
总　计		24407.0	21	51.25

2.1.7 瓦斯地质图编制

由于客观原因进入 20 世纪 90 年代以来，抚顺煤矿只有老虎台矿，分别于 1992 年和 2004 年进行了两次老虎台井田的瓦斯地质图编制。瓦斯地质图编制主要涉及下列内容：

实测瓦斯涌出量、预测瓦斯涌出量、实测瓦斯压力、瓦斯喷出点、瓦斯集中涌出点、煤与瓦斯突出点、实测瓦斯涌出量等值线、预测瓦斯涌出量等值线、沿走向高瓦斯带边界线、沿轴心中低瓦斯带边界线、开放性断层、封闭性断层、煤层露头线、煤层底板等高线、向斜轴、井田边界线、瓦斯风化带边界线等。

2.1.7.1 老虎台矿已采区实测瓦斯涌出量

老虎台井田 －230m 水平以上为瓦斯风化带，瓦斯涌出量

2 ~ 3m^3/t。对风化带以下（ -230 ~ -280m 水平及以下）采完区域实测瓦斯涌出量进行编制、描绘，见表 2-1-12。

表 2-1-12　老虎台矿风化带以下已采区实测瓦斯涌出量汇总表

序号	采区	标高/m	实测瓦斯量 /$m^3 \cdot t^{-1}$	序号	采区	标高/m	实测瓦斯量 /$m^3 \cdot t^{-1}$
1	35 号$_上$	-280	8.57	24	55 号	-230 ~ -280	3.50
2	35 号$_下$	-330	7.76	25	56 号	-280 ~ -330	8.12
3	36 号$_上$	-280	6.84	26	57 号	-230 ~ -280	4.04
4	36 号$_下$	-330	5.60	27	58 号	-280 ~ -330	4.98
5	38 号$_上$	-230 ~ -280	7.77	28	59 号	-230 ~ -280	4.56
6	38 号$_下$	-280 ~ -330	6.74	29	60 号	-280 ~ -330	9.90
7	39 号$_上$	-230 ~ -280	7.29	30	61 号	-230 ~ -280	3.78
8	39 号$_下$	-280 ~ -330	9.84	31	62 号	-280 ~ -330	10.99
9	40 号$_上$	-230 ~ -280	6.03	32	63 号	-230 ~ -280	5.05
10	40 号$_下$	-280 ~ -330	6.43	33	64 号	-230 ~ -280	14.70
11	41 号$_上$	-230 ~ -280	4.12	34	65 号	-230 ~ -280	11.30
12	41 号$_下$	-280 ~ -330	6.43	35	401 号$_上$	-330 ~ -380	6.81
13	43 号$_上$	-230 ~ -280	10.95	36	401 号$_下$	-380 ~ -430	23.63
14	43 号$_下$	-280 ~ -330	10.74	37	403 号$_上$	-330 ~ -380	11.58
15	44 号$_上$	-230 ~ -280	10.24	38	403 号$_下$	-380 ~ -430	23.83
16	44 号$_下$	-280 ~ -330	8.44	39	404 号$_上$	-330 ~ -380	8.86
17	45 号$_上$	-230 ~ -280	5.86	40	404 号$_下$	-380 ~ -430	12.32
18	45 号$_下$	-280 ~ -330	5.86	41	405 号$_上$	-330 ~ -380	9.39
19	51 号	-230 ~ -280	4.78	42	405 号$_下$	-380 ~ -430	23.95
20	52 号	-280 ~ -330	4.88	43	406 号$_上$	-330 ~ -380	8.49
21	35 号$_上$	-230 ~ -280	2.75	44	406 号$_下$	-380 ~ -430	18.04
22	35 号$_下$	-280 ~ -330	2.75	45	407 号$_上$	-330 ~ -380	12.80
23	54 号	-280 ~ -330	4.38	46	408 号$_上$	-330 ~ -380	5.05

续表 2-1-12

序号	采区	标高/m	实测瓦斯量/$m^3 \cdot t^{-1}$	序号	采区	标高/m	实测瓦斯量/$m^3 \cdot t^{-1}$
47	408 号$_{下}$	-380 ~ -430	20.81	71	506 号$_{中}$	-480 ~ -530	22.88
48	409 号$_{上}$	-330 ~ -380	7.71	72	506 号$_{下}$	-530 ~ -580	34.56
49	409 号$_{下}$	-380 ~ -430	11.29	73	507 号$_{上}$	-430 ~ -480	12.64
50	410 号$_{上}$	-330 ~ -380	5.15	74	507 号$_{中}$	-480 ~ -530	17.57
51	410 号$_{下}$	-380 ~ -430	22.45	75	507 号$_{下}$	-530 ~ -580	36.54
52	411 号$_{上}$	-330 ~ -380	9.89	76	508 号$_{上}$	-430 ~ -480	12.89
53	412 号$_{上}$	-330 ~ -380	9.63	77	508 号$_{中}$	-480 ~ -530	64.75
54	412 号$_{下}$	-380 ~ -430	16.42	78	509 号$_{上}$	-430 ~ -480	21.21
55	501 号$_{上}$	-430 ~ -480	20.78	79	509 号$_{中}$	-480 ~ -530	12.49
56	501 号$_{下1}$	-480 ~ -530	12.59	80	509 号$_{下}$	-530 ~ -580	20.03
57	501 号$_{下2}$	-530 ~ -580	53.38	81	510 号$_{上}$	-430 ~ -480	15.06
58	502 号$_{上}$	-430 ~ -480	25.92	82	510 号$_{中}$	-480 ~ -530	12.22
59	502 号$_{下1}$	-480 ~ -530	16.12	83	510 号$_{下}$	-530 ~ -580	25.39
60	502 号$_{下2}$	-530 ~ -580	35.6	84	511 号$_{上}$	-430 ~ -480	17.44
61	503 号$_{上}$	-430 ~ -480	24.31	85	511 号$_{中}$	-480 ~ -530	13.05
62	503 号$_{下1}$	-480 ~ -530	17.54	86	511 号$_{下}$	-530 ~ -580	18.12
63	503 号$_{下2}$	-530 ~ -580	29.53	87	512 号$_{中}$	-480 ~ -530	13.49
64	504 号$_{上}$	-430 ~ -480	15.62	88	48009	-480	6.36
65	504 号$_{下1}$	-480 ~ -530	18.68	89	48008	-480	9.33
66	504 号$_{下2}$	-530 ~ -580	89.57	90	48007	-480	7.01
67	505 号$_{上}$	-430 ~ -480	22.9	91	48010	-480	2.42
68	505 号$_{下1}$	-480 ~ -530	13.72	92	50505	-505	3.16
69	505 号$_{下2}$	-530 ~ -580	2.04	93	53011	-530	4.85
70	506 号$_{上}$	-430 ~ -480	20.64	94	48006	-480	4.01

续表 2-1-12

序号	采区	标高/m	实测瓦斯量/$m^3 \cdot t^{-1}$	序号	采区	标高/m	实测瓦斯量/$m^3 \cdot t^{-1}$
95	58003	-580	6.22	108	58007	-580	3.27
96	53010	-530	3.44	109	54003	-540	6.22
97	50503	-505	8.21	110	-330 东	-330	3.05
98	54004	-540	21.15	111	55001	-505	36.83
99	53009	-530	3.79	112	68001	-680	17.7
100	50502	-505	14.96	113	68002	-680	42.7
101	53006	-530	4.57	114	63001	-630	29.4
102	53008	-530	2.86	115	63002	-630	36.96
103	53007	-530	3.7	116	63006	-630	24.89
104	58005	-580	10.3	117	78001	-780	39.7
105	54002	-540	7.15	118	78002	-780	29.9
106	54002N	-540	10.04	119	83001	-830	37.14
107	58008	-580	6.22	120	63003	-630	36.83

表 2-1-12 统计了老虎台矿瓦斯风化带界线以下 120 个已采区的实测瓦斯吨当量，时间跨越半个多世纪。

2.1.7.2 老虎台井田预测瓦斯涌出量描述

根据矿井统计及瓦斯梯度公式算出 -580m 以下各标高的原始瓦斯涌出量，见表 2-1-13。

表 2-1-13 -580m 以下各标高的原始瓦斯涌出量

序号	地点	标高/m	预测瓦斯量/$m^3 \cdot t^{-1}$
1	701 号$_{上}$ ~702 号$_{上}$	-580 ~ -630	29.09
2	702 号 ~703 号$_{中}$	-630 ~ -680	37.57
3	704 号$_{上}$	-580 ~ -630	23.14
4	705 号$_{中}$	-580 ~630	23.52
5	705 号$_{中}$轴部区	-630 ~ -680	25.81

续表 2-1-13

序 号	地 点	标高/m	预测瓦斯量/$m^3 \cdot t^{-1}$
6	705 号$_{下}$轴部区	-680 ~ -730	28.29
7	井田中部煤柱区	-580 ~ -630	25.5
8	井田中部煤柱区	-630 ~ -680	28.08
9	井田中部煤柱区	-680 ~ -730	28.71
10	706 号$_{上}$	-580 ~ -630	27.86
11	706 号$_{中}$	-630 ~ -680	30.34
12	715 号$_{下}$	-730 以下	29.12
13	707 号$_{上}$	-580 ~ -630	20.46
14	707 号$_{中}$	-630 ~ -680	22.94
15	708 号$_{上}$	-580 ~ -630	20.39
16	708 号$_{中}$	-630 ~ -680	22.84
17	708 号$_{下}$	-680 ~ -730	25.35
18	709 号$_{上}$	-580 ~ -630	31.82
19	709 号$_{中}$	-630 ~ -680	34.3
20	709 号$_{下}$	-680 ~ -730	36.78
21	710 号$_{上}$	-580 ~ -630	22.01
22	710 号$_{中}$	-630 ~ -680	24.49
23	710 号$_{下}$	-680 ~ -730	26.97
24	511 号$_{下}$	-530 ~ -580	18.12
25	711 号$_{上}$	-580 ~ -630	25.31
26	711 号$_{中}$	-630 ~ -680	27.79

2.1.7.3 老虎台井田历次煤与瓦斯突出、倾出、压出动力现象描述，见表 2-1-14

表 2-1-14　老虎台井田历次煤与瓦斯突出，倾出，压出动力现象情况

序号	时　间	地　点	突出	倾出	压出	煤量/t	瓦斯量/m³
1	1980 年 10 月 23 日	−580m511$_下$采区			压出	45	77903
2	1997 年 2 月 5 日	−630m709$_中$采区		倾出		814、1	570
3	1997 年 4 月 13 日	78001 掘进面			压出	58	4153
4	1997 年 4 月 22 日	−680m78001 安装道			压出	22.5	3490
5	1997 年 10 月 3 日	−780m 西探巷	突出			1017	102484
6	1999 年 11 月 20 日	78001 三期回风顺槽		倾出		26.2	2700
7	2001 年 3 月 16 日	78001 三期入风顺槽	突出			201	30622
8	2002 年 10 月 21 日	83001 北顺掘面	突出			471	16439
9	2002 年 12 月 16 日	83001 北顺掘面	突出			135	6130
10	2000 年 3 月 3 日	83001 北顺掘面	突出			415	18656
11	1998 年 12 月 4 日	−830m 西探巷	突出				

2.1.7.4　老虎台井田实测瓦斯压力描述

老虎台矿于 20 世纪 80 年代中叶起，开始由规划地组织过若干次煤层瓦斯压力测定，主要测点分布在 −430 ~ −730m 水平的各标高点，见表 2-1-15。

表 2-1-15　老虎台井田实测瓦斯压力

序号	地　点	标高/m	压力/MPa	序号	地　点	标高/m	压力/MPa
1	−430m 东部	−430	0.81	7	−730m 东部	−730	3.0
2	−330m 西部	−330	0.4	8	−730m 中部	−730	4.5
3	−580m 东部	−580	1.49	9	−680m 中部	−680	3.47 ~ 3.66
4	−630m 东部	−630	1.29	10	−580m 中部	−580	1.5
5	−630m 中部	−630	3.68	11	−680m 西部	−680	3.32 ~ 4.05
6	−680m 东部	−680	0.68	12	−580m 西部	−580	1.65

2.1.7.5 老虎台井田瓦斯集中涌出点实测描述

受统计数据制约，2004 年绘制的老虎台矿-煤层瓦斯地质平面图上，只描绘了 10 处“瓦斯集中涌出点”。有些区域未进行描绘，并不是因为未进行测定，而是钻孔的瓦斯涌出量过小，用微速风表无法测出。瓦斯地质图上对瓦斯集中涌出点的标志单位是“孔分”，即单孔每分钟的瓦斯涌出量，见表 2-1-16。

表 2-1-16 瓦斯集中涌出点和瓦斯涌出量情况

序 号	地 点	涌出量 $/m^3 \cdot min^{-1}$	序号	地 点	涌出量 $/m^3 \cdot min^{-1}$
1	501 号$_上$二煤门	3.84	6	54002 回顺	1.83
2	502 号$_上$十煤门	3.33	7	501 号$_下$二煤门	3.79
3	502 号$_上$八煤门	3.83	8	501 号$_下$四煤门	3.79
4	F_{7-1} 断层	4.1	9	-730m 主巷	9.51
5	54002 入顺	4.77	10	55001 回顺	2.54

2.1.7.6 瓦斯涌出量等值线绘制

在统计分析 120 多个已采工作面实测相对瓦斯涌出量的基础上，根据采完区实际分布情况，绘制五条实测瓦斯涌出量等值线，即：

(1) $5m^3/t$ 瓦斯涌出量等值线；

(2) $10m^3/t$ 瓦斯涌出量等值线；

(3) $15m^3/t$ 瓦斯涌出量等值线；

(4) $20m^3/t$ 瓦斯涌出量等值线；

(5) $25m^3/t$ 瓦斯涌出量等值线。

2.1.7.7 预测瓦斯涌出量等值线和煤层等厚线

预测瓦斯涌出量等值线的绘制除统计分析已采区的数据资料，利用梯度公式进行推算外，还充分运用各个水平的地质孔、探巷等瓦斯涌出参数等资料，绘制 $25m^3/t$、$30m^3/t$ 预测瓦斯涌出量等值线。在井田西深部 F_{25} 断层以北还绘制 70m、80m、90m、100m 和 110m 煤层等厚线。

2.1.7.8 其他参数

矿井瓦斯地质图绘制还涉及到其他技术参数，如断层参数、煤层底板等高线等，则充分利用历史资料和现在正在测量的地层参数，力求准确、实用。

2.1.7.9 其他说明

（1）矿井瓦斯地质图每隔 8～10 年必须修改一次，全面反映以往瓦斯地质资料和预测今后的技术参数，为此，在设计和施工中，必须充分考虑例如探巷、地质孔的保质保量实施。

（2）每个采面（区）从掘进开始至回采结束，相关技术人员应准确统计分析有关通风、瓦斯等方面参数，为绘制瓦斯地质图提供原始数据。

（3）矿井瓦斯地质图除绘制成蓝图供有关技术人员使用外，还制成电子版归档保存。

2.2 矿区瓦斯涌出规律及影响因素分析

2.2.1 矿井瓦斯涌出规律及原因分析

从多年开采过程中瓦斯涌出量大小的实践总结出，抚顺煤矿本层煤的瓦斯涌出量有以下规律。

2.2.1.1 沿走向变化规律

同一标高，煤层瓦斯涌出量沿煤田走向由西向东逐渐增高，见表 2-2-1。其原因：一是煤的变质程度由西向东逐渐增高（煤的胶质层平均厚度 *Y* 由西向东变化在 4.66～20.47mm 之间，西部为长焰煤逐渐过渡到东部的Ⅰ～Ⅲ号气煤）；二是地质构造由西向东逐渐发育（煤田内落差大于 30m 的断层有 30 条，其中西、中、东各占 21.2%、24.4%、54.4%。中小构造分部是：西部 1.57 条/万 m^2、中部 5.522 条/万 m^2、东部 10.745 条/万 m^2）；三是煤质水分由西向东逐渐减少（变化在 8.52%～2.47% 之间）。从而导致煤层瓦斯含量（或涌出量）由西向东逐渐增大。

表 2-2-1　-460m 水平瓦斯涌出量沿走向变化情况

矿　井	井田位置	开采标高 /m	走向长度 /km	采区个数 /个	开采时间	瓦斯涌出量 /$m^3 \cdot t^{-1}$			比较
						最大	最小	平均	
胜利矿	西部	-460	3.4	10	1969 年 1 月 ~ 1973 年 12 月	27.44	11.54	17.25	低
老虎台矿	中部	-468	4.8	11	1973 年 12 月 ~ 1983 年 11 月	25.92	12.64	19.04	中
龙凤矿	东部	-460	4.0	10	1960 年 1 月 ~ 1973 年 4 月	37.27	20.05	28.27	高

2.2.1.2　随深度变化规律

瓦斯涌出量随着煤层埋藏深度的增加而增大，西、中、东部瓦斯梯度分别为 10m/($m^3 \cdot t$)、11m/($m^3 \cdot t$)、12.4m/($m^3 \cdot t$)。瓦斯涌出量随深度增加的主要原因是地温和地压不断增高、增大所致，抚顺地温梯度 21.05m/℃、压力梯度 26.18m(kN/cm^2)。但这种增加是有限度的，到一定程度将出现拐点，见图 2-1-2、图 2-2-8、图 2-2-9 所示。

2.2.1.3　不同分层变化规律

本层煤的最上分层瓦斯涌出量高于其他分层。本层煤由上而下分为三、四、五分层，其瓦斯量大小的比例为 1∶0.69∶0.56，靠近顶板的分层瓦斯量最大（见图 2-2-1）。其原因，一是三分

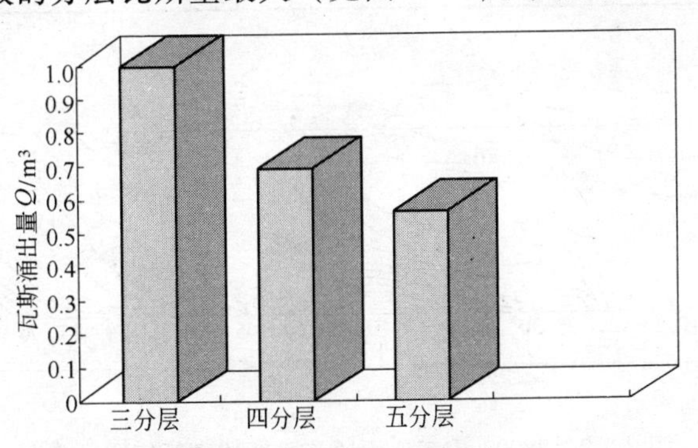

图 2-2-1　不同分层瓦斯涌出量比较示意图

层较其他分层煤质疏松、层节理发育，有利贮气；二是下部分层沿着十分发育的中小断层向上运移；三是三分层顶板有着致密巨厚的油母页岩做盖层。

2.2.2 综放开采瓦斯涌出状况及相关因素分析

2.2.2.1 综放工作面瓦斯涌出来源及分布

通过对4个综放工作面的统计分析，采空区涌出的瓦斯量占综放面涌出总量的83.87%～93.7%，而由通风排出的两巷及工作面煤壁和落煤涌出的瓦斯仅为6.3%～16.13%（见表2-2-2）。从图2-2-2也可看出，综放面涌出的瓦斯大量来源于采空区。

表2-2-2 综放面瓦斯涌出量构成

综放面名称	瓦斯涌出总量		其中					
			风排瓦斯量			采空区抽放量		
	分钟	累计	分钟	累计	占总量比	分钟	累计	占总量比
	m^3/min	万m^3	m^3/min	万m^3	%	m^3/min	万m^3	%
54001	48.84	2349.1	3.08	148.1	6.30	45.76	2201.0	93.7
7402-W	47.54	2293.6	3.76	181.5	7.91	43.78	2112.0	92.09
63006-Ⅱ	66.34	2283.3	11.24	386.7	16.94	55.10	1896.5	83.06
78001-Ⅰ	119.55	8091.4	19.28	1304.9	16.13	100.27	6786.5	83.87

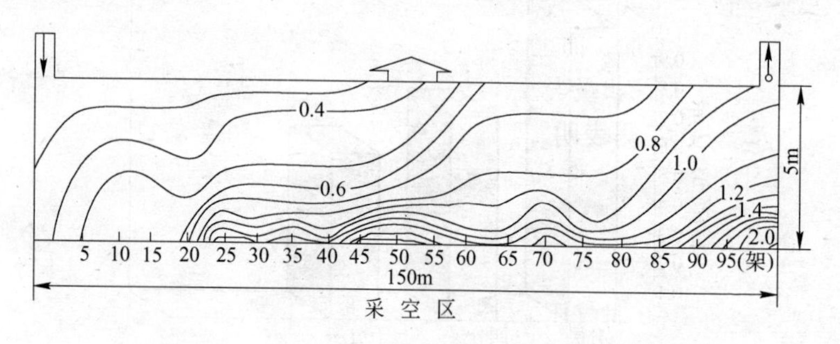

图2-2-2 78002-Ⅰ工作面风流瓦斯浓度等值线示意图

图 2-2-3 是工作面瓦斯分布的实测情况，从工作面纵向分布来看，无论是靠近采空区的后部运输机道，还是架前人行道或靠近煤壁的割煤机道，其风流瓦斯浓度都是由下端头沿工作面向上逐步增大；从横向看，后部运输机大大高于差别不大的架前人行道和靠近煤壁的割煤机道。

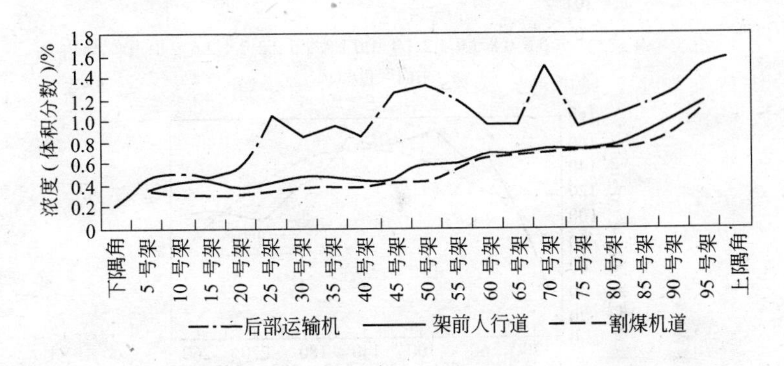

图 2-2-3　风流瓦斯浓度（体积分数）沿工作面纵向变化曲线（78002-Ⅰ）

2.2.2.2　综放面瓦斯涌出相关因素简析

A　瓦斯涌出量随采面产量、推进距离的增加而增大

研究表明，综放面瓦斯涌出量随采面产量的增高、推进距离的加大而迅速上升，但这种关系并非线性关系。当产量增加到一定程度、采面推进到一定距离，瓦斯量达到“峰值”后不再按原来的比率增加，而呈波动变化甚至呈下降趋势（见图 2-2-4）。

B　瓦斯涌出量与生产工序有着密切关系

经现场实测表明，移架、割煤、放顶（煤）工序的瓦斯涌出量依次为检修工序的 1.29、1.52、1.63 倍左右（见图 2-2-5）。

C　大气压力变化对瓦斯涌出量有一定影响

大气压力变化对瓦斯涌出量有明显影响。抚顺地区 24 小时内，早晨 2 ~ 6 时气压较高，下午 13 ~ 18 时气压较低。即 7 ~ 18 时处在大气压力下降过程中（见图 2-2-6），也是瓦斯涌出较大而容易发生瓦斯超限的时段。

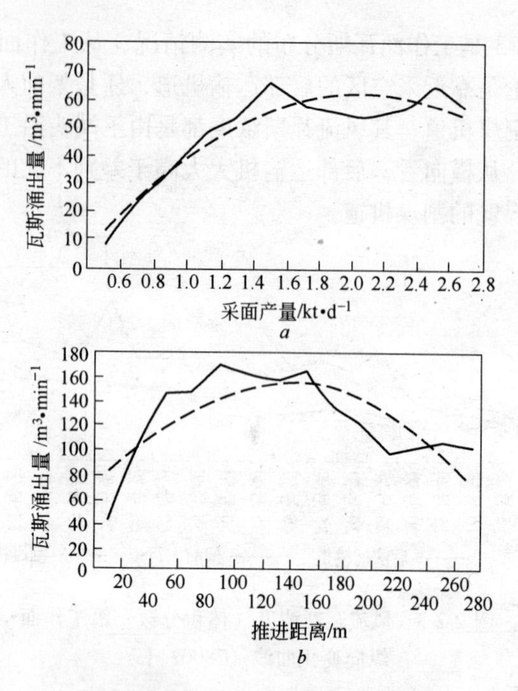

图 2-2-4　综放面瓦斯涌出量与采面产量、推进距离的关系曲线

a—瓦斯涌出量与采面产量关系曲线；

b—瓦斯涌出量与推进距离关系曲线

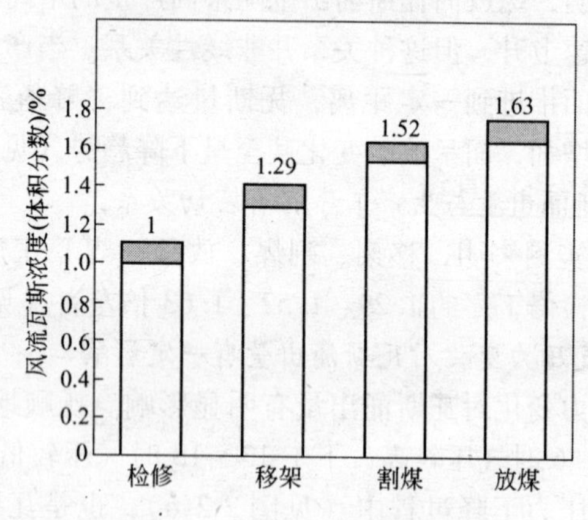

图 2-2-5　不同工序瓦斯涌出量比较

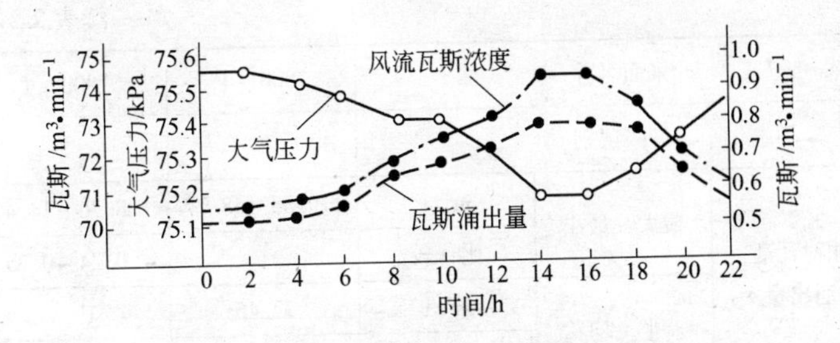

图 2-2-6　大气压力变化对瓦斯涌出量的影响

D　水平或采区的首采工作面瓦斯涌出量最高

采区布局和开采顺序对瓦斯涌出量也有显著和较大影响：某一水平或区域的首采综放面，开采过程中的瓦斯涌出量是该水平或该区域预测原始相对瓦斯量的 2～3 倍（称为瓦斯集中涌出系数 K，抚顺煤矿 $K=1.94\sim3.15$）。

E　同一煤层不同分层的瓦斯涌出量有较大差异

（1）绝对瓦斯涌出量。仅以 78001-1 首分层、二分层两个采面为例，开采过程中的绝对瓦斯涌出量见表 2-2-3。不难看出，首分层绝对瓦斯涌出量无论最大、最小，还是平均量，都大大高于二分层（首分层绝对瓦斯涌出量高达 169.42m^3/min），分别是二分层的 1.73、1.34、1.48 倍。即二分层最大及平均绝对瓦斯涌出量仅为一分层的 58% 和 67%，分别下降了 42% 和 33%。其关系为：$Q_2=0.67Q_1$，单位为 m^3/min。

表 2-2-3　首分层与二分层综放面瓦斯涌出量比较

采面名称			78001-Ⅰ	78002-Ⅰ
开采层别			1	2
绝对瓦斯涌出量	最大～最小	m^3/min	169.42～91.69	98.21～68.46
		比　较	1	0.58～0.75
	平　均	m^3/min	119.55	80.61
		比　较	1	0.67

续表 2-2-3

采面名称			78001-Ⅰ	78002-Ⅰ
开采层别			1	2
相对瓦斯涌出量	最大～最小	m^3/t	119.85～58.77	28.76～14.49
		比 较	1	0.24～0.25
	平 均	m^3/t	77.45	19.41
		比 较	1	0.25

（2）相对瓦斯涌出量。从表2-2-3中可以看出，综放首分层开采时的最大、最小及平均相对瓦斯涌出量分别为二分层的4.17倍、4.06倍、3.99倍。二分层开采时的最大及平均相对瓦斯涌出量较首分层开采时分别下降了76.00%与74.94%，前者仅为后者的1/4左右。其关系为：$q_2 = 0.25q_1$，m^3/t。

（3）瓦斯涌出不均衡系数比较。用于表示因煤层赋存条件、地质构造、大气压力及生产工艺等的不同而导致瓦斯涌出不均匀、不稳定现象的系数，即瓦斯涌出不均衡系数，在物理意义上它包括产量不均衡系数、温度影响系数及漏风系数等。由于这些影响因素尤其风量、生产能力的变化，瓦斯涌出不均衡系数的大小必然有所改变。综放开采首分层及二分层时的采面进度、产量、风量等都有较大变化，其瓦斯不均衡系数也发生了改变（见表2-2-4）。

表 2-2-4　首分层与二分层综放面瓦斯涌出不均衡系数比较

采面名称	采面参数					绝对瓦斯涌出量			瓦斯涌出不均衡系数 $K_{瓦}$
	层别	开采期/月	平均产量 $/t \cdot d^{-1}$	平均进度 $/m \cdot d^{-1}$	平均风量 $/m^3 \cdot min^{-1}$	统计次数/次	最大 $/m^3 \cdot min^{-1}$	平均 $/m^3 \cdot min^{-1}$	
78001-Ⅰ	1	16	2223	0.59	1513	48	169.42	119.55	1.42
78002-Ⅰ	2	7	6011	1.39	1023	67	98.21	80.61	1.22

（4）原因分析。二分层瓦斯涌出参数较首分层都有明显变化，都有不同程度的下降（见图2-2-7）。其原因，首先是抚顺煤矿开采的本层煤（共分3个自然分层）靠近顶板的自然分层较其他分层煤质疏松、层节理发育，有利于贮气；而下部自然分层的瓦斯沿着十分发育的小断层向上运移，且顶板又有致密巨厚的油母页岩作盖层，因此，靠近顶板的自然分层原始瓦斯含量最大；其次，首采面（首分层）上下左右皆为未采动的原生煤体，开采中受采动影响和瓦斯压力作用导致周围（尤其下部）煤（岩）体中的大量瓦斯涌向开采空间，使涌出量增大。而二分层煤体中的瓦斯，在首分层开采时较大部分业已涌出煤体，尽管三分层及以下煤体中的部分瓦斯也向二分层开采空间涌出，但其涌出量要大大小于首分层开采时的二分层涌出量。所以，二分层开采时的瓦斯涌出量较首分层势必要大幅度下降。

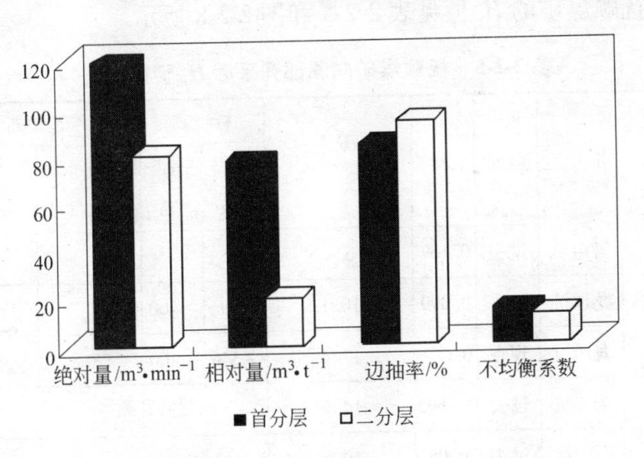

图2-2-7 首分层和二分层瓦斯涌出参数比较示意图

2.2.3 瓦斯涌出量预测-瓦斯梯度

沿煤田走向自西往东，胜利矿井田的风化带深度 H_0 确定为158m；老虎台矿井田的风化带深度 H_0 确定为380m；龙凤矿井

田的风化带深度 H_0 确定为205m。按前苏联及东欧产煤国家的科研成果和实践证明，风化带的瓦斯含量为 $2\sim5m^3/t$。

采用统计法，计算出矿井逐阶段水平（由浅入深）的采区相对瓦斯涌出量，按以下公式推定瓦斯梯度：

$$H_m = \frac{H - H_0}{q - q_0} \tag{2-2-1}$$

式中 H_m——瓦斯梯度，$m/(m^3 \cdot t)$；

H——另一个已结束的生产水平标高，m；

H_0——风化带或已结束的生产水平标高，m；

q——H 深度的相对瓦斯量，m^3/t；

q_0——H_0 深度，m。

相对瓦斯量（或取瓦斯含量值），m^3/t。

抚顺煤矿的 H_m 值见表2-2-5和图2-2-8所示。

表2-2-5 抚顺煤矿向深部开采后 H_m 值的变化

矿井		时间	K	H_m $/m\cdot(m^{-3}\cdot t^{-1})$	标高		瓦斯	
					H_1 /m	H_2 /m	a_1 $/m^3\cdot t^{-1}$	a_2 $/m^3\cdot t^{-1}$
龙凤矿	搭裢坑	过去	0.157	6.4				
	龙凤坑	过去	0.099	10.1	320	-400	25.7	33
	龙凤坑	现在	0.081	12.4	-346	-460	28.8	38.04
老虎台矿	东坑	过去	0.0695	14.4				
	西坑	过去	0.05	19.5				
	全矿	过去	0.091	11.0	-530	-580	16.03	29.76
	全矿	现在	0.05	20.2	-243.4	-552	7.99	33.08
胜利矿	胜利矿	过去	0.115	8.7				
	胜利矿	现在	0.065	15.4				

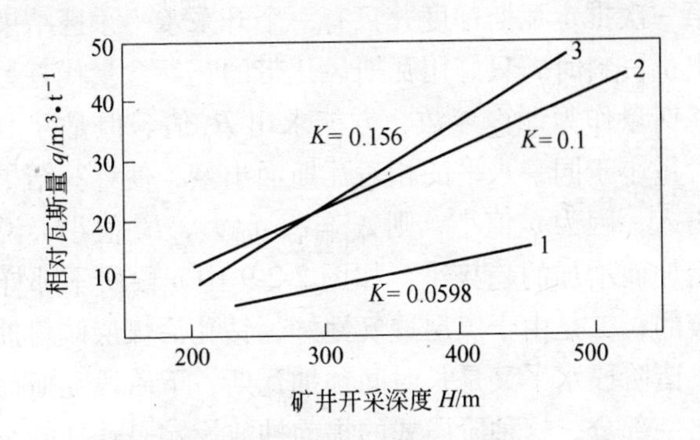

图 2-2-8 相对瓦斯量与深度关系

1—老虎台矿；2—龙凤矿；3—北龙凤矿

矿井瓦斯梯度的推定值应随着矿井开采的延深做适当、必要的修正，以提高其准确性，尤其是在抚顺煤矿更为必要。其原因：一是以风化带的瓦斯含量代替第一个生产水平相对瓦斯涌出量，算出的梯度值偏高，预测的瓦斯涌出量偏低，如图 2-2-9 所示。

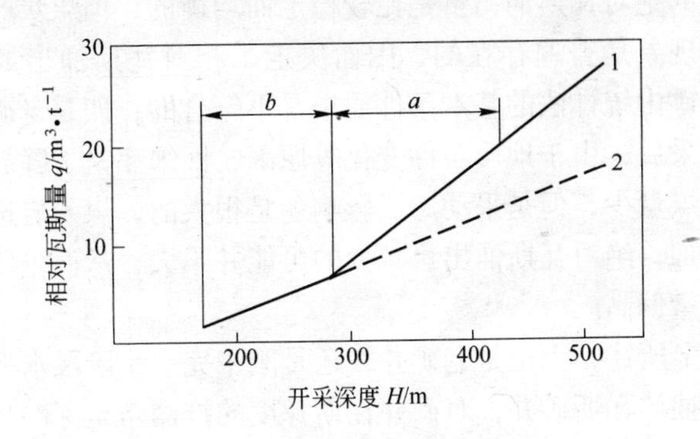

图 2-2-9 相对瓦斯量与深度关系

1—统计的相对瓦斯涌出量与深度的关系；2—以风化带瓦斯含量与其下阶段水平相对瓦斯量与深度建立的关系

应用公式推定瓦斯梯度有个基本条件，即对倾斜煤层必须有用矿山统计法算出的两个阶段水平采区开采结束的相对瓦斯涌出量。在第一次推定瓦斯梯度并只有一个开采水平采区结束的相对瓦斯涌出量资料时，只好用瓦斯风化带的瓦斯含量代替另一水平的相对瓦斯量作为计算参数，方能求出 H_m 值。但是，由于风化带瓦斯含量小于同一水平的相对瓦斯涌出量，使计算结果同实际有很大出入，因为 q_0 值小，则 $\Delta_q = q - q_0$ 大，H_m 值小，说明瓦斯随深度增加而增加的趋势小，如图 2-2-9 中 b 段所示那样，因而是不真实的；二是由于煤层透气性好，钻孔沿煤层倾斜抽放半径大，加之诸阶段水平又是长时间预抽瓦斯，下阶段瓦斯提前被上段预抽出一部分，这种阶段式的提前抽放影响是迭加的。生产实践证明，虽然瓦斯与深度还是线性关系，但是，两个阶段的相对瓦斯涌出量之差 Δ_q 减小了，在 ΔH 不变的情况下 $H_m = \Delta H / \Delta_q$ 值变大，这说明瓦斯随深度增加而增加的趋势大了，因而，低估了深部瓦斯；三是应用李金公式推定瓦斯梯度进而预测深部相对瓦斯涌出量的根本条件是，要把矿井产量达到设计能力并在均衡生产的情况下统计出的相对瓦斯涌出量作为 H_m 值的计算基础。一般矿井的绝对瓦斯涌出量是比较稳定而均衡的，但煤炭产量忽高忽低的现象是普遍存在的，因而决定了相对瓦斯涌出量忽高忽低，同矿山统计法的基本条件要求是不符合的；四是老矿井转入深部开采后，由于地质条件变化等原因，回采率呈下降趋势，虽然采出煤量少，但是采动卸压影响还是很大的，煤、岩透气性可大为增加，绝对瓦斯涌出量减少的可能并不大，从而可使相对瓦斯涌出量偏高。

综上所述，无论是老矿井，还是刚采完一个阶段水平的新矿井以及抽放瓦斯矿井，对矿井瓦斯梯度的推测乃至深部瓦斯预测采取一劳永逸的作法，即总是应用一个梯度值是不可取的。抚顺煤矿，从初期开采 -225m 水平到目前的 -830m 水平，已进行过几次瓦斯梯度推定。每一次推定，都有变化，详见表 2-2-6。抚顺煤矿由于煤层透气性、抽放瓦斯和产量变化等诸多因素的影响，H_m 值随采深的增加而增加，说明向深部瓦斯涌出量增加的趋势变大。老虎台矿 -430m 水平以上，在抽瓦斯不正常的前提下，推定的 H_m 值为 20.2m/(m^3·t)；龙凤矿曾以 -320m 水平统计的相对瓦斯量 25.7m^3/t 和 -410m 水平的 33m^3/t，推定的瓦斯梯度值 H_m = 10m/(m^3·t)，并预测采深到 500m 时的相对瓦斯涌出量为 41.5m^3/t，而实际为 22.8m^3/t。采到 500m 以前，经预抽瓦斯后，又重新推定瓦斯梯度值 H_m = 12.4m/(m^3·t)。龙凤矿井田历次推定的 H_m 值变化情况见表 2-2-6。

表 2-2-6 龙凤矿浅部 H_m 值推定基础

开采年度	开采深度/m	相对瓦斯涌出量/$m^3 \cdot t^{-1}$	日产煤炭/t
1934 年	-200	10.67	
1936 年	-320（上一路）	25.7	3500
1940 年	-370（零路）	54.0	2150
1949 年	-410（下一路）	64.8	900
1951 年	-410（下一路）	33.0	2305
预　测	-500（下一路）	41.5	
预　测	-740（-635m）	65.0	

从 1991~2007 年的 17 年间，老虎台矿共计进行瓦斯鉴定的采区 36 个，涉及 -330~-830m 水平之间的 11 个阶段标高，其间对每个采区在“鉴定月份”的相对瓦斯量、一翼相对瓦斯量和矿井相对瓦斯量以及根据年度矿井产量和涌出瓦斯总量计算出平均矿井相对瓦斯量见表 2-2-7。并在此表基础上推算出老虎台矿 -330~-880m 的瓦斯梯度值见表 2-2-8。

从老虎台矿 1991~2007 年间已采完的 36 个采区的相对瓦斯涌出量统计分析结果如图 2-2-10 所示。

表 2-2-7　老虎台矿 1991～2007 年相对瓦斯涌出量统计

年度	-330m -380m -505m	-530m	-540m	-580m		-630m		-680m		-730m		-780m	-830m	鉴定月相对瓦斯量/$m^3 \cdot t^{-1}$	年均相对瓦斯量/$m^3 \cdot t^{-1}$
				东	西	东	西	东	西	东	西				
1991 年														43.67	37.7
1992 年		512/20.71	504/20.71	705/22.6										东：18.7	36.13
		508/8.77												西：42.4	
														矿：30.5	
1993 年		512/7.97		705/22.16	709/16.14		710/7.02							东：33.68	36.75
				704/45.12			706/26.25							西：27.91	
														矿：39.36	
1994 年														43.46	36.63
1995 年	50502/7.64	53008/7.5		704/6.02	710/20.95									东：30.25	39.63
				705/25.46	709/12.39									西：36.1	
														矿：39.55	

续表 2-2-7

年度	-330m -380m -505m	-530m	-540m	-580m		-630m		-680m		-730m		-780m	-830m	鉴定月相对瓦斯量/$m^3 \cdot t^{-1}$	年均相对瓦斯量/$m^3 \cdot t^{-1}$
				东	西	东	西	东	西	东	西				
1996年						63006/24.89	707/22.6	704/14.26						东：31.41	41.13
							708/10.65	705/23.46						西：21.13	
														矿：34.27	
1997年			54002/12.42			703/17.55		705/11.24						东：30.29	69.07
														西：66.27	
														矿：49.66	
1998年						703/12.5		705/5.06	68001/40.3		78001/39.2			东：67.67	50.97
														西：26.45	
														矿：47.96	
1999年	55001/36.83					704/13.8		68001/46.32			78001/51.03			东：25.91	51.63
														西：54.77	
														矿：51	

续表 2-2-7

年度	－330m －380m －505m	－530m	－540m	－580m		－630m		－680m		－730m		－780m	－830m	鉴定月相对瓦斯量 /$m^3 \cdot t^{-1}$	年均相对瓦斯量 /$m^3 \cdot t^{-1}$
				东	西	东	西	东	西	东	西				
2000 年	55002/ 34. 14				58007/ 4. 67	704/ 46. 4			68001/ 17. 7					东：65. 23	51. 2
														西：46. 45	
														矿：52. 76	
2001 年			54003/ 5. 59						68002/ 46. 3			78001/ 99. 7		东：83. 44	56. 19
														西：49. 31	
														矿：57. 69	
2002 年						63001/ 29. 4		68002/ 42. 7				78002/ 23. 9		东：46. 34	41. 15
														西：44. 4	
														矿：45. 37	

续表 2-2-7

年度	-330m -380m -505m	-530m	-540m	-580m		-630m		-680m		-730m		-780m	-830m	鉴定月相对瓦斯量 /$m^3 \cdot t^{-1}$	年均相对瓦斯量 /$m^3 \cdot t^{-1}$
				东	西	东	西	东	西	东	西				
2003 年						63001/ 30.19					73001/ 11.94			东：36.07	36.72
						63002/ 11.74								西：31.6	
														矿：33.84	
2004 年	-330m 东 4.74							63002/ 36.96					83001/ 22.83	东：37.34	39.25
	-330m 西 2.08													西：29.56	
														矿：33.81	
2005 年	-330m 东 1.86										73001/ 33.4		83001/ 37.14	东：52.73	37.88
														西：37.8	
														矿：41.5	

续表 2-2-7

年度	-330m -380m -505m	-530m	-540m	-580m		-630m		-680m		-730m		-780m	-830m	鉴定月相对瓦斯量/$m^3 \cdot t^{-1}$	年均相对瓦斯量/$m^3 \cdot t^{-1}$
				东	西	东	西	东	西	东	西				
2006 年	-330m 东 1.57					63003/ 25.75							83001/ 53.79	东：23.43	49.16
														西：53.79	
														矿：36.32	
2007 年	-380m 3.2					63003/ 25.75								东：53.79	40.83
														西：43.71	
														矿：36.32	
采区数	4	3	3	2	3	6	4	4	2	0	2	2	1	计 36 个	
阶段水平瓦斯涌出量	11.51	11.24	10.09	24.27	13.54	25.25	16.63	25.71	37.76		34.02	61.8	37.92		

表 2-2-8 老虎台矿使用矿井统计法推定瓦斯梯度

标高	东部		西部		矿井	
	G /m³·t⁻¹	H_m /m·(m⁻³·t⁻¹)	G /m³·t⁻¹	H_m /m·(m⁻³·t⁻¹)	G /m³·t⁻¹	H_m /m·(m⁻³·t⁻¹)
-330m	1.86~4.74		2.08		2.79	
-380m	—	—	3.2	44.6	3.2	12.19
-505m	7.64~36.83	30.3~5.45	—	—	7.64	28.15
-530m	—	—	7.5~20.71	13.75	11.24	6.94
-540m	5.59~12.42	29.5~14.3	—	—	10.09	14.28
-580m	22.2~45.12	2.41~1.22	12~20.95	19.45	19.5	4.25~6.1
-630m	11.74~46.4	39.6	10.7~26.3	28.1	22.81	15.11
-680m	11.24~46.3	—	17.7~46.3	7.09	29.03	8.04
-730m	—	—	11.94~51	10.57	34.02	10.02
-780m	—	—	23.9	—	23.9	—
-830m	—	—	22.8~53.8	3.47	37.92	3.57
-880m	—	—	30（预测）	6.97（预测）		

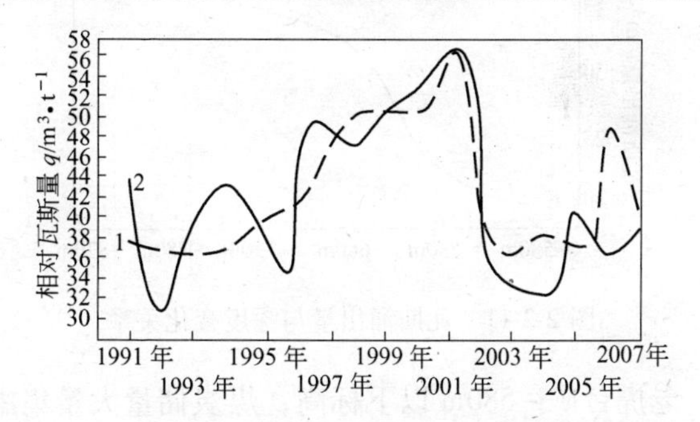

图 2-2-10 老虎台矿 1991~2007 年采完区相对瓦斯涌出量鉴定值与年均值对照

1—年平均相对量；2—鉴定值相对量

现对老虎台矿瓦斯涌出状况归纳如下：

（1）鉴定值与年均值基本符合，说明统计、计算所采用的参数合理、准确；

（2）1998 年起，矿井相对涌出量逐渐增大，到 2001 年达到峰值（鉴定值 57.63m³/t，年均值 56.19m³/t），与 78001 首采区回采有直接关系；

（3）1991 ~2007 年间，老虎台矿共计回采区 36 个，其中，东部 19 个，平均相对瓦斯涌出量为 21.65m³/t；西部 17 个，平均相对瓦斯涌出量为 22.78m³/t，西部略高于东部，其原因是统计计算相对瓦斯涌出量过程中，把中央瓦斯泵抽放量归结为西部系统所至；另外，从 1998 年起，78001、78002、83001 等涌出瓦斯较大的综放面均位于矿井西部；

（4）在同一标高，平均相对瓦斯涌出量东部大于西部，如 -580m东部为 24.27m³/t，西部为 13.54m³/t； -630m 东部为 25.25m³/t，西部为 16.63m³/t；

（5） -580m 水平以下，瓦斯涌出量随深度增加而递增，如图 2-2-11 所示；

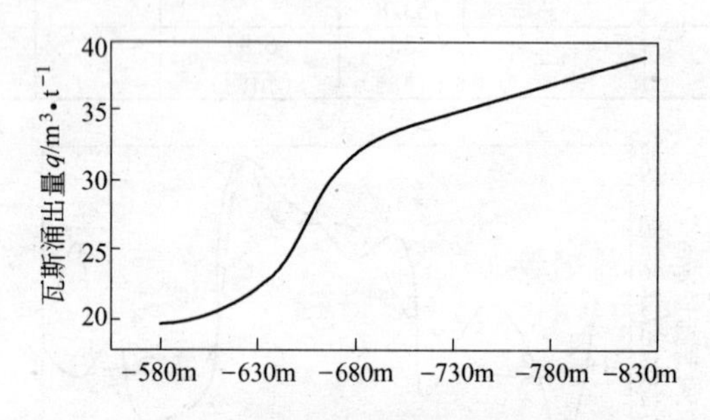

图 2-2-11　瓦斯涌出量与深度变化关系

（6）老虎台矿 -580m 以下标高，煤炭储量大量集中于矿井西部，生产主力面主要布置于西部。从西部主水平 -580m、 -730m和 -830m 纵向瓦斯涌出量统计，随着回采深度增加瓦斯涌出量也逐渐增大，如 -580m 西为 13.54m³/t， -730m 西为

34.02m^3/t，−830m 西为 37.92m^3/t。

本章主要介绍了：

（1）瓦斯赋存：抚顺煤田生成于新生界下第三始新统，东西走向，呈单一不对称向斜构造。煤田内赋存三层煤，即本层煤、A 层煤和 B 层煤，主采煤层为本层煤，平均厚度为 50m。因成煤较晚，埋藏较浅，变质程度较低，但由于具有良好的生气、贮气、封闭、盖层、阻移等天然条件（煤田内所有切割煤层的断层皆为封闭断层），所以煤层中瓦斯含量较大。1999 年矿井瓦斯鉴定结果，老虎台矿和龙凤矿相对瓦斯涌出量分别为 51m^3/t 和 113.6m^3/t，绝对瓦斯涌出量分别为 338.68m^3/min 和 46.94m^3/min。2000～2007 年老虎台矿相对瓦斯涌出量平均为 42.2m^3/t。抚顺煤田瓦斯赋存于各煤层和顶底板围岩中，其中以本层煤含量最大，为 10～20m^3/t，是煤田的主要贮气层。下部 A、B 层煤的瓦斯含量较高、较为集中，且发生过煤与瓦斯突出动力现象，突出强度为 6 万 m^3。顶板油母页岩中瓦斯含量在 1.37～2.6m^3/t 之间，其来源是成岩过程中自生和下部煤层瓦斯部分运移至此。

（2）涌出规律：

1）同一标高，煤层瓦斯涌出量沿煤田走向由西至东逐渐增高；

2）瓦斯涌出量与煤层埋藏深度成正比，煤田西、中、东部的瓦斯递增率为 0.1、0.091 和 0.081；

3）主采煤层本层煤分为 3 个自然分层，即自上而下分别为三分层、四分层和五分层，其瓦斯含量的比例为 1∶0.69∶0.56；

4）地质构造带瓦斯涌出量较正常区域瓦斯涌出量大；

5）生产强度较高的采煤方法（综放）瓦斯涌出量较生产强度较低的采煤方法（炮采）瓦斯涌出大。

3 煤层瓦斯抽采技术与效果

3.1 抚顺矿区抽采瓦斯技术概述

3.1.1 抚顺煤层抽采瓦斯的可行性

矿井或采区预抽本层煤瓦斯的主要依据有两点：一是瓦斯涌出量大，单靠通风方法难以解决；二是采用综放采煤方法以来，随着产量的提高，单位时间、空间内瓦斯涌出量大幅度增加，加大通风量也稀释不了，且增加风量后的负面作用亦随之增加，如发火概率增加，煤尘易飞扬等。因此，必须用抽放的方法解决。对于一个矿井，煤层或区域是否需要抽放瓦斯，是否具备抽放瓦斯的条件，需要考虑的因素概括起来主要有以下几点。

（1）煤层瓦斯含量及瓦斯储量；

（2）矿井或采区的生产能力和开采强度；

（3）矿井或采区的通风能力；

（4）煤层瓦斯可抽性（煤层透气性）等；

（5）煤层具有突出危险性。

抚顺矿区，虽然煤层瓦斯含量不算很高，但由于煤层特厚，瓦斯储量极其丰富，且具有突出危险性，各类参数的测定结果表明，抚顺煤田煤层瓦斯非常适合于抽放，这也是造就抚顺煤矿成为国内第一个抽放瓦斯且获得巨大成功的主要因素之一。

本层煤抽放瓦斯难易程度取决于两个方面：即煤层瓦斯压力和煤层的透气性，抽放瓦斯的难易程度的衡量。目前，国内外均采用两个指标，可分为 3 个等级。抚顺煤矿经过实际考察测试，煤层抽放瓦斯难易程度指标见表 3-1-1、表 3-1-2。

表 3-1-1　煤层抽放瓦斯难易程度指标

煤层抽放瓦斯难易程度	百米钻孔自然涌出量 /$m^3 \cdot min^{-1}$	煤层透气性系数 /mD
可以抽放	>0.3	>0.04
勉强抽放	0.3 ~ 0.1	0.024 ~ 0.0024
较难抽放	<1.0	<0.0024

表 3-1-2　抚顺煤矿抽放瓦斯难易程度指标

矿井名称	百米钻孔自然涌出量 /$m^3 \cdot min^{-1}$	煤层透气性系数 /mD
龙凤矿	4.5	3.37
北龙凤矿	0.6	
老虎台矿	3.35 ~ 4	2.88 ~ 3.12
胜利矿	0.3	0.744 ~ 0.941

对照上述两表，抚顺矿区所属的3个井工矿、4个坑口，都是属于具有良好的抽放瓦斯条件的矿井，其中龙凤矿和老虎台矿煤层瓦斯非常容易抽放。

3.1.2　老虎台矿瓦斯抽采方法简述

当前老虎台矿采用以下6种不同方式的抽放方法。

（1）区域性预抽（见图3-1-1）：即采区准备之前在煤层底板岩石中沿走向布置瓦斯抽放专用巷道，在瓦斯巷内每隔20 ~ 30m掘一个抽放钻场，向所采煤层打穿层钻孔，实施生产准备前的预先抽放。

（2）揭煤前预抽（见图3-1-2）：在石门揭煤之前，于煤层底板法线距离10m左右，在巷道两侧掘钻场，沿巷道掘进方向打钻实施掘前预抽。

（3）边抽边掘（见图3-1-3）：揭煤以后在煤巷两侧每隔30m交替布置钻场，向煤层打钻预抽煤层中瓦斯。

（4）采前预抽（见图3-1-4）：工作面生产准备系统形成后，在顺槽掘进过程中于两侧掘钻场向两侧煤层打钻抽放，一般钻场内布置7 ~ 9个钻孔，孔深80 ~ 100m左右，实施采前预抽，工

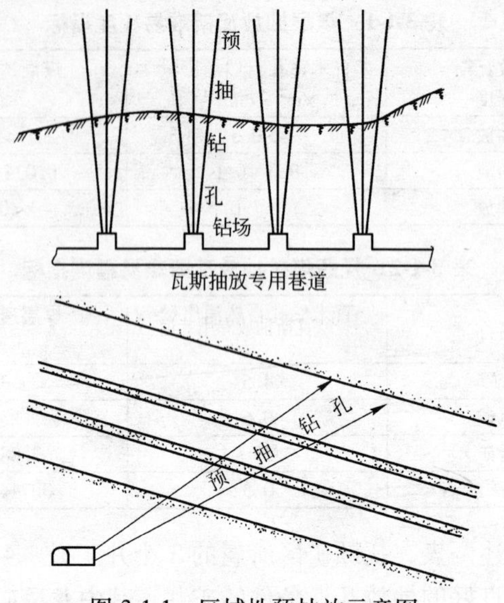

图 3-1-1　区域性预抽放示意图

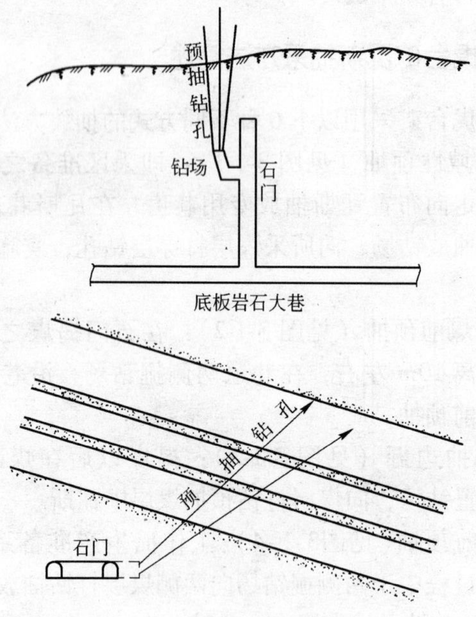

图 3-1-2　揭煤前预抽示意图

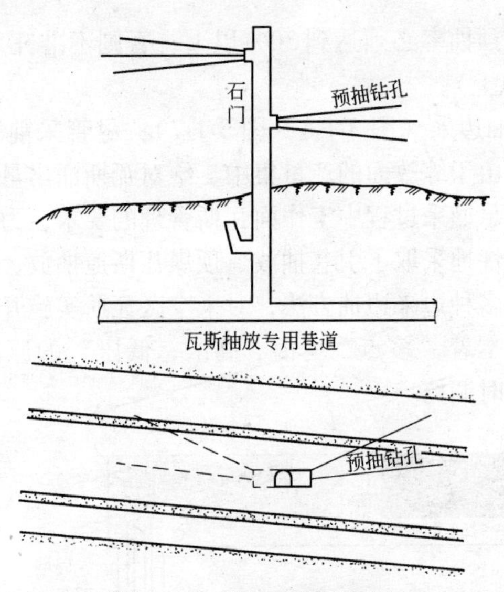

图 3-1-3　边抽边掘示意图

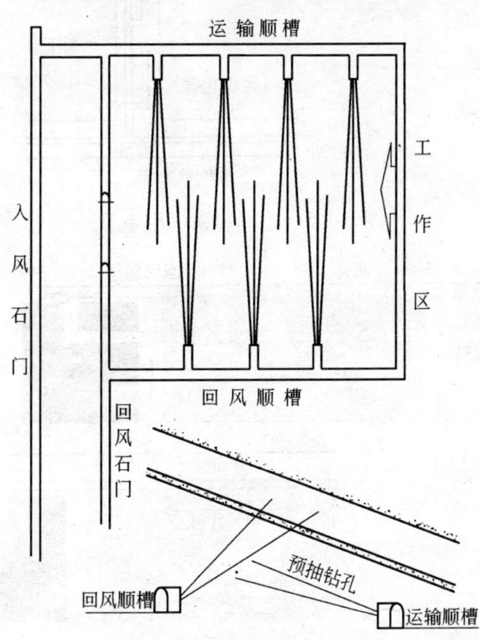

图 3-1-4　采前预抽示意图

作面回采前预抽率必须达到30%以上，否则不准开采（2005年已达50%以上）。

（5）边抽边采（图3-1-5～图3-1-7）：尽管采前采取了多种预抽方式，由于综放面的产量集中，绝对瓦斯涌出量较高，单靠风排很难满足回采过程中工作面瓦斯管理的要求，为解决这一问题，有针对性地采取了引巷抽放、顶煤瓦斯道抽放、埋管抽放和联合抽放等多种边采边抽方法，对采空区瓦斯实施开放式高强度抽放；并且本着“多点、均衡、高浓、低压”的原则，进行科学合理的实时调控。

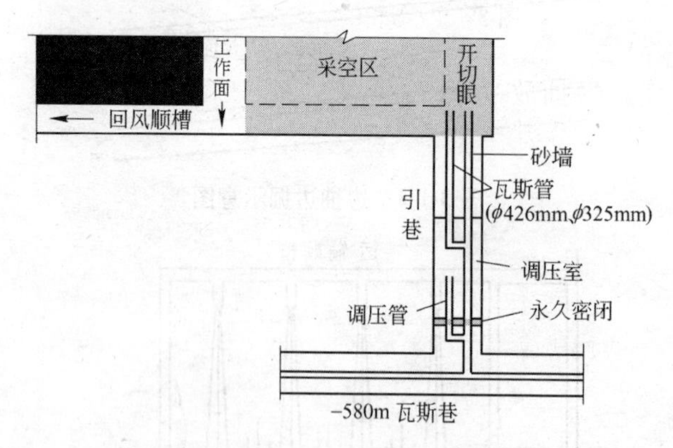

图3-1-5　边抽边采（引巷）

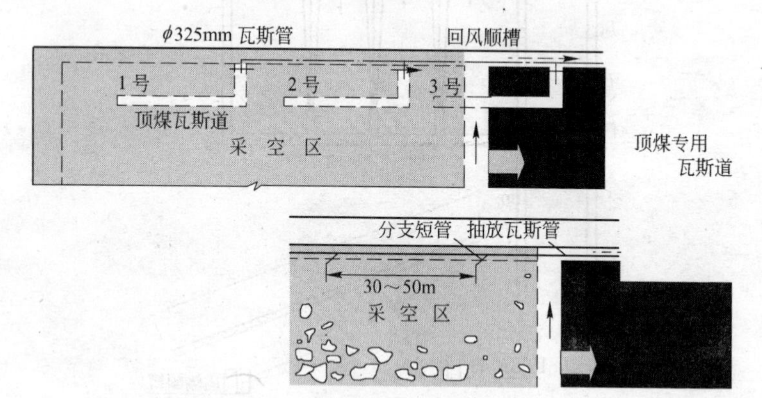

图3-1-6　边抽边采（顶板道、埋管）

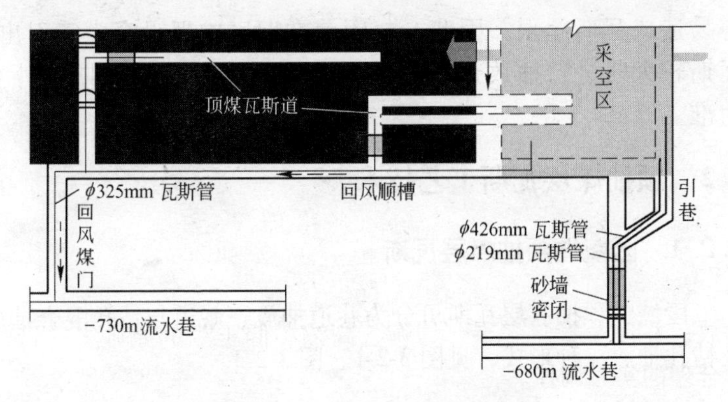

图 3-1-7　边抽边采（联合方式）

（6）旧区抽放（见图 3-1-8）：采区结束封闭以后仍然要释放出一定的瓦斯，特别是受大气压力变化影响，瓦斯外溢，

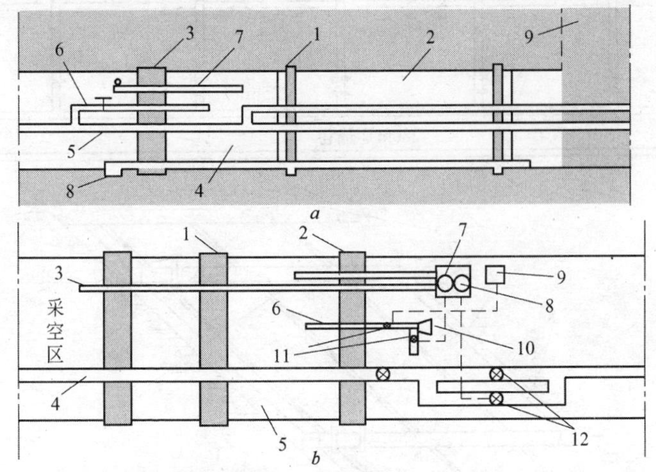

图 3-1-8　旧区抽放（密闭）

a—抚顺矿区调压密闭结构：

1—板闭；2—砂带（墙）；3—料石密闭；4—调压室；5—抽瓦斯管；6—调压管；7—观测管；8—返水池；9—采空区

b—均压密闭抽放采空区瓦斯及监控装置：

1—主密闭；2—副密闭；3—测压管；4—抽瓦斯管；5—均压室；6—排气管；7—压力传感器及主机；8—甲烷传感器及主机；9—CO 传感器及主机；10—压风引射器；11—引射器电磁阀；12—抽放管路电磁阀

容易造成瓦斯超限。因此，封闭前在旧区内埋设穿堂管引出，瓦斯较大时进行抽放，一般情况下控制抽放，以瓦斯不外溢为准。

3.2 预抽煤层瓦斯工艺技术

3.2.1 区域性预抽煤层瓦斯

区域性预抽煤层瓦斯可分为巷道抽放、巷道与钻孔混合抽放及钻孔抽放三种形式，见图3-2-1 ~ 图3-2-3。

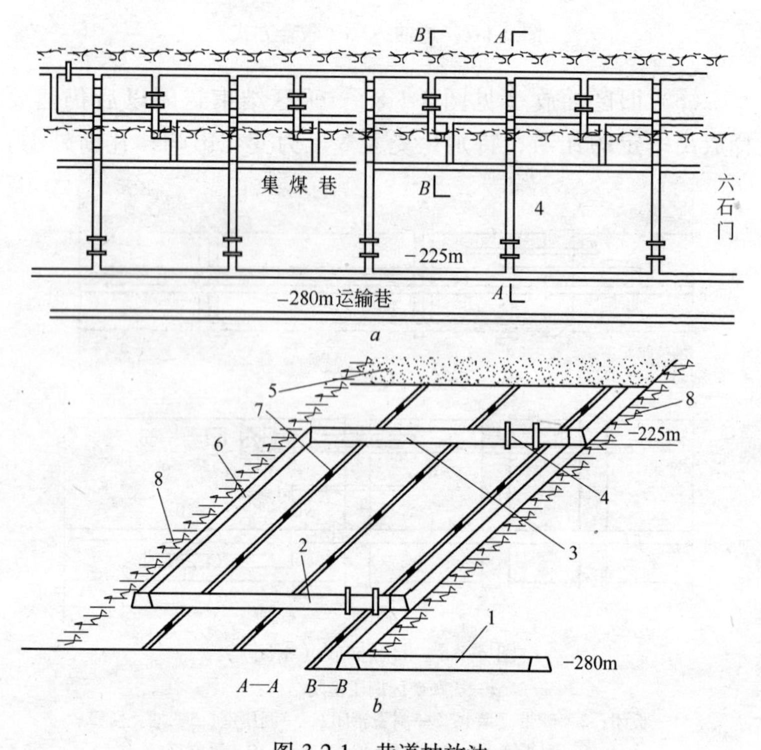

图3-2-1　巷道抽放法

a—巷道抽放法平面；*b*—巷道抽放法 *A*—*A*、*B*—*B* 剖面

1—石门；2—煤门；3—回风煤门；4—密闭；5—旧区；6—斜巷；7—夹矸；8—煤层顶、底板

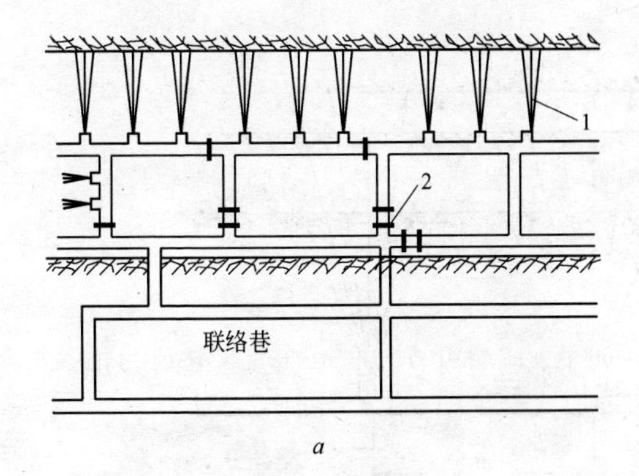

图 3-2-2　巷道与钻孔抽放法

a—巷道与钻孔抽放法平面；*b*—巷道与钻孔抽放法剖面

1—钻孔；2—密闭

3.2.1.1　钻场和钻孔布置

A　钻场

瓦斯钻场是为钻孔法抽放瓦斯而设计、施工的专用硐室，必须符合如下要求。

（1）钻场间距应满足抽放半径的要求（25～30m）。

（2）钻场有效断面积、长度应能满足布孔和便于钻机施工的要求。

（3）钻场长（深）度不超过6m。

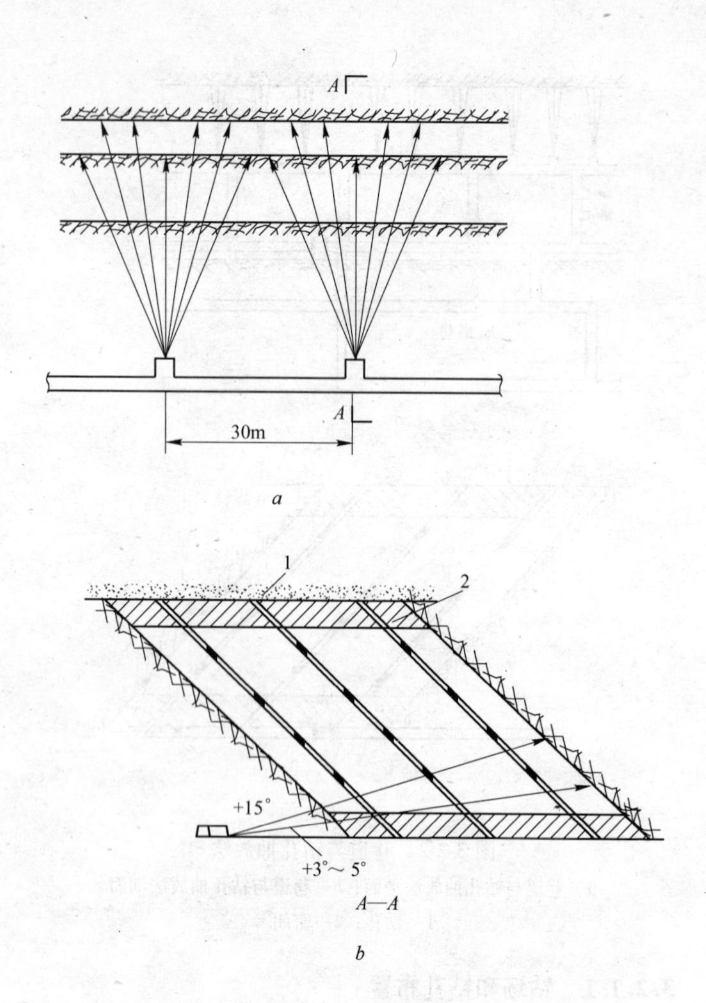

图 3-2-3　钻孔抽放法

a—钻孔抽放法平面；*b*—钻孔抽放法剖面

1—旧区；2—煤柱

（4）在满足不同布孔方式要求和钻场所处岩层岩质允许的前提下，钻场断面长度力求最小。

（5）钻场设计，施工应力求避开破碎带，应力集中区域。见图 3-2-4 ~ 图 3-2-7。

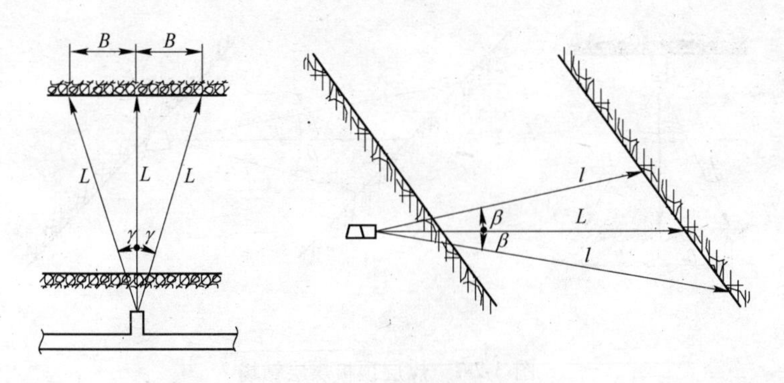

图 3-2-4　煤层底板岩层钻场

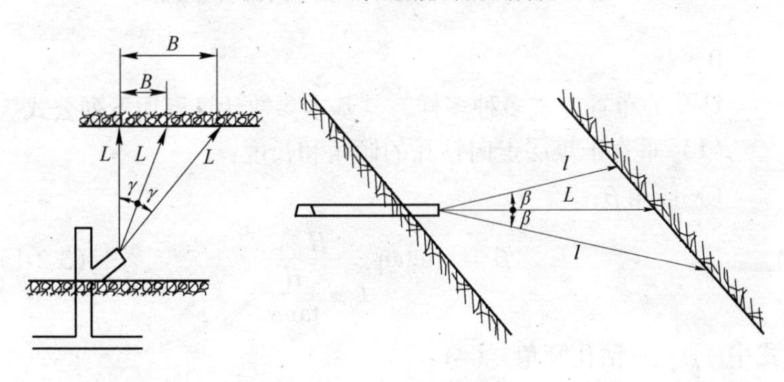

图 3-2-5　煤层底板钻场

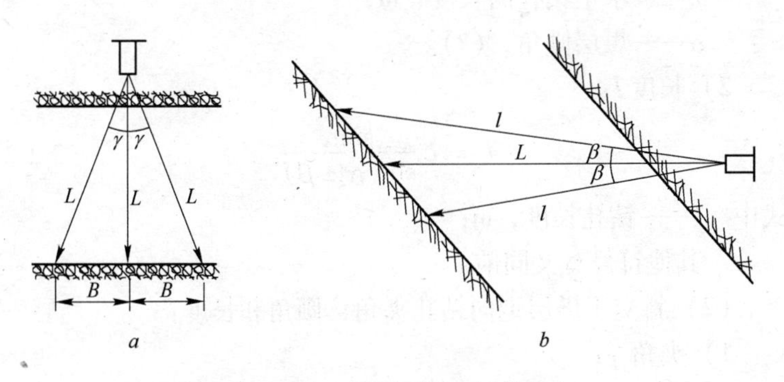

图 3-2-6　煤层顶板岩层钻场

a—水平煤层顶板岩层钻场；*b*—倾斜煤层顶板岩层钻场

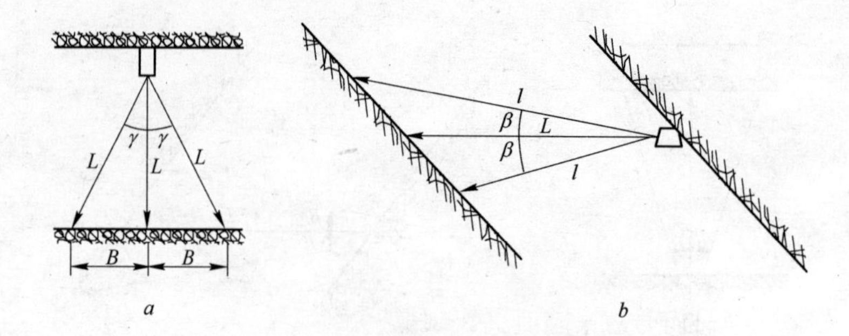

图 3-2-7　煤层顶板煤层钻场

a—水平煤层顶板煤层钻场；b—倾斜煤层顶板煤层钻场

B　钻孔

钻孔的布置方式多种多样，其基本参数计算可用下列公式。

（1）垂直于煤层走向钻孔的倾角和长度：

1）倾角 β：

$$\beta = \arctan \frac{H}{L \pm \dfrac{H}{\tan\alpha}} \tag{3-2-1}$$

式中　β——钻孔倾角，(°)；

H——上向孔的升高高度或下向孔的下降深度，m；

L——水平钻孔的长度，m；

α——煤层倾角，(°)。

2）长度 l：

$$l = L \frac{\sin\alpha}{\sin(\alpha \pm \beta)} \tag{3-2-2}$$

式中　l——钻孔长度，m；

其他符号意义同前。

（2）斜交于煤层走向钻孔夹角，倾角和长度：

1）夹角 γ；

$$\gamma = \frac{\arctan B}{I} \tag{3-2-3}$$

式中　γ——钻孔夹角（方位角），(°)；

B——垂直于煤层走向钻孔的终点与斜交钻孔终点之间的距离；m；

其他符号意义同前。

2）倾角 β'：

$$\beta' = \arcsin(\sin\beta\cos\gamma) \tag{3-2-4}$$

式中　β'——钻孔倾角，(°)；

其他符号意义同前。

3）长度 l'：

$$l' = \frac{B}{\sin\gamma} \tag{3-2-5}$$

式中　l'——钻孔长度，m；

其他符号意义同前。

为了方便钻场、钻孔设计和施工，见图 3-2-8 ~ 图 3-2-12 和表 3-2-1。

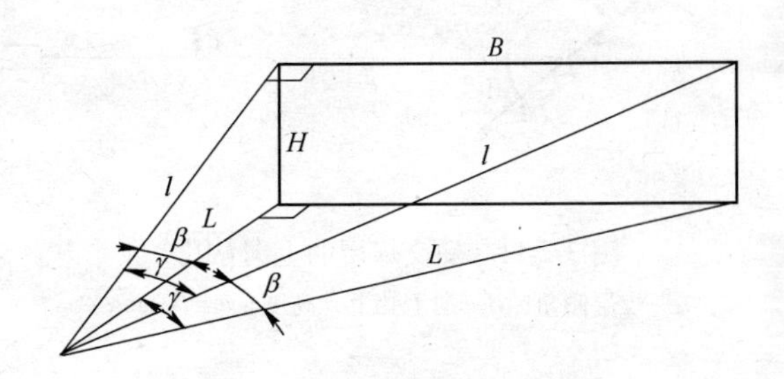

图 3-2-8　斜交于煤层走向钻孔

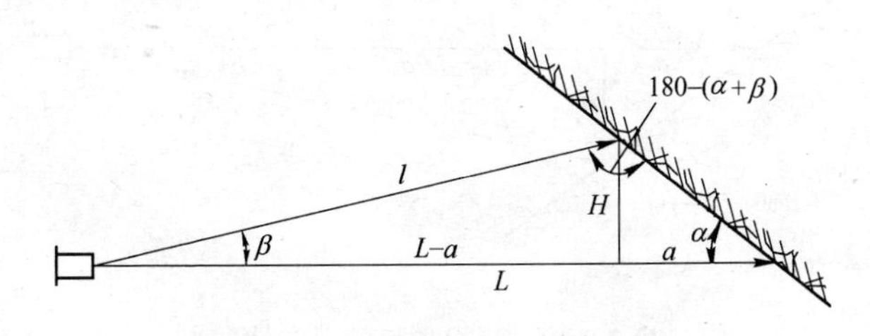

图 3-2-9　与煤层走向斜交的钻孔

α—煤层倾角；H—向上孔升高度；$a = H/\tan\alpha$

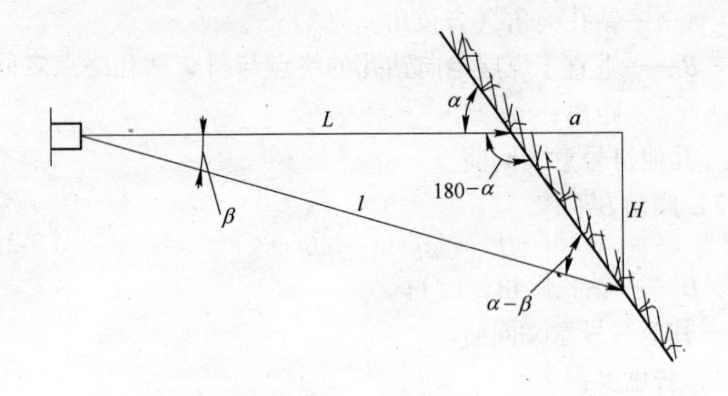

图 3-2-10　斜交煤层的下向钻孔

α—煤层倾角；H—向下孔下降深度；$a = H/\tan\alpha$

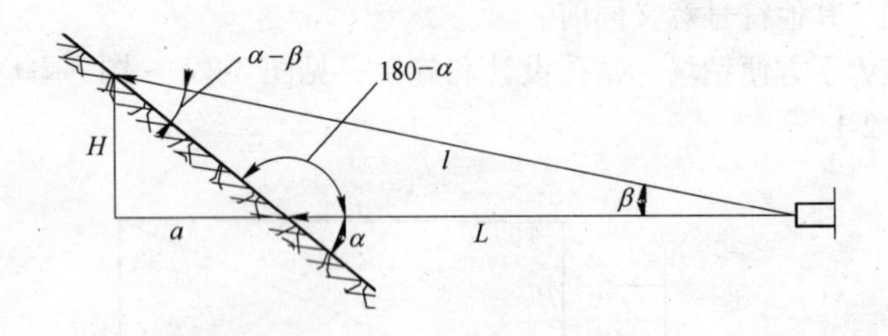

图 3-2-11　斜交煤层的上向钻孔

α—煤层倾角；H—向上孔上升高度；$a = H/\tan\alpha$

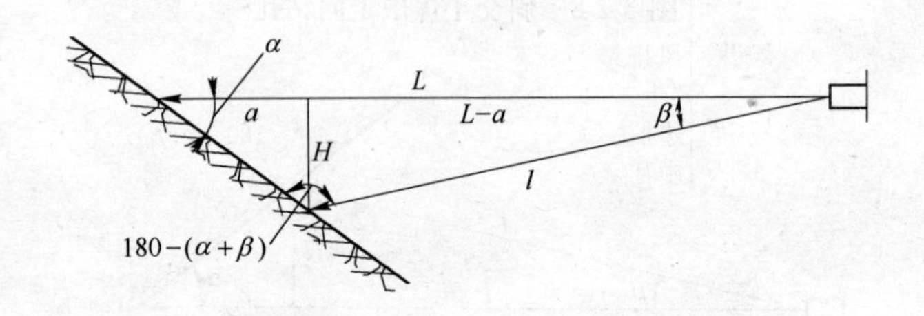

图 3-2-12　煤层顶板的下向钻孔

α—煤层倾角；H—向下孔下降深度；$a = H/\tan\alpha$

表 3-2-1　抚顺煤矿钻孔抽放瓦斯参数对照

<table>
<tr><th>序号</th><th colspan="2">项目与内容</th><th>参数选取与确定</th><th>确定依据与基本要求</th><th>备　注</th></tr>
<tr><td>1</td><td colspan="2">钻场间距/m</td><td>25～30</td><td>主要考虑在有效抽放时间内，抽放的有效抽放半径大小而定的，实测 $\gamma = 15m$</td><td></td></tr>
<tr><td>2</td><td colspan="2">钻场断面积/m^2</td><td>≥8</td><td>主要考虑使用300m钻机能在钻场内打出倾角 $\beta > 15°$，方位角 $\gamma > 30°$ 时的钻孔</td><td></td></tr>
<tr><td>3</td><td colspan="2">钻场深度/m</td><td>≤6</td><td>主要考虑符合扩散通风要求，有利于再建施工操作</td><td></td></tr>
<tr><td>4</td><td colspan="2">钻孔布置方式</td><td>上下双排布置，扇形排列</td><td>要求，能将钻孔均匀地布置在预抽的煤体中，消灭“空白带”</td><td></td></tr>
<tr><td rowspan="4">5</td><td rowspan="4">钻场布置方式</td><td>钻场设在底板岩层中</td><td>当煤层瓦斯量大于风排瓦斯量，需要预抽方式时，在煤层底板岩层中打穿层孔</td><td>瓦斯是抽本煤体内的瓦斯</td><td>如图 3-2-4 所示</td></tr>
<tr><td>钻场设在煤层底板中</td><td>当残留瓦斯量大于风排量时，需要采取“上抽下载”等边采边抽方式来抽放煤层中瓦斯</td><td>瓦斯主要来源于本煤体及下部煤层</td><td>如图 3-2-5 所示</td></tr>
<tr><td>钻场设在顶板岩层中</td><td rowspan="2">当残留瓦斯量大于排风量时，需要采取顶板反向孔抽放预抽“空白带”瓦斯</td><td rowspan="2">因为在预抽时，布孔不均匀，留有“空白带”，瓦斯涌出量大，需要布置“专门钻场(孔)”进行抽放</td><td>如图 3-2-6 所示</td></tr>
<tr><td>钻场设在煤层顶板中</td><td>如图 3-2-7 所示</td></tr>
</table>

续表 3-2-1

序号	项目与内容		参数选取与确定	确定依据与基本要求	备注
6	钻孔布置方式	上向钻孔	β 或 $\beta' > 15°$	上向孔倾角大于15°，可以在终孔位置上升20m左右，处于抽放半径影响范围外，这样布孔可以消灭“空白带”	钻孔倾角 β 如图 3-2-11 所示，按式 3-1-3 计算
		水平钻孔	$\beta = 1° \sim 3°$	水平孔倾角 $\beta = 1° \sim 3°$，终孔位置可上升 8～10m，超过阶段煤柱 2～4m，可以消除断孔和堵孔	
		下向钻孔	β 或 $\beta' \geqslant -15°$	下向孔倾角 β 或 $\beta' \geqslant -15°$，同样可使终孔位置降深 20m 左右，有利于提前预抽下阶段煤层瓦斯	如图 3-2-12 所示，按式 3-1-4 计算
7	钻孔长度 l 或 l'/m		从煤层底板一直穿透全煤层，直达煤层顶板的油母页岩层中	根据煤层厚度、倾角、钻场布置方式，以及钻机能力确定	钻孔长度 l 按式 3-1-2 计算
8	钻孔直径/mm		开孔 $\phi146$；抽放钻孔 $\phi108$；一直到终孔	开孔 $\phi146$ 主要考虑同插管 $\phi127$ 相适应；以及打 $\phi108$ 钻孔需要。抽放瓦斯钻孔用 $\phi108$ 一直到底，主要是借以提高卸压半径，以便提高抽放量	
9	每个钻场中的钻孔数量/个		3、5、7、9	主要考虑：煤层瓦斯量，预抽率、抽放时间，以及钻机能力和有效率等综合因素	
10	过滤管/mm		$\phi127$	主要考虑为 $\phi108$ 钻孔施工创造条件，并考虑同开孔 $\phi146$ 保持有一定间隙，便于致密的封孔	

续表 3-2-1

序号	项目与内容	参数选取与确定	确定依据与基本要求	备　注
11	过滤管长度/m	3 ~5	实践证明，在岩层中封3m；在煤层中封5m，可以达到封孔要求质量，而且利用现有的封孔技术和工艺，完全可以满足	
12	封孔材料	水泥砂浆：水泥：砂为1：5：1	要求水泥砂浆配比精确，搅拌均匀，用钻机或机械封孔	
13	钻场集中管直径/mm	$\phi108$	主要考虑便于同过滤管（插管）和抽放支管连接	
14	支管直径/mm	$\phi108$	主要考虑抽放量和管网间的连接	

3.2.2 石门揭煤、采前预抽煤层瓦斯

石门揭煤前，于煤层底板法线距离10m，在巷道两侧掘钻场，沿巷道掘进方向打钻实施预抽，不仅可以预防石门揭煤突出危险，也可以起到边掘边抽效果，见图3-2-13。

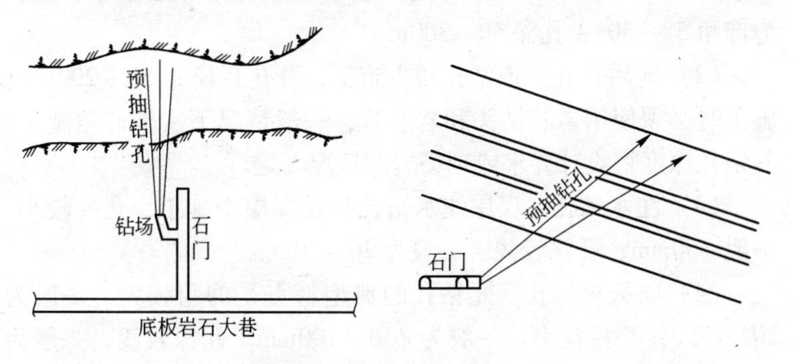

图 3-2-13　揭煤前预抽瓦斯

采前预抽，即在综放工作面形成以后，为了解决工作面前进方向上煤层涌出的瓦斯，于两侧布置钻孔进行预抽，见图 3-2-14。

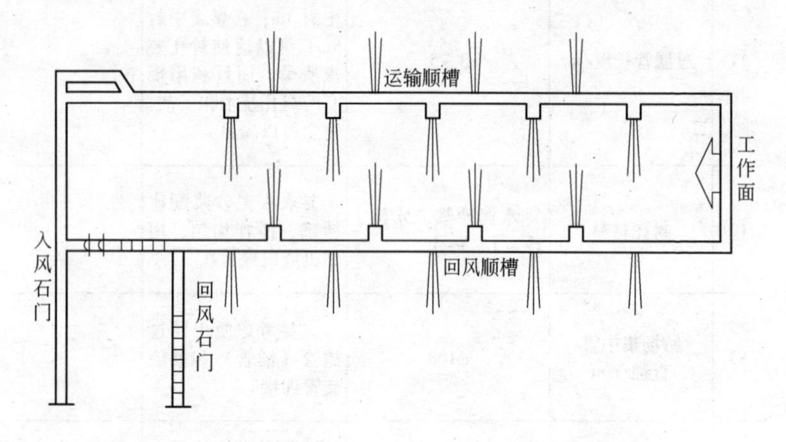

图 3-2-14 采前预抽瓦斯

3.2.3 钻孔规格

钻孔因规格不等而用途不同，如抽放钻孔，地质钻孔，注水钻孔，防灭火钻孔管。

（1）抽放钻孔。开孔孔径一般为 ϕ100～125mm，终孔孔径一般为 ϕ50～80mm；一次穿透所要求抽放瓦斯煤层全厚。成孔为仰角 5°～30°；孔深 30～300m。

（2）地质钻孔。该钻孔较少施工，开孔孔径 ϕ150～200mm；施工时必须使用岩芯钻头和岩芯管；一般情况下实施仰角施工，其钻孔深度视设计要求或现场岩芯情况而定。

（3）注水钻孔。煤层注水钻孔只在煤层中施工，孔径较小，一般 ϕ50mm；孔深较浅，一般为 20～30m。

（4）防灭火钻孔。此钻孔的典型特点是仰角较大，一般为 20°～75°，孔径较小，一般为 ϕ50～100mm，孔深较浅，一般为 10～30m。

3.2.4 打钻工艺技术

3.2.4.1 工具

A 钻机

钻机是钻探作业的核心部分。性能优良的钻机能获得高效的工作效率且安全有保障和经济节省。下面按时序简介一下抚顺煤矿在抽放瓦斯工程施工中所使用过的钻机。

（1）1950～1975 年。这 30 年中，主要使用仿苏 KA-2M-300m 钻机，见图 3-2-15。

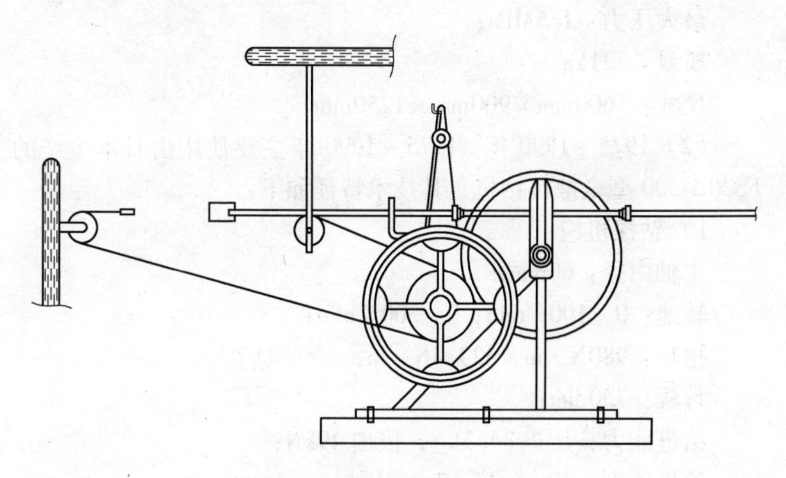

图 3-2-15 KA-2M-300m 型钻机示意图

KA-2M-300m 钻机主要参数：

最大钻孔深度：300m；

开孔最大直径：130mm；

立轴可变角度：90°～180°；

立轴回转数：140r/min；

立轴直径：44mm；

胶带轮直径：780mm；

传动比：0.63；

传动功率：13.5～15kW。

红旗150m钻机技术特征：

钻探深度：150m；

钻探角度：垂直向下，水平向前与水平向上30°范围内；

开孔直径：66mm；

终孔直径：46mm；

立轴转速：85r/min；

齿轮速比：1∶1；

变速箱速比：29∶3

最大压力：1.5MPa；

质量：731kg；

尺寸：1600mm×900mm×1250mm。

（2）1975～1990年。1975～1990年主要使用由日本生产的FS20A-300型全液压钻机，其技术特征如下：

1）钻探机组：

主轴内径：60mm；

转速：0～100r/min，0～300r/min；

扭矩：980N·m、323.4N·m；

行程：750mm；

给进能力：压进34.3kN，拔出49kN；

给进速度：10m/min，7m/min；

外形尺寸：1815mm×650mm×670mm。

2）动力机组：

旋转用型式：内齿齿轮泵；

油泵：排量36.5L/min；

油压1.96kPa；

给进用型式：内齿齿轮泵；

排量9.3L/min；油压0.98kPa；

油箱容量：100L；

原动机：15kW；

开关箱：电源 AC380 操作 AC100；

尺寸：1500mm×1700mm×1600mm，见图 3-2-16。

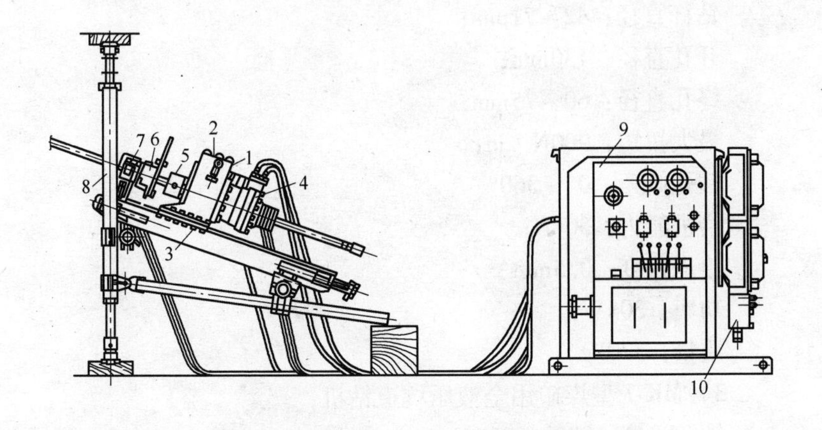

图 3-2-16 FS20A-300 型全液压钻机构造

1—变速箱；2—给进油缸；3—移动底座；4—插压卡盘；5—手动卡盘；6—导液；7—油压夹紧器；8—支柱；9—液压操纵台；10—钻机操纵箱

（3）1990 年以后。1990 年以来，煤矿系统各大研究所对钻机研制投入了大量人、财、物力，并获得了巨大成功。抚顺煤矿一直沿用煤科总院西安分院研制的钻机，现做下列简介。

1）MK-2A 型全液压坑道钻机：

钻孔深度：75m；

钻杆直径：42mm；

开孔直径：91mm；

终孔直径：75mm；

钻孔倾角：±90°；

最大扭矩：450N·m

给进能力：14kN；

给进速度：0.4m/s；

功率：7.5kW；

质量：95kg。

2）MKC-5 型全液压坑道钻机：

钻孔深度：300~500m；

钻杆直径：42~71mm；

开孔直径：130mm；

终孔直径：60~75mm；

最大扭矩：900N·m；

钻孔倾角：0°~360°

给进能力：50kN；

给进速度：0.5m/s；

功率：30kW；

质量：320kg。

3）MK-7 型煤矿用全液压坑道钻机：

钻孔深度：800~1000m；

钻杆直径：89mm；

给进能力：250kN；

给进速度：0.25m/s；

主泵压力：28MPa；

最大转矩：8000~10000N·m；

倾角：0~±10°；

功率：90kW；

质量：3950kg。

4）ZDY6000L 型煤矿用履带式全液压坑道钻机：

钻孔深度：600m；

钻杆直径：73~89mm；

钻机质量：7000kg；

转矩：6000~1600N·m；

转速：50~190r/min；

压力：26MPa；

倾角：-10°~20°；

给进能力：180kN；

功率：75kW；

质量：7000kg。

B　钻头

钻头是钻孔施工时的主要钻进工具。目前，抚顺矿区常用钻头有两种，即环状齿形硬质合金钻头和环状塔式硬质合金钻头，前者用于打坚硬煤层；后者用于打较软的煤层。

从钻头的作用分类，可以分为空白钻头、无芯钻头和取芯钻头三种，无芯钻头又分为三翼火箭式钻头、三翼锥形无岩芯钻头；取芯钻头又分为环形钻头、肋骨钻头和筒状环形钻头，见图3-2-17 ~ 图3-2-20。

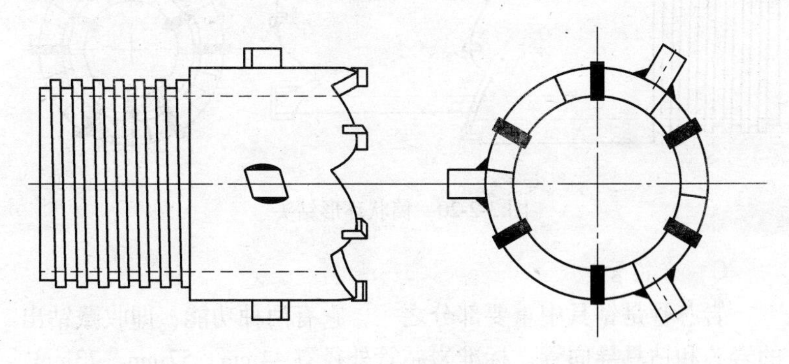

图 3-2-17　肋骨钻头

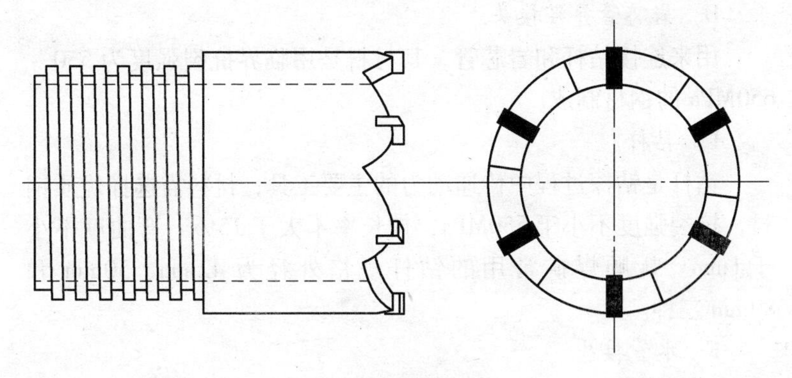

图 3-2-18　环形钻头

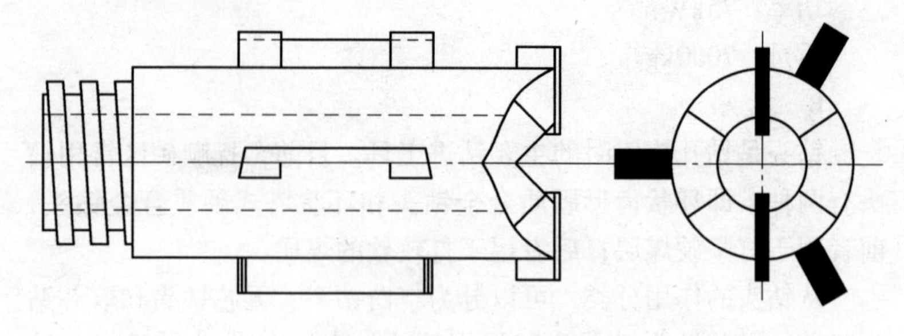

图 3-2-19　三片肋骨钻头

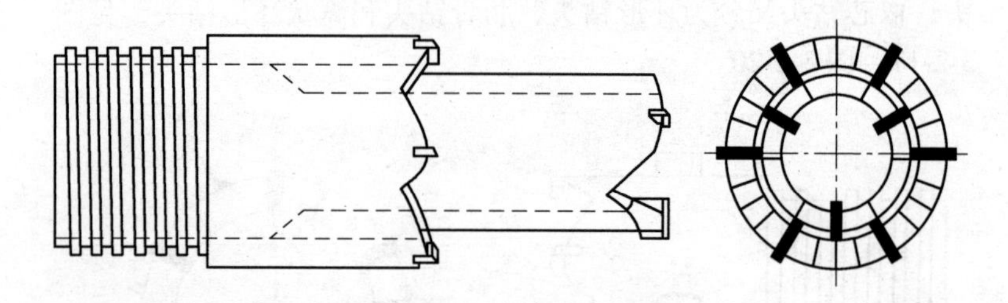

图 3-2-20　筒状环形钻头

C　岩芯管

岩芯管是钻具中重要部分之一，它有两种功能，即收藏钻出的岩芯和钻具导向管。标准岩芯管外径有 44mm、57mm、73mm、89mm、108mm、127mm 和 146mm 几种。

D　岩芯管异径接头

用来连接钻杆和岩芯管，其材料是用临界抗裂强度为 550～650MPa 的钢材制成。

E　钻杆

钻杆是钻探过程中传递动力的主要工具，材料需选择优质钢材，抗裂强度不小于 550MPa，伸长率不大于 15%，弯曲度不小于 1mm。抚顺煤矿常用的钻杆规格外径为 42mm、50mm 和 89mm 三种。

F　水管接头

水管接头是通过钻具向孔底输送冲洗液，防止岩（煤）粉堵塞钻具的工具。

3.2.4.2　工具技术

A　钻头压力

增大压力可以提高钻进速度，但实际操作中增压是有限度的，因增压过大会使钻杆弯曲。实践证明，如使用肋骨钻头，一个切削具的压力可达784～1472N。一般而言，钻坚硬而带有裂隙的岩石或煤时切削压力应在687～785N；钻松软岩（煤）时，压力则降至392～490N即可。

B　钻头的回转速度

在不同的岩、煤中施工，钻头的回转速度是不同的，因为钻头的直径变化很大（46～146mm），所以，同一转速而直径不同的钻头，切削具的周围速度亦不同。可以将转速折算为圆周速度，一般来讲，钻头的圆周速度在0.3～0.8m/s之间，且可按下式计算：

$$U = \frac{\pi D n}{60} \tag{3-2-6}$$

式中　U——圆周速度，m/s；

D——钻头外径，m；

n——钻头转速，r/min。

C　冲洗钻孔

为了保证钻头的顺利钻进与拔出，防止岩（煤）粉堵塞钻具，施工中应不间断地向钻孔供给适量的水量，水量太小，会堵塞岩芯管，造成埋钻事故；反之过大会产生憋水，造成松软孔壁的塌落。

3.2.4.3　钻探施工中常见故障简述

（1）钻孔的塌陷：孔壁塌陷、冒落；冲洗液使用不当；钻头给压过大。

（2）钻孔超径：开孔孔径过大，终孔孔径过小；冲洗液过量；钻孔换径次数过多；钻屑过多堆积。

（3）钻孔缩径：钻孔遇水膨胀卡住钻具；钻头质量缺陷等。

（4）卡钻：孔壁构造复杂；冲洗水不畅；钻进速度过快等。

（5）钻杆折断：钻杆质量差；增压过大；转速过高；岩石过软；钻具选配不合理等。

（6）岩芯管脱落：丝扣磨损；连接不紧；钻孔弯曲等。

3.2.5 封孔技术

3.2.5.1 封孔材料

主要有黄泥、水泥砂浆、海带、聚胺酯、胶质封堵器以及种类繁多的合成树脂。

A 黄泥

黄泥作为封孔材料，由于它具有取材方便，来源充足、成本低廉、运输（搬）容易、操作方便等优点，在20世纪50年代初期得到了广泛应用。但是，黄泥脱水后，收缩率大，易产生干裂，漏气，时间不久，就被新的封孔材料代替了。

B 黄泥-水泥

应用黄泥和水泥混合材料封孔，是总结黄泥封孔易干裂漏气等缺点的基础上而出现的封孔材料，通过不同配比试验（黄泥∶水泥为1∶1～1∶0.25），仍然没有消除干裂漏气的问题。

C 水泥砂浆

利用水泥砂浆封孔，是目前应用最广泛，最普遍的封孔材料。常见的水泥标号为400～500号。水泥和砂子最佳配比为1∶1.25，最大不能超过1∶1.5，利用水泥砂浆封孔具有：材料来源充足、运输（搬）方便、操作简单、气密性高等优点，但它的缺点是成本较高，过渡管不易回收。

D 胶塞（棒圈）

利用胶塞（棒圈）封孔，同上述3种材料相比，具有运输（搬）方便，操作简单，速度快，质量好，有利于回收复用等优点，但在使用时间较长或温度较高、压力较大地区应用时，胶塞（棒圈）易变形，无法回收复用，成本增高。因此，也没有广泛推广应用。

E　聚胺脂

利用聚胺脂封孔，在国内是20世纪80年代才兴起的一种封孔材料。而国外早已推广应用。

聚胺脂是一种高分子合成树脂，种类颇多。目前使用的聚胺脂是煤炭科学研究总院研制成功的。它具有隔热、保温、吸音、抗腐、气密（封）性好、硬化快、运输（搬）方便、操作简单等优点。它的最大缺点是价格昂贵。

聚胺脂是由多种化学药剂混合而成。其配比见表3-2-2。

表3-2-2　聚胺脂封孔材料配方

序　号	组　别	药　液　名　称	质量比/%
1	甲组	防火聚醚	13.71
2	甲组	乙二胺聚醚	3.05
3	甲组	水	1.22
4	甲组	发泡灵	0.91
5	甲组	蓖麻油	6.10
6	甲组	三乙醇胺	0.34
7	甲组	三氯乙基磷酸脂	12.19
小　计			37.52
8	乙组	多亚甲基多苯基异氰酸脂	62.48
合　计			100

3.2.5.2　封孔方法及工艺

A　人工封孔

（1）填塞法。人工填塞封孔法，就是将搅拌均匀的黄泥，或黄泥-水泥混合封孔材料，用特制木棍或金属棒，用人工将其送入钻孔与过渡（插）管不偏向一侧，每填塞200mm充填物后，放入木圈1个，并夯实，直至填塞到孔口为止，如图3-2-21所示。

（2）套管涂（粘）泥法。这种方法是将搅拌均匀的封孔材料（黄泥、黄泥-水泥混合料或水泥砂浆）涂（粘）在过渡（插）管管壁的外向侧，然后送入孔内并用木圈夯（压）实，如

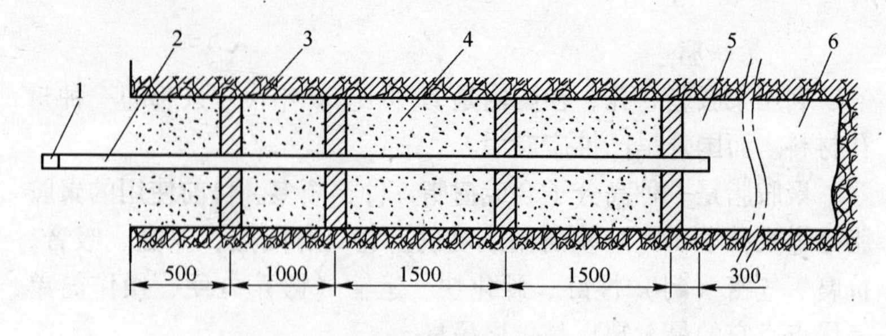

图 3-2-21　人工封孔

1—插管丝头；2—插管；3—成功堵板；4—封孔填料；
5—封孔插管前端钻孔体空间引出瓦斯管；6—钻孔

图 3-2-22 所示。

（3）缠卷法。这种方法只适用于以聚胺脂为封孔材料的钻孔。

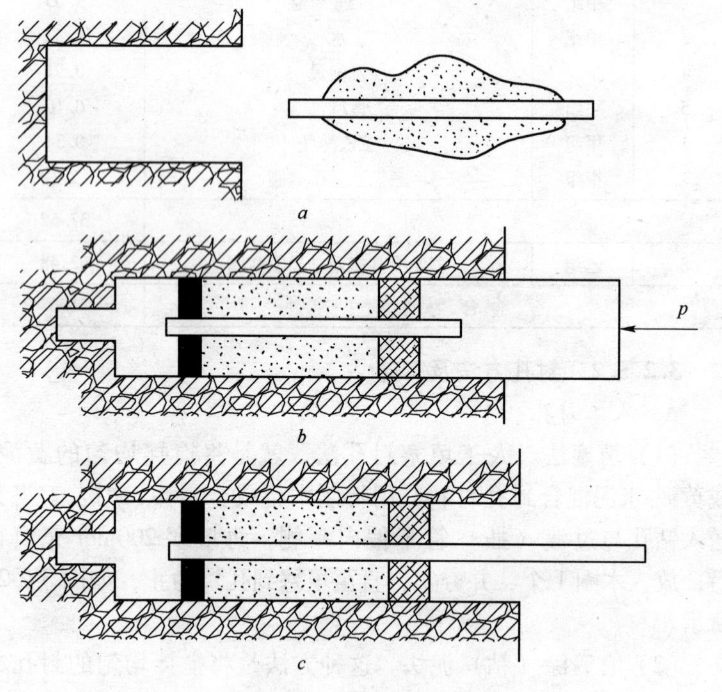

图 3-2-22　套管涂泥法封孔

a—压入涂泥套管；*b*—压实套管；*c*—封孔口

在封孔之前，先将制作好的过渡管备好，并将麻布（长1.5m、宽0.8m）的长边侧固定在过渡管上，然后将混合均匀的聚胺脂药液倒在麻布上，并边倒边缠，做到沿管壁分布均匀，如图3-2-23所示，药卷缠好后固定，并快速送入钻孔中，经20min后，药液发泡，膨胀过程停止，逐渐硬化、固结，即完成封孔工作。

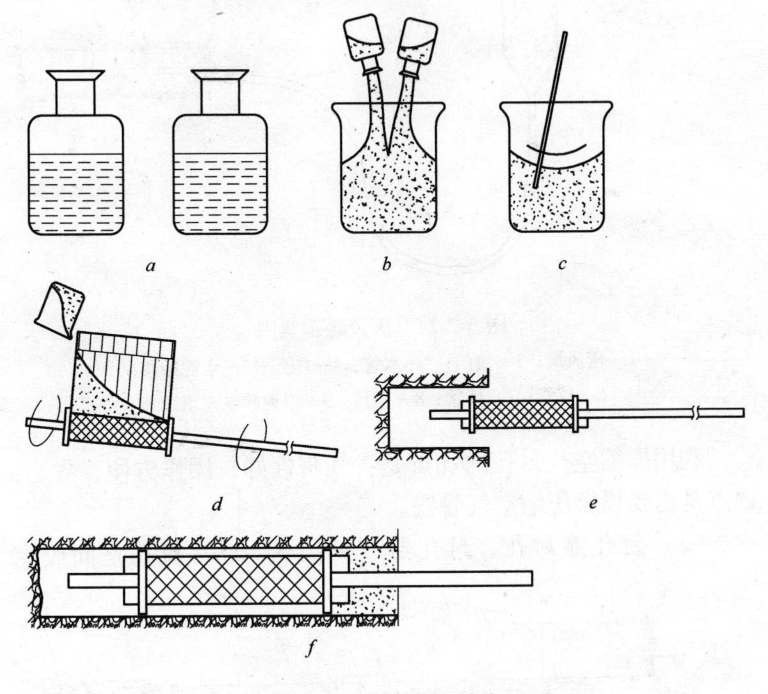

图3-2-23　缠卷法封孔

a—原液；*b*—甲乙药液混合；*c*—混合搅拌；*d*—涂布或麻布缠卷；*e*—缠后迅速向钻孔插入；*f*—封孔结束完善结构

B　机械封孔

机械封孔按其动力不同，可分为：压风、封孔器和钻机封孔等三种方法。

（1）压风封孔。压风封孔是以压缩空气作动力，把搅拌均匀的水泥砂浆。用压风罐充入环状空间，如图3-2-24所示。

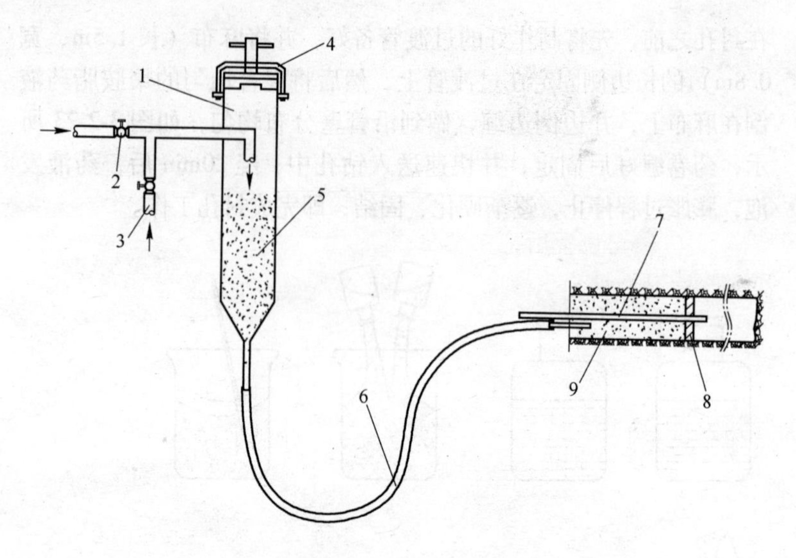

图 3-2-24　压风罐示意图

1—压风罐；2—阀门；3—水管；4—压盖；5—水泥砂浆；
6—胶管；7—插管；8—挡板；9—水泥砂浆充填段

利用压缩空气封孔的优点是：气密性好，操作方便、省力，缺点是需要设置压缩空气管线。

（2）封孔器封孔。封孔器（见图 3-2-25）封孔是同胶塞

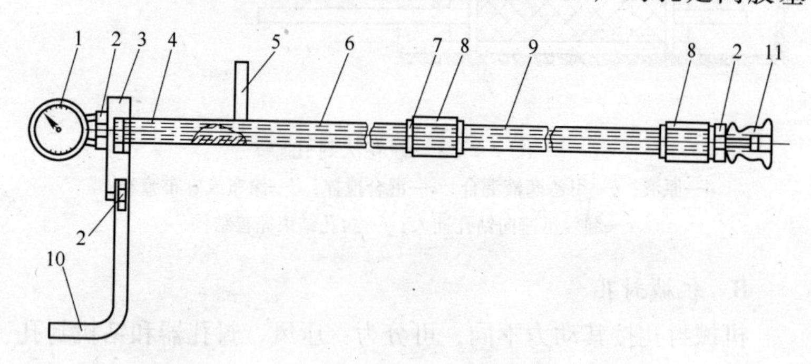

图 3-2-25　封孔器示意图

1—压力表；2—螺母；3—轮套；4—齿；5—手把；6—外套管；
7—卡盘；8—胶皮圈；9—内套管；10—手柄；11—后挡

（圈、棒）配套使用的。

封孔时，将胶圈放入预定的位置，通过摇动手柄，使胶圈纵向受压而膨胀，同孔壁紧密接触，达到封孔目的。

（3）钻机封孔。钻机封孔的实质是以钻机为动力，将搅拌均匀的水泥砂浆等充填料，先装入过渡管中，然后插入钻孔内，待调整好轴向位置后，开动钻机带动“封孔器”，将过渡管内的充填料挤压到环状空间，直至充填料从孔内流出为止，使之充填在环状空间内均匀分布。钻机封孔方法，如图 3-2-26 所示，钻机封孔连接，如图 3-2-27 所示。

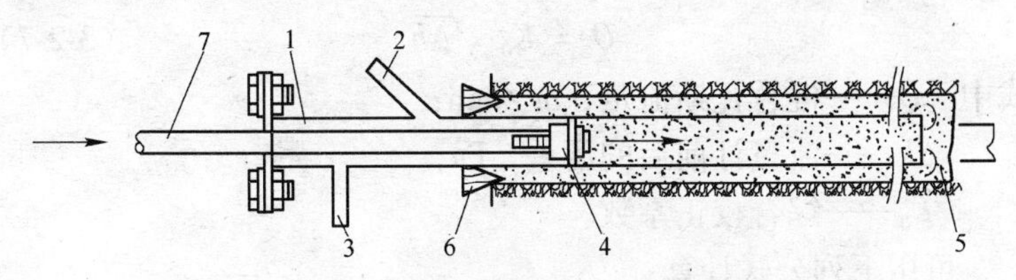

图 3-2-26　钻机封孔方法示意图

1—插管；2—ϕ30mm 抽瓦斯管；3—放水管；4—钻杆填料卡头；5—填料；6—封孔口木塞黄泥；7—钻杆

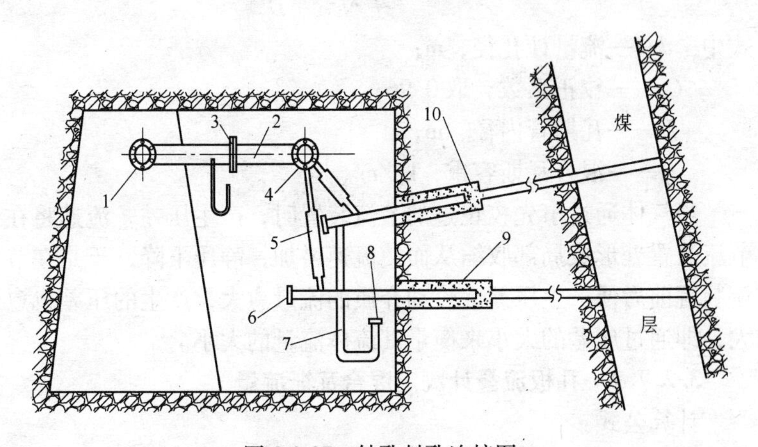

图 3-2-27　钻孔封孔连接图

1—抽瓦斯干管；2—钻场抽瓦斯支管；3—孔板流量计；4—集中管；5—连接胶管；6—堵板；7—放水管；8—自动放水头；9—插管；10—封孔填料

3.2.6 抽放管道连接

（详见第6章6.1节）

3.2.7 钻场和钻孔抽放瓦斯参数测定技术及计算方法

钻场和钻孔抽放瓦斯参数主要包括抽放负压、抽放流量和抽放浓度等，由于抽放条件不同对流量计的安装、使用和维护也不同。

3.2.7.1 文特里式流量计测定混合瓦斯流量

计算公式：

$$Q = K_0\sqrt{\Delta h} \tag{3-2-7}$$

式中 Q——混合瓦斯流量，m^3/min；

Δh——流量计前后的压差，Pa；

K_0——综合校正系数。

可用下列公式计算：

$$K_0 = 60\frac{\pi d^2}{4}C_i\sqrt{\frac{2g}{1-\frac{d^4}{D^4}}\frac{1}{\gamma}} \tag{3-2-8}$$

式中 d——流量计孔径，m；

C_i——校正系数，取0.96；

D——瓦斯管内径，m；

γ——混合瓦斯容重，kg/m^3。

当气体通过事先校正过的节流装置时，产生压差，流速将在节流装置处形成局部收缩从而使流速增加，静压下降，于是在节流装置前后便产生压差。流动介质的流量愈大，产生的压差也愈大，即通过压差的大小来衡量其流体流量的大小。

3.2.7.2 孔板流量计测定混合瓦斯流量

计算公式：

$$Q = Kb\sqrt{\Delta h} \tag{3-2-9}$$

式中 K——孔板系数；

b——相应于含瓦斯 $x\%$ 时的浓度系数；

Q——混合瓦斯流量，m^3/min；

Δh——孔板前后的压差，Pa。

$$b = \sqrt{\frac{1}{1 - 0.0044\chi}} \tag{3-2-10}$$

$$K = K^1 F \sqrt{2.6g} \tag{3-2-11}$$

$$K^1 = \frac{d^2}{D^2} \tag{3-2-12}$$

式中 d——孔板直径，m；

D——瓦斯管内径，m；

F——孔板截面积，m^2。

当流体经由管道进入装置时，管道截面积突然缩小，流速将在节流装置形成局部收缩，而截面内流速急剧增大，使节流装置前后产生压差，流量越大，压差越大。使用孔板流量计应当注意下列几个问题。

（1）d 的选择，$0.2 \leqslant d/D \leqslant 0.8$，一般选 $d/D = 0.5$；

（2）孔板厚度取 2～6mm；

（3）孔板中心与瓦斯管中心力求在同一轴线上，偏心度应小于 1%～2%；

（4）计量管段直径一致，内壁光滑；

（5）为清除涡流和紊流，孔板前后 5m 内，应为直线段；

（6）孔板须做镀铬处理；

（7）孔板两侧的管接严密，不漏气；

（8）孔板附近设自动放水器，以免水堵影响测量精度；

（9）为减少流量计造成的压力损失，应设连通管。

3.2.7.3 皮托管测定瓦斯管内流量

（详见本书 6.1 节）

3.3 边抽边掘（采）煤层瓦斯工艺技术

边抽边掘（采）是在生产过程中同时进行抽放瓦斯的一种方式、方法。其目的是对那些预抽不充分或很难实施预抽的采区，且预抽率没有达到设计要求指标；预计掘、采中瓦斯涌出量较大而通风方法难以解决时，采用的一种辅助抽放措施。下面用老虎台矿 83001 综放面采用边抽边掘、边抽边采措施取得的实际效果来说明。

3.3.1　工作面概况

83001 号综放工作面位于老虎台矿井田西部，经距 76996～77806m；纬距 6500～6800m，东西平均开采长度 810m，其中一期可采长度 320m，二期可采长度 490m，开采标高 -743～-816m，煤层可采厚度 18m。地质储量 271.46 万 t，可采储量 245.57 万 t。工作面长度 154m，设计日生产能力 3328t，服务年限 29 个月。该面预测原始相对瓦斯涌出量为 26.97m^3/t，瓦斯储量 0.663 亿 m^3。

3.3.2　钻场和钻孔布置

2002 年 1 月该面运输煤门、回风煤门开始掘进边抽瓦斯也同时进行，到开切眼贯通前，共计布置钻场 22 个，打钻孔 210 个，累计钻孔进尺 36500m，见图 3-3-1～图 3-3-3。

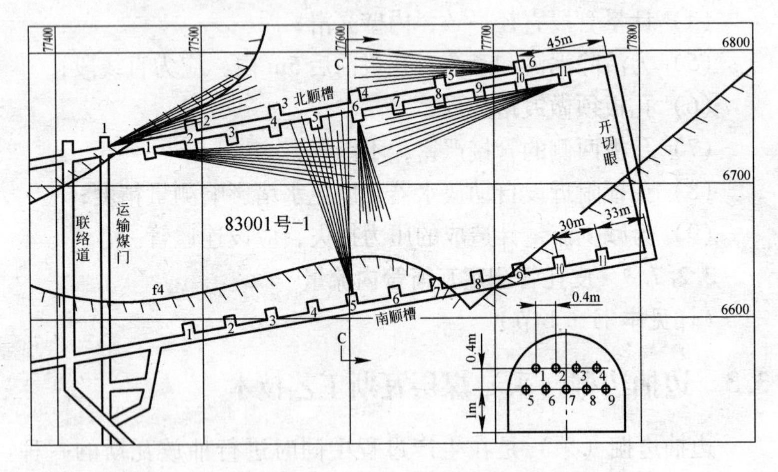

图 3-3-1　钻场钻孔布置示意图

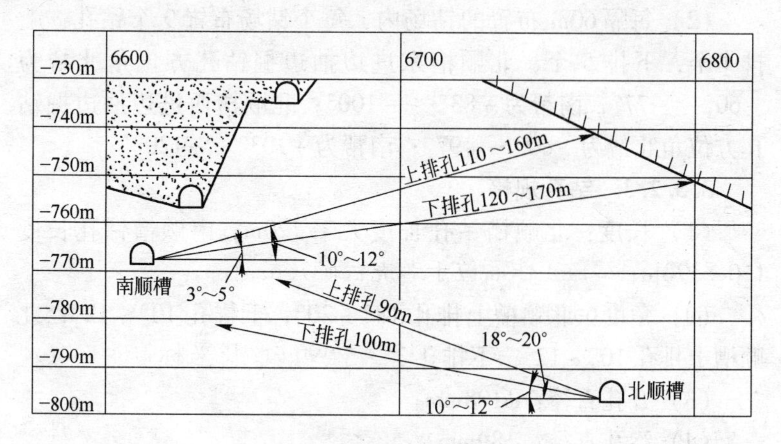

图 3-3-2　C—C 剖面

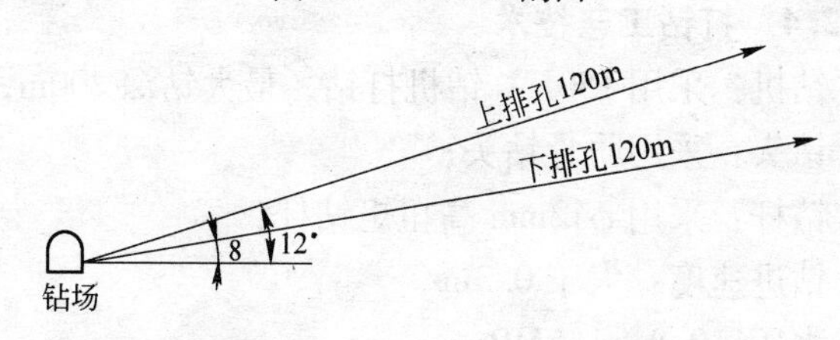

图 3-3-3　北顺槽边掘边抽钻孔剖面

3.3.2.1　钻场

（1）钻场施工采用 3 号棚掘进 3m，帮顶及周围用铁丝网刹严刹牢；

（2）北、南顺槽距开切眼 25m 和 33m 起，每隔 30m 向西布置一组钻场，各布置 11 组钻场；

（3）北顺槽东西掘进工作面在掘进时，分别从运输煤门和开切眼以西 45m 起，每隔 60m 在北帮布置一组边抽边掘钻场，共计 6 组。

3.3.2.2　钻孔

（1）每隔 30m 布置的钻场内，每个钻场布置 9 个钻孔，上排 4 个，下排 5 个。下排孔距巷道底板垂直距离 1m，孔与孔中心水平和垂直距离均为 0.4m；

（2）每隔60m布置的钻场内，每个钻场布置9个钻孔，上排4个，下排5个，北顺槽东进边抽边掘钻孔方位角北帮为 -60°~-77°，南帮为-83°~-100°；北顺槽西进边抽边掘钻孔方位角北帮为+80°~+97°；南帮为+103°~+120°。

3.3.2.3 钻孔规格

（1）长度：北顺槽钻孔长度大于120m；南顺槽钻孔长度110~170m；

（2）角度：北顺槽上排孔18°~20°，下排孔10°~12°；北顺槽上排孔10°~12°，下排孔3°~5°。

（3）开孔直径：ϕ108mm；

（4）终孔直径：ϕ89mm。

3.3.2.4 打钻工艺技术

（1）钻机：采用150FW钻机打钻，最大钻深200m；

（2）钻头：采用肋骨钻头；

（3）钻杆：采用ϕ42mm高扭矩钻杆；

（4）钻进速度：大于0.3m/s；

（5）水压：0.8~1.5MPa。

3.3.2.5 封孔

（1）海带封孔技术用于掘进面前方的卸压孔和排放孔，封孔深度5~10m；

（2）聚胺脂封孔技术用于边抽瓦斯钻孔，封孔深度不少于5m。

3.3.2.6 瓦斯管连接

（1）掘进面敷设ϕ150~200mm主管；

（2）进入钻场后，使用ϕ150mm集合管；

（3）钻孔封孔使用ϕ100mm管；

（4）封孔管与集合管之间使用ϕ125mm胶管连接；

（5）封孔管上预留ϕ50mm放水管，且连接ϕ75mm放水胶管。

3.3.2.7 参数测定

（1）自然量测定，每个钻场抽1~2个钻孔用微速风表测定自然量；

（2）每天检查员用皮托管、瓦斯检测仪、U形压差计、温度计测定流量、浓度、负压和温度；

（3）边抽边掘措施很好地解决了掘进中和工作面采前的瓦斯隐患，截至83001全面贯通前，边抽边掘累计抽出瓦斯8652303m^3，到该区开采前累计抽出瓦斯14142883m^3。

3.4 采空区瓦斯抽采工艺技术

3.4.1 生产采面采空区引巷抽瓦斯工艺技术和优缺点及适用条件

3.4.1.1 工艺技术

以老虎台矿63002号综放面为例。该面于2003年7月投产，2005年2月结束，历时19个月。累计生产原煤178.92万t，累计推进474m，瓦斯涌出量总量5493万m^3，其中抽放5062万m^3，抽放率92.15%，平均相对瓦斯涌出量29.9m^3/t。

工作面设计时，于回风顺槽与开切眼交汇处掘进抽瓦斯引巷，内设1～3趟ϕ325～426mm并联抽瓦斯管进行抽放瓦斯，称为引巷抽放，见图3-4-1，表3-4-1。

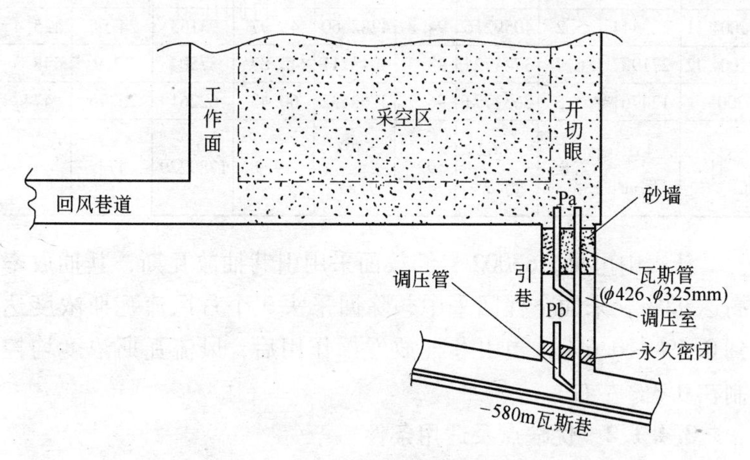

图3-4-1　63002号综放面引巷抽放示意图

表 3-4-1　2003 年 7 月至 2005 年 2 月 63002 号综放面引巷抽放瓦斯情况

月 份	风排瓦斯量		引巷抽瓦斯量		总涌出量 /m^3	相对涌出量 /$m^3 \cdot t^{-1}$	采面产量 /t·月$^{-1}$	采面进度 /m·月$^{-1}$	推进距离 /m
	风排量 /m^3	风排率 /%	抽放量 /m^3	抽放率 /%					
2003.7	130752	68.4	60480	31.6	191232	8.04	23787	9.75	9.75
2003.8	192096	93.6	13133	6.4	205229	2.53	81166	22.45	32.2
2003.9	194400	20.6	750960	79.4	945360	9.65	97963	28.9	61.1
2003.10	231667	11.2	1839773	88.2	2071440	16.77	123497	27.21	88.3
2003.11	210672	9.5	2015424	90.5	2226096	16.6	134120	30.05	118.3
2003.12	241056	8.6	2570846	91.4	2811902	47.71	58934	28.65	147
2004.1	260496	8.5	2788171	91.5	3048667	24.46	124642	30.1	177.1
2004.2	237945	8.5	2557627	91.5	2795572	27.88	100277	20.85	198
2004.3	279259	9.8	2572833	90.2	2852092	33.5	85145	19.5	217.5
2004.4	211680	8.5	2262240	91.5	2473920	33.86	73072	20.75	238.2
2004.5	187027	6.8	2577038	93.2	2764065	38.14	72481	21	259.2
2004.6	191088	5.9	3029184	94.1	3220272	31.54	102100	31.25	290.5
2004.7	254160	7.1	3357633	92.9	3611793	29.47	122540	28.75	319.2
2004.8	246096	8.3	2716905	91.7	2963001	24.62	120368	25.35	344.6
2004.9	233856	6.2	3516480	93.8	3750336	32.71	114641	28.25	372.8
2004.10	281635	6.5	4086446	93.5	4368081	39.15	111568	28.5	401.3
2004.11	223444	5.2	4059216	94.8	4282660	45.97	93163	24.05	425.4
2004.12	271987	6.7	3741724	93.3	4013711	45.87	87504	22.9	448.3
2005.1	124761	3.3	3637771	96.7	3762532	60.43	62261	25.75	474
计	431 万 m^3	7.85	5062 万 m^3	92	5493 万 m^3	29.9	1789229	474	

从表中可见，63002 号综放面采用引巷抽放瓦斯，其抽放率高达 92%，采面全程回采中，除回采头 3 个月风流瓦斯浓度达到 0.5% ~0.6%，当引巷抽放发挥作用后，风流瓦斯浓度均控制在 0.3% 左右。

3.4.1.2　优缺点及适用条件

优点：抽放能力大。引巷内便于接设大管径的瓦斯管路，能满足涌出量高、需抽量大的综放面的安全生产要求。方法简单，便于管理。瓦斯管及管口均在支护较为稳固的巷道空间，不受采动影响，维护简便；而且管路直接与主干管路相连，不经任何抽放区，没有较大负压消耗，抽放浓度、流量及负压等参数便于调控和保证。省时省力，成本低。

缺点：由于要求引巷抽放作用的范围较大，因此必须尽量适当提高抽放负压，加大抽放能力，这样就势必加大了采空区尤其是引巷本身的漏风供氧，给自然发火创造条件。发挥作用较晚，不能解决开采初期的瓦斯涌出问题。

适用条件：适用于瓦斯涌出量较大的综放面，有能够进行引巷抽放的巷道和管路条件以及足够抽放能力的矿井抽放系统。适用于平采或俯采综放面。适用于有条件进行均压通风的综放面。

3.4.2 顶煤瓦斯道抽瓦斯工艺等技术和优缺点及适用条件

3.4.2.1 工艺技术

老虎台矿 63006 号二期综放面采用这种联合抽放方法，其抽放系统如图 3-4-2 所示。即开采前在开切眼上端埋设一趟 ϕ325mm 的瓦斯管，并对管口保护，代替引巷抽放采空区瓦斯。

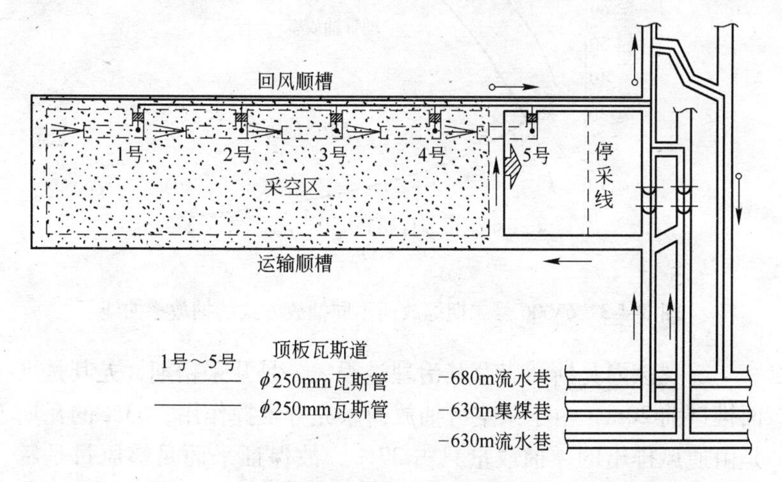

图 3-4-2　63006 号二期综放面巷道布置与抽放系统示意图

随着工作面推进和瓦斯涌出的增加，在距开切眼120m位置又埋设了一条ϕ250mm的瓦斯管路。同时，在工作面前方沿走向靠近回顺内侧8m左右、距工作面顶板上方8～10m，先后掘出5段平行于两顺槽且与采空区相通的专用抽放巷道-顶煤瓦斯道（每段长40m左右），并对各段顶煤瓦斯道外端用河砂对门充填封闭和接设穿堂管路，对采空区进行抽放瓦斯。见图3-4-2。

该面于1997年8月10日开采至1998年4月5日结束。涌出瓦斯总量2283.28万m^3，其中抽放量为1896.55万m^3，占涌出总量的83.06%；平均抽放55.10m^3/min，最高为81.87m^3/min。在抽放量中，由埋管抽出1614.7万m^3/min，占85.14%；由顶煤瓦斯道抽出281.82万m^3。占14.86%。该面平均相对瓦斯量为49.36m^3/t，平均绝对瓦斯量为66.34m^3/min，最高为92.97m^3/min。详见表3-4-2，图3-4-3。

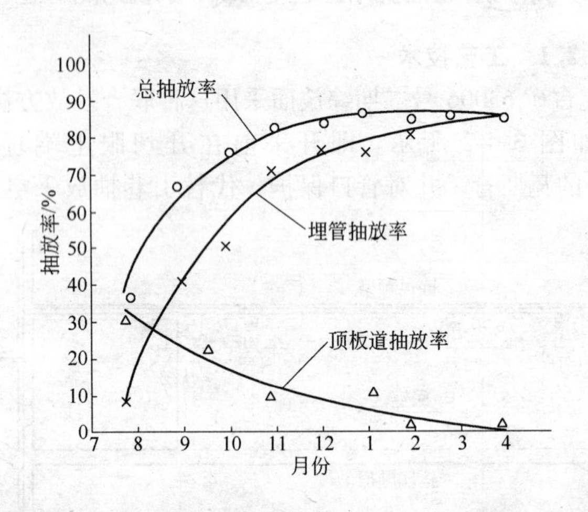

图3-4-3　63006号二期综放面不同抽放方式的抽放率曲线

综观该面瓦斯涌出及其治理过程，一是开采初期，尤其是采面推进前20m，由于采空区抽放尚未充分发挥作用，63%的瓦斯是由通风排出的，抽放量只占37%，故保证采面足够风量是解决开采初期瓦斯涌出的主要手段，并应采取不放顶加快进度和

表 3-4-2　63006 号二期综放面瓦斯涌出情况

月份	风排瓦斯量					抽放瓦斯量														总涌出量		采面产量	相对涌出量	采面进度	推进距离
	采面风量	瓦斯浓度	瓦斯纯量		占涌出总量	埋管抽放					顶板道抽放					抽放总量			分钟	当月				
			分钟	当月		混量		纯量		占抽放量	混量		纯量		占抽放量	分钟	当月	占涌出总量						
						分钟	浓度	分钟	当月		分钟	浓度	分钟	当月										
	m^3/min	%	m^3/min	km^3	%	m^3/min	%	m^3/min	km^3	%	m^3/min	%	m^3/min	km^3	%	m^3/min	km^3	%	m^3/min	km^3	t/月	m^3/t	m/月	m
1997.8	1133	1.10	12.46	395	63.1	12.69	16	2.03	64	27.9	7.74	68	5.26	167	72.2	7.29	231	36.9	19.75	626	22697	27.6	18.7	18.7
1997.9	1130	1.10	12.43	537	30.3	30.22	59	17.83	770	62.3	13.99	77	10.77	465	37.7	28.60	1236	69.7	41.03	1773	66503	26.7	35.9	54.6
1997.10	1080	1.13	12.20	545	22.7	33.14	83	27.51	1228	66.2	20.97	67	14.05	627	33.8	41.56	1855	77.3	53.76	2400	61055	39.3	40.2	94.8
1997.11	1029	1.27	13.07	565	15.1	65.65	93	61.05	2637	83.2	32.42	38	12.32	532	16.8	73.37	3170	84.9	86.44	3734	84406	44.2	40.5	135
1997.12	895	1.20	10.74	497	13.1	67.05	92	61.69	2754	86.8	23.43	40	9.37	418	13.2	71.06	3172	86.9	81.80	3652	90665	40.3	41.1	176
1998.1	874	1.27	11.10	495	11.9	76.93	94	72.31	3228	88.3	19.51	49	9.56	427	11.7	81.87	3655	88.1	92.97	4150	51173	40.3	23.3	200
1998.2	824	1.30	10.71	432	13.5	75.61	85	64.27	2591	93.4	10.74	42	4.51	182	6.56	68.78	2773	86.5	79.49	3205	38908	81.1	22.1	222
1998.3	704	1.23	8.66	387	12.9	66.98	87	58.27	2601							58.27	2601	87.1	66.93	2990	43104	69.3	19.1	241
1998.4	573	0.80	4.58	33	10.8	43.09	88	37.92	273							37.92	273	89.2	42.50	306	4091	74.8	2.50	243
合计	915.9		11.24	3867	16.9		85.1	46.92	16147	85.1		54.4	9.64	2818	14.9	55.10	18966	83.1	66.34	22833	462602	49.4	30.5	243

"以风定产"等措施。二是顶煤瓦斯道对解决工作面 40 架以上风流瓦斯超限及上隅角瓦斯积聚，效果明显。三是随着采面的推进，风排瓦斯量占涌出总量的比例逐渐减少，抽放量所占比例有所增加；而在抽放量中，顶煤道抽放量所占比例明显下降，埋管抽放量所占比例逐渐上升。详见表 3-4-2，图 3-4-3。所以，开采初期，顶煤道抽放的作用早于埋管抽放；之后，埋管抽放效果明显好于顶煤道抽放。

3.4.2.2 优缺点及适用条件

优点是较其他方法发挥作用较早，是解决开采初期瓦斯涌出的重要手段。工作面支架后上方涌出的瓦斯可直接进入顶煤道，对防止工作面风流瓦斯超限和上隅角瓦斯积聚，效果明显。有利于采空区"三区"、"三带"的稳定。

缺点是掘进工程量大，抽放浓度不稳定且不易控制，推进速度慢时容易引起顶煤发火。

适用条件：适用于开采初期瓦斯涌出较大的综放面。适用于不具备引巷和注浆道抽放条件的仰采工作面，与引巷、埋管等措施联合使用效果更佳。由于瓦斯较轻（相对密度 0.554），多浮存在"三区"的上部区，故在放顶高度内，顶煤道越高，抽放效果越好。

3.4.3 埋管和联合抽瓦斯工艺技术和优缺点及适用条件

3.4.3.1 工艺技术

老虎台矿 78001 号一期综放面预测瓦斯涌出量较大，抽放量将达到 130m^3/min 以上，故选择联合抽放方法。

A 抽放系统

（1）引巷抽放系统。如图 3-4-4 所示，将 −680m 安装道作为抽放瓦斯引巷。首先分别在开切眼上隅角埋设一条 ϕ260mm 管路，在安装道与回顺交汇处理一条 ϕ250mm 管路；其次，考虑到采面较长（180m），为加大抽放作用范围，又在开切眼中间距回顺 90m 处增设一条 ϕ190mm 管路。上述三条管路对接后引至

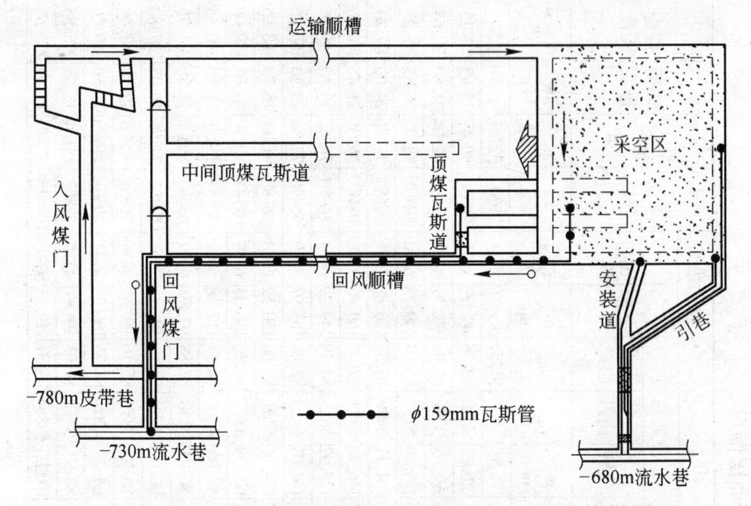

图 3-4-4　78001 号一期综放面巷道布置与瓦斯抽放系统示意图

-680m流水巷与主干管路相联，并在抽放引巷安装道充填河砂对门，外设料石密闭，从而形成引巷抽放系统。

（2）顶煤瓦斯道抽放系统。如图3-4-4 所示，在平行于回顺距其内侧 30m 和 60m、距工作面顶板以上 10m 位置掘两条顶煤瓦斯道各长 50m，外端充填砂门封闭，内设 ϕ325mm 穿堂管，沿回顺接至主干管，形成抽放系统。随采面推进，在两条顶煤道失去作用之前，掘出中间顶煤瓦斯道并形成系统，继续抽放。

（3）顺槽埋管抽放系统。当采面推进 30m 时，在架后距回顺 120m 设管口，接 ϕ159mm 瓦斯管，经回顺至回风煤门，与-730m流水巷干管相联。见图 3-4-4。

B　抽放效果

该面自 1998 年 6 月 18 日投产至 1999 年 9 月末结束，推进 275.55m，生产原煤 104.48 万 t，最高月产 11 万 t。涌出瓦斯总量 8091.4 万 m³，平均涌出瓦斯 119.55m³/min，最高达 169.42m³/min，平均相对瓦斯涌出量 77.45m³/t。抽放瓦斯总量 6786.49 万 m³、占涌出总量的 83.87%，平均抽放量为 100.27m³/min，最高达 146.38m³/min。详见表 3-4-3。

表 3-4-3　78001 一期综放面瓦斯涌出情况

月份	风排瓦斯量				抽放瓦斯量												总涌出量		采面产量	相对涌出量	采面进度	推进距离
	采面风量	瓦斯纯量		占涌出总量	引巷抽放			埋管抽放			顶煤道抽放			抽放总量			分钟	当月				
		分钟	当月		纯量		占抽放量	纯量		占抽放量			占抽放量	分钟	当月	占涌出总量						
					分钟	当月		分钟	当月		分钟	当月										
	m^3/min	m^3/min	km^3	%	m^3/min	km^3	%	m^3/min	km^3		m^3/min	km^3		m^3/min	km^3	%	m^3/min	km^3	t/月	m^3/t	m/月	m
1998. 6	1345	14. 53	272	90. 64							1. 50	28	100	1. 5	28	9. 357	16. 03	300	930	322. 7	1. 20	1. 20
1998. 7	1895	28. 05	1251	56. 24	9. 00	401	41. 25				12. 82	572	58. 75	21. 82	974	43. 76	49. 86	2225	24596	90. 49	15. 95	17. 15
1998. 8	2076	30. 52	1361	30. 57	52. 32	2335	75. 54	7. 13	318	10. 29	9. 81	437	14. 16	69. 26	3091	69. 43	99. 76	4453	71098	62. 64	21. 50	38. 65
1998. 9	2020	29. 9	1291	19. 96	104. 6	4519	87. 25	12. 48	539	10. 41	2. 80	120	2. 34	119. 89	5179	80. 04	149. 78	6470	110103	58. 77	26. 55	65. 20
1998. 10	1747	22. 71	1013	14. 48	123	5492	91. 7	0. 78	34	0. 58	10. 36	462	7. 72	134. 17	5989	85. 52	156. 88	7003	97654	71. 71	24. 00	89. 20
1998. 11	1707	23. 04	995	13. 6	130. 1	5620	88. 88				16. 28	703	11. 12	146. 38	6323	86. 4	169. 42	7318	104483	70. 05	21. 45	110. 65
1998. 12	1666	23. 32	1041	15. 62	122. 4	5464	97. 18	0. 85	37	0. 67	2. 70	120	2. 14	125. 97	5623	84. 38	149. 29	6664	86980	76. 62	19. 30	129. 95
1999. 1	1662	19. 94	890	12. 16	130. 6	5831	90. 7	9. 65	430	6. 70	3. 74	166	2. 60	144. 03	6429	87. 84	163. 97	7319	96490	75. 86	23. 30	153. 25
1999. 2	1647	16. 47	664	10. 94	124. 5	5020	92. 89	9. 53	384	7. 11				134. 05	5404	89. 06	150. 52	6068	66588	91. 14	15. 70	168. 95
1999. 3	1478	19. 21	857	13. 87	106. 5	47541	89. 24	8. 59	383	7. 20	4. 25	189	3. 56	119. 34	5327	86. 13	138. 55	6184	100406	61. 6	20. 05	189. 00
1999. 4	1394	18. 12	782	15. 46	89. 95	3885	90. 8	6. 70	289	6. 76	2. 41	104	2. 43	99. 06	4279	84. 54	117. 18	5062	45154	112. 1	11. 55	200. 55
1999. 5	1151	11. 86	529	12. 12	74. 35	3318	86. 42	11. 68	521	13. 58				86. 03	3840	87. 88	97. 89	4369	43403	100. 7	11. 20	211. 75
1999. 6	1068	11	475	12	65. 46	2827	81. 13	15. 23	657	18. 87				80. 69	3485	88	91. 69	3961	53492	74. 05	16. 05	227. 80
1999. 7	1180	13. 81	616	13. 84	66. 32	2960	77. 14	19. 65	877	22. 86				85. 97	3837	86. 16	99. 78	4454	70967	62. 76	19. 70	247. 50
1999. 8	1195	11. 95	533	11. 25	72. 15	3220	76. 53	22. 13	987	23. 47				94. 28	4208	88. 75	106. 23	4742	39567	119. 9	11. 50	259. 00
1999. 9	970	10. 96	473	10. 97	70. 07	3027	78. 79	18. 86	814	21. 21				88. 93	3841	89. 03	99. 89	4315	32853	131. 4	16. 55	275. 55
合计	1512. 6	19. 28	13049	16. 13	89. 17	58681	86. 47	11. 01	6277	9. 25	6. 98	2906	4. 28	100. 27	67864	83. 87	119. 55	80913	1044764	77. 45	17. 59	275. 55

在解决开采初期瓦斯治理的难题中，顶煤瓦斯道抽放系统起到了不可代替的作用，虽然抽放量并不大（只占涌出量的9%～25%），但较引巷提前发挥作用，大大减轻了开采初期的通风负担。

从表3-4-3中明显看出引巷抽放在整个开采过程中起到了决定性的作用，采面涌出总量的73%是引巷抽出的。当工作面推进20m左右时，引巷抽放效果才开始显现，抽放量占抽放总量的比例逐渐增加。到开采结束，通过引巷抽放瓦斯量5868.13万m^3，占抽放总量的86.47%（最高97.18%），平均抽放89.17m^3/min，最高达130.64m^3/min。

回顺埋管抽放为防止工作面瓦斯超限和上隅角瓦斯积聚起到了良好的作用，在引巷抽放达到峰值后逐渐下降的过程中，埋管抽放量逐渐上升（如图3-4-5所示）起到了引巷辅助抽放的作用。

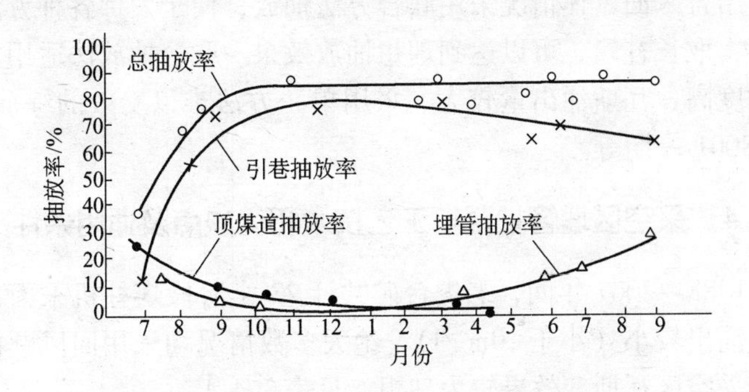

图3-4-5　78001号一期综放面不同抽放方式的抽放率曲线

应当特别指出的是，采空区内气体（主要指瓦斯）的流动状态与矿井通风压力的作用有着直接的重要关系。为此，我们对该面外围的通风系统进行了调整，相对降低了引巷及采空区内部的压力，使气体向采空区后方流动，从而使引巷抽放量由八月份的52m^3/min增加到九月份的104m^3/min，之后，仍在上升，管内瓦斯浓度也由57%提高到88%以上，效果十分显著。见表3-4-3、图3-4-6。

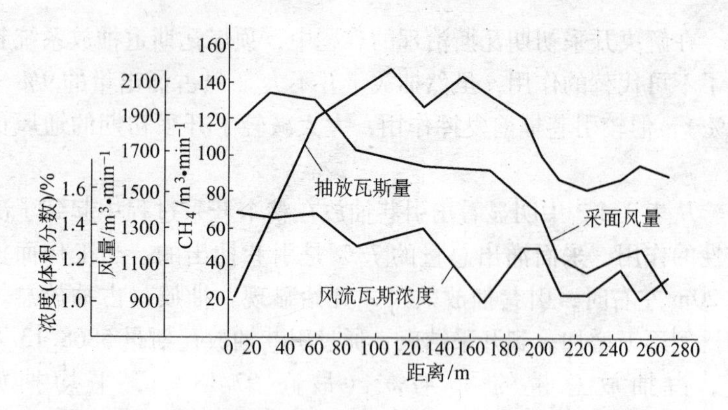

图 3-4-6　78001 号一期采空区抽放瓦斯与采面风量、风流瓦斯浓度关系曲线

3.4.3.2　优缺点及适用条件

结合采面具体情况采用联合方法抽放，便于发挥各种方法的优点，取长补短，可以达到理想抽放效果。联合抽放法适用于生产强度高、瓦斯涌出量较大、采用单一方法难以奏效的综放面。如 78001 一期等。

3.4.4　采空区埋管抽瓦斯工艺技术和优缺点及适用条件

1988 ~ 2007 年间，老虎台矿共计 23 个阶段煤柱机采面，因瓦斯涌出较小（小于 $10m^3/t$），绝大多数情况均采用回风顺槽埋管抽采空区瓦斯，效果较为理想，见表 3-4-4。

从表中可见，因相对瓦斯涌出量较小（平均 $5.45m^3/t$），且近 60% 的瓦斯由风排稀释，在采用抽放方式时以回风顺槽埋管抽放为主，效果显著。以 -330m 东综采面为例，该采面长度 60m，走向回采长度 1007m，回采时间为 18 个月，实际相对瓦斯涌出量为 $3.05m^3/t$，生产原煤 80.4 万 t，平均工作面供风风量 $450m^3/min$。在设计该采面时，考虑到当时预测的原始相对瓦斯涌出量仅为 $2.5m^3/t$，采面较短（60m）采高 2.4m，开采强度较小，于回风顺槽预埋 $\phi100$ ~ 150mm 瓦斯管实施瓦斯抽放。

表 3-4-4　老虎台矿历年阶段煤柱机采面瓦斯情况统计

采　面	采面长度	进尺	产量	风排瓦斯	抽放瓦斯	总瓦斯量	风排率	抽放率	吨当量	回采时间
	m	m	t	m^3	m^3	m^3	%	%	m^3/t	
48009	—	—	236652	790085	716120	1506205	52. 46	47. 54	6. 36	1988. 11 ~ 1990. 4
48008	—	—	133705	800150	446904	1247054	64. 16	35. 84	9. 33	1990. 5 ~ 1991. 1
48007	—	—	348574	854712	1589060	2443772	34. 98	65. 02	7. 01	1991. 2 ~ 1992. 2
48010	—	—	139190	261014	75257	336271	77. 62	22. 38	2. 42	1991. 3 ~ 1991. 10
50505	—	—	537171	1006012	690003	1696015	59. 32	40. 68	3. 16	1991. 12 ~ 1992. 12
53011	—	—	177815	484891	377618	862509	56. 22	43. 78	4. 85	1992. 3 ~ 1993. 1
48006	—	—	216540	531276	337898	869174	61. 12	38. 88	4. 01	1992. 6 ~ 1992. 12
58003	72	277	251420	690797	874065	1564862	44. 14	55. 86	6. 22	1992. 12 ~ 1995. 2
53010	—	—	636792	1508182	680018	2188200	68. 92	31. 08	3. 44	1993. 1 ~ 1994. 8
50503	—	—	327375	1138132	1549937	2688069	42. 34	57. 66	8. 21	1993. 2 ~ 1994. 7
54004	—	—	220939	1086538	3586728	4673266	23. 25	76. 75	21. 15	1993. 6 ~ 1994. 10
53009	—	—	167438	417960	217053	635013	65. 82	34. 18	3. 79	1994. 6 ~ 1995. 2

续表 3-4-4

采　面	采面长度	进尺	产量	风排瓦斯	抽放瓦斯	总瓦斯量	风排率	抽放率	吨当量	回采时间
	m	m	t	m^3	m^3	m^3	%	%	m^3/t	
50502	—	—	188102	2143252	671653	2814905	76.14	23.86	14.96	1994.8～1995.9
53006	—	—	77752	355334		355334			4.57	1994.12～1995.9
53008	—	—	328491	822195	116232	938427	87.61	12.39	2.86	1995.3～1996.2
53007	—	—	257202	726573	225414	951987	76.32	23.68	3.70	1996.4～1996.11
58005	—	—	102097	835128	215496	1050624	79.49	20.51	10.29	1997.1～1998.8
54002	—	—	129278	328129	596084	924213	35.50	64.50	7.15	1997.2～1997.7
54002N	—	—	168653	426211	1267098	1693309	25.17	74.83	10.04	1997.4～1997.8
58008	—	—	251420	690797	874065	1564862	44.14	55.86	6.22	1998.11～1999.5
58007	—	—	158533	519236		519236			3.28	2000.4～2000.12
54003	93	440	484293	1414811	1597060	3011871	46.97	53.03	6.22	2001.5～2002.1
-330 东	60	1007	804404	910339	1546358	2456697	37.06	62.94	3.05	2004.8～2006.2
平　均							59.1	40.9	5.45	

3.4.4.1 工艺技术

（1）管路：回风顺槽全程接设 ϕ100 ~ 150mm 管路，待管口深入采空区 50m 以上实施间歇性抽放。

（2）抽放参数：

1）浓度：大于 60%；

2）负压：100 ~ 150Pa，实施低负压抽放；

3）流量：3 ~ 5m^3/min（混量）；

4）方式：实施间歇式抽放，见图 3-4-7。

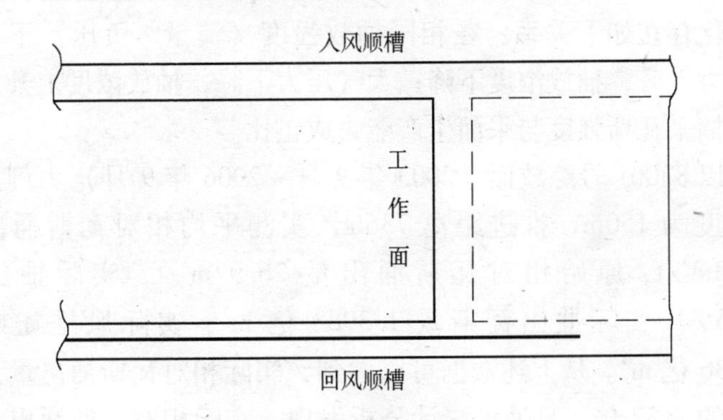

图 3-4-7　埋管抽放瓦斯

3.4.4.2 优缺点及适用条件

简单易行，便于管理，不需掘进巷道、钻场或打钻；省时省力，可起到引巷抽放作用，但浪费大量管材，抽放浓度偏低，易造成工作面上部或上隅角火灾，必须严格控制抽放参数。适用于生产强度较小，瓦斯涌出量不大的综采工作面；也可以用于其他联合抽放方式之中，作为补充抽放方式解决阶段性、临时性瓦斯异常增大的区域。

3.5 采空区抽采瓦斯影响因素分析

实践证明，矿井抽放瓦斯，尤其采空区抽放瓦斯的“应抽强度”与采面产量、风量、推进距离、瓦斯涌出量的大小、大气压力的变化及采空区“气象”分布状况等各种因素的影响有着密切的关系。当然，条件不同的采面，其影响因素的主次程度各有差异，了解和掌握它们之间的关系，对提高抽采效果及保证安全生产意义重大。

3.5.1 大气压力变化对综放面抽采瓦斯的影响

总结老虎台矿 2000 ~ 2007 年间开采的 10 个综放面的各类参数，可得出下列规律性的结果。即采空区抽采瓦斯强度与大气压力变化存在如下关系：在相同抽放强度（流量、负压）下，大气压力上升，抽放浓度下降；大气压力下降，抽放浓度上升。采空区抽采瓦斯强度与采面生产能力成正比。

以 83001 号综放面（2003 年 9 月 ~ 2006 年 9 月）为例，该面长度为 150m，推进距离 736m，实测平均相对瓦斯涌出量 37.03m^3/t，原始相对瓦斯涌出量 26.97m^3/t，实际抽放率 88.95%，实际抽出瓦斯量 1.3983 亿 m^3，实际风排瓦斯量 0.1736 亿 m^3。从上述数据可以看到，实际相对瓦斯涌出量是原始量的 1.37 倍，且通过统计分析发现，实际相对瓦斯涌出量大幅度增加、从时间上看主要分布在春季（3 ~ 5 月）。该面实际回采时间为 3 年，每年的春季均发生瓦斯涌出量较其他季节较大的现象，也是体现在回风顺槽风量瓦斯浓度较其他月份较大的原因（见表 3-5-1，表 3-5-2）。

表 3-5-1 2005 年、2006 年 3 ~ 5 月

3 个月大气压力变化统计 (kPa)

时 间	气压最高平均值	气压最低平均值	差 值	时 间	气压最高平均值	气压最低平均值	差 值
2005.3	100.72	100.13	0.59	2006.3	100.85	100.32	0.53
2005.4	100.18	99.52	0.66	2006.4	100.01	99.34	0.67
2005.5	99.69	99.13	0.56	2006.5	99.80	99.30	0.50
降 幅	1.03	1.0		降 幅	1.05	1.02	

表 3-5-2　2005 年 5 月 83001 综放面回风顺槽风流瓦斯浓度统计

日　期	当日最高气压/kPa	对应瓦斯/%	当日最低瓦斯/%	当日最低气压/kPa	对应瓦斯/%	当日最高瓦斯/%
1	101.65	0.67	0.64	101.3	0.98	1.27
2	102	0.69	0.64	101.6	0.98	1.37
3	101.5	0.95	0.64	101.2	0.93	1.23
4	101.6	0.74	0.59	101.4	0.85	0.93
5	101.5	1.03	0.64	101	1.03	1.42
6	100.9	0.78	0.78	100.2	1.93	2.16
7	101.1	0.64	0.39	100.4	0.83	1.32
8	101.2	0.69	0.49	100.5	0.9	1.13
9	101.1	0.93	0.78	99.8	1.2	1.76
10	101.1	0.74	0.44	100	1.23	1.47
11	101.2	0.54	0.54	100.9	0.74	1.13
12	101	0.61	0.56	100.75	0.83	1.25
13	100.7	0.71	0.64	100.2	0.88	1.52
14	100.3	0.71	0.64	99.85	1.5	1.96
15	100.6	0.69	0.44	100	0.88	0.83
16	100.6	0.74	0.59	100.1	1.18	1.27
17	100.7	0.78	0.64	100.1	0.88	1.08
18	101	0.59	0.55	100.64	0.67	0.83
19	100.9	0.59	0.54	100.3	0.85	0.93
20	100.8	0.74	0.64	100.4	0.74	1.18
21	100.7	0.73	0.6	99.6	0.93	0.98
22	100.3	0.69	0.65	99.9	0.88	1.69
23	100.4	0.74	0.64	100.2	0.84	0.98
24	101	0.74	0.65	100.5	0.83	0.95
25	100.3	0.93	0.74	100	0.84	1.08
26	100.55	0.59	0.54	100.1	0.83	1.18

续表 3-5-2

日期	当日最高气压/kPa	对应瓦斯/%	当日最低瓦斯/%	当日最低气压/kPa	对应瓦斯/%	当日最高瓦斯/%
27	100.1	0.78	0.74	99.4	1.27	1.68
28	100.4	0.69	0.6	100	0.78	0.93
29	100.8	0.59	0.54	100	1.03	1.23
30	99.8	0.64	0.55	99.55	1.33	1.81
31	100.7	0.59	0.54	100.3	0.59	0.74
平均值	100.8548			100.3287		

（1）春季3～5月大气压力值是持续下降的，平均下降幅度为1～1.05kPa，且为周期性波动，采面每天波动幅度在0.5～0.7kPa。

（2）从表3-5-2中可见，气压的波动下降，类似正弦曲线，而瓦斯随气压的变化，从尾巷抽放瓦斯浓度和回风顺槽风流瓦斯浓度可非常直观地观察到，且变化敏感。平均每月气压变化的峰、谷数为7～8个，而瓦斯变化的峰、谷数为10～12个。

（3）气压的下降与瓦斯浓度、瓦斯涌出量的升高基本是对应的，即气压升，瓦斯降；气压降，瓦斯升。但瓦斯的变化要比气压的变化来得快。

（4）83001号采区从5月4日7时～5月5日6时一昼夜内风流瓦斯浓度与气压升降情况见表3-5-3。

表 3-5-3　83001 号采区一昼夜内风流瓦斯浓度与气压升降统计

时间（日、时）	回风顺槽瓦斯浓度/%	大气压力/mmHg（1mmHg = 133.322Pa）
4日7时	0.91	744
8时	0.91	744
9时	0.91	744
10时	0.85	744

续表 3-5-3

时间（日、时）	回风顺槽瓦斯浓度 /%	大气压力/mmHg (1mmHg = 133.322Pa)
11 时	0.97	743
12 时	0.94	742
13 时	1	742
14 时	1.04	742
15 时	1.2	741
16 时	1.1	741
17 时	0.96	741
18 时	0.94	741
19 时	0.95	742
20 时	0.91	742
21 时	0.87	742
22 时	0.88	743
23 时	0.85	743
24 时	0.9	743
5 日 1 时	0.82	744
2 时	0.91	746
3 时	0.94	746
4 时	0.82	746
5 时	0.75	748
6 时	0.68	748

（5）综上所述，在抚顺地区 24 小时内大气压力变化规律是，6 ~7 时段气压较高，15 ~18 时段气压较低，且 7 ~18 时段气压处于下降过程中，周而复始。一年中，3 ~5 月份气压周期性下降，且幅度较大，因此，在每天的 7 ~18 点钟时段内，尾巷抽采瓦斯强度须作适当上调；每年的 3 ~5 月份，采空区抽采瓦斯必须有前瞻性和预测性，可根据抚顺气象台提供的 144 小时气压预报结合本身的室内气压计值，来采取动态的、积极的抽采采空区瓦斯的措施与方案。

3.5.2 采空区抽采瓦斯与防止煤炭自然发火关系分析

这是一对从综放面实施抽放起，一直到回采结束纠缠在一起的矛盾。处理不当将成为一对不可调和的矛盾——因抽采失调造成火灾乃至封面。

3.5.2.1 综放开采自然发火统计

抚顺矿区实施综放开采20年间（1988～2007年）发生冒烟发火353次，百万吨发火率为8.91。其中煤柱面发火160次，占总数的45.3%，百万吨发火率13.02；半原生面发火37次，占10.4%，发火率4.99；原生面发火156次，占44.3%，发火率7.83，见表3-5-4。

表3-5-4 抚顺矿区综放开采自然发火统计

项目	采面类别	龙凤矿	老虎台矿	局计	备考
采面个数/个	阶段煤柱	5	22	27	其中现采面4个，皆为原生煤体面
	半原生煤体	2	10	12	
	原生煤体	6	13	19	
	合计	13	35	48	
原煤产量/t	阶段煤柱	1803997	10485918	12289915	
	半原生煤体	697022	6715078	7412100	
	原生煤体	4686773	15238514	19925287	
	合计	7187792	32439510	39627302	
发火次数/次	阶段煤柱	106	54	160	
	半原生煤体	11	26	37	
	原生煤体	136	20	156	
	合计	253	100	353	
发火率/次·百万t^{-1}	阶段煤柱	58.76	5.15	13.02	
	半原生煤体	15.78	3.87	4.99	
	原生煤体	29.02	1.31	7.83	
	合计	35.20	3.08	8.91	

3.5.2.2 发火特点

（1）频繁性：综放开采20年累计发火353次，发火率8.91次/百万t，是炮采发火率（5.64）的1.58倍。

（2）广泛性：已开采的58个综放面除8个面未发火外，其他采面（占86.2%）都发生过火情，平均7.1次/面。这些发火贯穿在采面安装、开采、撤出等生产过程中和采面的入回风顺槽，工作面架间，上下隅角及采空区等广泛地区。

（3）集中性：一是地点集中，个别采面由生产管理和作业条件较差而发火较为严重。如龙凤矿5701等三个综放面发火均在40次以上；二是时间集中，发火时间多发生在1～3月份春季，占发火次数的30%以上（夏、秋、冬季分别19%、27%和23%）。

（4）重复性：同一地点重复发火共39次，占11%，有些地点甚至发生多次火灾，见表3-5-5。

表3-5-5　抚顺矿区综放开采重复自然发火统计

年度	发火次数/次	其中						明火部位
		冒烟		明火		再生		
		次	%	次	%	次	%	
1989年	2	2	100					
1990年	11	8	72.73	3	27.27			空1，入2
1991年	29	26	89.66	3	10.34	1	3.45	回1，面2
1992年	57	48	84.21	9	15.79	3	5.26	入4，回3，面2
1993年	36	28	77.78	8	22.22			入6，面1，空1
1994年	45	37	82.22	8	17.78	5	11.11	入5，回1，面2
1995年	32	29	90.63	3	9.38	1	3.13	面3
1996年	63	55	87.30	8	12.70	6	9.52	入5，空1，面1，回1
1997年	39	35	89.74	4	10.26	21	53.85	入2，面2
1998年	25	20	80.00	5	20.00	2	8.00	面4，眼1
1999年	14	12	85.71	2	14.29			面1，空1
合计	353	300	84.99	50	14.16	39	11.05	空4，入24，回6，面18，眼1

（5）严重性：一是明火险情多，在353次发火中有53次为明火，占15%。有的明火旺盛，十分危险；二是形成火区影响生产；三是酿成人员伤亡严重事故，见表3-5-6。

表3-5-6　抚顺矿区综放开采自然发火事故人员伤亡统计

采面名称	火区（事故）性质	损失（伤亡）情况
7201	半封闭	1990年2月1日~3月17日停产45天
5203	封　闭	1991年10月25日~12月9日停产56天
7201	封　闭	1992年2月16日~1994年5月1日封闭26.5个月，被封后停采
5701	封　闭	1993年3月15日~1994年4月9日被封后停产
7203	半封闭	1994年5月25日~8月15日停产83天
5703 5702	CO涌出	1992年“3.16”，“3.18”，中毒76人（其中重度1人，重度4人，轻度68人，死亡3人）
5703	发　火	1994年8月9日处理发火中死亡1人

（6）复杂性：主要是指原生煤体采空区发火，火源点的具体位置难以确定，灭火措施短时间很难奏效。况且采空区内积聚大量高浓瓦斯和CO，稍有不慎就有引发瓦斯燃爆或CO大量涌出使人员中毒的重大事故。显然，处理采空区发火过程中，既要防止火势扩大和尽快灭火，又要防止发生瓦斯燃爆和CO中毒事故，是件非常复杂的事情。

3.5.2.3　发火规律

（1）在综放面发火中，煤柱面发火率最高。

（2）从发火部位看，两顺发火率最高，其次为采空区和采面。入顺高于回顺，架间高于端头，见表3-5-7。

表 3-5-7 综放面发火部位

采面种类	发火次数		发火部位											
			两巷				工作面				采空区		开切眼与综采面	
	次	%	次	%	入顺	回顺	次	%	上端	架间	次	%	次	%
阶段煤柱	160	45.6	140	87.5	104	36	7	4.4		7	9	5.6	4	2.5
半原生煤体	37	10.5	14	37.8	12	2	5	13.5	1	4	18	48.7		
原生煤体	156	43.9	87	55.2	66	19	30	19.5	3	27	33	21.4	6	3.9
合计	353	100	241	68.3	182	57	42	12	4	38	60	17.1	10	2.9

(3) 原生面发火次数高于煤柱和半原生面，且采空区发火存在以下规律：

1) 发火部位大多在下隅角以里 10～20m 处；

2) 工作面下隅角发火频率大于上隅角；

3) 工作面发火预兆大多在架上显现。

3.5.2.4 发火原因

抚顺综放发火较为频繁和严重的现象，是主客观多种因素的综合反映，涉及到各业务部门和各生产环节。从主观方面分析概括有以下几点：

(1) 巷道失修严重，报废巷道不及时处理，为巷道发火提供了有利条件；

(2) 巷道掘进或维修遇有冒顶时，采用“打穿杆”或“搭凉棚”进行处理，且长期不撤换，造成两巷发火的人为隐患；

(3) 采空区漏风时引起采空区发火的一个主要因素。漏风的原因，一是下顺槽不放顶，下帮棚腿回撤不好，同时又不及时封堵或封堵质量不好，形成较长距离的漏风通道；二是为解决瓦斯超限，过分加大采空区瓦斯抽放强度或在回风顺槽设置控制风门（增加工作面空气压力），造成向采空区大量漏风；三是通向采空区后方的报废巷道，如溜煤道、消火道、联络道等旧巷，没很好彻底处理，长期向采空区漏风供氧；

（4）入顺高顶、高温等发火隐患没彻底处理而甩入采空区时引起采空区发火的一个直接原因。在采空区60次发火中这种情况占20%（12次）；

（5）工作面推进速度缓慢时造成采空区发火的另一主要因素。如龙凤矿7401-E综放面开采中平均进度为每月11.89m，最小为1.05m，致使该面采空区多次发火；

（6）现场检查、预测预报不及时，未做到防患于未然，或隐患处理不彻底而导致重复发火。

3.5.2.5　综放面抽采过程中自然发火防治措施

实践证明，防治综放自然发火尤其是综放采空区发火的防治，仅靠某种单一方法或手段是难以奏效的，必须采取预防为主和针对性较强的综合治理措施。

A　预测预报

（1）建立观测网点，对巷道高顶、采面、架间、上下隅角及采空区抽放瓦斯管内等重点部位进行定时人工采气。对主采主轴综放面尾巷瓦斯管上安装瓦斯浓度、流量、温度、压力和一氧化碳传感器进行继续监测。利用气象色谱仪分析O_2、CO、CO_2、CH_4、C_2H_4的含量和计算出发火系数R_1、R_2、R_3以及气体温度变化情况，及时发出火情分析预报，并通过微机发送到各决策者的终端电脑上；

（2）在采空区内埋设束管监测探头（靠上下顺槽的采空区分别埋设两组），对距工作面40m以内的采空区气体成分（包括CO、CO_2、CH_4、N_2等）进行连续监测；

（3）在回顺安设CO探头和在采空区（78001一期）抽放瓦斯管内安装CO、CH_4、温度、气味传感器，进行连续监测；

（4）瓦检员和防消火专职人员配备便携式CO检测仪按规定进行流动检查。

B　巷道防火

(1) 加强巷道维修，降低失修率，防止或减少发火隐患的发生；

(2) 对煤质疏松破碎、巷道条件较差和发火危险较大的巷道，在帮顶每隔5～10m打一组钻孔（5～7个），采取间断注水方式湿润煤体进行预防性防火。如图3-5-1所示；

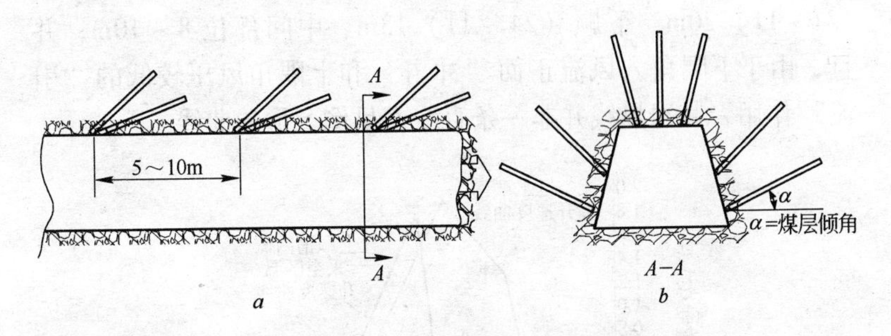

图3-5-1　间断注水方式湿润煤体钻孔布置

a—轴向钻孔分布；b—垂直轴向钻孔分布

(3) 对巷道冒顶等发火隐患用包帮、包砂碹进行充填河砂或粉煤灰处理；对无法包帮充填而有高温、浮煤的地点，采用插水针降温和湿润浮煤。

C　工作面和采空区防火措施

工作面和采空区发火较两巷发火有着更为复杂和更为严重的危害性，必须高度重视。除加强预测预报外，我们主要采取了以下综合治理措施：

(1) 合理分配采面风量。在风流瓦斯浓度不超过规定的前提下，尽量减少采面风量，原生煤体综放面坚持以抽放采空区瓦斯为主，并辅以“降压调节”的均匀通风措施，减少向采空区漏风。

(2) 加快采面进度。在煤层自然发火期内将有发火危险的氧化可燃带甩入采空区窒息带。因为采空区浮煤氧化升温的快慢，不仅与氧气浓度有关，而且也取决于浮煤的破碎程度、起始氧化时间以及其散热条件等。氧气浓度不能说明有无积温条件，而采空区气体温升速度（℃/d）却能说明氧化积温的全过程，故用温升速度指标作为划分氧化可燃带的依据较用氧气浓度更为合理。图3-5-2*a*、图3-5-2*b*和图3-5-3是老虎台矿某综放采空区实测温升速度（℃/d）和等温升速度与采空区距离的关系曲线。可以看出，氧化可燃带宽度（温升速度大于1.0℃/d）为：下顺（31～11）20m、下顺（24～11）13m、中间部位8～10m；并且，由于下隅角入风流正面“冲击”和上隅角风压较低的“引流”作用，其边界线并非一条直线而呈倒S形的曲线。

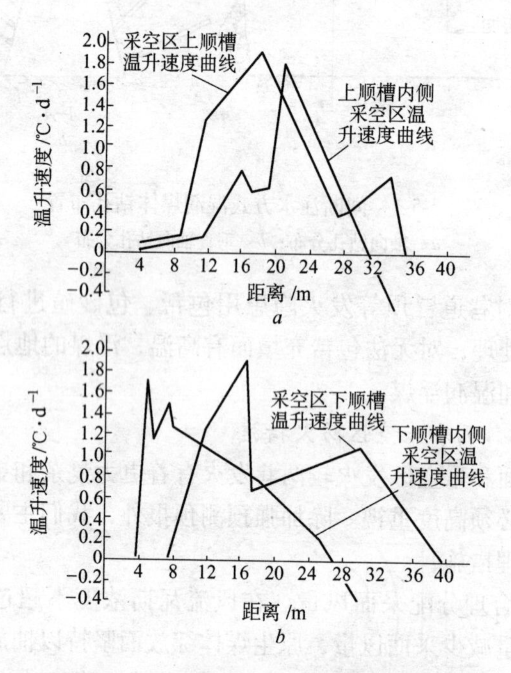

图3-5-2　采空区温升速度曲线

a—采空区上顺槽及上顺内侧采空区温升速度曲线；

b—采空区下顺槽及下顺内侧采空区温升速度曲线

氧化可燃带的范围及宽度，不但与氧化积温条件有关，而且还受采面类型、采面长度、风量、大气压力变化及抽放瓦斯强度

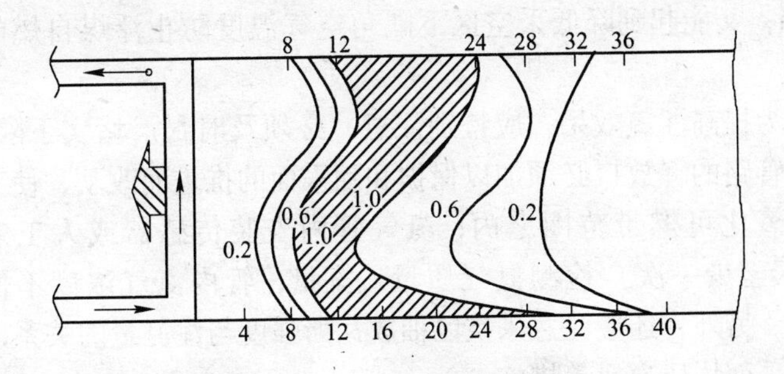

图 3-5-3 采空区等温升速度（℃/d）曲线
及氧化自然带示意图

等诸多因素的影响，它是一个在一定范围内变化的不固定数值。根据抚顺十多年综放采空区发火资料的统计分析，一般情况下月进度 18m 以上的综放面，采空区发火的可能性会大大减小。

（3）向采空区注入氮气。可采用连续和间断两种方法。当采面推进较快（大于 18m/月）采空区又无火情时，可间断注氮（或不注）。采用连续注氮时其注氮量的多少应根据工作面推进速度快慢而定。我们的经验是：当月进度在 15m 以上时，注氮量不小于 $200m^3/h$；当月进度在 5～15m 时，不小于 $300m^3/h$；月进度小于 5m 时必须大于 $400m^3/h$。虽然流量不大，但连续注入，即可减缓下隅角风流的正面“冲击”和惰化气体成分而缩小氧化可燃带的宽度，如图 3-5-4 所示，在走向长度上平均缩小

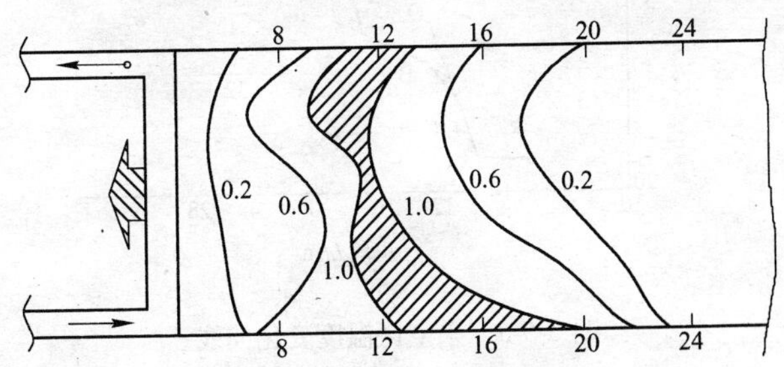

图 3-5-4 注氮时采空区内等温升速度（℃/d）
曲线及氧化自然带示意图

9.5m；又能起到降低采空区下隅角空气温度防止浮煤自燃的作用。

为提高注氮效果，应特别注意，必须及时封严堵实下隅角；注氮管路的释放口必须加以保护和随采面的推进而改动，使其保持在氧化可燃带范围之内；氮气管内安装传感器或人工定时（每天至少一次）检测氮气质量、流量，管内氮气浓度不低于97%。另外，还应注意采空区抽放瓦斯强度与注氮量的关系以及实施采面均压通风等措施。

（4）定期向下隅角采空区内充填河砂封堵。实践证明，这是一项行之有效的防漏风措施。工作面月进度5～10m时，每月封堵一次；每月大于10m时，每10m必须封堵一次。这是因为距工作面10m处采空区浮煤由于具有较好的供氧和不利散热的条件而升温速度最快（如图3-5-5所示）；若每月小于5m，则采面推进达到5m时立即进行封堵。可采用两种封堵方法，一是掘临时钻场打钻充填河砂封堵；二是在架后砂门直接插管（或打钻下套管）注砂封堵（如图3-5-6所示）。

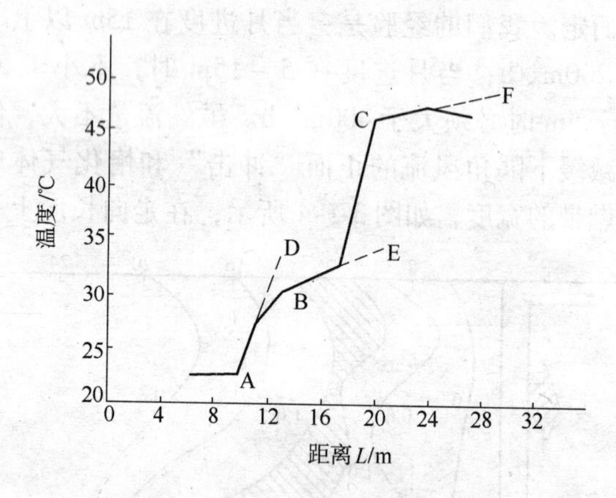

图3-5-5 采空区温度变化曲线

（5）坚持吊挂“两块布（风幛）”的管理措施。即用废旧风筒布分别吊挂在上下隅角适当位置，前者防止上隅角瓦斯积

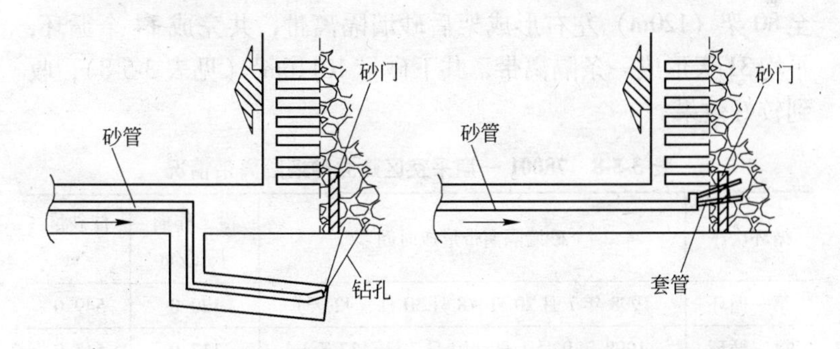

图 3-5-6　下隅角封堵方式示意图

聚，后者阻挡入顺风流正面“冲击”减少向采空区漏风。“两块布”随采面推进由瓦检员负责移设。这项措施对于瓦斯涌出量较高、需风量大的综放面（如 78001 一期综放面）始终坚持应用，效果显著。

（6）建立架后采空区砂墙隔离带，防止工作面中下部向采空区漏风。对于工作面较长，进度较慢，不能在发火期内将氧化可燃带甩入后方窒息带的采面十分必要。具体作法是：从工作面下端头开始，每隔 3 ~ 5 架间打钻下套管向架后充填河砂，直到工作面的 2/3 处以上，每月完成一个循环，使中下部采空区形成一条砂墙隔离带。如图 3-5-7 所示。该措施的关键在于砂墙隔离带必须在自然发火期内完成，且首尾投影宽度应小于氧化可燃带的宽度。78001 号一期综放面应用这一措施时，每个循环从下隅角

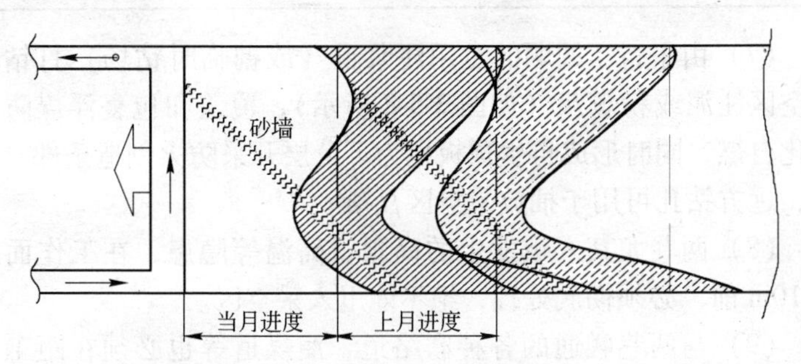

图 3-5-7　采空区充填砂墙隔离带示意图

至80架（120m）左右形成架后砂墙隔离带，共完成14个循环，平均31天形成一条隔离带，共下砂量10116m^3（见表3-5-8），收到较好效果。

表3-5-8　78001一期采空区建立砂墙隔离带情况

循环次序	砂墙隔离带形成时间	沿工作面长度/m	注砂量/m
第一循环	1998年7月20日~8月30日（42天）	120.0	549.0
第二循环	1998年9月1日~10月7日（37天）	117.0	545.0
第三循环	1998年10月9日~11月20日（43天）	123.0	629.0
第四循环	1998年11月23日~12月22日（30天）	120.0	525.0
第五循环	1998年12月24日~1999年2月2日（41天）	122.0	631.0
第六循环	1999年2月3日~3月13日（39天）	115.5	473.0
第七循环	1999年3月15日~4月20日（36天）	121.5	882.0
第八循环	1999年4月21日~5月11日（21天）	121.5	840.0
第九循环	1999年5月13日~5月31日（19天）	118.5	740.0
第十循环	1999年6月2日~6月28日（27天）	118.5	750.0
第十一循环	1999年6月30日~7月28日（29天）	120.0	753.0
第十二循环	1999年7月29日~8月17日（20天）	123.0	706.0
第十三循环	1999年8月18日~9月8日（22天）	124.5	999.0
第十四循环	1999年9月10日~9月28日（19天）	127.5	1094.0
合　计	1998年7月20日~1999年9月28日(436天)	120.9	10116.0

（7）由平行于回顺的专用注浆道（或掘临时钻场）打钻向采空区注泥或粉煤灰（如图3-5-8所示），覆盖和包裹浮煤防其氧化自燃，同时形成再生顶板也为下分层开采防火创造条件。而且，远方钻孔可用于抽放采空区瓦斯。

（8）两巷尤其入顺发生的高顶、高温等隐患，在工作面距其10m前，必须彻底处理，绝不能甩入采空区。

（9）与两巷联通的各种联络道、溜煤道等也必须在距工作面10m前下砂充满填实，严防进入采空区后造成漏风。

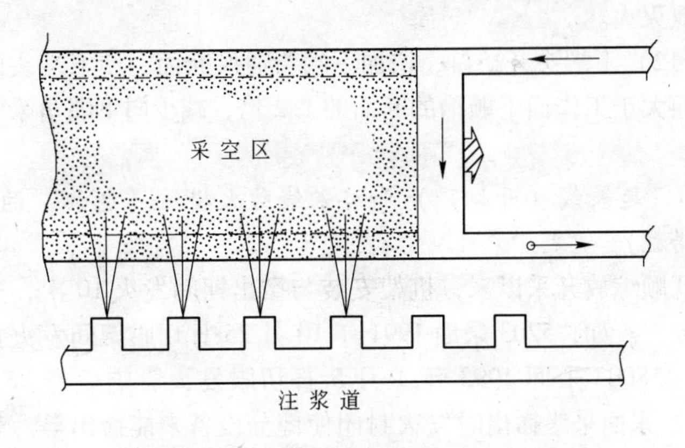

图 3-5-8　注浆道打钻向采空区注泥示意图

（10）合理和控制采空区抽放瓦斯强度。当抽放管内瓦斯浓度较低 $\varphi(CH_4)<20\%$ 或 $\varphi(O_2)>8\%$、$\varphi(CO)>50\times10^{-4}\%$、温度 $t>50℃$，以及出现 C_2H_4 等有发火征兆之一时，要及时调整抽放负压，控制抽放强度并采取相应防火措施。

（11）当下隅角或架后采空区较远地点或较大范围出现发火隐患时，采用架间打钻注水、注砂（泥）难以奏效时，可在入顺掘消火道打钻灌注（如图 3-5-9 所示），此法抚顺煤矿多次应用效果很好。如若发火仍不熄灭且有发展之势（火源点难以判断或发火面积较大），可先行全工作面封闭（上下顺），然后大

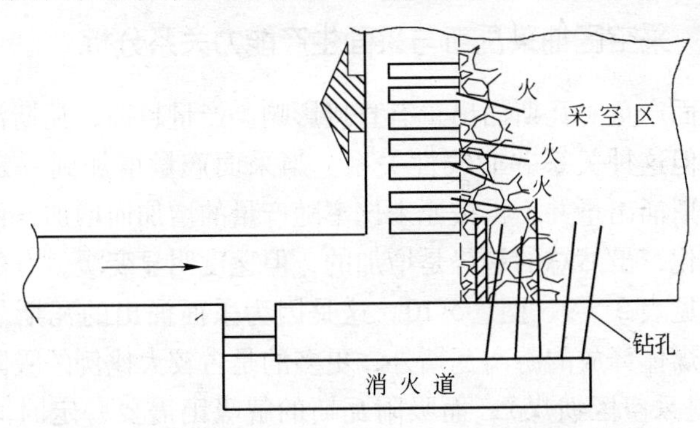

图 3-5-9　消火道打钻注泥灭火示意图

量注氮灭火。

（12）下端头开缺口，增加下端头通风断面，使下端头的通风断面大于工作面下顺槽的断面的1.2倍，减少向下隅角采空区漏风。

D 起采线（开切眼）和终采线防火措施（也称“两线”防火措施）

抚顺综放开采以来，机架安装与撤出期间发火10次，造成一定损失。如，5203采面1991年10月25日切眼架间发火封闭56天、58003采面1993年1月5日切眼发火影响生产35天、7401-W采面采终撤出时发火封闭使部分设备未能撤出等。教训告诉我们，在设备安装和设备撤出期间必须采取以下相应防火措施。

（1）在尽力缩短时间加快安装和撤架的同时，“一通三防”各个系统必须与之保持同步并运行正常。

（2）在切眼形成尚未安装前，采取打钻连续注水或注阻化剂等措施，使开切眼周围煤体得到充分湿润和阻化。

（3）停采后机架尚未撤出前，尽快封堵上下隅角和从架间打钻向架后采空区下砂形成砂墙，并向后方采空区注泥；对工作面硬帮和架上打钻注水。

（4）选好密闭位置，机架撤出后立即用河砂充填、充满。

3.5.3 采空区抽采瓦斯与采面生产能力关系分析

采面产量对瓦斯涌出量有直接影响。产量越高，瓦斯涌出量越大，但这种关系并非线性关系。当采面产量增加到一定程度时，瓦斯涌出量并不再按原来比率随产量的增加而增加，而是呈波动变化，虽然总的趋势是增加的，但速度明显变缓，有的甚至下降，见表3-5-9、图3-5-10。这是因为采面涌出的瓦斯量，除了采落煤体释放的游离瓦斯外，更多的是占较大比例的吸附瓦斯（主要是采空区遗煤），而吸附瓦斯的解吸则需要一定时间和外部条件，是一个较缓慢的过程。

表 3-5-9　综放面瓦斯涌出量与生产能力关系

开采月序	54001		7402-W		63006-Ⅱ		78001-Ⅰ	
	瓦斯涌出量	平均产煤量	瓦斯涌出量	平均产煤量	瓦斯涌出量	平均产煤量	瓦斯涌出量	平均产煤量
	m^3/min	t/d	m^3/min	t/d	m^3/min	t/d	m^3/min	t/d
1	7.14	1240	6.07	552	19.75	1032	16.03	72
2	39.74	2181	44.6	1936	41.03	2217	49.86	793
3	63.55	1934	38.23	2154	53.76	1970	99.76	2293
4	40.93	1602	46.03	1778	86.44	2814	149.78	3670
5	34.49	1781	66.43	1852	81.8	2925	156.88	3150
6	46.98	1756	72.38	2598	92.97	1651	169.42	3483
7	58.97	1541	65.09	1642	79.49	1390	149.29	2806
8	68.46	1943	45.49	2667	66.93	1391	163.97	3113
9	70.64	2183	41.79	1073	43.5	818	150.52	2378
10	53.74	2026	43.94	2238			138.55	3239
11	49.66	1883	50.49	2345			117.17	1505
12							97.89	1400
13							91.69	1783
14							99.78	2289
15							106.23	1276
16							99.89	1095
合计	48.84	1829	47.54	1901	66.34	1936	119.55	2223

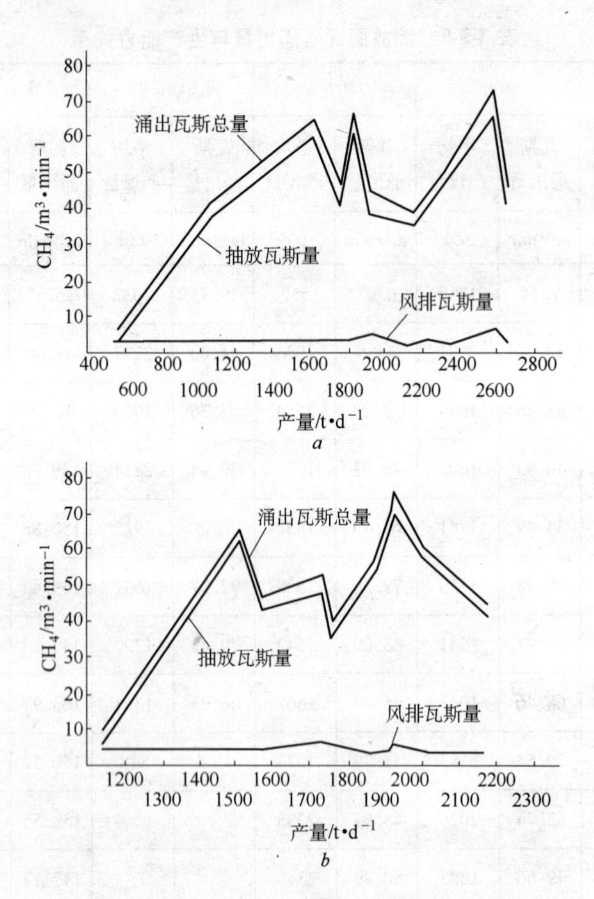

图 3-5-10　综放面瓦斯涌出量与采面产量关系曲线

a—7402 号-W 综放面瓦斯涌出量与采面产量关系曲线；

b—54001 号综放面瓦斯涌出量与采面产量关系曲线

3.5.4　采空区抽采瓦斯与采面推进距离的关系

随着采面推进距离的延长，采空区空间容积逐渐加大，瓦斯涌出量随之迅速上升。同与产量的关系一样，当采面推进到一定距离时，瓦斯涌出量达到峰值后，不再随采面推进距离的延长而增大，反而逐渐下降，见图 3-5-11。其原因主要是，随着采空区

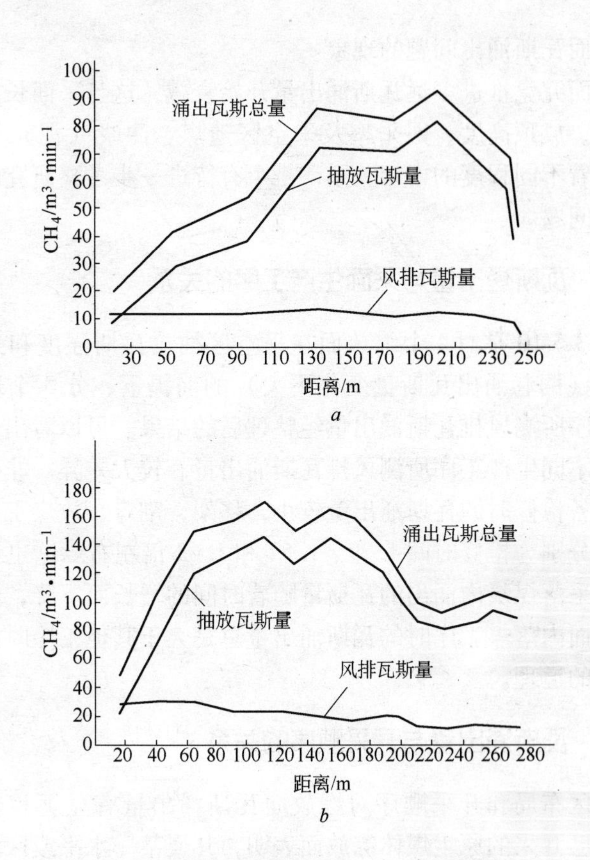

图 3-5-11　综放面瓦斯涌出量与推进距离关系曲线

a—63006 号-Ⅰ综放面瓦斯涌出量与推进距离关系曲线；

b—78001 号-Ⅰ综放面瓦斯涌出量与推进距离关系曲线

空间不断增大，赋存在采空区周围煤（岩）体内及遗留在采空区煤炭中的吸附瓦斯大量解吸，不断增加采面瓦斯涌出量；而当采面推进到一定距离后随着时间的延长（一般在 5 个月以上），采空区周围尤其深远部煤岩体中的瓦斯，由于较早开始解吸，其衰减量超过了随采面推进新增加的解吸量，从而导致综放面（主要是采空区）瓦斯涌出量随采面推进距离的加长而减少。这就不难解释 54001 综放面推进距离达 500 多米，单靠其引巷就能解决该面瓦斯涌出问题的现象。

采面究竟推进多远瓦斯涌出量开始衰减，这与采面长度、推进速度、放顶高度、回采率及采空区遗煤、注浆（泥）等诸多因素有着不同程度的密切关系，是个有待进一步考察研究的较为复杂的问题。

3.5.5 瓦斯涌出量与采面生产工序的关系

表3-5-10是对4个综放面在采空区抽放瓦斯强度和采面风量不变（两巷涌出瓦斯量变化不大）的前提下，分3个班次和不同工序所测风排瓦斯涌出量经整理后的结果。可以看出，同一采面的不同生产工序所测风排瓦斯涌出量有较大差异。非生产工序的设备检修时的瓦斯涌出量较小，移架，割煤、放煤工序依次增大，分别为检修时间1.29、1.52和1.63倍左右。这也证明了煤壁和采落煤炭内涌出的瓦斯量随着时间的增长而下降，所以同一工作面内落煤工序时的瓦斯涌出量总是大于其他工序时的瓦斯涌出量的道理。

3.5.6 瓦斯涌出量与开采顺序的关系

采区布局和开采顺序对综放面瓦斯涌出量有显著和较大影响。从已开采的原生煤体综放面表明，凡属某一水平或区域的首采综放面，开采过程中的瓦斯涌出量要远远大于该水平或区域以后各面开采中的瓦斯涌出量和按瓦斯递增率预测的平均相对瓦斯涌出量。如54001号综放面为北平煤首采综放面，开采中实际涌出相对瓦斯量平均为38.46m^3/t，而该区域预测原始相对瓦斯涌出量为17.54m^3/t；后期开采的与其相邻的54002综放面回采中的相对瓦斯量仅为9.58m^3/t。

这是因为首采面上下左右皆为未曾采动的原生煤体，开采中受采动影响和瓦斯压力作用导致大量瓦斯涌向开采空间，使相对瓦斯涌出量增大，为原始预测量的2~3倍。为此提出了一个瓦斯集中涌出系数K_j（即某一水平或区域首采面实际涌出相对瓦

表 3-5-10　不同工序时风排瓦斯涌出量比较

采面名称			54001	7402-W	63006-Ⅱ	78001-Ⅰ	合　计
测定时间（年．月．日）			（1995. 5. 28 ~ 6. 4）	（1996. 5. 17 ~ 24）	（1997. 11. 25 ~ 12. 1）	（1998. 10. 3 ~ 9）	
采面风量		m^3/min	724	362	983	1821	
检修	回风瓦斯浓度	%	0. 31	0. 83	0. 89	0. 92	
	涌出瓦斯量	m^3/min	2. 24	3. 00	8. 75	16. 75	
	比　较		1	1	1	1	1
移架	回风瓦斯浓度	%	0. 48	0. 98	1. 02	1. 17	
	涌出瓦斯量	m^3/min	3. 48	3. 55	10. 03	21. 31	
	与检修比较	倍	1. 55	1. 18	1. 15	1. 27	1. 29
割煤	回风瓦斯浓度	%	0. 50	1. 22	1. 42	1. 28	
	涌出瓦斯量	m^3/min	3. 62	4. 42	13. 96	23. 31	
	与检修比较	倍	1. 62	1. 47	1. 60	1. 39	1. 52
放煤	回风瓦斯浓度	%	0. 53	1. 28	1. 48	1. 47	
	涌出瓦斯量	m^3/min	3. 84	4. 63	14. 55	26. 77	
	与检修比较	倍	1. 71	1. 54	1. 66	1. 60	1. 63

斯量与该水平或区域预测原始相对瓦斯量之比)，见表3-5-11，以指导今后条件相似首采区（面）开采时的瓦斯治理工作。

表3-5-11 实际涌出相对瓦斯量与预测原始相对瓦斯量比较

首采面名称	预测原始瓦斯涌出量/$m^3 \cdot t^{-1}$	实际涌出瓦斯量/$m^3 \cdot t^{-1}$	瓦斯集中涌出系数K_j
54001号	17.54	38.46	2.19
63006号-Ⅱ	25.50	49.36	1.94
78001号-Ⅰ	24.60	77.45	3.15

3.6 矿井抽采瓦斯效果与现场管理

3.6.1 近几年矿井瓦斯抽采效果

进入21世纪，老虎台矿在矿井瓦斯综合治理上，坚持“以抽为主，风排为辅；全面监控，消灭积聚”的原则，努力探索和科学应用瓦斯治理新技术、新工艺和新设备。为了适应综放开采强度大，瓦斯涌出量集中的特点，根据瓦斯涌出的不同来源，采取针对性的灵活适用的多种抽放方法，以提高抽放瓦斯强度和达到抽采平衡的要求。

3.6.1.1 矿井与工作面抽放瓦斯量及抽采率

老虎台矿12年来矿井瓦斯抽放量和抽放率见表3-6-1和图3-6-1。

表3-6-1 老虎台矿12年来矿井瓦斯抽放量（率）

年　度	抽放瓦斯量/万$m^3 \cdot a^{-1}$	矿井瓦斯抽放率/%
1996年	7885.2	62.79
1997年	8338.99	63.31
1998年	10048.36	65.88
1999年	12876.01	78.16
2000年	12684.25	77.38
2001年	13168.14	78.12

续表 3-6-1

年　度	抽放瓦斯量/万 $m^3 \cdot a^{-1}$	矿井瓦斯抽放率/%
2002 年	12133.13	80.81
2003 年	10501.84	77.12
2004 年	10439.08	78.52
2005 年	10008.97	82.79
2006 年	10006.24	83.14
2007 年	5466.00	81.85
合　计	123556.71	

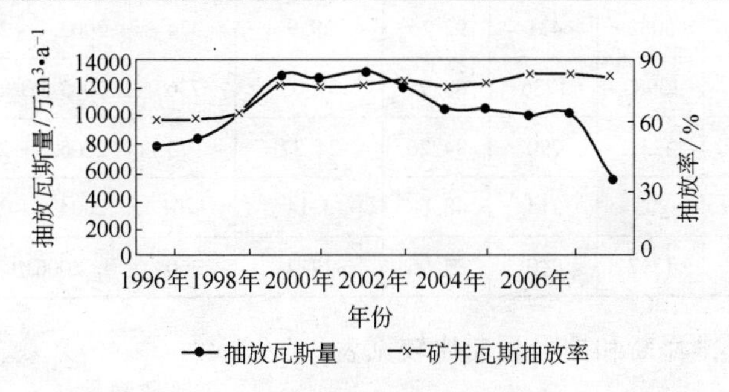

图 3-6-1　12 年来矿井瓦斯涌出量和抽放率

3.6.1.2　风排瓦斯和抽采瓦斯比较

2000 年至今，老虎台矿共计回采综放面 11 个，除 54003 和 -330m东综采两个阶段煤柱综放面抽采率不到 50% 外；其余原生煤体综放面瓦斯抽采率平均为 88.9%，最高达到 94.6%，见表 3-6-2。

表 3-6-2　老虎台矿 2000～2007 年工作面瓦斯抽放量

采　区	抽放量 /万 m^3	风排量 /万 m^3	抽采率 /%	平均相对瓦斯量 /$m^3 \cdot t^{-1}$	进尺 /m	时间 （年．月）
68002W	6599	863	88.4	45.8	551	2000.12～2002.3
78002	6493	644	90.9	25.94	745	2001.7～2003.3

续表 3-6-2

采区	抽放量/万 m^3	风排量/万 m^3	抽采率/%	平均相对瓦斯量/$m^3 \cdot t^{-1}$	进尺/m	时间（年.月）
68002E	4371	475	90.2	47.03	457	2001.12～2003.8
63001	5954	337	94.6	37.77	614	2002.1～2003.8
54003	192	196	49.48	6.22	440	2001.5～2002.1
73001	2893	522	84.71	13.72	503	2003.3～2005.8
63002	5062	431	92.15	29.9	474	2003.7～2005.2
83001	13983	1736	88.95	37.03	736	2003.9～2006.9
63003	4231	790	84.26	24.37	975	2005.8～2008.2
-330m	203	214	48.68	3.14	1701	2004.8～2007.4
73003	1347	220	85.96	17.4	360	2006.9～今

风排瓦斯和抽采瓦斯比较见表3-6-3。

表 3-6-3 风排瓦斯和抽采瓦斯比较

时间	矿井瓦斯涌出总量/万 m^3	抽放量/万 m^3	平均抽放浓度/%	风排量/万 m^3	相对瓦斯涌出量/$m^3 \cdot t^{-1}$	产量/万 t
2000年	16439.85	12684.25	50.1	3755.6	51.21	321
2001年	16859.44	13168.14	55.4	3691.3	56.20	300
2002年	15024.43	12133.13	58.33	2891.3	41.17	364.9
2003年	13619.44	10501.84	43.21	3117.6	36.71	371
2004年	13328.18	10439.08	47.18	2889.1	39.26	339.5
2005年	12089.77	10008.97	55.57	2080.8	37.90	319
2006年	11937.54	10006.24	55.48	1931.3	49.17	242.8
2007年	6778.5	5466.6	40.44	1311.9	40.83	166

上述综放面累计抽出瓦斯达5.13亿m^3。因综放面瓦斯抽采率一直维持在很高的水平，故自2003年以来，矿井风排瓦斯浓度持续下降（当然也有产量下降的原因），矿井瓦斯超限次数大幅度下降。见表3-6-4。

表3-6-4　矿井瓦斯超限次数

年 限	2001年	2002年	2003年	2004年	2005年	2006年	2007年	2008年 1~5月
瓦斯超限次数	592	456	332	321	248	104	44	24

3.6.1.3　抽采效果

1998年以来，老虎台矿瓦斯抽放量保持在1亿m^3/a以上（2007年矿井实施压产瓦斯抽放量为5466万m^3/a），矿井瓦斯抽放率逐年提高，2000年以来一直维持在77%~84%之间，采面抽采率都在90%以上，取得了瓦斯抽采最佳效果，做到了逢采必抽，先抽后采，抽采平衡。从而大大减少了采掘过程中的瓦斯涌出量，从源头上遏制了瓦斯隐患发生的可能性；加上完善的瓦斯监测监控系统和强化现场管理各项管理制度的严格落实等，矿井瓦斯灾害的威胁基本得到有效控制。

3.6.2　瓦斯抽采现场管理与注意事项

矿井瓦斯抽采是一项重要但并非简单易行的工作，需要加强科学管理以取得最佳效果。尤其综放开采的瓦斯主要来源于采空区（占80%以上），而采空区抽放瓦斯与防止采空区发火是一对十分突出矛盾。从力求取得理想抽放效果和兼顾采空区抽放瓦斯与防止采空区发火的关系和两方面考虑，应加强瓦斯抽采的现场管理并注意以下事项。

（1）坚持“多点、均匀、高浓、低压”抽采原则。

（2）制定气压变化瓦斯抽采预案。大气压力下降引起瓦斯超限占超限总数50%以上。管理不好容易发生瓦斯或者自然发火事故。

(3) 消除或封堵向采空区漏风的所有通道。严密封闭与采空区相通的各种巷道；采面每推进 10 ~ 15m 对上、下隅角尤其下隅角必须采取封堵措施。

(4) 加强管内气体的检查与观测。至少每天一次测定管内气体组分、流量、负压等参数；当发现 $CO > 50 \times 10^{-6}$、$O_2 > 8\%$、$CH_4 < 20\%$ 或出现 C_2H_4、C_2H_2 情况之一时，必须调整和控制抽放能力，并立即采取相应防火措施。

(5) 及时调整抽放强度。根据采面风量、产量、推进距离、大气压力和瓦斯涌出量等因素的变化状况，及时调整抽放参数，保持最佳的“应抽强度”。

(6) 对引巷采取防火措施。引巷抽放负压较高，容易引起向采空区漏风而导致自然发火。为此应采取以下措施：一是向砂墙以外、密闭以里的调压室内接设一段与抽放管相连的调压管，用来调整室内压力，减小引巷两端的压差；二是向调压室内注入氮气惰化室内气体。

以上主要阐述了区域性预抽、揭煤前预抽、采前预抽、边抽边采、边抽边掘和旧区抽放等六种抽采瓦斯技术，取得了很好的抽采瓦斯效果。

抚顺矿区 1952 ~ 2007 年累计抽出瓦斯 51 亿 m^3，平均利用率 98%。老虎台矿井瓦斯抽采率达到 60% 以上，控制了矿井瓦斯灾害事故。

而且取得了综放面各种灾害综合防治技术重要成果。经过对多个综放开采瓦斯涌出和自然发火变化规律分析，总结出综放工作面瓦斯涌出量达到“峰值”后不再随产量和推进距离的增大而增加，反而呈波动或逐渐下降趋势的特点；以采空区气体温升速度（1.0℃/d）作为“氧化可燃带”宽度的划分依据，更具合理性、科学性；采面推进速度 V(m/月)大于氧化可燃带宽度 D(m)与自然发火期 T(月)之比值时，可大大减少发火几率或基本不发火。为此，确定了综放采空区抽采瓦斯“应抽强度”的相关参数值，较好地解决了采空区高强度抽采瓦斯与防止采空区漏风发火这对突出矛盾。在综放面开采过程中，坚持“抽采为主，通风为辅”和“多点、低压、高浓”的抽采原则，抽采指标符合要求后方可开采，对综放工作面实施了高强度开放式抽采采空区瓦斯兼顾采空区防火的综合治理技术，确保了综放面安全顺利开采，综放面自1989年开始开采以来未发生瓦斯事故，连续两年杜绝了瓦斯积聚现象，瓦斯超限次数由2005年的165次下降到2006年、2007年的75、36次，连续5年杜绝了自然发火事故。

4 地面钻井抽采瓦斯工艺技术

4.1 煤层气资源量

4.1.1 可供地面开发的煤层气区域

对抚顺矿区煤层气资源量的计算，是根据矿井保有储量赋存及地面开发条件，主要是以城市下压煤储量之煤层气资源量为主，其边界范围（见图4-1-1）共分四块，即Ⅰ、Ⅱ、Ⅲ、Ⅳ块断。其中平面面积分别为 2.92km²、2.93km²、0.69km²、3.07km²，总面积为9.61km²。

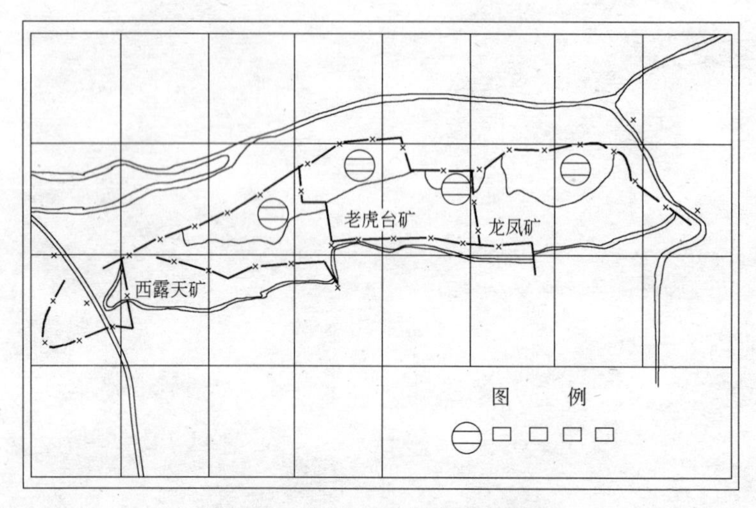

图 4-1-1　抚顺矿区煤层气资源分布

4.1.2 含气量确定

为完整准确地评价抚顺煤田煤层气含气量，汇集了近 20 年

3 个井工煤矿的瓦斯抽放及瓦斯涌出的详细历史资料，在分析研究的基础上，确定含气量的方法为：利用 20 年井工矿瓦斯涌出量，产出煤炭总量及平均回收率，确定综合吨煤含气量龙凤矿为 26.95m^3/t；老虎台矿 27.85m^3/t；胜利矿 27.73m^3/t，见表 4-1-1。

表 4-1-1　抚顺井工矿瓦斯抽放及涌出情况

矿　别		全局合计	龙凤矿	老虎台矿	胜利矿
生产日期			1979 ~ 1998 年	1979 ~ 1998 年	1962 ~ 1978 年
原煤产量/万 t		11096.04	2787.05	5034.14	2374.85
瓦斯涌出量 /万 m^3	通风	203542.73	57997.55	92098.86	53446.32
	抽放	230906.46	47311.62	144302.56	39292.28
	合计	434449.19	105309.17	236401.42	92738.6
瓦斯相对量 /$m^3 \cdot t^{-1}$	通风	18.34	20.81	15.52	22.51
	抽放	20.81	16.97	24.32	16.54
	合计	39.15	37.78	39.84	39.05
平均回采率/%		70.75	71.32	69.92	71
产出原煤瓦斯涌出总量/万 m^3		307372.8	75106.5	165291.87	65844.4
吨煤瓦斯量/m^3		27.7	26.95	27.85	27.73

4.1.3　计量方法

可供煤层气地面开采资源量计算（即城市压煤部分）。

计算方法——容积法。

煤层气资源量是煤炭储量乘以该部分的煤层气平均含量值。

即

$$W_i = Q_i \times q_i$$

总量资源

$$W = \Sigma W_i = \Sigma Q_i \times q_i$$

式中　W_i——第 I 块断的煤层气资源量，万 m^3；

Q_i——第Ⅰ块断的煤炭储量，万 t；

q_i——第Ⅰ块断的平均气含量，m^3/t；

i——代表 Ⅰ、Ⅱ、Ⅲ、Ⅳ 4 个块断；

W—— 4 个块断煤层气总资源量，万 m^3。

现对城市下压煤所圈定的 4 个块断的煤炭储量分别计算如下。

煤炭储量：

Ⅰ块断 $Q_1 = 7880.3$ 万 t，Ⅱ块断 $Q_2 = 11599.7$ 万 t，

Ⅲ块断 $Q_3 = 2003.6$ 万 t，Ⅳ块断 $Q_4 = 2417.9$ 万 t，

而各块断的平均煤层气含量分别为：

$q_1 = 27.3 m^3/t$，$q_2 = 27.85 m^3/t$

$q_3 = 27.85 m^3/t$，$q_4 = 26.95 m^3/t$

各块断煤层气资源量为：

$W_1 = 7880.3 \times 27.73 = 218520$ 万 m^3

$W_2 = 11599.7 \times 27.85 = 323052$ 万 m^3

$W_3 = 2003.6 \times 27.85 = 55800$ 万 m^3

$W_4 = 2417.9 \times 26.95 = 65162$ 万 m^3

地面开采煤层气总资源量为：

$W = W_1 + W_2 + W_3 + W_4 = 218520 + 323052 + 55800 + 65162$

$= 662534$ 万 m^3

井下开采煤层气资源总量为：

老虎台矿可供井下开采的煤炭储量为 8400 万 t。

其煤层气资源储量为 $8400 \times 27.85 = 233940$ 万 m^3。

4.1.4 计算结果

煤层气资源总量为：

233940 万 m^3（井下抽放部分）+662534 万 m^2（地面开采部分）=896474 万 m^3。

抚顺矿区核定的煤层气资源储量为 89 亿 m^3。

4.2 前期地面钻井抽采煤层气工艺技术与效果

4.2.1 北龙凤矿井田地面钻井抽采瓦斯及压裂情况

4.2.1.1 试验区概况

北龙凤井田位于抚顺煤田带状向斜的东北部，属于龙凤矿北翼采区，井田地质构造较为复杂，东、西、北3个方向受构造断层的影响，且脉生断层较多，煤田由北向南倾斜，煤层倾角40°~50°，煤层厚度为6~20m，平均厚度13m，沿倾斜方向浅部煤层较薄，深部煤层较厚，沿走向方向东部煤层较薄，西部煤层较厚，煤层含夹矸5~7层，每层厚度一般为0.1~0.3m。该煤层为抚顺单一厚煤层的第三自然分层煤，煤层层理节理发育，煤层硬脆，破碎后呈块粒状。煤层顶板为油母页岩，底板为炭质页岩和砂质凝灰岩。

井田为斜井阶段水平开拓方式，回采水平为-270~-400m，分两个小阶段回采，-340m水平没有中间水平大巷。-400m水平以下的煤层由南龙凤采用上山回采，该区由-430m入风上山和-440m上水管道与南龙凤-635m水平北翼大巷贯通。

北龙凤井田与1973年7月份正式投产，回采段高-270~-340m，沿煤层厚度分3个开采分层，沿煤层走向划分8个煤门，首先回采井田西翼四、三煤门，采用自下而上水砂充填V形工作面放炮落煤采煤法，工作面长度70m，平均日产量300t/d左右。1979年7月份瓦斯鉴定相对瓦斯涌出量为20.9m^3/t，1980年7月份鉴定为33.9m^3/t。西翼四、三煤门于1980年6月份未采完，共采出煤量8.5万t，计算涌出瓦斯量为29.43m^3/t。回采期间采区绝对瓦斯涌出量为2.11至8.00m^3/min。

北龙凤井下-340m东西底板大巷布置了18个抽放瓦斯钻场，间距30m，共打穿煤钻孔46个，累计见煤长度1245m，地面抽放泵选用SD-36-80型鼓风机，平均抽放纯瓦斯量0.8m^3/min，单孔的平均自然瓦斯涌出量为0.008m^3/min（11.5m^3/d）。

北龙凤井田地质钻孔采样分析瓦斯含量见表4-2-1，经实验室分析，煤的孔隙率为2.96%。$Wa=6.20\%$，$A=4.38\%$，$V=42.94\%$，煤质硬度$f=1.02$。

表 4-2-1　地质钻孔采样分析瓦斯含量

采样钻孔号	采样深度/m	采出煤量/g	分析瓦斯量/mL	换算瓦斯吨煤含量 $/m^3\cdot t^{-1}$	换算可燃基瓦斯含量 $/m^3\cdot t^{-1}$	备　注
2	545	215.4	1331.149	6.180	9.9	钻孔地面高+80m左右。2号采样孔平距4号压裂钻孔600m。2号和10号采样孔位于F15号断层南部，3号和6号采样孔位于F15号断层北部
2	549	233.5	1385.610	5.934	8.8	
2	554	200.2	1464.060	7.313	9.5	
2	571	338.5	2490.490	7.356	9.4	
10	548	307.0	2310.870	7.527	9.9	
10	570	313.0	2099.539	6.708	10.3	
3	603	239.5	2425.160	10.126	11.0	
3	612	277.4	2364.410	8.520	10.2	
6	591	342.5	2491.572	7.275	9.8	
6	596	229.0	2507.642	10.950	16.6	
6	609	246.0	1653.725	6.723	8.5	

注：2号采样孔平均吨煤瓦斯含量为$6.70m^3/t$；
10号采样孔平均吨煤瓦斯含量为$7.12m^3/t$；
3号采样孔平均吨煤瓦斯含量为$9.32m^3/t$；
6号采样孔平均吨煤瓦斯含量为$8.32m^3/t$；
2号采样孔，采样深度相当于-470m标高，参照其平均吨煤瓦斯含量，确定压裂试验区-400～-340m，平均吨煤瓦斯含量为$6.5m^3$。

4.2.1.2 试验区钻孔布置及孔深结构

试验钻孔地面分布位置在井田中央偏东，成不等距布置，共完成了4个孔，其中4号、5号、6号钻孔为压裂钻孔，布置在-400m水平走向线上。2号孔为观察孔，布置在-340m水平，压裂钻孔设想控制走向长300m左右，并根据煤层压裂裂缝沿倾斜方向上延的趋势。在煤层倾斜方向设想控制-340～-400m段高范围。

钻孔是从地表钻至煤层中或穿过煤层至底板岩石中，终孔钻头直径为 $\phi165$mm。4 个钻孔均下入 $\phi127$mm × 7mm 的套管，并且用密度为 1.85g/cm³ 左右的水泥浆封固了钻孔与套管的环形空间。这是因为压裂时钻孔将承受高压，因此必须采用下套管固孔的措施。

在煤层孔段，钻孔结构形式（见图 4-2-1），其中 5 号、6 号孔，煤层孔段的套管与钻孔的环形空间充填了水泥浆固结，为了使套管内腔与煤层沟通，引用了油田射孔措施，用文胜二号射孔弹射穿了套管壁和水泥环，每个弹射穿孔径约 $\phi10$mm。从而形成煤层瓦斯的排放通道。而 2 号孔，4 号孔，煤层孔段采用了筛管结构形式，且筛管外围环形空隙也没有充填水泥浆，因此煤层与套管内腔构通的透气面积较大，钻孔基本参数列于表 4-2-2。

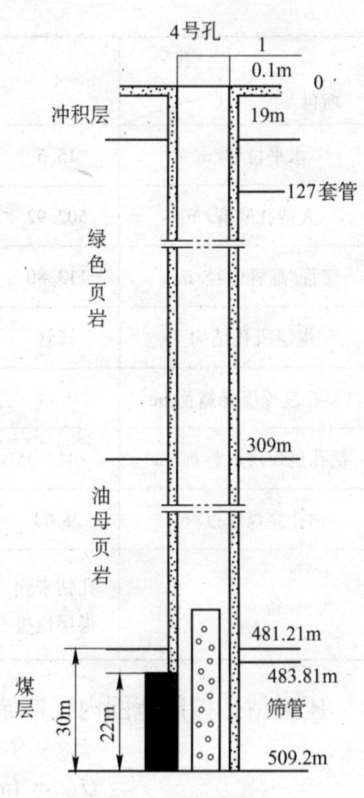

图 4-2-1　钻孔柱状及孔身结构示意图

表 4-2-2　钻孔参数

项目 \ 孔号	4	5	6	2
地面标高/m	+96.56	+94	+95	+80
（孔深米）最大孔斜	（485）3°45′	（500）7°30′	（500）9°40′	（450）6°
孔斜方位	NE20°31′	NB12°	Nn6°30′	NE22°15′

续表 4-2-2

项目 \ 孔号	4	5	6	2
水平位移/m	15.5	23.7	31	29.3
人造孔底深/m	502.92	511.7	525.45	443.5
套管/筛管内径/mm	113/80	113	113	113/113
煤层段孔结构	筛管	射孔	射孔	筛管
煤层孔段煤层暴露面/m^2	0.14	0.02	0.003	0.3
钻孔见煤层底标高/m	-413.35	-396.76	-405.12	-352.3
钻孔穿煤厚度/m	28.71	20.95	22.05	16.15
备　注	孔钻未到煤层地板	孔钻至煤层底板中	孔钻至煤层底板中	孔钻至煤层底板中

压裂钻孔控制范围内瓦斯储量计算如下：

$$Q_{储} = lm \frac{h}{\sin\alpha} r w_{含}$$

式中 $Q_{储}$——控制范围内的煤层瓦斯的储量，m^3；

l——控制走向长度为 300m；

h——控制阶段垂高为 60m；

α——煤层倾角为 40°；

m——煤层平均厚度为 13m；

r——煤的容量为 1.3t/m^3；

$w_{含}$——煤层瓦斯含量。

该数值参照地质钻孔采样分析的瓦斯含量值，结合采样深度，确定 -400 ~ -340m 段高范围内煤层瓦斯含量为 6.5m^3/t。所以：

$$Q_{储} = 300 \times 13 \times \frac{60}{\sin 40°} \times 1.3 \times 6.5 = 3362755 \mathrm{m}^3$$

4.2.1.3 煤层水力压裂工艺

煤层压裂是油田的压裂工艺，基本原理是高压泵将压裂液（水或者其他液体）在一定的压力下压入煤层，沿着煤层的自然裂缝面（层里面或者节理面）劈开裂缝，同时在压裂液中加入一定粒度的石英砂，随着液流的运动石英砂沉留在裂缝中，当泵压撤出时将裂缝支撑，不使其在地压作用下而闭合，这样便在煤层中形成高渗透性能的排放瓦斯的缝隙。

北龙风煤层水力压裂，是一次较大型的煤层压裂排放瓦斯的试验，由辽河油田帮助完成，这次压裂试验的主要特点：一是煤层注入液体速度大，数量为 $2\mathrm{m}^3/\mathrm{min}$ 左右；二是单孔注砂量较多，每孔都在 $10\mathrm{m}^3$ 以上；三是试用了携砂能力强，摩阻低的水基田箐冻胶压裂液，因此，在图 4-2-2 钻孔网距的情况下，直观而言，压裂是比较充分的。

3 个压裂钻孔，其中 5 号、6 号孔是用清水携砂全层压裂，4 号孔是用水基田箐冻胶携砂全层压裂。水基田箐冻胶压裂液是用田箐粉（一种植物果粉）水溶液与硼砂水溶液交联而成，为使冻胶液水化和防腐，在溶液中还加入了过硫酸铵和甲醛，此种压裂液在压裂施工中与清水比较，泵压显示低，加砂较多，业已证明具有摩阻低和携砂能力强的特点。

水力压裂工艺步骤，按照注入压裂液作用可分 3 个阶段，一是注前置液，其作用是压开煤层；二是注携砂液，其作用是延伸裂缝；三是注替置液，作用是冲洗管线及孔内沉砂。大量注入液体是在注入携砂液阶段。3 个压裂钻孔累计向煤层注入水量为 $818.8\mathrm{m}^3$。携带粒径 $\phi 0.8 \sim 1.2\mathrm{mm}$ 的石英砂为 $47.7\mathrm{m}^3$，各孔压裂参数见表 4-2-3，压裂工艺流程见图 4-2-2。

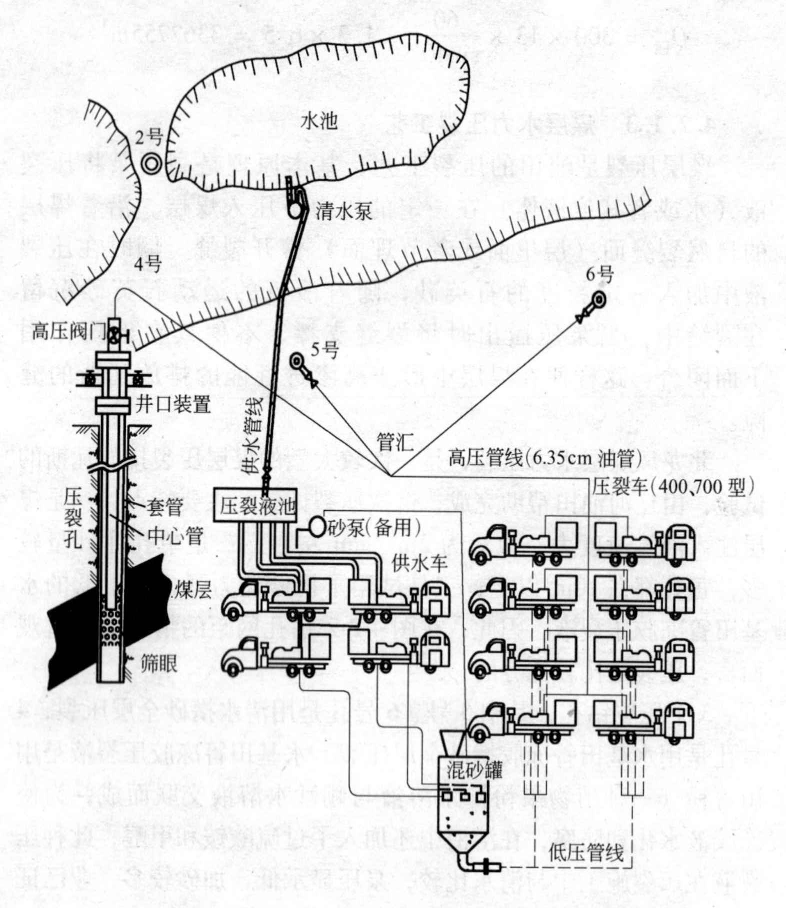

图 4-2-2　地面钻孔水力压裂抽放煤层瓦斯工艺流程

表 4-2-3　钻孔水力压裂参数

孔号/项目	4 号	5 号	6 号
煤层中部计深/m	459.55	480.29	489.99
压裂施工顺序	中	后	先
煤层破裂泵压（大气压）	110	200	170
稳定压力（大气压）	120 135（清水）	130	110

续表 4-2-3

孔号/项目	4 号	5 号	6 号
压裂液	田箐冻胶（后为清水）	清水	清水
注液速度/$m^3 \cdot min^{-1}$	1.7~2.2	1.8~2.1	1.7~2.0
注液量/m^3	131.1	431.7	256
加砂量/m^3	11.8	25.2	1.7
平均加砂比/%	12.9	7.3	5.8
压裂作业时间/min	66	211	162
计算煤层压开压力（大气压）	142	171	142
计算压力梯度/大气压 · m^{-1}	0.237	0.356	0.290
备　注	由于注携砂液和替换清水时管路摩阻大，所以稳定压力较高		

注：1atm = 101.325kPa。

4.2.1.4　钻孔排水措施

4 个钻孔长期以来存在涌水问题，几年来钻孔排水总量已超过 1000m^3，显而易见，补给水源是含水地层。北龙凤井田主要含水层为第四纪冲积层和煤层底板砂质凝灰岩，据各钻孔水位测定得出孔内涌水速度列于表 4-2-4。

表 4-2-4　钻孔涌水速度

项目＼孔号	4 号	5 号	6 号	2 号
孔内水位上升速度/$m \cdot min^{-1}$	3~19	2~5	3~3	<1
涌水量/$m^3 \cdot min^{-1}$	0.03~0.09	0.02~0.05	0.01~0.03	<0.01
孔内距地表稳定水位/m	27			

由于钻孔存在涌水问题，影响着煤层瓦斯从钻孔内排出，而且在有水的情况下瓦斯流动状态也发生了变化。为了使钻孔能够通畅地排放瓦斯必须进行钻孔排水。

在试验过程中，先后采用了4种排水方法，即气举排水，水抽子排水，提捞筒排水及孔底活塞泵排水（见图4-2-3）。经过比较用孔底活塞泵排水效果最好，可以获得连续排放瓦斯的成效。

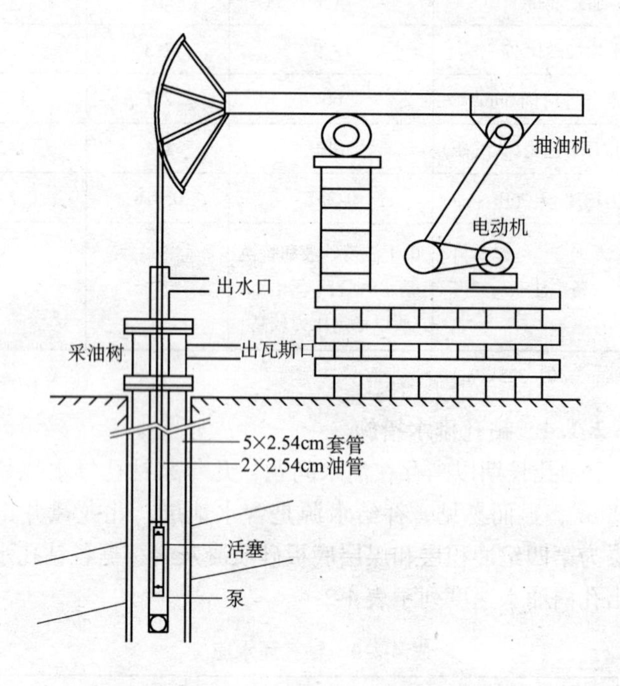

图4-2-3　抽油机排水示意图

如5号压裂孔，采用孔底活塞泵排水，钻孔稳定自然瓦斯涌出量为8～$10m^3/d$，而气举和水抽子排水则为$4m^3/d$。

对于钻孔有连续补给水，且涌水速度较大时，用孔底活塞泵排水较为合适。总之，采用上述排水法，可以解决钻孔涌水问题。

4.2.1.5 煤层水力压裂排放瓦斯效果分析

A 钻孔排放瓦斯基本情况

4 个试验孔，在较好地解决排水问题以后，均能获得排放瓦斯的效果。煤层瓦斯从钻空中自然涌出，各孔排放瓦斯计量用 LSB 系列转子流量计观测，校正公式如下：

$$Q_2 = Q_1 \sqrt{\left(\frac{r_f - r_2}{r_f - r_1}\right)\frac{r_1}{r_2}} \cdot \sqrt{\frac{p_1 T_2}{p_2 T_1}} = AQ_1$$

式中 Q_2——瓦斯在 p_2、T_2状态下的流量，m^3/min；

Q_1——转子流量计读数值，m^3/min；

r_f——转子材料重度，7750kg/m^3；

r_2——纯瓦斯在 20℃，76mmHg 时（1mmHg = 133.322Pa）重度 0.67kg/m^3；

r_1——空气在 20℃，76mmHg 时重度 1.21kg/m^3；

p_1——流量计标定时压力，p_1 = 760mmHg；

T_1——流量计标定时温度，T_1 = 293K；

p_2——测定时大气压力，p_2 = 754.3mmHg；

T_2——测定时大气温度，T_2 = 273.3K。

（p_2、T_2取抚顺地区年平均气压及温度）

计算得：A = 1.31，系钻孔瓦斯流量系数。

钻孔瓦斯浓度，经光学瓦斯鉴定器及气象色谱仪分析在 95% 以上。

4 个钻孔从 1976 年 10 月至 1980 年 9 月，由于排水设备有限，断续对钻孔进行了涌出瓦斯的观测，较为正常观测的时间为后 3 年，逐年累积瓦斯涌出量见表 4-2-5，由此可得到各孔平均瓦斯涌出量变化曲线。

通过观测可以看出，3 个压裂钻孔，自东向西排放瓦斯含量逐渐增大。2 号孔虽未经压裂，但在 5 号压裂时与其压窜，因此也有一定量的瓦斯涌出，其效果比压裂前有所提高。

表 4-2-5 钻孔涌出瓦斯量统计

年度 \ 瓦斯量/m^3 \ 孔号	2号	4号	5号	6号	合计	校正值
1976年			641	346	987	1293
1977年		9168	13467	1308	24543	32151
1978年		52902	23633		76535	100261
1979年	6004	143588	33596	2410	185598	243133
1980年	3815	85868	33904	11369	186968	176832
合　计	9819	291526	105241	16033	122649	553670
校正值	12902	361899	137886	21003		

钻孔涌出瓦斯量差异的原因，分析有三点：一是从钻孔分布位置去看，由于北龙凤煤层东薄西厚，另外根据龙凤矿采掘实践，煤层瓦斯涌出量也是自西向东逐渐增大，且北龙凤井下-340m水平抽放瓦斯钻孔自然排放量，也表现出这一趋势，西部钻孔平均为4.64L/min，东部钻孔平均为10.36L/min，因此使得6号、5号、4号三孔的瓦斯流量逐渐增大。二是5号、6号孔煤层段采用射孔构通煤层，因此煤层段暴露面积较小，而4号孔煤层段下的是筛管，因此暴露面积较大，有利于瓦斯排放。三是从使用压裂液角度去分析，由于4号孔采用的是水基田箐冻胶压裂液，携砂均匀，生缝效果好，而且在压裂时压裂液漏失量较小，因此能取得较大的压裂影响范围。

几年来，北龙凤压裂钻孔总涌出瓦斯量为553670m^3，在正常排水时，钻孔瓦斯涌出波动情况是：4号孔最大瓦斯涌出量约1m^3/min，最小为0.3m^3/min；5号孔最大瓦斯涌出量为0.4m^3/min，最小为0.2m^3/min，6号孔最大瓦斯涌出量为0.1m^3/min，最小为0.05m^3/min；2号孔最大瓦斯涌出量为0.07m^3/min，最小为0.03m^3/min。

B　钻孔排放瓦斯效果分析

北龙凤煤层经过水力压裂后，使得压裂钻孔取得了较好的排放瓦斯效果，由此可以认为：第一煤层中形成了透气性能良好的砂缝。第二与压裂钻孔联通的裂缝形成了一个较大范围的排放瓦斯裂缝域。第三通过裂缝汇集瓦斯从裂缝口涌出，从而提高了钻孔的排放瓦斯的效率。

采用水力压裂技术措施预排煤层瓦斯，衡量其效果的主要参数是钻孔排放瓦斯量及持续时间，对于北龙凤压裂钻孔，压裂后自排瓦斯情况前面也有阐述，为了说明水力压裂的有效性，现从以下 4 个方面进行效果分析比较：

一是压裂前后，钻孔排放瓦斯效果比较。以 5 号孔为例，在钻孔皆存在涌水的情况下，用气举排水法，压裂前测定钻孔自然排放瓦斯流量为 0.6L/min；压裂后为 60 ~ 80L/min，排放瓦斯效率提高百多倍。当采用孔底活塞泵排水时，3 个压裂钻孔瓦斯平均流量分别为 $0.41m^3/min$、$0.3m^3/min$ 和 $0.071m^3/min$，在井下穿煤抽瓦斯钻孔平均自然瓦斯涌出量 $0.008m^3/min$ 比较，排放瓦斯效果分别为 51、38 和 9 倍，2 号孔采用提捞筒排水，钻孔平均排放瓦斯流量为 $0.02m^3/min$，相当于井下钻孔的两倍多，通过上述比较，不难看出，北龙凤煤层经过水力压裂后，排放瓦斯效果有明显提高。

二是与井下 -340m 水平抽放钻孔抽放瓦斯效果比较，在前面已经介绍，北龙凤井下 -340m 水平实施了穿煤钻孔抽放瓦斯，平均抽放瓦斯流量 $0.008m^3/min$ 左右，计算的百米煤孔抽放量为 $92.53m^3/d$，而 3 个压裂钻孔累计穿煤厚度为 71.71m，合计平均瓦斯流量为 $0.78m^3/min$，计算得百米煤孔抽放量为 $1566.31m^3/d$，相当于井下钻孔的 16.93 倍。

三是压裂钻孔排放瓦斯效率，是指 3 个压裂钻孔排放瓦斯量占预计影响范围内煤层瓦斯储量的百分比，计算如下：

$$\eta = \frac{Q_{总排}}{Q_{储}} = \frac{540768}{3362755} \times 100\% = 16\%$$

$$\eta_4 = \frac{Q_{4排}}{Q_{4储}} = \frac{381999}{1242374} \times 100\% = 31\%$$

$$\eta_5 = \frac{Q_{5排}}{Q_{5储}} = \frac{137866}{1242375} \times 100\% = 11\%$$

$$\eta_6 = \frac{Q_{6排}}{Q_{6储}} = \frac{21003}{1242374} \times 100\% = 1.7\%$$

式中　　η——三个压裂钻孔总排放瓦斯效率,%;

η_4, η_5, η_6——分别为各孔排放瓦斯效率,%;

$Q_{总排}$——3 个压裂孔合计排放瓦斯量，m^3;

$Q_{4排}$, $Q_{5排}$, $Q_{6排}$——各孔排放瓦斯量，m^3;

$Q_{储}$——试验区预计压裂影响范围内煤层瓦斯储量，m^3（前面已计算出数值）;

$Q_{4储}$, $Q_{5储}$, $Q_{6储}$——分别为单孔压裂影响范围内煤层瓦斯储量，m^3。

该数值的计算，是考虑钻孔压裂影响有效半径为 60m 的圆形面积范围。

所以

$$Q_{孔储} = \pi R^2 mrw_{含} = \pi \times 60^2 \times 13 \times 1.3 \times 6.5 = 1242374 m^3$$

4.2.2 老虎台矿井田地面钻井预排本煤层瓦斯

在总结北龙凤井田水力压裂预排煤层瓦斯试验的基础上，于 1980 年在老虎台矿井田的西部，打了一个地面钻孔，预排煤层瓦斯。该孔深 821m，终孔于 -730m 水平，煤层厚度为 37m。

钻孔位于采区煤层的相对瓦斯吨当量为 47.2m^3。在开采时通风措施只能解决 14.8m^3/t，下余 32.4m^3/t 需要预抽解决。该水平计划在 2004 年开采，可以得到充分的抽放时间。

该钻孔是我国采用地面钻孔排放煤层瓦斯，最深的一个孔。经过两年试验排放瓦斯 254925m^3，日平均达到 873m^3，每分钟平均达到 0.6m^3。

4.2.2.1 地质概况及钻孔施工

抚顺煤田呈带状向斜构造，走向大致东西长 18km。南北倾斜，倾角平均30°，宽2.0～2.5km。老虎台矿位于抚顺矿区的中部，试验孔位于老虎台矿西部，于挖掘机厂院内。钻孔深度821.45m，煤层段为－678.8～－715.8m。

钻孔从地表穿过煤层至底板凝灰岩层，钻孔钻头直径ϕ165mm，孔径为ϕ180mm，孔深钻至预定深度以后，进行电测孔。其内容：电测层位、岩性及孔斜等（见表4-2-6）。

表4-2-6　钻孔施工情况

开孔		终孔		最大孔斜	孔斜方位	水平位移	人造孔底深		煤层段孔深结构	煤层标高		
直径/mm	深度/m	直径/mm	深度/m			m	m	筛管内径/mm	暴露面积/m²	顶界/m	底界/m	厚度/m
225	13	165	821.35	5°50′ (700m)	173°30′ ENS S6°30′E	34.2m 800m	821.35	113	1.116	758.2	795.2	37

钻孔用水泥浆固孔，在孔内设置水泥伞其作用是使水泥浆在伞的上方，预先设置的孔眼，使其在套管和钻孔壁的环形空间中上返（孔深752m），在套管753m处管内焊上隔板，与下面筛管隔开。这样固孔时使煤层段避免水泥浆封固，防止水泥污染煤层。为瓦斯自然涌出创造了有利条件。固孔参数见表4-2-7，固孔见图4-2-4。

表4-2-7　固孔参数

项　目	单　位	数　量
孔　号		挖一号孔
日　期		1981年9月9日
套管总长	m	821.35（ϕ127×7）
水泥品种		325号矿渣硅酸盐水泥

续表 4-2-7

项 目	单 位	数 量
水泥用量	袋	400
水泥浆比重	g/cm^3	1.85
替清水量	m^3	7.53
水泥浆上返		水泥浆上返到孔口
距孔口深度	m	70
替清水压力	kg/cm^2	
筛管长度	m/ϕ	60/1.176
注水泥浆时间/替清水时间	min	120/20
固井段	m	10～753
人造孔底深	m	821.35

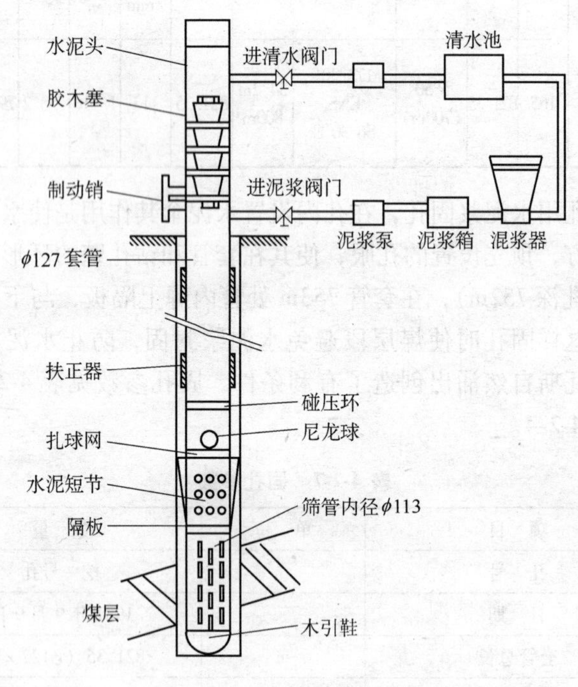

图 4-2-4 固孔工艺示意图

4.2.2.2 钻孔排水及排放瓦斯

A　钻孔水来源分析

第一、地层水。钻孔水来源从水文地质来看：本钻孔所穿漏的地层共有3个含水层。

(1) 表层及砾石强含水层，渗透系数为92.8～0.27m/d。该层以自然降水及冰雪融解为主要补给水源。

(2) 绿色页岩层，该层层理、节理都比较发育，故冲积层水沿裂隙渗透补给，为微承压水。

以上两含水层为煤层上部的主要含水层，但因油母页岩起隔水层作用，对钻孔涌水很小。

(3) 凝灰岩含水层，根据钻孔取样鉴定为硬质凝灰岩遇水不膨胀，对钻孔涌水影响很小。

第二、钻孔施工过程中外注水。如在钻进施工中用水，以及利用清水洗孔时。

第三、断层裂隙向钻孔导入地层水。本钻孔接近F_{25}号断层，由于和地面含水层相连通，造成地层水流向孔底。我们认为这是涌水的主要原因。

B　钻孔排水及排放瓦斯

(1) 气举排水及排放瓦斯。使用S—10/150型四柱塞空气压缩机，排气量600m^3/h，最终排气压力15MPa。根据现有具体条件采用正举排水，将ϕ2.5寸中心管下到孔内796m处。压缩空气，从中心管压入，将水从中心管和套管的环形空间排至地面。

从1982年6月8日开始气举到6月27日止共进行26次，共排出瓦斯量6144m^3。气举压力一般为3.5～5.0MPa，每次排水量为3～5m^3，共排出水量72m^3。气举前后孔内水面深度变化情况，利用JH-711-A型声波测井仪进行观测。

现将其气举情况整理如下：1982年6月27日气举排水。泵车最高压力5.0MPa，最低压力0.5MPa，用28min举通，排出水量5m^3，瓦斯最大排量52.2m^3/h（27日11点09分），最低排量

5m^3/h（28 日早 8 点 30 分），日排出瓦斯量 307.2m/d，小时平均流量 12.8m^3/h。日上水速度 357m/d，小时平均上水速度 14.9m/d。从中可以得出以下几点规律：

1）随时间变化孔内水面逐渐升高，瓦斯流量逐渐下降。水位每平均升高 10m，瓦斯流量下降 0.86m^3/h，当水位距孔口 400m 时水位趋近于平衡。

2）该孔为水气共产孔，平均每日排水 3.57m^3/d，生产 307m^3瓦斯。因此，每排 1m^3水能生产 86m^3瓦斯。所以只有不断排水才能达到连续排放瓦斯的目的。

（2）深井泵排水及排放瓦斯。由于气举排水是属于间隙式排水，不能达到连续排放瓦斯的目的。因此，采用深井泵排水，泵型采用玉门 44 型管式泵，上接 ϕ6.35cm 油管，将泵下到孔内 804m 处，油管上接采油树将油管固定好。孔口利用 CYJ-3 型抽油机连接插油杆带动深井泵活塞上下往复运动，这时孔内涌水就能沿中心管（油管）排放地面。详见表 4-2-8。

表 4-2-8　深井泵排水排放瓦斯参数

时　间	瓦斯排放量		瓦斯浓度/%	时　间	瓦斯排放量		瓦斯浓度/%
	m^3/d	m^3/min			m^3/d	m^3/min	
1982 年 9 月				10 日	1368	0.95	97
28 日	720	0.50	97	11 日	1320	0.91	97
29 日	720	0.50	97	12 日	1248	0.86	97
30 日	720	0.50	97	13 日	1320	0.91	97
10 月 1～3 日	2880	0.67	97	14 日	1284	0.89	97
4 日	1320	0.91	97	15 日	1200	0.83	97
5 日	1200	0.83	97	16 日	1237	0.85	97
6 日	1368	0.95	97	17 日	1176	0.81	97
7 日	1248	0.87	97	18 日	1320	0.91	97
8 日	1320	0.91	97	19 日	1152	0.80	97
9 日	1296	0.90	97	20 日	1176	0.81	97

续表 4-2-8

时　间	瓦斯排放量		瓦斯浓度 /%	时　间	瓦斯排放量		瓦斯浓度 /%
	m^3/d	m^3/min			m^3/d	m^3/min	
21 日	1200	0.83	97	11 月 1 日	1128	0.78	97
22 日	1152	0.80	97	2 日	1176	0.81	97
23 日	1200	0.83	97	3 日	1008	0.70	97
24 日	1200	0.83	97	4 日	904	0.63	97
25 日	1188	0.82	97	5 日	1026	0.73	97
26 日	1188	0.32	97	6 日	1026	0.75	97
27 日	1152	0.80	97	7 日	1248	0.86	97
28 日	1176	0.81	97	8 日	864	0.60	97
29 日	1152	0.80	97	9 日	912	0.63	97
30 日	1176	0.81	97	合计	$48857m^3$		
31 日	1188	0.82	97				

该孔使用深井泵排水，是从 1982 年 9 月 28 日到 11 月 9 日共 43 天共排出瓦斯 $48857m^3$，每天平均排出量为 $1136m^3/d$，每小时为 $47.4m^3/h$，每分钟为 $0.79m^3/min$，平均日上水速度为 360m/d，小时平均上水速度为 15m/h，孔内水面基本保持在距孔口 729m（10 月 12 日利用声波测井仪测定的水面深度）。孔内水面高于泵挂深度 75m，高于煤层顶界 29.2m。从上述观测得出如下几点规律：

1）利用深井泵排水可以达到连续排放瓦斯的目的。该排放方法，日排放瓦斯量为 $1136m^3/d$，比气举法日排放瓦斯量 $307.2m^3/d$ 高于 3.7 倍，同时孔内最低水面能达到距孔口 700m 左右。

2）该孔为水气共产孔，平均每日排水量为 $3.6m^3/d$，生产瓦斯 $1136m^3/d$，因此，每排 $1m^3$ 水，能生产 $316m^3$ 瓦斯，比气举法排水提高效率 3.6 倍。

（3）两种排水方法效果比较。该钻孔从 1982 年 6 月份到

1983 年 5 月末先后采用气举排水，深井泵排水共排出瓦斯量 194599.40m³瓦斯，平均日排放瓦斯量为 666.5m³/d，小时排放瓦斯量 27.8m³/h，每分钟排放瓦斯量 0.46m³/min。具体情况详见表 4-2-9。

表 4-2-9　排放瓦斯

时　间	排放方法	排放瓦斯量/m³	m³/d	m³/h	m³/min	备注
1982 年 6 月 8 日 ~27 日 9 月 28 日 ~11 月 9 日 1983 年 1 月 15 日 ~ 8 月 31 日	气举法	6144	307.2	12.80	0.213	校正系数为 1.31
	深井泵排水法	48857	1136.00	47.40	0.79	
		139598.40	609.60	25.40	0.43	
	合　计	194599.40	666.50	27.80	0.46	
	校正后	254925.22	873.115	36.42	0.603	

4.2.2.3　钻孔排放煤层瓦斯效果的分析

A　排放瓦斯与瓦斯赋存条件关系

老虎台矿井田位于抚顺煤田的中部，煤层平均厚度为 58m。从煤层透气性来看老虎台矿为 2.88 ~3.12mD。按瓦斯梯度推定煤层瓦斯相对量为 47.2m³/t。为可抽放煤层。

B　钻孔排放瓦斯与断层的关系

该孔四面受断层切断，构成一处完整的块段。东西长 3100m，南北宽 500m。根据钻探资料分析，该钻孔的终孔位置于 F_{25} 断层处。该断层为走向正断层。落差 30 ~200m。因为在大型构造的两侧。瓦斯量将大幅度增加，特别是上盘增加的幅度将大于下盘，该孔正处于断层上盘，所以瓦斯相对量较大。

C　钻孔涌水与排放瓦斯的关系

上述分析钻孔水的来源，由于第四纪含水层通过 F_{25} 断层向钻孔孔底流动构成孔内水位上升的动力。通过正常排水，平均每排 1m³水，能生产 316m³瓦斯。但通过实验表明，在静态的水中，在一个大气压（101.325kPa），温度为20℃时溶于$1m^3$水中的瓦斯量为$0.0331m^3$。因此，在钻孔中运动的水，比静止状态的水每$1m^3$含瓦斯量要大几千倍。由于水流不断流动，水流过煤层侧面时CH_4从高浓度向低浓度水流中扩散，其CH_4在水中的扩散系数为$2.2\times10cm^3/s$，比其他烷烃、二氧化碳、氧、氮气体在水中的扩散系数都要大。因此，水流上升时携带着大量瓦斯。使得钻孔有瓦斯涌出。

另外，根据实践，当钻孔水位压力超过煤层的瓦斯压力时，其水位在静止情况下瓦斯是不会通过水柱向地面排放。瓦斯运移过程不是固定不变的。时而强，时而弱。通过实际观测瓦斯流量也证明瓦斯气的运移过程是时续时断。

D　钻孔排放瓦斯量与国内外效果比较

老虎台矿地面钻孔没有进行水力压裂，采取自然排放瓦斯，与国内外各地面钻孔的压裂前自然排放瓦斯量相比较，老虎台矿地面钻孔瓦斯自然排放量为$873.12m^3/d$，分别高于焦作中马村矿13号孔瓦斯自然涌出量的2.9倍，是前苏联卡拉甘达17.5倍，是美国匹兹堡煤层的2.4倍，得到比较明显的效果（见表4-2-10）。

表4-2-10　中、美、前苏联煤层瓦斯自然涌出量比较

地点 \ 项目		煤层厚度/m	煤层透气性/mm	瓦斯含量/$m^3\cdot t^{-1}$	钻孔瓦斯涌出量/$m^3\cdot d^{-1}$			备注
					压裂前	压裂后	提高倍数	
中国焦作	中马煤矿13号孔	7.27	0.60	25.62	10.67	909.25	85	
	中马煤矿12号孔	6.88	0.77	26.0	298.74	—	—	没有压裂
中国抚顺老虎台矿		29.05	2.04	47.2	873.12	—	—	47.2为相对数
美国	匹兹堡煤层	2.13	5	3.4	198.1	1010	5	
	曼丽莉煤层1号	1.37	—	—	172.8	345.6	20	
	曼丽莉煤层2号	1.83	—	—	无	1929.6	—	
前苏联卡拉甘达		8	—	—	20～50	218～730	50～100	

4.3　近期地面钻井抽采瓦斯技术与效果

抚顺矿区拥有丰富的瓦斯资源，是我国最早开发利用瓦斯的矿区。抽放和利用瓦斯的工艺有多种多样，采用地面钻井抽采瓦斯也是近年来逐渐推广的方法之一。现将本区近期施工的煤层气井做以下介绍：

探2井、FS-1井、FS-2井、SLS-1井、L1～L6单支定向丛式井群。

4.3.1　近期钻井概况

4.3.1.1　探2井

1998年施工，位于老虎台矿井田西部，孔深923.6m，煤层顶板标高－757.2m，煤层厚度74.6m，纯煤厚度64.1m，发育3、4和5分煤层，瓦斯测试含量结果为8～14.9m^3/t。

本井进行了裸眼测试，测试井段923.07～822.02m。测得恢复最高地层压力6.05MPa（中深），压力恢复未达到稳定，外推地层压力为6.49MPa，采用saphir试井解释软件，进行参数分析，地层平均有效渗透率1.5md，表层系数4.63，从双对数导数图可以看出，导数曲线处于过渡段，没有明显的径流段，因此，参数解释成果不太理想，仅能定性分析该层渗透性较好，井筒附近被污染堵塞，井筒不完善。

4.3.1.2　FS-1井

该钻井性质为参数和生产试验井，钻井位位于老虎台矿井田西部的暖气厂供应科内。2000年10月20日至2000年12月15日钻探施工，煤层埋深957.2m，煤层段厚73.5m，发育10个自然煤分层，纯煤厚度55.83m，夹矸厚17.67m，取芯3段，采取煤芯样各3个，进行了瓦斯含量及等温吸附测试，煤芯样煤层气含量平均9.02m^3/t。

本井采用套管完井，实施压裂增产措施，煤层段内进行煤层压裂，上下压裂两层，压裂段厚分别为38.9m和20.9m，携沙注入 60m³，压裂液 600m³，施工排量 8m³/min，压裂液返排速度较快，未发现吐砂及煤粉，在井内安装抽油机下泵过程中，井口有压裂液体溢出（7 天内），所压入压裂液基本全部返排。

2001 年 6 月 1 日开始采排，7 天后获得最高气量 2206m³/d，日产水一般在 15 ~ 30m³，液面速度下降较快，10 天后，气水产量逐步下降至日产气 1000m³/d 以下，产水量 3 ~ 5m³/d 以下，3 个月后，该井日产气平均为 600 ~ 800m³/d，产水 3 ~ 5m³/d，排采 10 个月后仍维持该水平。

经 2002 年 3 月 15 日 ~ 2002 年 4 月 1 日，对该井停止采气，进行压力恢复，井口显示压力为 1.2MPa，在采排期间累计产气（瓦斯）19.6 万 m³，产水 1463m³。

尔后该井采用大孔径，深度射孔，二氧化碳置换的增产工艺措施对该井再次进行了技术处理，注入二氧化碳 166t（-20℃），注入排量为 1.0 ~ 1.7m³/min，注入压力 10 ~ 17MPa，注入时间 116min，关井扩散 15 天后井口压力为 2.3MPa 重新开井后，产气量、产水量均无明显提高，平均日产气量仍为 600 ~ 800m³/d，产水量 3 ~ 5m³/d，初期二氧化碳携带量最多达 38%，产气 6000m³以后，二氧化碳携带量为 11.47%。2002 年 5 月 10 日 ~ 9 月 10 日间，排采 120 天，累计产气 62130m³，产水 409m³，在此期间因井内卡泵，又修井 4 次。

2001 年 6 月 10 日 ~ 2002 年 9 月 10 日期间，该井总产气量 258130m³，总产水量 1869m³。

4.3.1.3 FS-2 井

钻井为生产试验井，井位位于老虎台矿井田中北部，2000 年 10 月 24 日开始施工，完钻深度 1010.42m，终孔层位第三系栗子沟组凝灰岩，煤层埋深 945.50m，厚度 18.3m，纯煤厚 17.4m，煤芯采样测试瓦斯含量平均 8.14m³/t。

采用下套管完井，煤层孔段射孔，2001 年 5 月 17 日实施压裂增产措施，压裂井段 945.40 ~ 963.80m。压裂工艺与 FS1 类同，施工排量 8m³/min，施工压力为 36MPa，共注入压裂液

783.3m^3，加入支撑剂60m^3。

本井排水采气试验92天，共产气42000m^3，平均日产气457m^3，平均日产水量为3～5m^3，产能偏低。

4.3.1.4 SLS-1井

该井位于抚顺煤田胜利矿城下压煤东部，钻井性质是采气井兼参数井，是抚顺第一口多分支水平井，采气井于2006年7月7日开工，水平井于2006年11月30日开工，两井于2007年1月28日正式连通。由于地质原因水平井没有继续施工。主要煤层段为853.0～873.0m，本段已进行试井。

4.3.1.5 L1～L6丛式井群

井群位于抚顺煤田老虎台矿西部，与FS-1同一个井位，构成该井场7口丛式井群。L1于2007年4月3日开工，经过三个月的连续施工，完成L2、L3、L4、L5、L6六口单只定向井，最后一口L6于2007年7月7日竣工。其钻井工艺为“单支定向丛式井群”，它是由7个独立的钻井按设定的三维方位成扇形分布，能够较大面积地控制煤层，再通过压裂裂隙将各井网沟通，形成良好的通道，达到理想的产气效果。地面实行集中布井、集中管理，合理输配。

这种工艺主要是根据抚顺特厚煤层而设计的，委托辽河油田进行钻井施工和压裂，钻井工具采用美国产车载式钻机J-30D，单井平均井深1200m，压裂半径为200m。刚刚完成最后压裂工艺，现正在排采期，产气量正稳步提升。该井场可控煤1200万t，控气1.6亿m^3，如图4-3-1、图4-3-2所示。

4.3.2 钻井开发布局

根据抚顺煤田地下“小而肥”，地面建筑物密集的实际情况，应本着先易后难（指地表条件），先肥后瘦（指地下煤层气及煤层赋存），中间突破（指胜利东至老虎台西区），先东后西，井下抽放与地面开发相结合，现采区与开发区同时并举的原则。胜利东部区，煤层没有采动影响，地表及地层稳定，煤层厚度

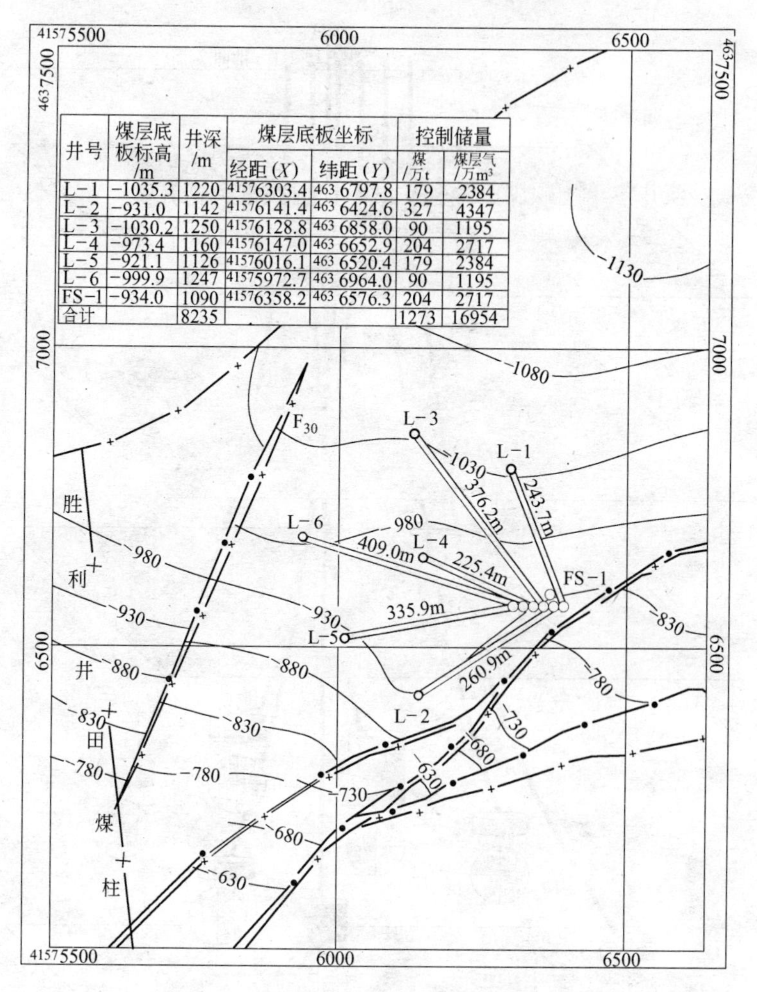

井号	煤层底板标高/m	井深/m	煤层底板坐标		控制储量	
			经距(X)	纬距(Y)	煤/万t	煤层气/万m³
L-1	-1035.3	1220	^{4157}6303.4	^{463}6797.8	179	2384
L-2	-931.0	1142	^{4157}6141.4	^{463}6424.6	327	4347
L-3	-1030.2	1250	^{4157}6128.8	^{463}6858.0	90	1195
L-4	-973.4	1160	^{4157}6147.0	^{463}6652.9	204	2717
L-5	-921.1	1126	^{4157}6016.1	^{463}6520.4	179	2384
L-6	-999.9	1247	^{4157}5972.7	^{463}6964.0	90	1195
FS-1	-934.0	1090	^{4157}6358.2	^{463}6576.3	204	2717
合计		8235			1273	16954

图 4-3-1　老虎台矿井田煤层气丛式钻井平面

19～13m，井深700～900m，煤层气储量8.2亿m³。地表条件在市区内相对较好，可以单井或井网形式布井。老虎台井田西部区块，煤层厚度大，平均58m左右，地表条件较好，地面高大建筑物较少，开阔地较多，有布置井网的条件。城下压煤区限采的煤层气储量为25.2亿m³。因此首先开发上述两个区块。

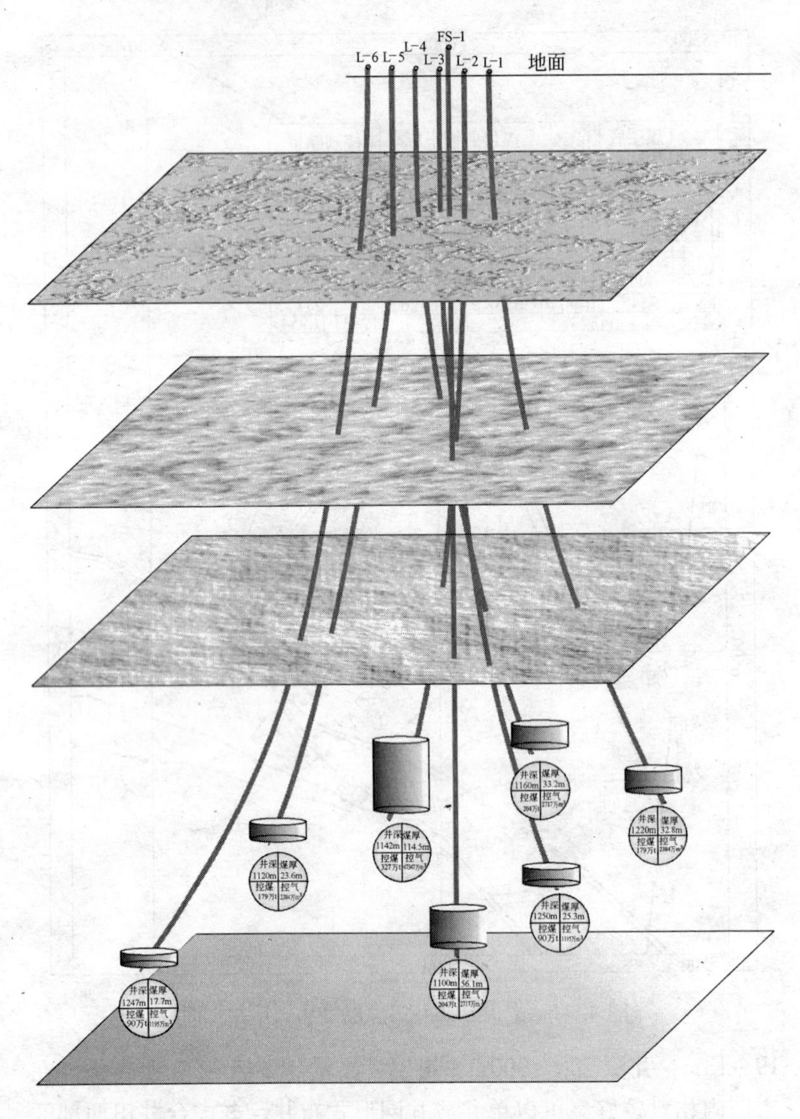

图 4-3-2　老虎台井田煤层气丛式钻井轨迹示意图

胜利矿西区，地表处于城市的人口密集区，高大建筑物较多，能在地表布井的地点少，如在地表布井必然增加动迁费用，因此应进行一井多孔煤层气井试验。

4.3.3 钻井工艺

4.3.3.1 钻井施工程序及完井方法

钻井主要采用 S30-D 车载式钻机施工。

一开：采用 ϕ311.1mm 钻头；下入国产 ϕ244.5mm 技术套管，下深 50m；使用 G 级水泥固井，水泥浆返到地面。套管试压由测井公司数控队测声幅检查固井质量合格。

二开：采用 ϕ215.9mm 钻头，下入国产 ϕ139.70mm 套管，平均下深到 950m；使用 G 级水泥固井，水泥浆返到地面。套管试压由测井公司数控队测声幅检查固井质量合格。

4.3.3.2 钻井液

钻井所用泥浆为聚合物低固相体系，有良好的护壁和排砂性能，但由于密度较低，对掉块不能起到良好的控制作用，所以，在扩径时加大了泥浆密度，并取得了良好的效果。在处理剂上，用纤维素提高黏度、降低失水；用 F-367 聚丙烯酸钾抑制井壁不稳定的因素也取得了良好的效果。各种处理剂的配合使用，使泥浆性能得到了保证，同时也保证了孔内安全，在泥浆的维护中做到了细水长流不断地向泥浆中补充处理剂，确保处理剂在泥浆中的浓度，保证泥浆性能。

总的来讲，井内较稳定，没有大的缩径和垮塌段，用泥浆较好维护，关键是第四系厚度约 30m，比设计厚度增大，龙凤坎组顶部还存在风化带，而资料中并未提到有风化带存在，这些因素为钻井的施工带来了不少的困难，直到终孔完钻都有顶部风化带的掉块。在今后的施工中应引起注意。

4.3.3.3 套管程序

一开：下入国产 ϕ244mm 表层套管，平均下深 50m；

二开：下入国产 ϕ139.7mm 技术套管，平均下深 950m。

4.3.3.4 固井情况

一开：使用 G 级水泥固井，水泥浆返到地面；

二开：使用G级水泥固井，水泥浆返到地面。见表4-3-1。

表4-3-1　固井情况一览表

项　目		表层套管	技术套管
水泥用量/t		2.6	40.0
水泥浆相对密度	最　大	1.90	1.89
	最　小	1.80	1.81
	平　均	1.85	1.85
清水顶替液用量/m³		2.0	33.0
压力/MPa	注　压	1.0~0	2.0~0
	替　压	0~1.0	0~1.0
水泥返高		地　面	地　面
套管试压	加压/MPa		15.0
	计时/min		30.0
	压　降		0
固井质量		合　格	合　格

4.3.3.5　井身质量

地面钻井都是根据设计施工，采取数控测井，以SLS-1井身质量为例。见表4-3-2，SLS-1井立体轨迹见图4-3-3，SLS-1井垂直剖面见图4-3-4。

表4-3-2　SLS-1井身质量情况一览表

部　位	深度/m	距井口		距靶心	
		方　位	水平距/m	方　位	水平距/m
设计考核点	850.06	56°15′	4.41	56°15′	4.41
实际考核点	854.00	55°45′	4.48	55°45′	4.48
气　顶	851.50	56°04′	4.44	56°04′	4.44
气　底	887.50	52°42′	4.98	52°42′	4.98
测得终点	925.00	49°19′	5.62	49°19′	5.62
设计靶心垂深/m		850.00	靶心距/m		10.00
最大井斜深度/m	925.00	斜　度	1°29′	方　位	32°19′

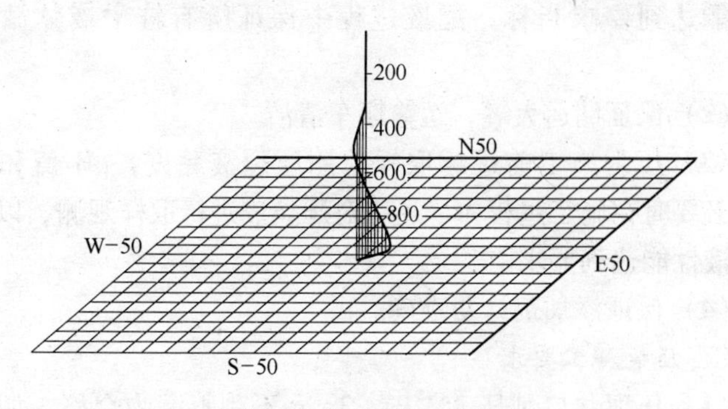

图 4-3-3　SLS-1 井立体轨迹

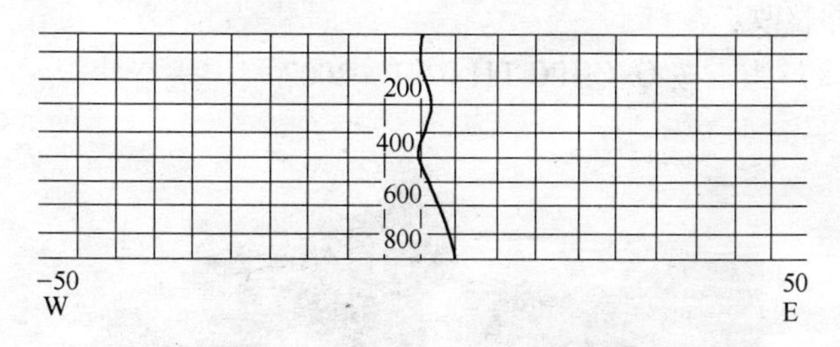

图 4-3-4　SLS-1 井垂直剖面

4.3.4　压裂工艺及基础数据

4.3.4.1　压裂工艺要求

A　压裂前作业

(1) 作业队在压裂前应进行洗井，探井底等作业，保证井筒内人工井底以上清洁无杂物，保证井筒内充满活性水溶液。

(2) 按射孔通知单对 982.5～1020m 煤层射孔。

(3) 装 ϕ350mm 大四通及轻便压裂井口，四周用钢丝绳固牢。

(4) 安放喷管线，并用地锚固定，出口在下风处。

(5) 压裂施工。

B　压裂液配置要求

(1) 在有关技术人员的指导监督下，配合压裂液，保证压裂性能达到要求指标，配液过程中保证所有缸中液体循环均匀。

（2）保证储运大罐，运输罐车清洁。

（3）压裂施工前逐罐取样检测压裂液黏度，pH 值和交联性，必要时在施工过程中，还应对压裂液进行取样观测，以保证压裂液性能达到要求。

（4）保证添加剂计量准确。

C　压裂施工要求

（1）压裂井口试压 35MPa，3min 不刺不漏为合格，如有问题立即整改。

（2）施工按 Q/CNPC-LH 0281—2007 规定进行。

图 4-3-5　作业压裂车

D 压裂反排，作业及资料录取

（1）压裂施工曲线必须先交由现场设计及监督人员，再返还压裂公司。

（2）压裂施工结束后，关井扩散压力1h后，用4~8mm油嘴放喷排液，并人工控制放喷，计量反排液量及压力。

（3）若不能放喷，冲砂到人工井底。

4.3.4.2 压裂基础数据

A 基本数据

基本数据见表4-3-3。

表4-3-3 基本数据

地理位置	辽宁省抚顺市		
构造位置	抚顺煤田老虎台井田		
井 别	开发井	联入/m	时 间
完钻井深/m	1220	6.4	2007年04月21日
人工井底(软探)/m	1198	7.4	2007年04月22日

B 套管程序及固井质量

套管程序及固井质量见表4-3-4。

表4-3-4 套管程序及固井质量

项目类型	外径/mm	内径/mm	壁厚/mm	下探/m	钢级	抗内压/MPa	水泥返高/m	固井质量
表层套管	244.50	226.60	8.94	-52.33	J-55	24.7	地面	合格
气层套管	139.70	121.10	7.72	-1213.61	N-80	57.2	580.0	合格

C 射孔层段描述

射孔层段描述见表4-3-5。

表 4-3-5 射孔层段描述

层号	枪 型	射孔井段/m	射孔厚度/m	孔数	孔密/孔·m^{-1}	解释结果	备注
28	89 枪 102 弹	1110.75—1111.20	0.45	7	16	煤层	裂层
30	89 枪 102 弹	1111.45—1112.00	0.55	9	16	煤层	
32	89 枪 102 弹	1112.40—1114.8	2.40	38	16	煤层	
34	89 枪 102 弹	1115.35—1116.05	0.70	11	16	煤层	
36	89 枪 102 弹	1116.35—1116.60	0.25	4	16	煤层	
38	89 枪 102 弹	1116.95—1117.70	0.75	12	16	煤层	
40	89 枪 102 弹	1118.50—1119.80	1.30	21	16	煤层	
42	89 枪 102 弹	1120.10—1121.45	1.35	22	16	煤层	
44	89 枪 102 弹	1121.70—1122.45	0.75	12	16	煤层	
46	89 枪 102 弹	1123.10—1125.65	2.55	41	16	煤层	
56	89 枪 102 弹	1134.55—1136.20	1.65	26	16	煤层	填砂层
58	89 枪 102 弹	1136.70—1140.10	3.40	54	16	煤层	
60	89 枪 102 弹	1140.55—1142.35	1.80	29	16	煤层	
62	89 枪 102 弹	1143.00—1144.15	1.15	18	16	煤层	
67	89 枪 102 弹	1147.45—1148.00	0.55	9	16	煤层	
71	89 枪 102 弹	1149.85—1151.10	1.25	20	16	煤层	
72	89 枪 102 弹	1151.70—1153.15	1.45	23	16	煤层	
压裂层合计			11.05	177			

D 压裂层段描述

压裂层段描述见表 4-3-6。

表 4-3-6 压裂层段描述

层号	井段/m	射孔厚度/m	孔隙度/%	灰粉含量/%	电阻率 RT/Ω·m^{-1}	时差/μs·m^{-1}	岩性
28	1110.75—1111.20	0.45					煤层
30	1111.45—1112.00	0.55					煤层
32	1112.40—1114.80	2.40					煤层
34	1115.35—1116.05	0.70					煤层
36	1116.35—1116.60	0.25					煤层
38	1116.95—1117.70	0.75					煤层
40	1118.50—1119.80	1.30					煤层
42	1120.10—1121.45	1.35					煤层
44	1121.70—1122.45	0.75					煤层
46	1123.10—1125.65	2.55					煤层

E　压裂井层段特性

压裂井层段特性见表4-3-7。

表4-3-7　压裂井层段特性

压裂井段/m	压裂井段中深/m	地层压力/MPa	地层温度/℃
1110.75—1125.65	1118.2	9.2	37.0

F　加砂压裂泵注程序

加砂压裂泵注程序见表4-3-8。

表4-3-8　加砂压裂泵注程序

施工工序	液量/m³	砂量/m³	砂型/m³	砂浆/m³	砂比		砂排量		施工排量	时间/min
					kg/m³		m³/min	kg/min	m³/min	
前置液	20.0								8.5	2.35
前置液	120.0	前置液中加入0.106～0.212mm降滤失剂(粉砂)3.0m³							8.5	14.12
携砂液	55.5	2.0	石英砂（0.425～0.85mm）	56.7	3.6	58.4	0.3	486	8.5	6.67
	82.0	5.0	石英砂（0.425～0.85mm）	85.0	6.1	98.8	0.5	810	8.5	10.00
	80.8	7.0	石英砂（0.425～0.85mm）	85.0	8.7	140.3	0.7	1134	8.5	10.00
	90.2	9.0	石英砂（0.425～0.85mm）	95.6	10.0	161.6	0.8	1296	8.5	11.25
	39.5	5.0	石英砂（0.85～1.18mm）	42.5	12.7	205.1	1.0	1620	8.5	5.00
	32.4	5.0	石英砂（0.85～1.18mm）	35.4	15.4	249.9	1.2	1944	8.5	4.17
顶替液	13.4								8.5	1.58
合计	533.8	33		400.2	8.7	140.5				65.13

注：1. 现场要根据地面管线长度重新核算顶替量；

2. 降低滤失剂粉砂加入量可根据现场压力变化情况做适当调整。

G　压裂施工压力计算

压裂施工压力计算见表4-3-9。

表4-3-9　压裂施工压力计算

摩阻压力/MPa	破裂压力/MPa	破裂泵压/MPa	试泵压力/MPa	水功率 *HP*/kW	机械功率 *HP*/kW
17.1	24.8	30.7	35.0	4958~6746	8264~11245

H　压裂施工参数

压裂施工参数见表4-3-10。

表4-3-10　压裂施工参数

施工用液量/m^3			压裂施工泵注方式	施工排量/$m^3 \cdot min^{-1}$
前置液	携砂液	顶替液		
140.0	380.4	13.4	套管注入	8.5

I　裂缝几何形态模拟结果

裂缝几何形态模拟结果见表4-3-11。

表4-3-11　裂缝几何形态模拟结果

裂缝几何形态					
缝半长/m		缝宽/mm		导流能力/$\mu m^2 \cdot cm$	增产倍数
动态	支撑	动态	支撑		
140.4	124.1	13.57	5.728	45.75	

J　作业工具及用料

作业工具及用料见表4-3-12。

表4-3-12　作业工具及用料

项　目	规 格 及 用 量
洗井液	BCS-851水溶液45m^3
返排工具	4mm、6mm、8mm油嘴1套，16MPa压力表1只

K 压裂工具

压裂工具见表4-3-13。

表4-3-13 压裂工具

项 目	型号及规格	准备单位
压裂井口	LH—70	井下工艺地质研究所工具室
四 通	350大四通	井下工艺地质研究所工具室

L 压裂材料

压裂材料见表4-3-14。

表4-3-14 压裂材料

项 目	名 称	规格/mm	用量/m^3	备 注
降滤失剂	粉 砂	0.106～0.212	3.0	4.86t
支撑剂	兰州石英砂	0.425～0.85	23.0	37.26t
		0.85～1.18	10.0	16.2t
煤层压裂液	MC-3煤层压裂液		670.0	

M 压裂设备

压裂设备见表4-3-15。

表4-3-15 压裂设备

设备名称	规 格	数量/台	设备名称	规 格	数量/台
压裂车	2000型压裂车	6	储液罐	50m^3	10
混砂车		1	液罐车	15m^3	12
仪表车		1	砂罐车	10m^3	5
管汇车		1			

N 钻井压裂管柱结构

钻井压裂管柱结构见图4-3-6。

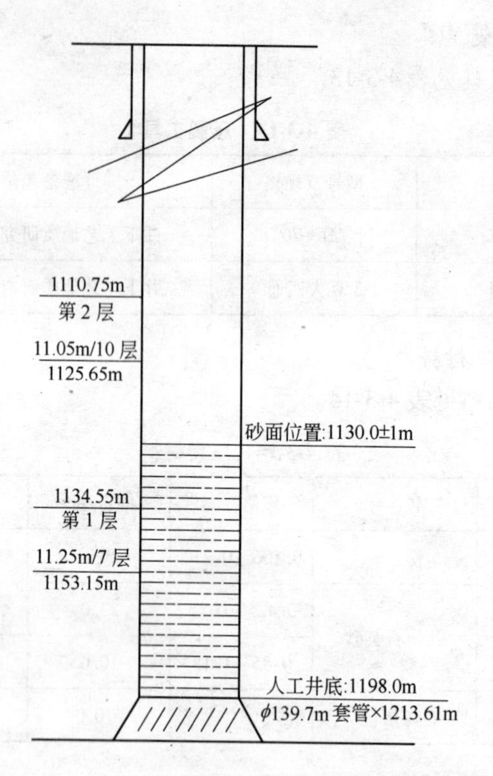

图 4-3-6　钻井压裂管柱结构

4.4　煤层压裂后裂缝区域的形成与透气性影响因素的分析

4.4.1　煤层压裂后裂隙区域的形成

煤层经过压裂后，围绕钻孔形成了一个排放瓦斯的裂缝区域，产生裂缝的类型，由于煤层普遍地存在着发育的层理面或节理面，因此在水力压裂过程中所形成的裂缝易于沿着自然裂缝而扩延，一次压裂，一般形成主裂缝，鉴别裂缝的状况，通过煤层的开采可以实际观察。但未采前也可根据油田经验判断裂缝类型，即当压裂时煤层破裂压力梯度大于每米 0.23 ~ 0.25 大气压时，裂缝将沿着煤层层理面延伸，从北龙凤压力参数可见钻孔压力梯度均大于每米0.25大气压，因此初步判定3个孔压裂施工后，在煤层中形成了与层理面平行的裂缝。各个钻孔压裂后的裂缝形状并非是一个理想圆，由于压裂时裂缝的形成是沿着煤层倾斜方向向上延伸，这一点不仅通过北龙凤5号孔与2号孔压窜的情况可以证实，而且可以从覆盖岩层静压度去分析也可得出裂缝沿煤层倾斜上延较为合理。因此产生裂缝将是一个椭圆形。北龙凤的3个压裂钻孔，由于施工顺序5号孔居后，因此不仅表现出煤层破裂压力较高而且裂缝沿倾斜方向上延较快，压裂施工后一小时即与2号孔压窜，据此分析，其原因是该孔两侧4号、6号压裂后，使地层应力状态重新分布所带来的影响。

由于水力压裂在煤层形成的裂缝内充填了粒度较均匀的石英砂，因此当水力消失后，煤层中既造成了透气性能良好的砂缝，随着压入液体的不断排出，砂缝便成为排放瓦斯的良好通道，不言而喻砂缝透气性能决定着裂缝域排放瓦斯的能力。但是，煤层本身透气性能则是裂缝域排放瓦斯效果好坏的关键，是内在的根本因素。

4.4.2 煤层压裂后对透气性的影响

影响透气性能的因素，对于砂缝来说，第一是砂缝中含水的饱和度；第二是压裂过程中裂缝界面介质相对运动摩擦而产生的煤粉掺和程度；第三是在覆盖岩层静压力的作用下，砂粒对煤体的嵌入性以及砂粒分布不均匀性。对于砂缝周界的煤体来说，对透气性能影响的原因：第一是煤体受外力的挤压作用，时而产生压缩变形；第二是煤层吸收了水分产生膨胀变形；第三是水渗入煤层裂缝空间，由于毛细管滞留的作用，有碍瓦斯放散。

总之，煤层压裂后影响煤体和砂缝透气性的因素，主要是注入液体，煤层压缩变形及砂粒对煤体的嵌入性、分布不均匀性和粉粒煤的掺和性。

通过北龙凤煤层压裂后排放瓦斯的实践，已经证明，煤层中形成了透气性良好的砂缝，那么将如何认识上述因素的影响呢?

首先是水的影响，水作为压裂液的作用是造成裂缝，在生缝过程中同时向煤体渗入，由于压裂施工时间较短，当煤层破裂后，根据劈楔原理，裂缝的梢端形成应力薄弱点，因此使得大量的高压水扩展着压裂裂缝。而向煤层渗入量是很少的，所以压裂后大量的水存留在所产生的压缝中，因此当压裂后敞开孔口时，在地层弹性恢复过程中使裂缝中水大量排出，再则裂缝形成是沿煤层倾斜上延，在钻孔实行人工排放水的情况下，有利于砂缝中水的排出，这样压裂砂缝含水饱和度逐渐变小，从而提高了煤层瓦斯放散的流动。

对于压裂时渗入到煤体中的水，将占据一定的裂隙空间，起到湿润煤的颗粒，产生膨胀变形的作用，据此分析对于煤层原透气性将有所影响，不利于煤层的瓦斯放散。

但是，通过对龙凤矿 601 采面三分层煤样，干煤和湿煤瓦斯放散速度的对比，试验得出解析式如下：

干煤瓦斯放散速度

$$U = 0.1788e^{-0.7254}$$

湿煤瓦斯放散速度

$$u = 0.219e^{-0.7442}$$

从上式可见，湿煤瓦斯放散速度还略高于干煤。另外对北龙凤煤样浸水膨胀变形的测定，浸水时间 180 个小时，变形率为 0.5‰，再则在压裂时，高压水挤入充满瓦斯的空间，气体受压缩或溶于水中，当水压消失时，承压瓦斯膨胀，又将水推出，随着瓦斯的不断放散，孔隙中的水也不断得到挥发。

通过上面分析，我们认为对于抚顺煤层，压裂时渗入煤体中的水对于阻滞煤层瓦斯放散的作用很小。

第一，煤层压裂时，在外加压力的作用下，煤岩层将产生压缩变形，这是否对煤层透气性有所影响呢？参照国内外煤层压裂裂缝形成的状况，由于形成裂缝较小，因此煤岩层基本处于弹性变形状态，当外加压力撤除后，煤岩层弹性恢复，可以认为对煤层原始透气性没有影响。

第二，对于抚顺煤层由于煤质坚硬，脆裂性强，因此压裂时，携砂液流的运动产生的煤粉掺和性较差，对砂缝渗透性损害很小，另外砂粒对硬煤的嵌入性较弱，即使作用压力较大，超过煤体抗压强度时，煤体将发生断裂，这不仅不会损害煤层原透气性，而且有利于产生次生裂缝，提高煤层瓦斯的导流性。

综上所述，抚顺煤层采用水力压裂措施，对于煤层的原透气性能，不仅不起损害作用，而且造成了透气性能很高的压裂砂缝。因此，可以使压裂钻孔取得预排煤层瓦斯的成效。

煤层压裂后瓦斯流动规律探讨：煤层压裂后主要变化是在煤体中形成了高渗透性能的砂缝，因此煤体、砂缝和钻孔便构成了一个不稳定的瓦斯流动场（即裂缝域），煤体中赋存的瓦斯首先流向砂缝，然后顺着砂缝流动从钻孔中排出，整个流动过程将符合菲克扩散定律和达西渗流理论，其表达公式如下：

菲克扩散定律（煤体中瓦斯运动规律）：

$$dQ = DS\frac{dC}{dX}dt$$

式中 dQ——在 dt 时间内扩散瓦斯量；

S——扩散通过的表面积；

D——扩散系数；

$\frac{dC}{dX}$——瓦斯分子个数的浓度梯度；

dt——扩散发生的时间。

达西渗流定律（砂缝和大的裂缝中瓦斯流动规律）：

$$V = -\lambda\frac{dP}{dX}$$

式中 V——瓦斯渗流速度；

$\frac{dP}{dX}$——瓦斯压力梯度；

λ——流道透气性系数。

在压裂影响范围内，当煤体中瓦斯向压裂缝运动时，且煤体原透气性能不变的情况下，则瓦斯浓度梯度或者压力梯度，在相应范围内对比向钻孔运动时而有所提高，对于压裂砂缝透气性能提高，具有很大的排放瓦斯能力，这样便导致煤层压裂后钻孔排瓦斯比压裂前显著提高的结果，若煤层本身透气性能低，即便压裂后瓦斯流向砂缝的浓度梯度和压力梯度值有所提高，但取得的排放瓦斯效果也不会太好。如果压裂砂缝的透气性再有所损害，则就会使水压裂失败，阳泉一矿七尺煤层的压裂即属此例。

因此而论，水力压裂排放煤层瓦斯取得效果显著的好坏，与煤层的赋存条件、煤质、煤层原透气性以及产生砂缝的透气性能有密切的关系，对于原煤层为了提高瓦斯流动的梯度值，采用分层压裂，多产生几条裂缝将有利于提高排放瓦斯的效果。另外裂缝产生于硬煤中比裂缝在软煤中形成，透气性能损害要小。

除上述分析外，对于压裂钻孔，由于孔底存在涌水问题，瓦斯从钻孔中涌出的流动状态有别于无水的情况，在钻孔周围砂缝的一定范围内，形成了水和瓦斯的混合流，当钻孔中心管不断排水仍会产生持续的瓦斯流，在排水过程中，由于气液相混合流动效应，除了气泡流外，还会产生断塞流和冲击流，如在排水时钻孔出现的瓦斯流喷出现象，即说明了这一点。

当停止排水时，随着孔内水位的上升，钻孔排放瓦斯量逐渐变小，值得说明的是，当钻孔水位静压力超过煤层瓦斯压力后，随着孔内水位的上升，钻孔仍有瓦斯排出。分析其原因，是由于在气液界面，瓦斯在平衡压力下符合亨利定律：$Q=Kp$，面溶于水中，Q 为溶解瓦斯量，K 为溶解系数，p 为平衡瓦斯压力。随着钻孔水位不断变化，溶解瓦斯的浓度梯度也发生变化，这样，便产生了瓦斯的扩散流动，因此钻孔继续有瓦斯涌出，直到钻孔水位静止。瓦斯分子扩散运动处于动态平衡时方终止钻孔瓦斯排放。

4.5 地面钻井抽采煤层气影响因素浅析

4.5.1 影响煤层气产量地质因素

通过几年来的实践及抚顺矿区现有资料的研究分析，对保城限采区地质储层条件有了整体认识。

4.5.1.1 地质条件方面

构造复杂，断层多，断距大，煤层被切割成几个断块，北东东向的F1断层断距超千米，该断层控制着煤层的生成与展布。

煤层埋藏深，大部分区域超千米。

煤层巨厚，主要分布为3个分层，分层厚度多在10~25m，煤层倾角大于15°~30°。

煤层气资源丰度高，煤层气可采储量达5.49亿m^3/km^2。

3个分层煤岩煤质差异性不大，只是上部煤层以亮煤为主，节理裂缝较发育、呈片状和厚层状、较软，下半部分为暗煤和亮煤，呈块状，向下部节理裂缝渐不发育，煤质较硬。

煤层含水性差，水文地质条件简单，但因煤层厚度大，采后“三带”厚度大，局部裂缝带容易导通上部泥灰岩裂缝含水层。

五分层下部夹矸及其底板岩性为凝灰质泥岩，该岩石遇水易膨胀，水力压裂选层段时应尽量避开。

划分出有利区与较有利区，适宜选在有利区块部署煤层气开发试验井，赞同沈阳煤层甲烷气开发中心在《抚顺煤田老虎台井田城下压煤区煤层气开发方案设计》中涉及到的在本次评价中划分的有利区的丛式井布井思路。

4.5.1.2 煤层气的储层方面

根据储藏数值模拟的结果和对已有生产试验井排采情况的初步理解，可得出以下初步结论：

储藏渗透率较低，渗透率测试的精度一直是一大难题，工作区内几口井的试井表明渗透率多在1mD以上，但是采用0.5mD作为输入条件获得的产量预测结果与生产试验结果比较接近，因此有可能渗透率较低。尤其是垂直渗透率，由于埋深较大，本区内垂直应力为主应力，因而垂直渗透率较低，影响流体的垂直渗流，难以发挥煤层厚，资源量大的优势。煤样观察也表明，煤体节理不发育且节理内有方解石充填，尤其是五分层，如果有条件进行历史拟合，该结论更具有说服力。

由于煤层较厚，压裂裂缝长度难以提高，影响气井产量。

分割层不规则分布的夹矸可能对产量造成较大影响。

含气饱和度较高：按照较高的等温吸附参数和典型的含气量计算含气饱和度在 80% 左右。

储藏为欠压储藏：区内两口井进行了试井，探 2 井与 SLS-1 井实测储层压力数据不一致，一个反应是正常—超压储层，一个反应为欠压储层。在试井时储藏压力梯度大于每百米 1MPa 的结论时应该谨慎，超压储藏意味着煤层气井在一定程度上为自喷井，亦即储藏压力高于静水压力，因此，不用人工排水亦可由于储藏压力与静水压力的差值而自喷，在该工作区内并未发现这种现象，储藏数值模拟认为，工作区内储藏压力梯度应为每百米 0.8MPa 左右。

相对渗透率参数目前不明：相对渗透率是影响气井产量的重要参数，通常是通过历史拟合的方式获得，由于现在数据不完整，无法进行历史拟合，因此，产量预测时借用了其他区块的参数，结果仅作为参考。

煤矿采空区对储藏的影响不容忽视：储藏数值模拟表明，在距离采空区 300m 处，10 年的含气量接近原始值。

4.5.2 钻井实施中的步骤和重点

4.5.2.1 布井与钻井方面

应首选有利区块进行选点布井。

单井见煤间距最大不超过 300m，以 240m 为宜，以实现较快的井间干扰，提高产量。

煤层气井应距离煤矿采空区 300m 以上，以减少采空区对井产量的影响。

应再选1-2口井完整取煤芯，详细观察各分层，进行测试获取相关参数，以利对储层进行精确评价和下步工程实施。

保城限采区煤层埋藏深，成孔难度大，要具有完整的控斜，防缩径、坍塌的应急措施。

4.5.2.2 步骤和措施方面

压裂层段：经对煤层结构构造、割理裂缝发育程度、煤硬度、气含量、夹矸及顶底岩石水敏性等综合分析后，建议压裂层段首选四分层，五分层厚度大时可以选取其上半部压裂。

由于煤层较厚，压裂裂缝不易延长，应适当提高压裂规模，或采用分层多次压裂的方式。

4.5.2.3 排水采气方面

排水采气生产时间长，气产量出现先上升后下降再上升的过程，因此应加强排采管理，正确处理排采过程中的问题。

4.5.3 目前的认识与观点

（1）从多次煤层压裂试验的情况分析来看，水力压裂这一技术措施，在抚顺煤田提高预排瓦斯效果是可行的。由于抚顺煤层具有较好的透气性能，所以采用地面钻孔水力压裂预排煤层瓦斯方法可以获得较大的排放瓦斯范围，因此在一定范围内，压裂钻孔的间距可以较大，而且钻孔排放瓦斯维持时间较长。据抚顺井下抽放瓦斯钻孔可以维持6～7年的情况，设想压力钻孔维持10年抽放时间，为此，无论从安全生产的角度，还是能源开发的角度，都有不可忽视的意义。

（2）水力压裂技术，工艺实施在技术上是完全可能的，但是由于工艺程序较多，使得工程量较大，工艺上存在一定的复杂性，而且必须具备供电、供水方便运输和作业场地的条件，因此较井下钻孔抽放瓦斯难度较大。

（3）排放瓦斯工作在地面进行，因此不受井下空间和时间条件的限制，同井下煤炭生产互不干扰，而且可使地面压裂抽放瓦斯钻孔超前煤层回采数年进行施工，这样可以保证煤层有足够的预抽瓦斯时间，而且地面作业较井下安全，设备器具使用不受井下条件限制的特点。

（4）压裂后，将在煤层中形成透气砂缝，对煤层开采是否有影响？从国内外煤层压裂后，实际形成的裂缝状况表明，当在煤层中形成与层理面平行的裂缝或与节理面平行的裂缝，其主要裂缝仅一条或者两条，并非使煤体四分五裂或使顶板破成碎块，不会给煤层开采带来困难。

（5）采用单支定向丛式井群开发煤层气，是抚顺煤田地面钻井的方向。

本章阐述了：

（1）前期，通过对北龙凤井田地面钻井压裂技术抽采瓦斯的现场实验，在钻孔布置及孔深结构、水力压裂工艺及其参数确定、钻孔排水措施等方面，取得了宝贵的实践经验，对今后进一步实施煤层水力压裂排放瓦斯工艺技术和获取更好效果具有一定指导意义。

（2）近期抚顺煤层地面钻井抽采瓦斯，完成地面钻井 10 口，其中：垂直压裂井两口，水平定向井 1 口，丛式井群 6 口。累计进尺 10800m，其中岩石进尺 9732m，煤层进尺 1068m。按计划全部完成钻井、表层固井、气测录井、煤芯采样测试、化验、测井、固井、射孔、水力携砂压裂、排采、生产。

（3）通过对煤样的工业分析、含气量解吸、气体分析、等温吸附试验，确定抚顺煤层气含量为 $15m^3/t$（与统计法存在差异）。作为气煤而言，煤层含气量已属国内较高的，加上煤层巨厚，单位面积煤层气资源的丰度自然很高，可达 6.5 亿 m^3/km^2。

（4）在储层参数中，含气饱和度为 67.05% ~ 84.86%，储层压力梯度每米 7.63kPa。显示煤层为不饱和状态，储层压力为欠压状态。临界解吸压力变化于 2.69 ~ 4.66MPa，渗透率为 1.92mD，表明临界解吸压力较高，煤层渗透性较好，对煤层气开采比较有利。

（5）作为地面钻井开发煤层瓦斯，针对抚顺煤层的特点试验了多种钻井方式，积累了大量经验和数据，为本区域地面钻井开发奠定了基础，确立了方向；同时也为抚顺矿业集团地面钻井开采填补了空白。作为丛式井群的开发和应用国内尚属先河，这将对条件类似的煤层开采起到其重要参考价值。

（6）丛式井群地表占地面积少，井下控煤面积大、控气量多，本区可控煤 1200 万 t，可控气 1.6 亿 m^3，平均稳产期为 7 年。目前已累计排采 260 天，产水 2301m^3，产气 240 万 m^3。

（7）现有集气站两座，主要设备有：水环真空泵 2 台，抽油机 10 台，汽水分离器 4 台，流量计 1 台，地面输气管线 ϕ219mm，3.5km，ϕ159mm，3km。

5 煤与瓦斯突出防治技术与效果

5.1 煤与瓦斯突出防治综述

5.1.1 老虎台矿防突工作简况

老虎台矿属煤与瓦斯突出矿井，井田内开采煤层（本层煤）根据煤层夹矸厚度自下而上分五、四、三、二分层，除五分层外，均为突出危险煤层。现生产水平 -830m，平均瓦斯压力 2.8MPa，平均瓦斯含量 17.5m³/t，煤层透气性良好，透气性系数为 2.8 ~ 3.37mD，由于矿井开采进入深部区域，受地质构造影响及开采条件限制，突出威胁严重。另外在煤层下部的火成岩内部也赋存不稳定的 B 层煤，同样具有突出危险。

就全国来讲，老虎台矿虽然并非属于煤与瓦斯突出严重的矿井，但对安全生产也构成一定威胁和影响。因此，对矿煤与瓦斯突出的防治工作十分重视。除了严格执行“四位一体”的综合防突措施，采用钻屑量和瓦斯解吸指标 Δh_2 进行突出危险性预测和防突措施的效果检验（并将测试指标下调，钻屑量和瓦斯解析指标分别由《细则》规定的 6kg/m 和 200Pa 降到 4kg/m 和 150Pa，预测的安全距离由 2m 增加到 8m）之外，还创造性地探索出了适合于该矿实际情况的防突措施，如：两掘一钻、两钻一掘、长探短掘、轮掘、边抽边掘、大小循环钻孔、煤层高压注水，以及对“迎头工作面”实施半封闭等多项技术措施。在实施防突措施后，经效果检验措施有效方可采取安全防护措施进行作业，若经效果检验措施无效，则要继续采取措施，直至措施有效后，再采取安全防护措施进行作业。在安全防护方面，按规定设置了反向风门、压风自救系统和避难硐室；所有入井人员全部配带隔离式自救器；延长躲炮时间等。

基于大量艰苦细致工作，煤与瓦斯突出灾害得到有效控制，效果明显，1998年以来，矿井杜绝了煤与瓦斯突出人身伤亡事故。目前，西部和中部综采区全部进入二分层及以下分层掘进；东部综采区瓦斯抽放率达到30%以上已解除突出危险。这样一来，目前开采的东、中、西3个回采区域内均无煤与瓦斯突出工作面，煤与瓦斯突出对现采区的威胁已经消失。

5.1.2 突出煤层与突出区域的划分确定

根据抚顺煤科分院对我矿突出的鉴定划分如下：

（1）-490m水平（始突标高往上顺延50m）以下B层煤（盘下煤）为突出煤层。

（2）本层煤无突出危险区：

1）-530m水平（始突标高往上顺延50m）以上煤层；

2）五分层煤层；

3）在保护层有效保护范围内的煤层；

4）瓦斯预抽率达30%以上的煤层；

5）煤层瓦斯压力小于0.74MPa。

（3）本层煤突出威胁区：

1）矿区坐标E6200以东煤层；

2）综放面终采位置周围的孤岛煤柱区。

（4）本层煤突出危险区：

矿区坐标E6200以西煤层。

5.1.3 煤与瓦斯突出安全防护技术措施

多年来，老虎台矿严格执行《煤矿安全规程》相关规定和“四位一体”的综合防突措施，并结合本矿实际情况，制定和严格落实了以下安全防护技术措施。

（1）加强支护质量。所有巷道在掘进期间尽可能地采用锚网（包括底锚网）加U形棚复合支护形式，或O形棚支护形式，严禁钢性支护，对于无法采用复合支护方式的巷道其棚间距不得大于700mm。其各实际支护参数与设计参数不得偏差±2%。对巷道三岔口或四岔口等顶板压力大的地点处，必须采取加强支护的方式，要求抬棚必须为双抬棚，顶板压力大时要背窜心抬棚或打中心顶子。掘进施工时顶板必须封严刹实，严禁空顶，架棚必须跟到掌子头，每天完工时，必须用大拌将工作面棚卡子以上的迎头背严背实，防止因片帮、掉顶而引起突出事故。维修拆换过程中要保证原有复合支护方式，对确实保证不了的，必须经过有关部门检查，制定措施并审批有效后方可具体实施。

（2）所有进入突出危险区域的作业人员，必须随身携带隔离式自救器，当发现有突出预兆或瓦斯突然增大时，所有人员应迅速佩戴好隔离式自救器，沿避灾路线撤出或躲进压风自救系统内。

（3）生产准备及开采前，必须对各类人员进行防治煤与瓦斯突出等有关知识及事故的安全教育，并取得资格证方可持证上岗。使其牢固树立安全第一思想。

（4）在采掘过程中都必须配备专职瓦斯检查员，瓦斯检查员必须认真负责，经常检查瓦斯变化及突出预兆，发现瓦斯、温度、压力等有异常现象时，有权停止任何工作，撤除人员，向矿调度汇报。瓦斯监测系统每两天要标定一次，确保探头灵敏可靠，施工单位在工作面吊挂便携式瓦斯报警仪，随时检查瓦斯变化情况。

（5）巷道内严禁有障碍物堵阻行人路线，确保撤人路线畅通无阻，材料及设备必须捆绑牢固，严禁物件散放，管路的吊挂必须牢固并不得阻碍行人及材料运输。

（6）掘进期间反向风门设在入风巷道内；两道风门间距不小于4m，日常维护由通风区负责，施工单位每天放炮时必须检查风门质量，发现风门损坏，及时与通风区联系，待通风人员处理修复后，方可放炮，平时发现有质量问题，应及时与保安区取得联系进行处理。

（7）压风自救系统设在巷道两侧的硐室内，掘进工作面回风侧每50m设置1组，每组压风不少于9个供风嘴。采煤工作面在回风顺槽行人一侧每50m设置1组，每组压风不少于5个供风嘴。

（8）掘进放炮时必须认真执行远距离放炮措施，放炮地点均在入风侧反向风门之外，放炮时将反向风门关闭，放炮地点应有压风自救系统或隔离式自救器，放炮45min后，由代班队长和瓦检员共同检查，确认无异常情况后方可恢复工作。放炮时选择支护完好处作为警戒地点。

（9）回采工作面遇地质构造100m、掘进工作面遇地质构造30m之前，由地质部门提出预报交施工单位及防突专业组，施工单位和防突专业组要根据具体情况共同制定防治煤与瓦斯措施。

（10）在危险区域要尽量分散人员，每组维修人员不得超过4人，在100m范围内不得超过两组作业人员，并将各地点作业人数汇报车间调度，调度详细准确做好记录。该区内任何人不准在提茬下、小断面处或支护状态不好的地点逗留和休息。

（11）巷道掘进及回采过程中，必须在《作业规程》中编制防治煤与瓦斯突出措施，并对进入工作面范围内所有人员进行防突基本知识教育。

（12）该区域内电气设备必须100%防爆，所有电器设备必须安装检漏和综保，且必须定期检查、实验、整定和校验，严禁出现失爆、冷包头、明接头和超负荷运行现象。

5.1.4 突出动力现象及其规律性简析

5.1.4.1 煤与瓦斯突出简况

老虎台矿自1978年9月21日在－540m掘进东第三流水道东车场子时首次发生煤与瓦斯突出以来，至今已经发生21次煤与瓦斯突出动力现象（见表5-1-1，不包括钻孔动力现象）。在21次突出动力现象中包括了煤与瓦斯突出动力现象的三种类型，其中：突出13次、压出2次、倾出6次。这表明了老虎台矿突

表 5-1-1 历年来煤与瓦斯突出统计

序号	时间（年．月．日）	突出地点	类别		突出原因	类型			突出强度		伤亡/人		
			采面	掘面		突出	倾出	压出	煤(岩)/t	瓦斯/m^3	伤	亡	合计
1	1978. 9. 21	东第三流水道 -540m 东车场		*	掘进遇 B 层煤拐点处、放炮诱导	*			630	17000			
2	1980. 10. 23	-580m 西第五探巷		*	遇断层、软分层、炮后装车		*		45	23690	1		1
3	1990. 4. 12	-580m512 号 10 煤门		*	遇断层、煤层破碎、放炮诱导	*			277. 5				
4	1991. 4. 14	-730m 西第一检修硐室		*	B 层煤玄武岩侵入、放炮诱导	*			231. 6	2166			
5	1991. 4. 1	-680m 副探巷		*	向斜轴附近破碎带、放炮诱导	*			50				
6	1991. 7. 11	-680m 主探巷		*	向斜轴附近破碎带、放炮诱导	*			30				
7	1992. 3. 17	-730m 东第二探巷		*	遇断层破碎带、预测时	*			20				
8	1997. 2. 5	-780m 东运输煤门		*	遇 B 层煤、玄武岩侵入		*		284	1140			
9	1997. 4. 13	-730m78001 号 1 联络道		*	断层附近、遇软分层、放炮诱导			*	58	4153			
10	1997. 4. 22	-730m78001 号 1 回风石门		*	石门揭煤、放炮诱导		*		22. 5	3490			
11	1997. 5. 9	-780m78001 号 1 入风煤门		*	煤巷遇断层破碎带、放炮诱导			*	62				

续表 5-1-1

序号	时间（年．月．日）	突出地点	类别		突出原因	类型			突出强度		伤亡/人		
			采面	掘面		突出	倾出	压出	煤（岩）/t	瓦斯/m^3	伤	亡	合计
12	1997.6.2	−780m78001 号 1 入风道		*	断层附近、软分层、放炮诱导		*		49				
13	1997.7.15	−680m 东探巷		*	机掘遇软分层破碎带	*			78			1	1
14	1997.8.3	−780m78001 号 1 溜煤道		*	遇断层破碎带、放炮诱导		*		37				
15	1997.10.3	−780m78001 号 2 运输煤门		*	断层附近、遇软分层破碎带	*			1017	102500		7	7
16	1998.12.4	−780m78001 号 2 瓦斯道		*	遇断层、放炮诱导	*			263	39754	12		12
17	1999.11.20	−780m78001 号 3 回风顺槽		*	遇断层、放炮诱导		*		26	2200			
18	2001.8.16	−830m 西探巷		*	遇断层、放炮诱导	*			201	30622			
19	2002.10.21	−780m83001 号运顺一期东进		*	接近断层、冲击地压诱导	*							
20	2002.12.26	−780m83001 号运顺一期东进		*	接近断层、冲击地压诱导	*							
21	2003.3.3	−780m83001 号运顺一期东进		*	接近断层、冲击地压诱导	*							
合计				21		13	6	2			13	8	21

出动力现象的复杂性，既有地压为主导的突出现象，又有以瓦斯为主导的突出现象，还有以煤的自身重力为主导的突出现象。并随着矿井的延深，突出动力现象越来越严重，其表现为突出次数增多、强度增大，老虎台矿 B 层煤始突标高为 -540m，本层煤始突标高为 -580m 水平，1978 ~ 1990 年的 12 年间仅发生 3 次煤与瓦斯突出动力现象，而进入到 -730m 水平时，1991 ~ 1992 年两年的时间就发生 4 次煤与瓦斯突出动力现象，特别是进入 -780m水平后，仅 1997 年一年就发生煤与瓦斯突出动力现象 8 次，并造成了人员伤亡，而且，每次发生煤与瓦斯突出动力现象后，都造成大量煤炭堆积，煤尘飞扬，瓦斯充满巷道空间，并使回风系统瓦斯严重超限，有时造成巷道支架、通风设施及机电设备破坏，造成采掘巷道冒顶、埋人、风流紊乱、逆转，甚至造成人员伤亡，煤与瓦斯突出严重威胁着矿井安全生产。

5.1.4.2　突出动力现象分析

根据所发生的煤与瓦斯突出动力现象统计分析（不包括钻孔动力现象），老虎台矿的 21 次煤与瓦斯突出动力现象，均发生在地质构造带区域。其中，有 14 次突出动力现象发生在 F_{26}、F_{25} 等大型断层的交接部位；3 次突出动力现象发生在有火成岩侵入煤层的拐点处（B 层煤），2 次突出动力现象发生在向斜轴附近破碎带处，其余 2 次均发生在小的断裂构造或软分层处。

（1）突出点按构造线分布，21 次动力现象中有 16 次是沿断层构造线分布的（断层处 100m 以内），较典型的如 -580m 西第五探巷、-730m 首采区中央回风煤门和 -780m78001 号 -2 运输煤门都是在 F_{25} 断层处发生的动力现象。

（2）突出点发生在煤层的向斜轴、扭曲处等，如 -540m 东第三流水道东场子 B 层煤突出就发生在煤层扭曲应力集中处。-680m 副探巷和 -680m 主探巷突出发生在向斜轴处。

（3）突出发生在煤层拐点和火成岩侵入处，如东第三流水道－540m东车场子、－730m西第一开拓检修硐室、－780m首采区运输石门等煤与瓦斯突出动力现象，都处在火成岩侵入区域，并有断层、褶曲构造影响，煤体遭到严重破坏，四周为致密的玄武岩封闭，掘进面揭开煤层，极易发生突出现象。

（4）突出部位均发生在碎粒煤、“炉灰煤”及软、硬煤（岩）的接触处，如－730m西第一开拓检修硐室、－730m首采区联络道、－730m首采区回风道、－580m西第五探巷、－680m东探巷等煤与瓦斯突出动力现象，这些地点的煤与瓦斯突出动力现象，以倾出类型居多。

（5）在采掘形成的应力集中地区，如邻近层的煤柱上、下区域、相向采掘接近区、巷道开口处或贯通前等地点，突出危险性剧增，如－730m西第一开拓检修硐室、－780m83001号运顺一期东进，特别是－730m西第一开拓检修硐室，在周围巷道已经掘出，还有11m贯通时发生突出。

（6）绝大多数突出发生在落煤时，尤其在放炮爆破时，突出危险性因煤体受震动而增加。21次突出动力现象中，有15次是在放炮后40min内发生的。

（7）受其他强烈震动也可以引起煤与瓦斯突出发生，在21次煤与瓦斯突出动力现象中，有3次是受冲击地压影响发生的，而且，冲击地压发生后引发煤与瓦斯突出的延迟时间很短，几乎同时发生，3次煤与瓦斯突出动力现象中，只有一次是在冲击地压发生后的5min内发生的。

5.1.4.3 煤与瓦斯突出一般规律

通过对老虎台矿煤与瓦斯突出动力现象的分析，认为煤与瓦斯突出动力现象的规律较为明显。

（1）突出的瞬间过程有大量的瓦斯突出。平均每吨煤突出的瓦斯量比煤层原始瓦斯含量高，突出煤层的相对瓦斯涌出量都较大。

（2）随着开采深度的增加，突出的危险性增加，表现为突出次数增多、强度增大。

（3）突出煤层的特点是强度低、不均匀、透气性差、瓦斯放散速度较高、煤的原生结构遭到破坏、层理紊乱、搓揉，有滑动镜面。

（4）突出前煤体温度下降，突出后空间和采掘空间温度升高，煤中有大量的细尘状粉煤。其中－730m 西第一检修硐室发生突出前巷道温度 23～24℃，而突出后巷道温度达 31℃，突出 3 个小时后测量堆积的突出物，温度达 67℃（测量深度 0.1m）。

（5）突出与地质构造有密切关系，如在向斜的轴部地区，向斜轴部与断层或及褶曲交会地区，火成岩侵入变质煤与非变质煤交混地区；煤层扭转地区；煤层倾角骤陡；煤层走向拐弯；煤层厚度异常，特别是软分层变厚；断层地带等都是突出密集地区。

老虎台矿煤与瓦斯突出动力现象类型的多样性，说明了矿井煤与瓦斯突出的复杂性，同时也加大了采取防治措施的难度。为了有效地防治煤与瓦斯突出，消除煤与瓦斯突出的威胁和危害，保证矿井安全生产。老虎台矿在认真分析突出的影响因素和规律的基础上，进行矿井突出危险区域划分，有针对性地实施“四位一体”的综合防突出措施，即：预测预报、防治措施、效果检验、安全防护。而且不断攻关立项，解决技术难题，有效地治理了煤与瓦斯突出，使煤与瓦斯突出动力现象逐年下降，2003 年 3 月至今杜绝了煤与瓦斯突出动力现象，确保了矿井安全生产。

5.2 煤与瓦斯突出危险性预测预报

5.2.1 区域预测

在矿井新水平开拓和新区准备时进行突出危险性区域预测。突出煤层经区域预测划分为突出危险区域、突出威胁区域和无突出危险区，预测预报及效果检验方法是利用瓦斯压力 p 并保证指标在 0.74MPa 以下、瓦斯放散初速度 Δp 在 10 以下、煤的破坏类型 f 值在 0.5 以上、综合指标 K 值在 15 以下。

5.2.1.1 瓦斯放散初速度 Δp 测定

用 WT-1 型瓦斯放散速度测定仪测定瓦斯放散速度 Δp（如图 5-2-1 所示），它是表示含有瓦斯的煤体暴露时，放散瓦斯快慢的一个指标，表示煤的瓦斯放散性能。在瓦斯含量相同的条件下，煤的瓦斯放散速度越大，煤的破坏程度越高，就易于形成具有携带破碎煤能力的瓦斯流，越有利于煤与瓦斯突出。规程对 Δp 的规定见表 5-2-1。

图 5-2-1 WT-1 型瓦斯放散速度测定仪

表 5-2-1 规程对 Δp 的规定

倾向性	Δp	倾向性	Δp
严重突出倾向	>15	无突出倾向	<10
一般突出倾向	10 ~ 15		

A 采样

在煤层新暴露面上采取煤样 250g，钻孔取样时要取新鲜的煤芯 250g，煤样上要附有标签，注明采样时间、地点、煤层层位（盘别）、颗粒大小、光泽。

B　制样

将所有煤样进行粉碎，筛分出粒度为0.2～0.25mm的煤样。每一煤样取2份，每个试样质量为3.5g。

C　实验过程

（1）开始测试时首先打开计算机电源，启动后再打开仪器电源与真空泵电源。

（2）执行WT-1监控系统软件。

（3）选择煤样瓶图标。仪器面板上的煤样瓶和界面中的图标是一一对应的，从右向左依次为1～6号，单击图标可选择或放弃煤样实验。仪器面板上的煤样瓶和界面上的图标是1～6号。选中要测试的煤样瓶图标。

（4）如进行放散速度测试，选择菜单项“放散速度”；如为扩散速度，选择菜单项“扩散速度”。然后在下图所示的对话框中为每个要测试的煤样命名和设置保存路径，点“下一步”后，实验全部由仪器自动完成。“放散速度”、“扩散速度”二者实验过程基本相同，以放散速度（Δp）测试为例，脱气、漏气检测与充气的过程，正式实验时必须达到规定时间，否则会影响实验结果的准确性。其中“漏气检测”一项对话框，若能正常进入下一步则说明密封较好；否则按提示重新安装煤样罐或更换密封圈。

（5）依次对每个煤样进行一次死空间脱气和向死空间放气的过程，同时动态地显示煤样的扩散速度曲线，自动保存测试结果，最后显示出来。

（6）结束。首先关闭仪器电源，然后一步步关闭计算机，切断真空泵电源。

（7）数据打印。实验的扩散速度、放散速度曲线、计算结果等可通过报表的形式打印出来。打印过程如下：

1）打印前，检查打印机电源是否插上，打印电缆是否连接。在打印机装纸夹内装好B5打印纸。

2）打印数据文件。

3）输入打印文本：选取菜单“输入文本”设置打印报表的辅加项目，如日期、标题、备注等内容。

4）打印设置：选取菜单“打印设置”，弹出打印设置对话框。设纸张大小为B5，纸张方向为“横向”，单击“确认”。

5）为确保打印结果是否正确，选取菜单“打印预览”，可以随意放大、缩小来查看打印的页面。

D 注意事项

（1）所用的瓦斯气浓度应大于99%，否则若含有氧气、二氧化碳和水分，应安装过滤、干燥装置。

（2）脱气、充气过程中不允许关闭计算机或退出系统。

（3）仪器内有220V电压，仪器电源开时不要打开仪器机箱，非专业人员不要对仪器进行随意拆卸。

5.2.1.2 煤的坚固性系数*f*（煤的破坏类型）值测定

（1）将煤样破碎为10～15mm的小煤块，用天平称出5等份，每份50g；

（2）把一份煤样放入捣臼，用落锤进行破碎；

（3）试验时冲击锤应尽量避免触及筒壁，保持自由下落。落锤数对硬煤为5次，软煤为3次，煤样破碎后倒入筛内。

（4）5份煤样依次全部捣碎后，一起过筛，将小于0.5mm的筛下煤粉倒入直径2.3mm的量筒内，测出粉末的高度e（注意：量筒刻度应换算为毫米数）；

（5）试样的坚固性系数按下式计算：

$$f = \frac{20n}{e} \tag{5-2-1}$$

式中 f——试样的坚固系数；

n——落锤撞击次数，次；

e——量筒测定粉末的高度，mm。

（6）当所取煤样粒度达到10～15mm要求时，可选用粒度为 1 ~3mm 煤样，同样按上述方法进行测定，算出 $f_{1\text{-}3}$ 并进行换算：

$$当 f_{1\text{-}3} \leqslant 0.25 时, f = f_{1\text{-}3} \tag{5-2-2}$$

$$f_{1\text{-}3} > 0.25 时, f \approx 1.57, f_{1\text{-}3} \approx 0.14 \tag{5-2-3}$$

式中 $f_{1\text{-}3}$——用粒度 1 ~3mm 煤样测出的坚固性系数；

f——折算为 10 ~15mm 粒度时煤的坚固性系数。

根据《煤矿安全规程》执行说明，预测煤层突出倾向程度指标见表 5-2-2。

表 5-2-2 预测煤层突出倾向程度指标

倾向性	煤的破坏类型	f
严重突出倾向	Ⅳ、Ⅴ	0.3
一般突出倾向	Ⅲ	0.3 ~0.5
无突出倾向	Ⅰ、Ⅱ	>0.5

5.2.1.3 瓦斯吸附含量的测定

煤层中瓦斯有两种赋存状态：一是游离瓦斯，它存在煤层原生和次生裂隙内，可以自由运动，是被吸附力所联系的部分瓦斯，是以压力状态存在的，压力越高裂隙内游离瓦斯含量越高。二是吸附瓦斯，它是由煤的表面吸附力在煤的微孔表面上所吸附。吸附实验采用 WY-98A 吸附常数测定仪全自动进行（如图 5-2-2 所示）。

A 测定过程

(1) 测定前煤样处理：

1）采集煤层全厚样品（或分层），除去矸石，四分法缩分成 1kg，标准采样要素、装袋、备用；

2）取送样的一半全部粉碎，通过 0.17 ~0.25mm 筛网，取 0.17 ~0.25mm 间的颗粒，称出 100g，放入量皿。其余煤样分别

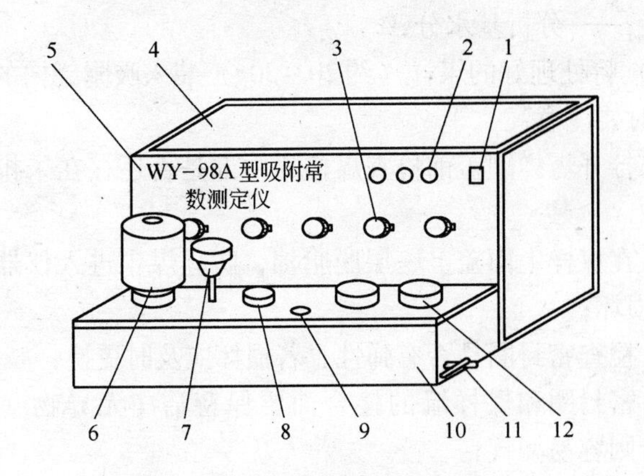

图 5-2-2　WY-98A 吸附常数测定仪

1—电源开关；2—压力表；3—针阀；4—上盖；5—壳体；6—搅拌电机；
7—温度传感器；8—加热器；9—注水口；10—恒温槽；
11—放水阀；12—煤样罐

按 GB/T217、GB/T211、GB/T212 测定水分（M_{ad}）、灰分（A_d，A_{ad}）、挥发分（V_{daf}）和真密度 TRD_{20} 等；

3）将盛煤样的称量皿放入干燥箱，恒温到 100℃，保持到 1h 取出，放入干燥器内冷却；

4）称煤样和称量皿总质量 G_1，将煤样装满吸附罐，再称剩余煤样和称量皿质量 G_2，则吸附罐中的煤样质量 G 为：

$$G = G_1 - G_2 \tag{5-2-4}$$

煤样可燃物质量 G_r 为：

$$G_r = \frac{G(100 - A_d)}{100} \tag{5-2-5}$$

$$A_d = \frac{A_{ad}}{100 - M_{ad}} \tag{5-2-6}$$

式中　A_d——干燥基灰分，%；

A_{ad}——分析基灰分，%；

M_{ad}——分析基水分,%。

(2) 将处理好的煤样(约20~30g)装入吸附罐内的煤样瓶内,此时要注意:

1) 拧开煤样罐盖前检查煤样罐内部是否还存在未排完的瓦斯气体;

2) 在煤样上面盖上一层脱脂棉,防止煤尘进入仪器内部造成设备损坏;

3) 检查密封圈是否有弹性,若损坏应及时更换;

4) 密封圈和煤样罐的接合面要保持洁净无异物(如棉花丝),否则容易漏气;

5) 煤样罐内要保持干燥,不允许有水进入;

6) 进行测定前一定要观察恒温水箱里的水是否加满,如未加满必须把水加满后再进行下一步测定;

7) 检察仪器背板上的通大气口是否连接上胶管并通向室外。

在上百组煤样实验中,当最大瓦斯吸附压力为3.0MPa时吸附瓦斯含量一般为16~20m^3/t,当吸附压力为3.0MPa以下时,吸附瓦斯含量一般为12.4~18m^3/t。老虎台矿瓦斯含量最高为19.8m^3/t,平均瓦斯含量17.5m^3/t。

B 注意事项

(1) 实验室内一定要保持洁净、干燥、通风良好,本仪器在搬运、移动时必须轻拿轻放,仪器安装连接好以后最好不要移动。

(2) 仪器通大气出口要接上一根软管并通向室外。

(3) 仪器安装后要定期检查气密性,严防瓦斯泄漏造成事故。由于仪器内为高压瓦斯系统,非专业人员不要对仪器进行随意拆卸。

(4) 按照实验要求,要做出完整的吸附曲线,所用瓦斯钢瓶压力必须大于6MPa。

(5) 仪器面板上的阀门为进口精密针阀,拧紧时掌握好力度，不漏气即可，不要用力过度。

（6）实验前一定要观察恒温水箱里的水是否加满，如未加满必须把水加满后再进行实验；仪器长期不用时应将水全部排出。

（7）每次实验完毕后要打开通大气阀，将仪器内气体排出室外。

（8）为防止病毒、黑客等对计算机造成破坏，必须保证专机专用，不要用作其他用途，不要随意安装游戏及其他软件。

C 历年瓦斯含量测定

历年瓦斯含量测定见表5-2-3。

表5-2-3 历年吸附瓦斯含量测定统计

时间（年.月.日）	地 点	瓦斯含量/$m^3 \cdot t^{-1}$	煤层类别
1993.7.23	-580m北翼煤瓦斯巷20号钻场60m	4.32	本层煤
1993.7.22	-580m北翼煤瓦斯巷20号钻场45m	16.8	本层煤
1993.7.17	-580m北翼煤瓦斯巷15号钻场115m	19.8	本层煤
1993.7.23	-580m北翼煤瓦斯巷15号钻场121m	3.68	本层煤
1993.7.17	-580m北翼煤瓦斯巷15号钻场130m	5	本层煤
1995.2.9	-540m54001号工作面14m	4.36	本层煤
1995.2.9	-540m54001号工作面17m	3.6	本层煤
1992.5.20	-630m709号4平下	1.9	三分层
1992.5.19	-630m709号4平下	2.7	五分层
1992.5.19	-630m709号4平下	3	四分层
1992.7.5	-630m709号8平下	3.1	四分层
1992.7.5	-630m709号8平下	2.15	四分层

续表 5-2-3

时间（年.月.日）	地　点	瓦斯含量 $/m^3 \cdot t^{-1}$	煤层类别
1992.11.14	−630m 北翼煤回风巷 1 号钻场 51m	2.8	本层煤
1992.11.14	−630m 北翼煤回风巷 1 号钻场 57m	3.34	本层煤
1992.11.14	−630m 北翼煤回风巷 1 号钻场 59m	3.69	本层煤
1993.12.7	−630m704 号 8 平下溜煤道 6m（湿样）	2.7	本层煤
1993.12.7	−630m704 号 8 平下溜煤道 10m	2.9	本层煤
1993.12.7	−630m704 号 8 平下溜煤道 6m（干样）	2.7	本层煤
1994.1.29	−630m 北翼煤回风巷 21 号钻场 78m	2.8	本层煤
1993.12.15	−630m704 号 8 平下溜煤道	2.45	本层煤
1994.1.29	−630m 北翼煤回风巷 21 号钻场 92m	3.2	本层煤
1993.12.15	−630m704 号 8 平下溜煤道 20m	2.32	本层煤
1994.3.19	−630m 北翼煤回风巷 32 号钻场 61m	3.69	本层煤
1994.3.19	−630m 北翼煤回风巷 32 号钻场 75m	5.29	本层煤
1992.9.22	−680m 主副巷联络道 6 号钻场 89m	3.02	本层煤
1992.12.23	−680m 副巷 9m	3.38	本层煤
1992.12.23	−680m 副巷 4～5m	5.03	本层煤
1994.5.2	−680m710 号 2 平下 23m	8.57	本层煤
1994.5.2	−680m710 号 2 平下 17m	6.01	本层煤
1994.8.1	−680m705 号 2 平下 5m	4.15	本层煤
1994.8.1	−680m705 号 2 平下 8m	9.23	本层煤
1994.8.1	−680m705 号 2 平下 7m	4.23	本层煤
1994.8.1	−680m705 号 2 平下 5m	3.7	本层煤
1994.9.11	−680m705 号 10 平下溜子口	3.85	本层煤
1994.9.11	−680m705 号 10 平下	5.4	本层煤
1994.12.24	−680m710 号 6 平下后人道	3.2	本层煤
1994.12.24	−680m710 号 6 平下后人道	3.05	本层煤
1995.1.12	−680m710 号 8 平下	4.47	5 分层

续表 5-2-3

时间 （年.月.日）	地　点	瓦斯含量 /$m^3 \cdot t^{-1}$	煤层类别
1995.1.12	-680m710 号 8 平下	3.45	5 分层
1995.1.26	-680m710 号 8 平下煤岩以里 5m	3.81	本层煤
1995.1.26	-680m710 号 8 平下煤岩以里 18m	4.5	本层煤
1995.10.30	-680m 西探巷西耳钻场 1 号孔 28m	4.87	本层煤
1995.10.30	-680m 西探巷西耳钻场 1 号孔 69m	3.79	本层煤
1995.10.20	-680m 西探巷西耳钻场 1 号孔 210m	6.51	本层煤
1995.11.9	-680m 西探巷西耳钻场 1 号孔 81m	3.68	本层煤
1995.11.17	-680m707 号 7 道西钻场 12m	4.68	本层煤
1995.11.17	-680m707 号 7 道西钻场 24m	4.8	本层煤
1992.7.18	-730m 绞车房通道	1.67	B 层煤
1992.8.1	-730m 中继矸石绞车房通道 1.5m	6	B 层煤
1992.8.1	-730m 中继矸石绞车房通道 10m	7.27	B 层煤
1992.8.1	-730m 中继矸石绞车电器房	1.86	B 层煤
1992.10.21	-730m 中央西注沙车场子 19m	8.21	B 层煤
1992.12.18	-730m 东第二探巷东帮孔 15m	7.2	本层煤
1992.12.19	-730m 东第二探巷	8.7	本层煤
1993.1.14	-730m 北翼集煤巷 55~58m	8.12	本层煤
1993.1.15	-730m 北联络巷 85m	4.05	本层煤
1993.1.15	-730m 北联络巷 70m	4.95	本层煤
1993.1.15	-730m 北联络巷 115m	5.46	本层煤
1993.2.3	-730m 东第三回风巷 349m 东帮孔	7.31	本层煤
1993.3.27	-730m 中继人车绞车房 26m	6.01	B 层煤
1993.2.12	-730m 材料斜井下延 93m	5.6	B 层煤
1994.10.7	-730 东第二 2 号风井车场 对面钻场 3 号孔 67m	4.44	本层煤
1994.10.7	-730 东第二 2 号风井车场 对面钻场 3 号孔 81m	4.83	本层煤
1995.3.5	-730m 中央排水管道 1m	14.46	B 层煤
1995.5.17	-730m706 号 8 号钻场	5.12	本层煤
1995.5.17	-730m706 号 8 号钻场	4.98	本层煤
1995.3.15	-730m 中央排水管道 3m	8.05	B 层煤

5.2.1.4 瓦斯压力 p 的测定

抚顺煤田属特厚煤层,瓦斯压力的测定一般采用钻孔法,即用大功率液压钻机将钻孔打入煤层一定深度,测定煤层瓦斯压力钻孔长度一般为120～260m才能打穿煤层全厚,通常借鉴地质钻孔和预抽瓦斯钻孔来测定瓦斯压力。由于煤层透气性比较好,角度一般不宜过大,应在煤层底板的岩层内开孔,然后用沙子、水泥或橡胶封孔器等其他工具将钻孔封严，不准漏气，封孔深度不能小于5m。最后在连接钻孔的管路上安设压力表观测。这样可以准确测定到未暴露煤层煤体内的原始瓦斯压力。瓦斯压力是煤体内含瓦斯压缩能高低的重要标志。老虎台矿最高瓦压力为4.5MPa，一般情况下维持在1.2～2.5MPa左右（见表5-2-4)。根据《煤矿安全规程》执行，预测煤层突出倾向性瓦斯压力指标为大于0.74MPa。经瓦斯压力梯度推测各水平平均瓦斯压力见表5-2-5。

表5-2-4　部分瓦斯压力实际测量统计

时　间	地　点	压力/MPa	备　注
1982.8.22	-630m702号	1.45	
1982.6.19	-630m703号	1.57	
1982.4.6	-630m705号	3.53	
1982.7.6	-630m706号	1.49	
1986.8.9	-630m710号	1.16	
1989.3.25	-680m707号	3.47	
1986.12	-730m高压电器房（705号）	3.56	
1988.7.23	-730m主巷（705号）	4.5	
1986.5	-730m中央西注砂（709号）	3.23	
1989.8.14	-730m东第三（703号）	1.43	
1991.9.30	-730m707号	4.0	
2001.8.16	-830m西探巷190m	0.6	
2000.11.31	-830m西探巷80m	0.5	
2000.11.31	-830m西探巷80m	0.3	
2002.11.29	-880m第二探巷	2.1	
2004.5.20	880m第二探巷	0.5	
2005.12.15	880m第三探巷	0.3	
2006.4.17	880m第一探巷钻场	0.38	

表 5-2-5　瓦斯压力梯度推测各水平平均瓦斯压力

标高/m	平均瓦斯压力/MPa	备　注
-330m 水平	1. 37	
-380m 水平	1. 6	
-430m 水平	1. 84	
-380m 水平	2. 07	
-530m 水平	2. 31	
-580m 水平	2. 54	
-630m 水平	2. 77	
-680m 水平	2. 98	
-730m 水平	3. 24	

5. 2. 2　局部预测预报

要想准确地预测突出，必须对突出机理有一个正确的认识，目前关于突出机理众议不一，但多数学者认为突出是地应力、瓦斯压力、煤的物理力学性质等综合作用的结果，为此，我们对以往的多项预测指标、综合指标重新进行优化处理，对长期使用反映突出不敏感的指标不在延用，采煤、掘进工作面及石门揭煤等局部预测预报均采用钻屑瓦斯指标法进行，辅助电磁辐射仪测定来参考危险性，任何一项指标中任一项超过临界值，都视为工作面有突出危险。

5. 2. 2. 1　回采工作面预测预报

回采工作面均采用钻屑指标法预测其突出倾向性，测定瓦斯解吸指标 Δh_2 及钻屑量 S 值，每钻进 2m 测定一次 Δh_2 值、每钻进 1m 测定一次 S 值，临界指标为 $\Delta h_2 = 150\text{Pa}$、$S = 4.0\text{kg/m}$。测试钻孔用 ϕ42mm 钻杆，回采期间，在采煤工作面距两顺 20m 处开始布孔，向工作面中间正前方打钻，测试钻孔每 10m 布置一个，每次预测用 2 台风动钻机分别从工作面两端向中央合拢打钻，每组预测 3 ~4 个孔，测试指标不超过临界值时，可以推进

6～8m。

5.2.2.2 掘进工作面预测预报

同样采用钻屑指标法预测其突出倾向性，测定瓦斯解吸指标Δh_2及钻屑量S值，每钻进2m测定一次Δh_2值、每钻进1m测定一次S值，临界指标为$\Delta h_2 = 150\text{Pa}$、$S = 4.0\text{kg/m}$。测试钻孔用$\phi$42mm钻杆，掘进工作面每次施工2～3个孔，布置在工作面煤壁距底板0.8m以上，孔深8～10m，间距1～2m，中间孔仰角25°，两侧孔分向两侧呈方位角25°，若指标不超可以掘进2m，留6～8m安全保护煤柱，无特殊情况每天进行测试，严禁留有空白带。

5.2.2.3 钻屑指标操作方法

A 钻屑量S指（质量）的操作方法及仪器型号

煤电钻或风动钻机一台，仪器型号XCZ-DA，直径ϕ42mm麻花钻杆10m（每根1m长，共10根），直径ϕ42mm钻头及连接头。量程10kg的弹簧秤以及收取钻屑的塑料口袋。钻孔在工作面煤壁前方开孔后，开始收集钻屑，每钻进1m钻孔，用塑料口袋收集其全部钻屑，然后用弹簧秤称其质量，并记录下来。

B 解吸指标Δh_2的原理构造及操作方法

在井下不对煤样进行人为脱气和充气的条件下，利用煤钻屑中残存瓦斯压力（瓦斯含量），向一密闭的空间释放（解吸）瓦斯，用该空间体积和压力（以水柱计压差表示）变化来表征煤样解吸出的瓦斯量。MD-2型煤钻屑瓦斯解吸仪主体为一整块有机玻璃加工而成，仪器构造如图5-2-3所示：由水柱计1、解吸室2、煤样瓶3和三通旋塞4、两通旋塞5等组成，仪器外形尺寸为270mm×120mm×34mm，质量约为0.8kg。仪器配备有孔径1mm和3mm分样筛一套，秒表一块，煤样瓶8只。

C 技术性能和用途

（1）煤样粒度1～3mm；

（2）煤样质量10g；

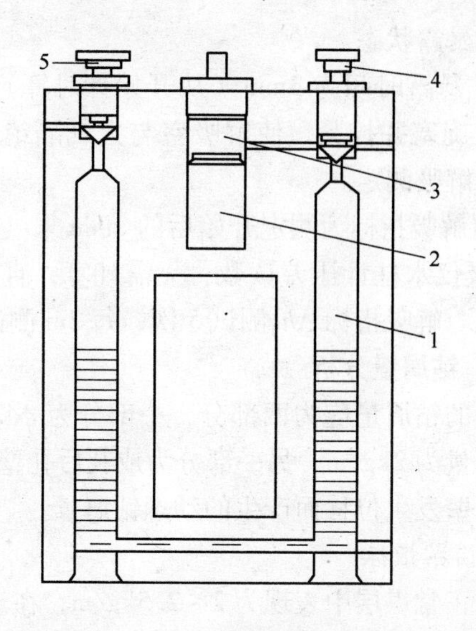

图 5-2-3 MD-2 型煤钻屑瓦斯解吸仪结构

1—水柱计；2—解吸仪；3—煤样瓶；
4—三通旋塞；5—两通旋塞

（3）测定指标 Δh_2；

（4）水柱计测定最大压差 200mm 水柱；

（5）仪器系统误差不大于 ±1.46%；

（6）仪器精密度 ±1mm 水柱。

D 操作方法

（1）给解吸仪的水柱计注水，并将两侧液面调整至零刻度线，检查解吸仪的密封性能，一旦密封失效，需更换新的 O 形密封圈。

（2）钻孔在工作面煤壁前方开孔后开始，每钻进 2m 钻孔，采集煤样钻屑一次，采样同时打开秒表计时。

（3）煤样采集后，要筛 1min，将直径大于 ϕ3mm，小于 ϕ1mm 的去掉，保证煤样颗粒在 1～3mm 之间。

（4）打开两通旋塞，将筛好的煤样装入煤样瓶，并迅速放入解吸室中，拧紧解吸室上盖，使解吸室与水柱计和大气均连通，煤样处于暴露状态。

(5) 煤样暴露时间为3min（从开始计时算），迅速逆时针方向旋转三通旋塞并拧紧，使解吸室与大气隔绝，仅与水柱连通，开始进行解吸测定。

(6) 钻屑解吸指标为测定开始后的2min末（即从开始计时5min末）解吸仪水柱计压差读数，无需计算，直接从解吸仪水柱计读取数值。解吸指标 Δh_2 测试5次，每2m测试一次。

5.2.2.4 钻屑量分析

钻孔排出的钻屑量应为两部分，一部分为 ϕ42mm钻杆排出同体积的钻屑量为2kg/m，另一部分为成孔后孔壁周围应力重新分布，钻孔内壁发生位移而产生的动态钻屑量。

A 钻屑临界指标

钻屑量在正常煤层中表现为2～2.5kg/m，在遇地质构造带、高瓦斯压力及软分层地带，则会出现较大的变化，经过对井下现场实测近200组钻屑量分析，发生动力现象时钻屑量变化值为4.5～18kg/m，最低钻屑量超过正常钻屑2.2倍，并多次出现钻屑量与钻屑瓦斯解吸值同时增大超过《细则》现象，为此，我们将钻屑单项指标临界值定为4.0kg/m。

B 钻屑量影响因素

(1) 在煤体力学性质不变和瓦斯压力不变时，煤体所受应力越大突出越危险，掘进工作面在无任何卸压措施时，工作面前方应力一般在6～8m位置，此时钻屑量均在正常钻屑量1.5～2倍左右。

(2) 煤的力学性质在其他条件不变时，钻屑量随着煤的抗压强度增加，呈负指数下降，既煤层越软，钻屑量变化越大，突出、冲击地压越危险，倍率变化值的确定还需要进一步做工作。

(3) 瓦斯压力对钻屑量无论是高应力还是低应力条件下的影响都非常明显，我们对钻屑、钻屑瓦斯解吸指标情况分析认为，对于一定强度的煤体，随着瓦斯压力增大钻屑量将出现突变，当瓦斯压力小于强度时，钻屑量变化较小，而当瓦斯压力稍有增加，钻屑量将成倍增加。

（4）利用 ϕ89mm 钻孔钻屑量与 ϕ42mm 钻孔钻屑量比较，得出结论为不同直径钻头进煤体时钻屑量虽然不同，但钻屑倍率相同，既在突出煤层中用大直径钻孔得出的钻屑量临界值同样适用于小直径钻孔条件下的临界值。

C　钻屑解吸指标

煤层中赋存的瓦斯是发生突出必不可少的条件之一，仅靠瓦斯含量、瓦斯压力来衡量突出危险程度还是不够，在参考上述指标时，我们将钻屑瓦斯解吸指标为老虎台矿预测突出的敏感指标。在考察临界值时，通过上万米巷道实际测试，发生动力现象指标多在 180 ~ 300Pa 之间，正常状态钻屑解吸指标均在 100Pa 左右。为此，我们将钻屑解吸指标临界值定为 150Pa。

5.3　煤与瓦斯突出防治技术措施

5.3.1　区域性防治措施

5.3.1.1　预抽瓦斯

在突出煤层揭开前，向煤层施工瓦斯钻孔，抽放煤层瓦斯，经抽放瓦斯后，煤层瓦斯压力降到 0.74MPa 以下时，方可进行巷道掘进施工。一般预抽瓦斯钻场布置在岩巷，钻场间距 20 ~ 30m，每个钻场分两排布置 9 ~ 11 个钻孔，孔深以打到煤层顶板为准（见图 5-3-1），预抽时间 12 个月以上，经充分预抽后，煤层瓦斯含量和瓦斯压力下降，使煤层突出危险性明显降低。

5.3.1.2　开采保护层

A　保护层的选择

老虎台矿是单一特厚缓倾斜和倾斜煤层，煤层倾角小于 25°左右，采区布置是自上而下分层开采，这种采煤方式决定了我们选择开采上保护分层来保护下分层采、掘工作面（见图 5-3-2）。

B　保护范围的划分

保护层的保护范围是沿保护层的边界以垂线划分的（见图

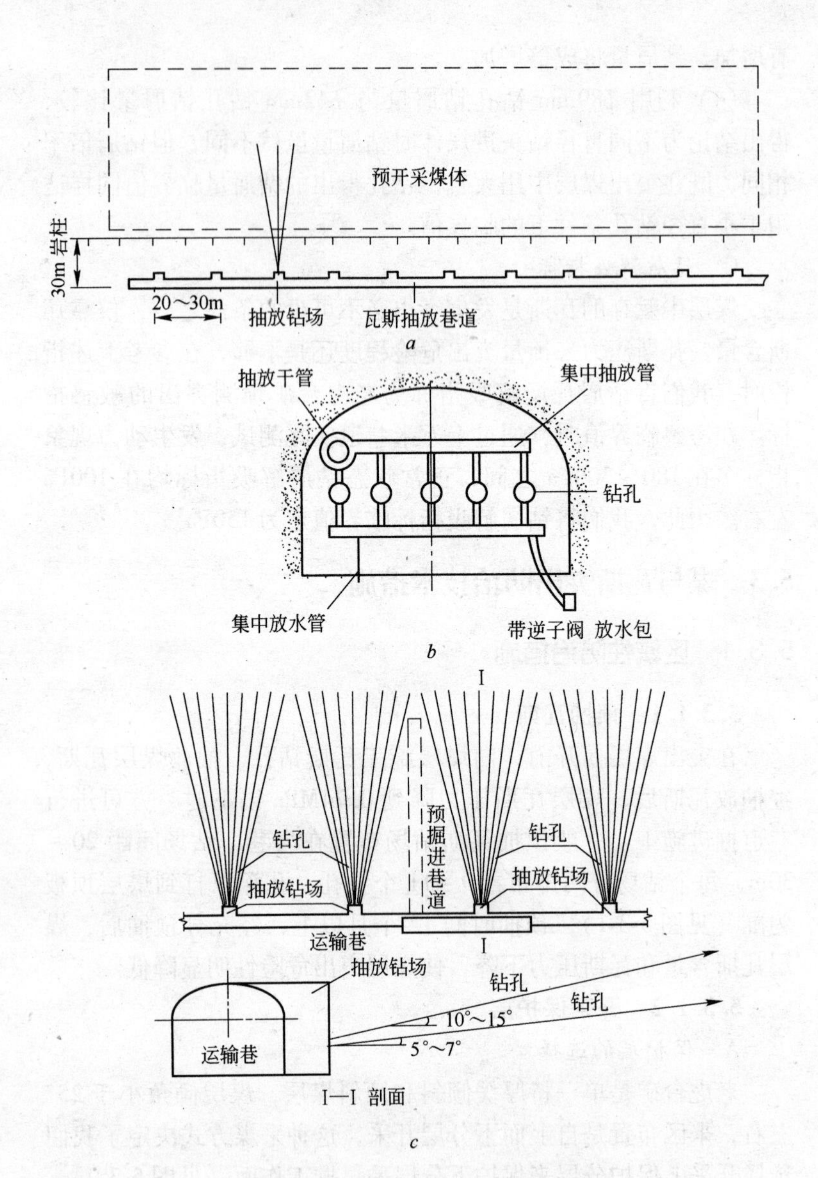

图 5-3-1 揭煤前预抽瓦斯钻孔布置

a—抽放钻场、抽放巷道与预开采煤体分布关系；*b*—抽放巷道断面；*c*—抽放巷道与抽放钻场的分布关系

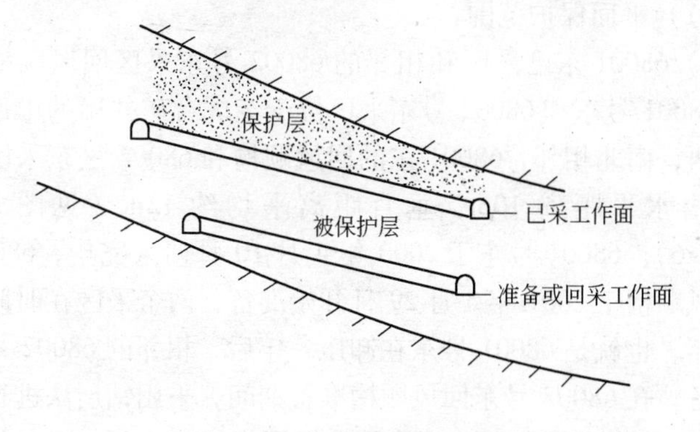

图 5-3-2　保护层选择示意图

5-3-3），这种划分是凭借经验确定的，没有科学依据。在实际工作中，大量的实例证明，保护层的有效保护范围具有外延性（见图 5-3-4）。

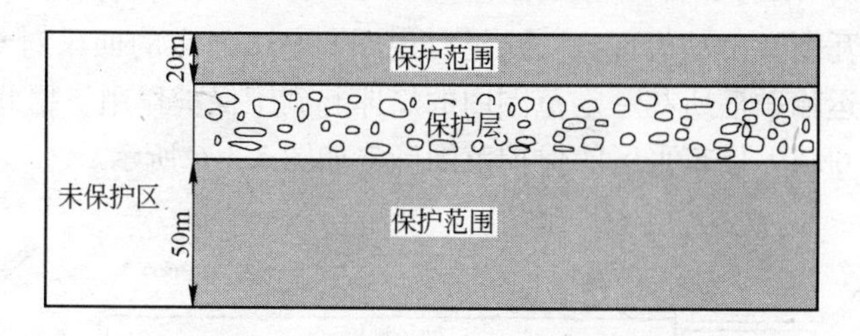

图 5-3-3　以往保护层保护范围的确定

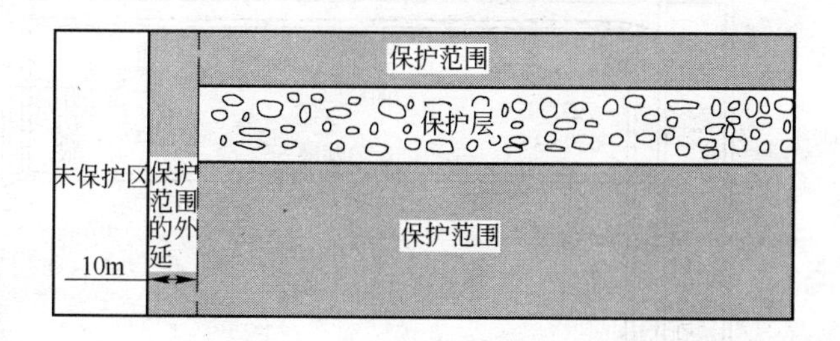

图 5-3-4　实际保护层保护范围

（1）平面保护范围：

1）68001 东已采区和相邻的 68002 号东采区回风顺槽的经验。68001 号东和 68002 号东采区位于老虎台矿井田的中部，走向东西，南北相邻，68001 东的回风顺槽和 68002 号东采区的回风顺槽水平距离 10m，垂直距离平均约 13m（见图 5-3-5、图 5-3-6)。68001 号东于 2000 年 4 月 10 日回采完毕，68002 号东回风顺槽于 2001 年 5 月 29 日开始准备，两个采区在时间上相差一年，也就是 68001 号东在卸压一年后，相邻的 68002 号东开始准备。在 68002 号东回风顺槽准备期间，采用钻屑法进行了跟踪测试，共计预测 55 次，其最大钻屑指标为 4. 2kg/m，并仅有三次，一般均在 3. 0kg/m 左右；瓦斯解吸指标最大为 120Pa，且也仅有三次（见表 5-3-1、表 5-3-2)。综观预测预报结果，无一次超标现象出现；同时也未发生任何动力现象。8002 号东于 2001 年 12 月 3 日开始回采至 2003 年 1 月 1 日回采结束从未发生煤与瓦斯突出动力现象，这足以说明 68001 号东的回采对 68002 号东运输顺槽所在一定范围内的煤体起到了保护作用。据此实例将其 68001 号东采区的保护范围确定如图 5-3-6 所示。

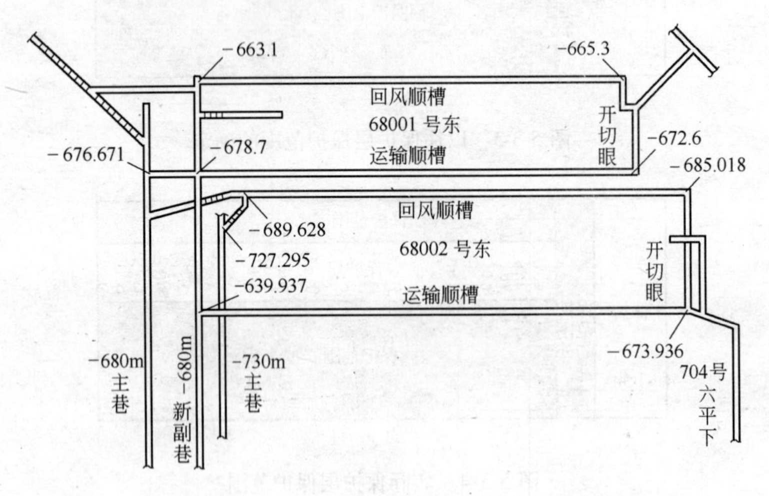

图 5-3-5　68001 东和 68002 号东采区平面布置

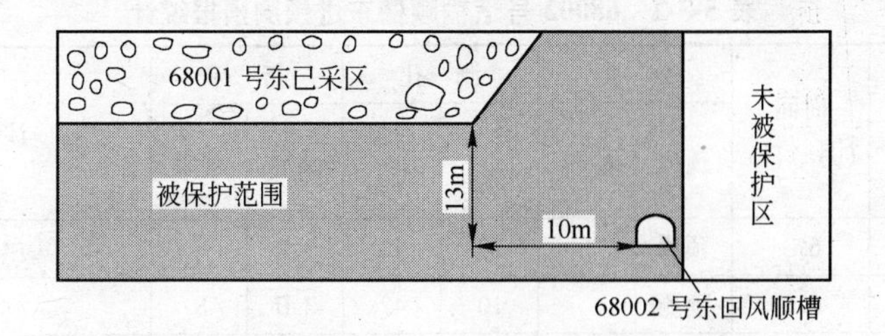

图 5-3-6　68001号东已采区保护范围示意图

表 5-3-1　68002号运输顺槽西进预测预报统计

位置	时间（月．日）	分类		测孔		指标		备注
		预测	检验	孔深/m	孔径/mm	钻屑	解吸	
8	8.14	预测		10	42	3.6	8	钻屑 kg/m
16	8.18	预测		8	42	4.2	6	解吸 mmH_2O
24	8.20	预测		10	42	3.4	6	
32	8.23	预测		10	42	3.6	6	
37	8.25	预测		9	42	3.0	10	
43	8.27	预测		10	42	2.6	8	
50	8.29	预测		10	42	2.8	10	
58	8.31	预测		10	42	3.2	8	
66	9.2	预测		10	42	3.0	8	
74	9.4	预测		10	42	3.0	6	
80	9.6	预测		10	42	3.0	6	
87	9.8	预测		10	42	2.8	6	
95	9.10	预测		10	42	2.8	4	
105	9.12	预测		8	42	3.0	4	9月15日新一班贯通

表 5-3-2　68002 号运输顺槽东进预测预报统计

位置	时间（月．日）	分类		测孔		指标		备注
		预测	检验	孔深/m	孔径/mm	钻屑	解吸	
28	6.3	预测		10	42	3.2	8	
40	6.6	预测		10	42	3.0	8	
45	6.9	预测		10	42	3.2	8	
54	6.11	预测		10	42	3.4	8	
62	6.13	预测		10	42	3.3	6	
70	6.15	预测		10	42	3.2	12	
78	6.18	预测		10	42	3.0	12	
86	6.22	预测		10	42	3.0	12	
94	6.26	预测		10	42	3.2	10	
102	6.29	预测		10	42	3.0	10	
110	7.2	预测		10	42	3.0	10	
120	7.4	预测		10	42	3.0	10	
130	7.6	预测		10	42	3.0	8	
140	7.9	预测		10	42	3.2	8	
155	7.16	预测		10	42	2.8	8	
161	7.18	预测		10	42	2.8	8	
172	7.20	预测		10	42	2.9	6	
178	7.24	预测		8	42	3.1	0	
185	7.26	预测		8	42	2.5	2	
192	7.28	预测		8	42	3.2	0	
201	7.30	预测		8	42	3.1	8	
208	8.4	预测		8	42	3.2	4	
215	8.6	预测		8	42	3.0	2	
225	8.11	预测		8	42	2.8	4	
230	8.13	预测		10	42	4.2	4	

续表 5-3-2

位置	时间（月．日）	分类		测孔		指标		备注
		预测	检验	孔深/m	孔径/mm	钻屑	解吸	
233	8.14	预测		8	42	3.0	4	
245	8.17	预测		10	42	3.0	6	
253	8.20	预测		10	42	3.5	8	
258	8.23	预测		10	42	4.2	4	
270	8.25	预测		10	42	3.2	6	
282	8.26	预测		10	42	3.0	6	
292	8.27	预测		10	42	3.0	6	
296	8.28	预测		10	42	3.3	6	
304	8.29	预测		10	42	3.3	6	
312	8.30	预测		10	42	3.2	6	
320	8.31	预测		10	42	3.0	6	
328	9.1	预测		10	42	2.8	6	
336	9.2	预测		10	42	2.8	6	
344	9.4	预测		10	42	2.8	4	
350	9.6	预测		10	42	2.8	4	
358	9.8	预测		10	42	2.6	4	9月10日停掘（位置：366m）

2）63001号采区和63003号采区工艺巷

63001号已采区和63003号采区的工艺巷位于老虎台矿井田的东部，走向东西，南北相邻，63001号采区的运输顺槽和63003号采区的工艺巷水平距离5m，垂直距离平均约15m（见图5-3-7、图5-3-8）。63001号采区于2003年8月26日回采完毕，63003号采区的工艺巷于2004年7月12日开始准备，间隔时间约一年，在63003号采区的工艺巷准备期间，采用钻屑法进行了跟踪测试，共计预测38次，其最大钻屑指标为2.8kg/m；

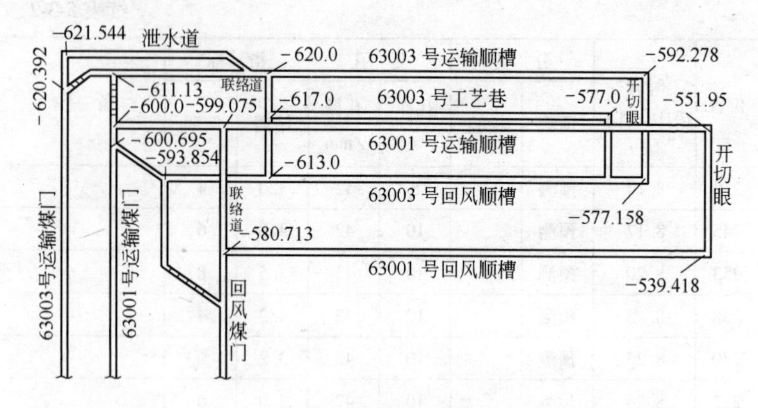

图 5-3-7　63001 号采区和63003 号采区工艺巷平面布置

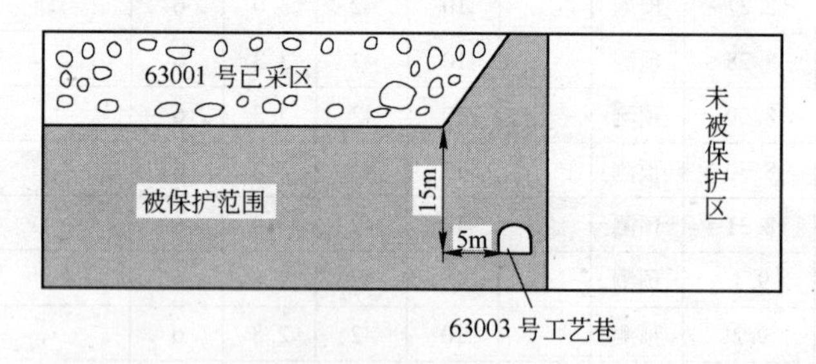

图 5-3-8　63001 号已采区保护范围示意图

(见表5-3-3、表5-3-4)，无一次超标现象出现，至该条巷道结束也无一次破坏性的冲击地压发生，这同样说明了63001 号采区的回采对63003 号采区工艺巷所在煤体起到了保护作用。据此实例将其63001 号采区的保护范围确定如图 5-3-8 所示。

表 5-3-3　63003 号工艺巷预测预报统计

位置	时间（月．日）	分类		测孔		指标		备注
		预测	检验	孔深/m	孔径/mm	钻屑	解吸	
5	7. 13	预测		10	42	2. 6	8	
13	7. 15	预测		10	42	2. 4	6	

续表 5-3-3

位置	时间（月．日）	分类		测孔		指标		备注
		预测	检验	孔深/m	孔径/mm	钻屑	解吸	
21	7.17	预测		10	42	2.2	6	
29	7.19	预测		10	42	2.6	6	
37	7.21	预测		10	42	2.4	8	
45	7.23	预测		10	42	2.3	6	
53	7.25	预测		10	42	2.2	6	
61	7.27	预测		10	42	2.4	8	
69	7.29	预测		10	42	2.6	4	
77	7.31	预测		10	42	2.3	6	
84	8.2	预测		10	42	2.2	4	
92	8.4	预测		10	42	2.4	6	
99	8.6	预测		10	42	2.8	6	
105	8.8	预测		10	42	2.4	8	
113	8.10	预测		10	42	2.6	8	
119	8.12	预测		10	42	2.2	10	
125	8.13	预测		10	42	2.3	6	
133	8.15	预测		10	42	2.3	6	
141	8.17	预测		10	42	2.8	6	
148	8.19	预测		10	42	2.4	4	
156	8.21	预测		10	42	2.2	8	
161	8.23	预测		10	42	2.4	10	
168	8.24	预测		10	42	2.4	6	
175	8.25	预测		10	42	2.5	6	
183	8.26	预测		10	42	2.4	4	
190	8.27	预测		10	42	2.2	8	
196	8.28	预测		10	42	2.6	8	

续表 5-3-3

位置	时间（月．日）	分类		测孔		指标		备注
		预测	检验	孔深 /m	孔径 /mm	钻屑	解吸	
202	8.29	预测		10	42	2.4	8	
209	8.30	预测		10	42	2.2	8	
217	9.1	预测		10	42	2.6	8	
225	9.3	预测		10	42	2.4	6	
232	9.4	预测		10	42	2.3	6	
240	9.5	预测		10	42	2.2	6	
247	⋮	预测		10	42	2.4	6	
255		预测		10	42	2.6	6	
262		预测		10	42	2.3	6	
269		预测		10	42	2.2	8	
274		预测		10	42	2.4	10	
281		预测		10	42	2.4	12	
288		预测		10	42	2.4	6	
295		预测		10	42	2.6	6	
302		预测		10	42	2.2	8	
309		预测		10	42	2.3	6	
316		预测		10	42	2.3	10	
321		预测		10	42	2.6	12	
327		预测		10	42	2.4	10	
334		预测		10	42	2.2	6	
341		预测		10	42	2.6	6	
349		预测		10	42	2.4	8	
356		预测		10	42	2.3	4	9月23日工艺巷掘到位置

表 5-3-4　83002 号开切眼预测预报统计

位置	时间 (月.日)	分类		测孔		指标		备注
		预测	检验	孔深 /m	孔径 /mm	钻屑	解吸	
5	11.20	预测		10	42	2.6	4	
13	11.25	预测		10	42	2.4	4	
21	12.1	预测		10	42	2.2	4	
29	12.4	预测		10	42	2.6	6	
40	12.8	预测		10	42	2.4	4	
67	12.16	预测		10	42	2.3	4	掘出 83001 号保护区，进入 78002 号保护区
90	1.2	预测		10	42	3.2	6	
61	1.3	预测		10	42	3.4		
69	1.4	预测		10	42	2.6	4	
77	1.5	预测		10	42	3.3		
84	1.6	预测		10	42	3.2	4	
92	1.7	预测		10	42	2.4		
99	1.8	预测		10	42	2.8	6	
105	1.9	预测		10	42	3.4		
113	1.10	预测		10	42	3.6	6	
119	1.12	预测		10	42	3.2		
125	1.13	预测		10	42	3.3	6	
133	1.15	预测		10	42	3.3		
141	1.17	预测		10	42	2.8	6	
188	2.1	预测		10	42	3.3		
189	2.2	预测		10	42	3.0	6	

大量的实例均说明了上一幅煤层的开采对下一幅煤层的外延保护作用。

（2）垂直保护范围。近几年来，老虎台矿经历了 63001 号保护 63003 号，78001 号保护 78002 号，78002 号保护 83001 号，68002 号西保护 73003 号，78001 号、78002 号、83001 号保护 83002 号等采区，保护区与被保护区在时间上均大于 8 个月到一年。在保护垂直空间分别在 30 ~ 40m、30 ~ 50m、个别在 70m 之内，在被保护采区在保护范围内无论是生产准备和回采期间，保护区在垂距 30m 和 70m 段落都出现过底板缓慢上涨现象，却没有发生明显的破坏。2006 ~ 2007 年初 – 830m 瓦斯工程、83002 号开切眼准备，在 83001 号保护层内掘进，两工作面平均垂距为 20m，掘进无任何异常现象。83002 号开切眼掘出 83001 号保护层后，进入 78002 号保护层，垂距为 30 ~ 40m，由于该地点是综合机械化掘进，掘进速度过快，也是仅出现煤体炸帮和震动较小的煤炮，但均没有发生明显的破坏性冲击地压（见图 5-3-9）。为此，借鉴《防治煤与瓦斯突出细则》将垂直保护范围定位 50m。

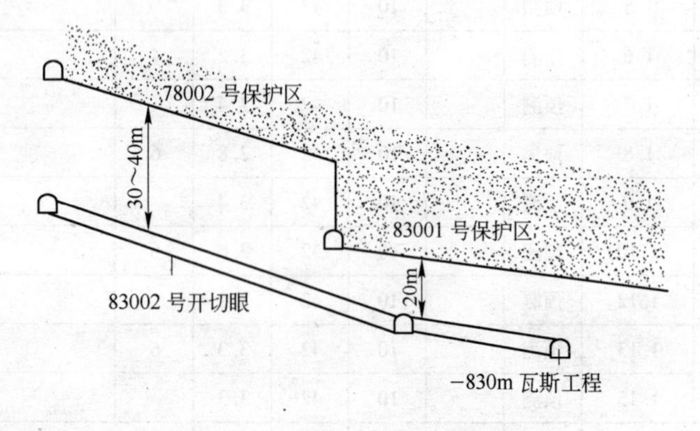

图 5-3-9　83002 号垂直保护范围

C　保护时间

鉴于已经开采的多个保护区经验，保护层的卸压时间都在 8

个月之上，为了安全起见，同样参照《防治煤与瓦斯突出细则》，将我矿的有效保护定为：回采工作面保护层停产时间必须超过3个月；正在开采的保护层工作面，必须超前于被保护层的掘进工作面100m，时间为大于3个月。

D　保护范围

（1）上下分层垂直段有效保护范围为50m；

（2）平面有效保护范围为：掘进工作面四周扩展4m；回采工作面保护面积四周扩展10m；

（3）保护层卸压时间大于3个月。

5.3.1.3　局部防治措施

A　回采工作面防治措施

在78001—Ⅰ综放工作面进行了突出危险性预测、临界指标的确定、防突措施的实践与效果检验等科学研究工作。其成果达到国内先进水平，并荣获中国煤炭工业十大科技成果奖。

（1）综放面突出危险性预测。78001—Ⅰ综放工作面位于老虎台矿井田西翼－880m水平的首采区，属于突出危险区域。该区东西走巷长1342m，煤层厚60～78m，平均72m。78001—Ⅰ综放面为首采区上段标高（－780～－680m）东一区段的首分层综放面。该工作面长度180m，东西走向长270m，采厚8～15m，平均11m，由东向西推进，俯采（煤层平均倾角12°），设计生产能力3200t/d。煤层自然发火期1～3个月，最短13d；煤尘爆炸指数46.65%；开采中实际瓦斯涌出量119.55m^3/min，最高169.42m^3/min，平均相对量77.45m^3/t。随工作面开采直至结束，对突出危险性进行跟踪预测预报工作。预测钻孔沿180m长的工作面布置，每10m一个（回风、运输顺槽各留20m免测带），预测深度10m，每孔至少留2m保护距离，采用ϕ42mm麻花钻，4天一个预测循环。先后共打预测孔354个。初始阶段测试指标为：钻屑瓦斯解吸指标Δh_2、钻孔钻屑量S和钻孔瓦斯涌出初速度q，其中q值测定时测量室的长度为1m。测定结果见表5-3-5～表5-3-7。

表 5-3-5　78001 号—I 综放面 Δh_2 测定值（×9.8Pa）

推进距离/m	下顺以上部位/m	预测深度/m									
		1	2	3	4	5	6	7	8	9	10
10	60	10.5		9.2		9.5		11.6		11.9	10.3
15	80		14.3		9.3		9.8		9.5		10.1
31	90	8.7	15.1	14	14.6		12.4	13.7	12.6	14	12.9
31	90（验）	4.1	5.7		6.0	6.0		5.8	5.5	4.8	5.9
50	100		12.2	13.7	14	15.2		14.1	14.7	14.3	14.1
65	70	10		13	16		14.2	12.2	15		14.8
82	100	7.6		11.2		13.4		12.2		14.7	14.5
82	90	13.8		14.9		15		13.2	12.4	14.7	14.5
103	70	10.7		12			11.6		9.8		10.8
103	70	12.4		15.7	12.8		15.8		15.5		15.9
120	60	10.2		11			14.7		15.1		14.8
135	80	14	12.8	16	15	16.5	18	16.2		18	19
135	80（验）	8.5		12.2		12		13.6		14	14.2
158	110	12		16.4							
158	110（验）	8.5		13.2		13.4		11.5		10.2	
167	90	12.5		15.4		15.5		14.6		14.3	
181	120	10.3		14.3		15.6					
181	120（验）		10.3		13.1	13.7		12.1		13.4	13.2
181	90		12		13.9		15.4		16		14.4
181	90（验）		6		3.2		12.5		13.6		10.3
190	80	6.8	14	8.4	8.1	8.6	9.5		14.2	14.8	17.4
190	80（验）	6	7.2	7.3	8.6	9.0	10		10.8	12.1	12.7
206	100		11.2		14.1		13.8		11.8		14.4
214	100		9.8		11.4		8.5		10.2		10.8
240	110		6.4		10.9		13.5		11.5		12.7

表 5-3-6 78001—I 综放面 *S* 测定值（kg/m）

推进距离/m	下顺以上部位/m	钻孔深度/m									
		0～1	1～2	2～3	3～4	4～5	5～6	6～7	7～8	8～9	9～10
10	60	1.9	2.8	2.9	2.6	4.5	3.6	3.2	2.8	2.6	3.0
15	80	1.8	1.5	2.0	2.2	2.2	1.8	2.0	2.0	2.2	1.8
31	100	3.3	3.1	4.8	6.4	8.0	9.2	8.4	7.2	4.2	4.4
31	100（验）	2.4	3.0	3.4	3.2	3.8	4.0	4.3	4.2	4.5	4.8
50	90	3.3	2.0	2.0	2.2	3.2	2.6	3.4	3.8	3.0	2.8
65	70	1.4	2.0	2.0	2.8	1.5	1.6	2.6		2.0	2.4
82	100	2.4	4.4	3.8	5.2	3.6	2.8	3.2	4.7	2.3	2.8
82	100（验）	3.4	4.2	3.6	3.8	4.0	4.3	3.9	3.8	4.7	3.6
103	70	2.4	2.8	2.0	3.2		2.8		4.4		3.8
103	90	3.2	4.8	2.8	3.0	4.4	4.6	3.0	3.2	1.8	2.0
120	60	1.8	1.8		3.0		4.2		2.4		2.8
135	130	3.2	3.9	2.6	3.6			2.9	4.2	2.2	4.4
135	80	2.0	2.2	2.4	3.4	3.9	4.0	3.6	3.8	5.0	5.1
135	60	1.6	1.8		3.3		2.8		1.6		1.4
146	80	1.8	2.2		3.5		3.4		1.8		2.6
146	110	1.8	1.8	2.8	3.6	4.5	2.4	3.8	1.2	2.4	3.2
146	60	1.0	1.4		2.8		4.2		3.6		2.4
158	110	1.8	1.6	2.4	2.8	3.5	2.0	3.2	1.8	2.5	1.4
158	90	2.8	2.8	3.0	3.4	3.8	4.1	3.6	3.8	4.0	4.2
158	70	1.6	1.8		1.4		3.1		2.6		2.0
167	90	2.6	3.2	3.4	3.6	4.2	3.8	4.2	3.8	4.6	4.2
167	100	1.8	2.0	2.6	2.6	3.4	3.2	4.2	4.8	4.6	4.8
167	80	3.0	3.4	3.6	3.8	3.6	3.8	3.2	3.6	3.0	3.8
181	120	3.4	4.0	6.1	10.4	18.5					
181	90	2.0	2.4	3.0	3.0	4.8	3.6	3.2	3.0	8.9	

续表 5-3-6

推进距离/m	下顺以上部位/m	钻孔深度/m									
		0~1	1~2	2~3	3~4	4~5	5~6	6~7	7~8	8~9	9~10
181	70	1.6	1.6	2.2	1.8	2.4	3.6	4.2	4.2	8.2	7.1
181	120（验）	1.8	2.8	3.6	3.6	4.2	3.4	3.8	3.6	3.8	3.8
181	90	1.4	1.2	1.0	2.2	2.2	2.6	3.4	3.0	4.2	4.5
181	70（验）	1.6	1.0	1.2	1.4	2.4	2.8	2.6	3.0	3.6	3.4
190	80	1.8	1.6	2.0	2.4	2.2	2.6	2.6	2.0	2.8	2.2
190	90	1.4	1.4	1.2	1.2	1.8	2.5	2.0	1.8	2.4	1.8
190	60	1.2	2.0	2.2	1.8	2.0	2.3	2.0	1.8	1.6	1.6
206	130	2.0	1.8	2.5	3.2	1.8	3.6	2.3	2.2	2.0	2.4
214	60	1.6	2.0	1.4	2.2	1.5	2.3	2.1	1.8	2.2	3.0
214	100	3.0	2.6	2.4	2.6	2.8	3.8	3.7	4.2	5.4	
214	100（验）	1.8	2.0	2.0	2.0	2.0	1.8	2.6	2.8	2.6	3.4
222	80	1.8	1.6	1.6	1.6	1.8	2.0	1.6	2.0	2.6	2.8
230	110	2.0	1.8	2.2	3.2	2.6	2.0	2.2	2.2	3.0	3.2
240	90	1.8	2.0	3.0	3.4	5.4	4.8	3.6	2.8	3.2	4.2
240	90（验）	2.0	2.4	3.2	2.8	3.8	4.0	4.2	3.2	2.8	4.8
248	80	2.2	2.2	3.6	4.4	3.2	3.2	4.2	2.5	3.6	1.9
260	100	2.2	2.0	3.2	2.8	4.6	4.8	2.0	2.2	2.4	3.0
260	60	2.4	2.6	2.8	2.6	3.4	4.2	3.8	4.4	4.6	3.8

表 5-3-7　8001 号—Ⅰ综放面钻孔瓦斯涌出初速度 q 测定值

（L/(min·m)）

推进距离/m	下顺以上部位/m	钻孔深度/m								
		1~2	2~3	3~4	4~5	5~6	6~7	7~8	8~9	9~10
10	60	3.8		4.3		0.67	4.0	0.413	3.6	
15	80	0.223			0.278	0.097		0.22		0.577

续表 5-3-7

推进距离/m	下顺以上部位/m	钻孔深度/m								
		1~2	2~3	3~4	4~5	5~6	6~7	7~8	8~9	9~10
31	100	0.183		0.138		0.493		0.697		0.308
50	90			0.447		5.71		5.51		0.697
65	70	3.5	14	5.71	5.86	14.4	5.2	3.8		3.4
65	80	0.98		1.85		0.77		0.92		2.14
82	100	0.78	0.49	0.74	2.0	3.2	0.55	1.73	0.15	0.95
82	80	0.24		2.3	1.43	2.8	0.91	0.89		0.93
103	70	5.07		2.1		1.19		1.85		0.93
103	90	2.13		11.12		3.2	2.93	4.4		
120	60		0.24	14.3	2.02	0.49	1.54	0.697	1.35	2.86
135	80	0.183		0.49	0.08	9.72	0.07	12.4		0.697
135	60	12.52	16.62	5.9	3.2	4.91	1.23	8.3	0.3	3.6
146	80	3.5	14	8.79	5.86		14.6	0.89		4.8
146	110		2.27	4.73	1.85			1.2		0.92
158	90	0.94			2.93	1.8		1.23		2.0
181	120	0.7		0.89		1.1		1.4		1.6
181	70	1.1		1.8		1.2		0.7		1.6
190	90	0.55		0.8		3.2		3.2		0.92
190	60			2.02		2.02		2.02		2.86
206	130	0.24	0.27	1.43						
206	80	9.9		22.12		1.46		1.74		
240	90	1.0		1.46		0.09		0.74		3.6
240	60	0.94		0.49						0.88

（2）测定结果简析如下：

1）钻屑瓦斯解吸指标 Δh_2 从测定结果看，Δh_2 普遍不超《细则》规定的临界指标（200Pa）。但在采面推进到135m（运输顺槽以上 80m 处)、158m(运输顺槽以上 110m 处)、181m(运输顺槽以上 120m 处)时,各发生一次喷孔(孔深各为 5m、3m、5m)现象,测定的 Δh_2 分别为 16.5×9.8(Pa)、16.4×9.8(Pa)、15.6×9.8(Pa),采取排放卸压措施后经检验分别下降到 12×9.8(Pa)、13.2×9.8(Pa)、13.7×9.8(Pa)。在 151 个 Δh_2 测定值中,测到的最大值是在综放面推进 135m 时运输顺槽以上 80m 处的 19×9.8(Pa)=186.2Pa。达到或超过 15mmH_2O(147Pa)的指标共有 22 个,仅占总数的 14.6%。

2)钻孔钻屑量 S,在测定的 397 个 S 值中共有 11 个钻屑指标超《细则》规定的临界值(6kg/m),经采取相应措施后,使指标降了下来。先后发生顶钻、夹钻、塌孔、孔内瓦斯异常等现象 9 次,其中 7 次超《细则》规定。预测过程中测到的最大值是在综放面推进 181m 时下顺槽以上 120m 处的 18.5kg/m(孔深 4~5m)和 10.4kg/m(孔深 3~4m),其次是采面推进 31m 时下顺槽以上 100m 处测得的 9.2kg/m(5~6m)。

3)钻孔瓦斯涌出初速度 q,经测定有 22 个 q 值(7 个测孔)超过《细则》规定指标(4.5L/min),而且超标点大都在测孔孔深 8m 以前,8m 以后超标仅有 1 次,2m 以前 3 次。在 22 个超标值中,最大值为 22.12L/min,是在综放面推进 206m 时运输顺槽以上 80m 处测到的(孔深 4m)。

4)从钻屑量 S 值的测定结果看,孔深 2m 前都不超规定,表明 2m 前不是应力集中区。而 q 值超标的主要原因主要是由于 2m 前煤壁受矿压作用后产生裂隙,预测钻孔又将裂隙连通,裂隙中的游离瓦斯通过钻孔集中涌出,导致 q 值超标。这种 q 值超标而钻孔钻屑量却较低的现象,业已经多次测定分析所证实。另外,凡钻屑瓦斯解吸指标 Δh_2 并不大。因此,就抚顺煤层来讲,钻孔瓦斯涌出初速度 q 值不宜作为综放面突出预测的敏感指标。

(3)突出危险临界指标的确定。在对综放面进行突出危险性预测的初始阶段,参考《细则》规定的临界指标。在整个测定过程中,钻屑瓦斯解吸指标 Δh_2 均不超规定;钻屑量 S 和钻孔

瓦斯涌出初速度 q 值分别有 11 个和 22 个测值超《细则》规定。但在综放面推进 276m 的回采过程中没有发生煤与瓦斯突出动力现象，只是有过喷孔、塌孔、孔内瓦斯异常等现象。据此，确定临界指标见表 5-3-8。

表 5-3-8　综放工作面突出危险性临界指标值

指标名称与单位	突出危险的临界值	数值确定依据	《细则》规定值
钻屑瓦斯解吸指标 Δh_2/Pa	≥147	发生 3 次喷孔中的最小值是 15.6 × 9.8Pa，据此确定 15 × 9.8 = 147Pa 为临界指标	≥200
钻孔最大钻屑量 $S_{max}/kg \cdot m^{-1}$	≥5	发生 9 次顶钻、夹钻、塌孔、孔内瓦斯异常等现象中的最小值是 5.2kg/m 和 5.4kg/m，因此将钻屑临界指标确定为 5kg/m	≥6

注：基于前述原因钻孔瓦斯涌出初速度 q 不做为预测敏感指标。

（4）防治突出措施及效果检验：

1）两顺和顶板道打钻超前抽放瓦斯卸压措施。在入、回风顺槽和顶板瓦斯道打超前抽放钻孔，并与抽放管路相连，提前抽放工作面前方和上部放顶高度内煤体的瓦斯。超前抽放的钻孔的超前距离不小于 30m，超前抽放时间不少于 1 个月，确保措施达到提前抽放和卸压的有效作用。

2）工作面打钻排放瓦斯卸压措施。钻孔沿工作面布置每 10m 一个，孔径不小于 ϕ89mm，仰角 25°左右，钻孔深度以打到顶板为准，一般 30m 左右，其水平投影长度不得小于 10m，且工作面前方留有水平投影 5m 的超前保护距离。在 5m 超前保护距离内，排放卸压钻孔的卸压排放时间不少于 24h。排放卸压钻孔随工作面推进施工，4 天至少一个循环，排放孔有效（水平投影）间距最大不超 2m。但在预测超标点的 10m 范围内，应增加孔数和加大布孔密度，其有效距离不大于 0.5m。如采面在 31m、

82m 等处测定指标值超限，就采取了增加孔数、加大布孔密度措施，使测定指标降了下来。超前排放卸压钻孔布置如图 5-3-10 所示。

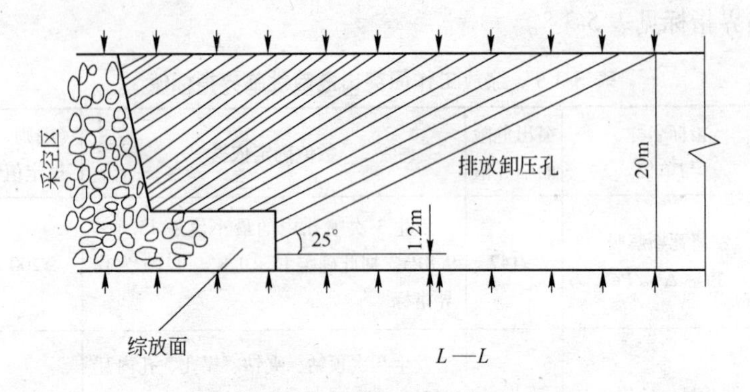

图 5-3-10　排放卸压钻孔布置示意图

3）防突措施效果检验。对预测超标的地点采取加大排放卸压布孔密度措施后，措施是否有效，还要进行效果检验。检验孔布置如图 5-3-11 所示。78001—Ⅰ综放面突出预测及效果检验见表 5-3-9。可以看出，采取措施后指标都降到了临界值以下。

表 5-3-9　突出预测及效果检验结果统计

采面推进距离/m	测定区段下顺以上/m	突出预测测定值		效果检验测定值	
		Δh_2/Pa	S_{max}/kg · m^{-1}	Δh_2/Pa	S_{max}/kg · m^{-1}
31	100	15.1×9.8（超）	9.2（超）	12.2×9.8	4.0
82	90	14.9×9.8	5.2（超）	11.2×9.8	3.8
135	80	18×9.8（超）	4.2	12.2×9.8	3.8
158	110	16.4×9.8（超）	5.2（超）	13.2×9.8	3.5
181	70		8.2（超）		3.6
181	90	16×9.8（超）	8.9（超）	12.5×9.8	3.2
181	120	15.6×9.8（超）	18.5（超）	13.7×9.8	4.8
214	100	11.4×9.8	5.4（超）		2.6

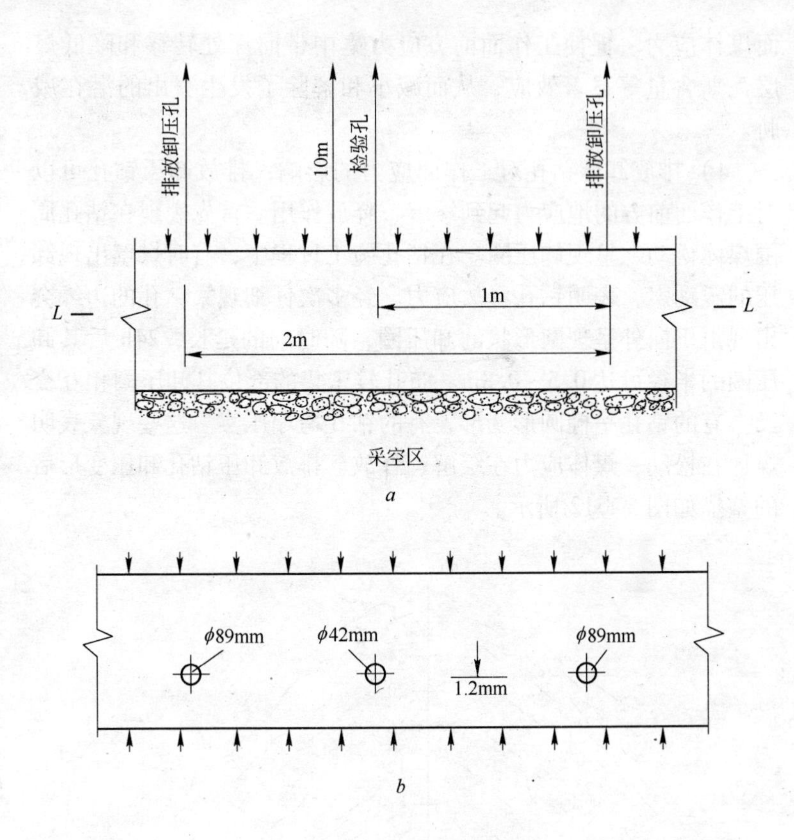

图 5-3-11 检验孔布置示意图

a—排放加压孔、检验孔与采空区分布关系；
b—排放加压孔、检验孔与采空区分布关系剖面

（5）工作面排放卸压钻孔防突措施效果分析。工作面排放卸压钻孔在检修作业班施工。使用 2.0kW 岩石钻机，这种钻机体积小，搬运较方便，40min 左右便可打完一个钻孔，一个采面同时可由两台钻机施工，加快打钻进度。在打钻过程中同时进行突出危险性预测，如果预测指标超标，则停止工作面推进，进行打钻卸压排放，直至消除突出危险。这一措施在 78001 号综放面的实施过程中收到明显效果，起到了释放工作

面煤体应力、促使工作面前方应力集中带向深处转移和降低煤层瓦斯含量等显著效应，从而减小和解除了发生突出的潜在威胁。

1）排放卸压钻孔对工作面应力的影响：排放卸压钻孔可以对工作面前方的地应力起到缓解、释放作用。首先表现在钻孔周围煤体松动、呈现卸压圈。在钻孔施工过程中，有时煤壁出现卸压的震动声，表明钻孔释放应力。经多次仔细观察钻孔的边缘会出现由里向外呈现圆形状的卸压圈，随时间的延长，24h 后其卸压圈的半径可达0.5 ~0.8m。布孔较密集的部位其卸压圈相互交叉。有的钻孔呈椭圆形变形，有的钻孔垮塌压实。这些现象表明煤体在松动，煤体应力在缓解、释放。排放卸压钻孔卸压变形后的素描如图 5-3-12 所示。

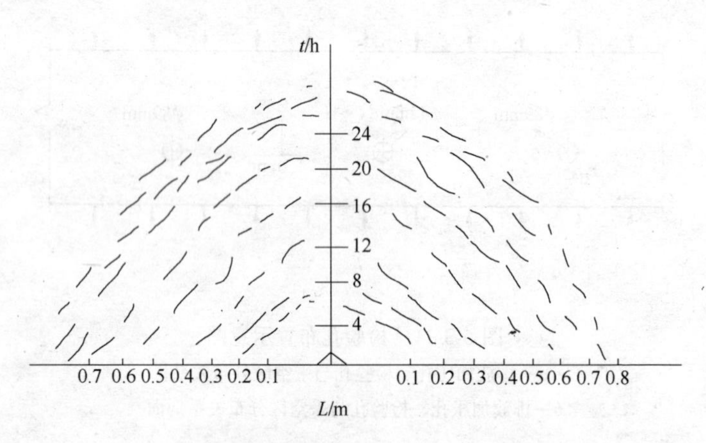

图 5-3-12　排放卸压孔周围煤体松动素描示意图

其次，排放卸压前后的钻屑量发生明显变化。众所周知，钻屑量 S 在相同打钻工艺条件下，地应力越大，煤体强度越低，所产生的钻屑量就越大。通过用钻屑法测定排放卸压钻孔施工前后的钻屑量的变化（见表 5-3-10）可以看出：施工前钻屑量超值的部位，排放卸压后钻屑量明显减少。表明地应力由大变小。

表 5-3-10　排放卸压钻孔施工前后钻屑量变化

测定地点及钻孔位置	施工前	施工后
78001—Ⅰ综放面推进 31m 距下顺 100m 工作面内		4.0
78001—Ⅰ综放面推进 82m 距下顺 90m 工作面内	5.2	3.8
78001—Ⅰ综放面推进 135m 距下顺 80m 工作面内	4.2	3.8
78001—Ⅰ综放面推进 158m 距下顺 110m 工作面内	5.2	3.5
78001—Ⅰ综放面推进 181m 距下顺 70m 工作面内	8.2	3.6
78001—Ⅰ综放面推进 181m 距下顺 90m 工作面内	8.9	3.2
78001—Ⅰ综放面推进 181m 距下顺 120m 工作面内	18.5	4.8
78001—Ⅰ综放面推进 214m 距下顺 110m 工作面内	5.4	2.6

2）排放卸压钻孔对工作面应力集中带的影响：工作面前方的应力集中带与采面推进速度及采放高度等有着密切的关系。但实施排放卸压钻孔措施也会对综放面应力集中带的变化产生一定影响。这主要表现在沿钻孔深度钻屑量“峰值点”的变化上。图 5-3-13 中预测孔 1 的曲线，是在采面推进 31m 时沿工作面距下顺槽 100m 处测得的钻孔钻屑量变化情况，其“峰值点”出现在 6m 处，并有夹钻现象；预测孔 2 的曲线，是在采面推进 240m 时沿工作面距下顺槽 90m 处测得的钻孔钻屑量变化情况，“峰值

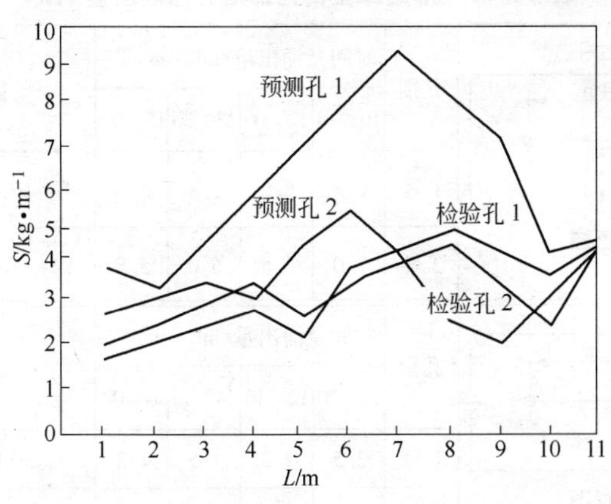

图 5-3-13　钻屑沿钻孔深度变化曲线

点”出现在5m处，也有夹钻现象。另外，在采面推进181m沿工作面下顺槽120m处打钻时，钻孔打到3m时钻屑量大量增加，钻进到5m时钻屑量达到18. 5kg/m，并发生喷孔。因此，可以认为应力集中带中深度为5 ~ 6m左右。在采取排放卸压钻孔措施后进行检验，从图中可以看出，5 ~ 7m处的峰值已消失，曲线平缓，说明应力集中带前移。在继续施工措施孔的时候，一般在9m左右钻进困难，钻进速度下降，11 ~ 13m憋水，15m以后，钻进状况好转（预测和检验孔是用麻花钻杆打眼，孔径ϕ42mm；排放卸压钻孔是用圆钻杆水排粉，孔径ϕ89mm）。表明应力集中带已移到工作面前方11m以后。

3）排放卸压钻孔对煤层瓦斯的影响：老虎台矿的煤层透气性较好，瓦斯随钻孔施工从孔内涌出有明显征状，可以看到雾状气体和有气体吹手的感觉，甚至有时喷孔。排泄出的瓦斯浓度较高，流量较大（单孔流量最大可达7L/min)，衰减速度也较快。经测定从排放卸压钻孔施工完毕经4 ~6个小时的排放，平均钻孔内的瓦斯自然涌出量可降低1. 2 ~1. 8L/min（见表5-3-11）。由于瓦斯通过排放卸压钻孔快速大量排出，大大减少和降低了工作面前方煤层瓦斯含量及瓦斯压力，消除了瓦斯参与突出的威胁。

表5-3-11 排放卸压钻孔瓦斯自然涌出量测定

示意图	孔别	时间及涌出量/$mL \cdot min^{-1}$				备 注
0.4m；1.2m		10：10	12：00	13：30	15：00	
	1号	6. 8	6. 0	5. 8	5. 0	8：10施工完钻后
示意图	2号	7. 0	6. 5	6. 0	5. 8	10：00施工完钻后

示意图	孔别	时间及涌出量/$mL \cdot min^{-1}$				备 注
1.2m；0.6m		10：20	12：10	14：10	16：00	
	1号	2. 5	2. 2	1. 5	1. 3	9：30施工完钻后
示意图	2号	3. 0	2. 6	2. 0	1. 8	10：20施工完钻后

（6）突出危险煤层综放开采的实践。抚顺煤矿进入深部开采以后，陆续出现了轴部煤层、倾角小于18°的缓倾斜煤层和直立煤层。使用水砂充填采煤法的困难越来越大。为此，早在20世纪70年代末就开始进行采煤方法改革的实验研究工作。先后采用国内外多种型号采煤机多次进行走向长壁机械化采煤方法以及走向长壁分层下行垮落高档普采等各种开采方法的实验研究，都没有成功。据统计，1990年之前，各种机采实验达19次之多。最后于1989年末在原龙凤矿实验成功了"阶段煤柱综放采煤法"，并于1995年逐步转入半原生煤体开采。老虎台矿1989～2001年，采用综采放顶煤采煤方法，共开采结束了39个综放工作面，其中阶段煤柱综放面20个，其余为半原生煤体和原生煤体综放面。阶段煤柱为"复采"，上下皆为采空区，不存在煤与瓦斯突出的危险性。半原生和原生煤体综放面虽然有的具有突出危险性，但先后开采的19个原生和半原生煤体综放面（生产原煤1226.52万t），也都没有发生煤与瓦斯突出的动力现象，只是打钻过程中出现过数次顶钻、夹钻、喷孔、塌孔及孔内瓦斯异常等现象，对安全和生产并未造成影响。这主要是由于对处于突出危险区域的综放面（如78001、68001、63006等），采取了两巷和顶板瓦斯道打钻超前抽放瓦斯及排放卸压钻孔等有效措施；同时，也表明了抚顺突出煤层实施综放开采，在采取相应措施后完全可以保证采面的安全与生产。

（7）结论：

1）老虎台矿开采的单一特厚煤层具有突出危险性，历史上曾多次发生过煤与瓦斯突出动力现象及事故，但都是发生在掘进巷道，与采煤方法并无直接关系。

2）综合机械化放顶煤开采方法，是抚顺煤矿经多年多次采用各种采煤方法试验失败后，找到的一种适合抚顺深部煤层赋存条件的采煤方法。这一采煤方法使抚顺煤矿获取了巨大的经济效益。

对突出煤层实施综放开采进行了科研攻关，所完成的《特厚突出煤层综合机械化放顶煤开采防治突出措施研究》科研项目，经专家鉴定和辽宁省科技情报研究所“查新检索”表明，达到了国际先进水平，并荣获2001年度中国煤炭工业十大科技成果奖。

3）经对综放工作面防突措施试验研究和大量测定分析工作，初步确定了下列参数：

① 综放工作面的突出危险性敏感指标为钻屑瓦斯解吸指标 Δh_2 和钻屑量 S，临界值为：$\Delta h_2 \geqslant 15 \times 9.8 = 147\text{Pa}$，$S \geqslant 4.0\text{kg/m}$。

② 综放工作面的前方集中带为5～7m，采取排放卸压措施后应力集中带前移至11～15m。

③ 对抚顺煤层来讲，在综放工作面采取的两巷和顶板瓦斯道打钻超前抽放瓦斯及排放卸压钻孔等防突措施，收到了良好效果。经对19个半原生和原生煤体综放面为期7年（见表5-3-12）的开采实践表明，抚顺突出危险煤层实施综放开采是可行的，综放工作面从未发生过煤与瓦斯突出动力现象。

B　掘进工作面防治措施

（1）大孔径超前排放钻孔。在掘进工作面施工前，打超前排放卸压钻孔，掩护掘进，孔径 ϕ89mm，孔深10～15m，钻孔分两排布置，每排布置5～7个孔，仰角、方位角根据巷道实际情况，终孔超过巷道轮廓线外2～4m，使工作面前方应力得到释放，并迫使集中应力向煤体深处移动，在掘进前方一定范围形成和保持一个较大的卸压带，阻止突出的发生。

1）排放半径的确定：由于煤层透气性良好，排放钻孔施工完毕均可以看到孔内瓦斯缓慢逸出，排放半径参照《细则》在－730m、－780m掘进工作面测定，方法是在工作面底板、腰线位置打2个间距1.5m、ϕ42mm钻孔，测定瓦斯流量，流量孔深6～8m，封孔深4～6m，留2m测量室，在与流量孔相距1.5m位置打一个10m深、ϕ89mm排放孔，根据流量孔内瓦斯涌出量的变化，确定超前排放孔的卸压影响范围。排放钻孔布置见图5-3-14，78002号开切眼排放半径测定见表5-3-13，流量孔受排放孔影响后瓦斯涌出量变化见图5-3-15。

表 5-3-12　老虎台矿原生与半原生煤体综放面开采及其煤与瓦斯突出情况

序号	标高/m	采面名称	开采时间（年．月～年．月）	采面类型	采面长度/m	走向长度/m	生产原煤/t	突出情况					
								突出次数/次	突出最大强度		伤亡/人		
									煤/t	瓦斯/m^3	伤	亡	计
1	-505～-540	54001	1995.1～1996.2	原生	84	362	661728	—	—	—	—	—	—
2	-505～-540	54002	1997.5～1998.6	原生			494654	—	—	—	—	—	—
3	-540～-580	58002-Ⅰ	1990.9～1991.4	半原生	40	147	65401	—	—	—	—	—	—
4	-540～-580	58002-Ⅱ	1991.6～1992.5	半原生	54	375	191664	—	—	—	—	—	—
5	-540～-580	58002-Ⅲ	1992.10～1993.7	半原生	77	262	214029	—	—	—	—	—	—
6	-540～-580	58003	1993.2～1996.2	原生	112	440	408884	—	—	—	—	—	—
7	-530～-580	53008	1995.4～1996.2	半原生	54	394	291069	—	—	—	—	—	—
8	-530～-580	58007	2000.5～2000.11	半原生			158669	—	—	—	—	—	—
9	-530～-580	58008	1998.11～1999.4	半原生			228860	—	—	—	—	—	—
10	-580～-630	63006-Ⅰ	1996.3～1996.11	原生			417387	—	—	—	—	—	—
11	-580～-630	63006-Ⅱ	1997.7～1998.4	原生	100	270	470715	—	—	—	—	—	—
12	-630～-780	78001-Ⅰ	1998.6～1999.9	原生	180	276	1044764	（喷孔3次）	—	—	—	—	—
13	-630～-680	68001-E	1998.6～2000.3	原生	100	470	1808240	—	—	—	—	—	—
14	-580～-630	55001-Ⅰ	1998.9～2000.3	原生	95	657	916110	—	—	—	—	—	—
15	-630～-680	68001-W	1999.7～2000.12	原生	110	490	1359172	—	—	—	—	—	—
16	-630～-780	78001-Ⅱ	1999.10～2000.10	原生	180	385	792568	—	—	—	—	—	—
17	-580～-630	55001-Ⅱ	2000.4～2001.1	原生	95	231	578414	—	—	—	—	—	—
18	-630～-780	78001-Ⅲ	2000.11～2001.6	原生	100	235	499681	—	—	—	—	—	—
19	-630～-780	68002-W	2000.12～2001.12	原生	100	620	1663177	—	—	—	—	—	—
合计			1990.9～2001.12				12265186						

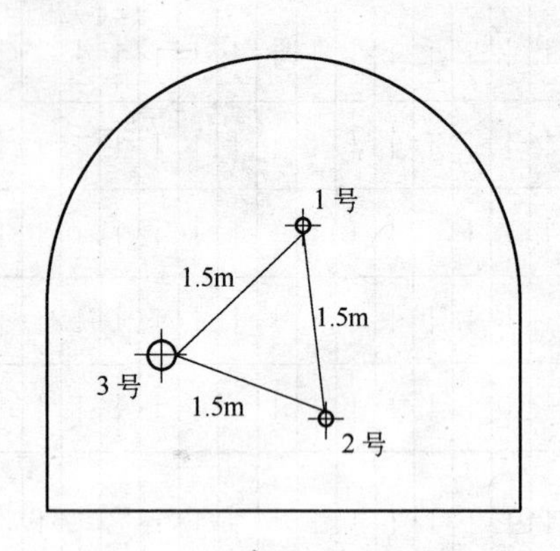

图 5-3-14　排放钻孔布置

1 号，2 号—测试孔；3 号—排放孔

表 5-3-13　78002 号开切眼排放半径测定

钻　孔	孔径 /mm	孔深 /m	封孔深 /m	仰角 /(°)	方　位	孔间距 /m
1 号流量孔	42	8	6	5	平行掘进方向	1.5
2 号流量孔	42	8	6	7	平行掘进方向	1.5
3 号排放孔	89	10	1	5	平行掘进方向	1.5

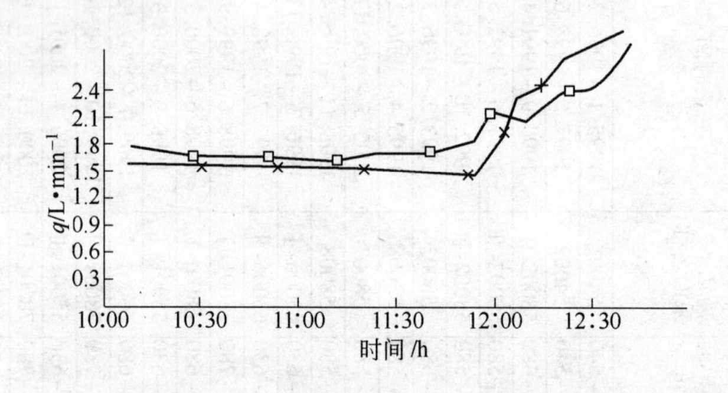

图 5-3-15　流量孔受排放孔影响后瓦斯涌出量变化曲线

排放半径在 78002 号开切眼中测定时，当排放钻孔进入流量孔封孔深度 6m 时，瓦斯涌出量明显增加，之后每钻进 2m，流量迅速增加，增加幅度达60%以上，连续测定三次，都远远大于10%，说明1号、2号孔均在排放孔的有效半径之内。在不同的二、三分层的测定中，流量孔的瓦斯涌出量与四分层略有不同，范围在比打排放孔前增大24%以上，说明不同分层瓦斯涌出量排放半径有一定的区别，但最小有效排放半径大于1.5m。

2）排放钻孔效果分析：排放钻孔加快了瓦斯解吸速度，根据测定，不同数量排放钻孔与瓦斯解吸指标的关系成反比，排放钻孔数量的增加，瓦斯解吸速度降低，如图5-3-16所示。

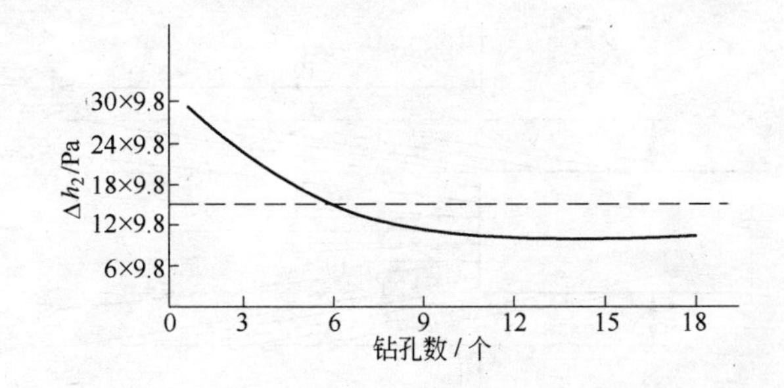

图5-3-16　不同数量排放钻孔与瓦斯解吸指标的关系曲线

排放钻孔的瓦斯自然涌出衰减快，由于煤层透气性好，钻孔施工时大部分钻孔内可测到瓦斯从孔内溢出，瓦斯自然涌出衰减速度较快，从钻孔施工完暴露6小时后，平均瓦斯涌出量可降低1.2L/min。

3）排放钻孔施工时，多次出现煤壁炸帮，连续响小煤炮等，表明钻孔应力在释放，经观察测定，钻孔随时间延长，钻孔边缘会出现由里向外呈层状渐开的椭圆形卸压圈，24小时内工作面可清晰看到半径达0.5~0.8m不等的卸压圈，个别地点出现交叉现象，多数钻孔被压成扁形，少量钻孔出现垮塌现象（见图5-3-17），表明煤体松动，缓解煤体应力。

4）“两掘一钻”：即两个班掘进，一个班打排放卸压钻孔方法是采用24小时一个循环，既三班作业中一个小班打钻施工排放钻孔（见图5-3-18），掩护另两个小班掘进，经两天一个循环

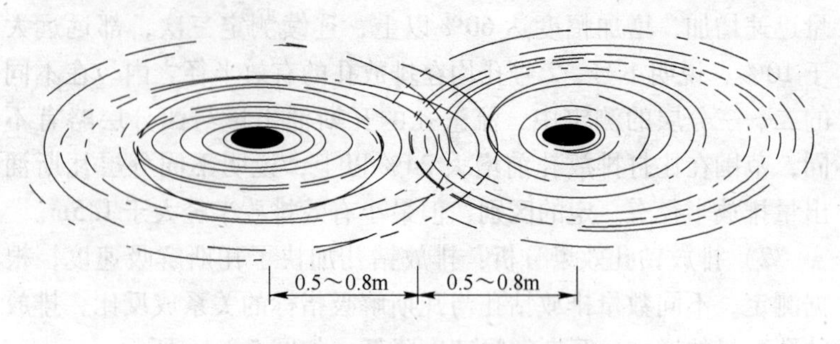

图 5-3-17　排放钻孔卸压圈示意图

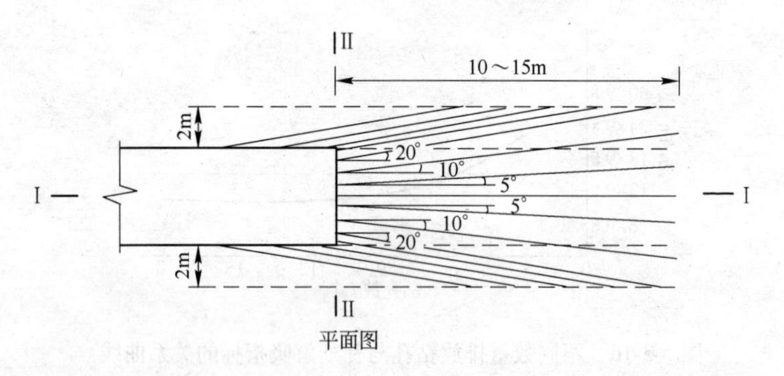

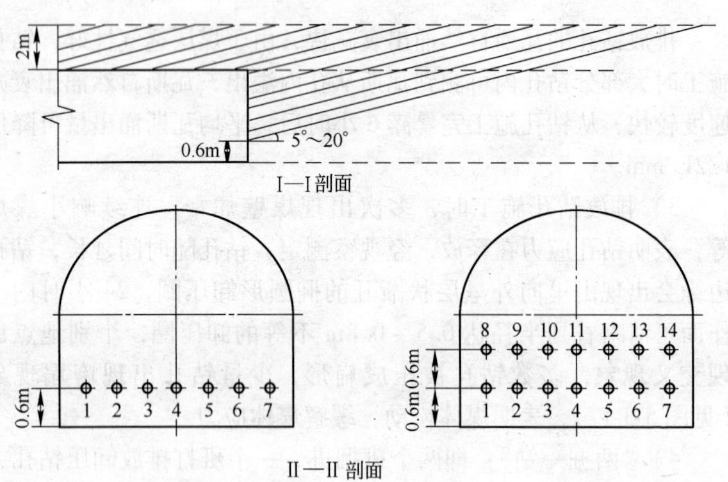

图 5-3-18　“两掘一钻”排放卸压钻孔布置示意图

后，工作面前方保持有不少于 7 ~ 14 个孔深 6 ~ 15m 的排放钻孔。对地质构造破碎带，瓦斯涌出异常，地应力较大地带，采用“两钻一掘”方式作业（即两个班打排放卸压钻孔，一个班掘进)，钻孔施工采用 2. 0kW 岩石钻机打孔，钻机质量 42kg/台，行程 520mm/min，打钻班两台钻机同时作业，2 ~ 3 小时可完成 5 ~7 个孔深 10m、孔径 ϕ89mm 的钻孔，排放卸压时间为 5 ~ 6 小时，该方法操作简单、方便快捷，同时，为防止打钻与掘进相互影响，在该区域每个掘进队布置两个掘进面，将打钻与掘进合理分工，交叉作业，即轮掘。一个面打钻，另一个面掘进，防治措施与掘进并行，既保证掘进，又保证安全生产，有效提高了掘进工作面单进。

（2）深孔排放大循环。由于“两掘一钻”中的排放、注水钻孔相对较浅，一般只影响工作面前方 10m 左右的瓦斯及地应力，为此，在此基础上执行工作面深孔排放大循环，既工作面每掘进 20 ~ 30m，停止掘进 2 ~ 3 天，采用大功率液压钻机向工作面前方打 6 ~ 8 个深孔，孔深为 30 ~ 50m，其中中间 2 个为注水孔，一个与掘进方向一致，另一个超出巷道上方 10m，两侧各 2 ~ 3个超出巷道轮廓 5 ~ 10m 的排放孔（见图 5-3-19)，孔径 ϕ89mm 或 ϕ73mm，钻孔打完立即实施瓦斯短时抽放，防止瓦斯

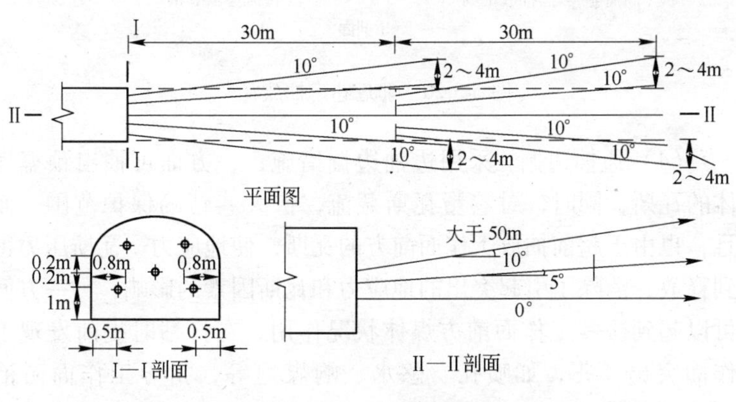

图 5-3-19　深孔排放大循环钻孔布置示意图

涌入巷道空间。进一步缓解前方各种应力。

（3）邻近巷道抽放瓦斯。邻近巷道抽放瓦斯，就是在瓦斯涌出量较小的巷道向涌出量较大的巷道超前或上方打钻抽放瓦斯，如图 5-3-20 所示。

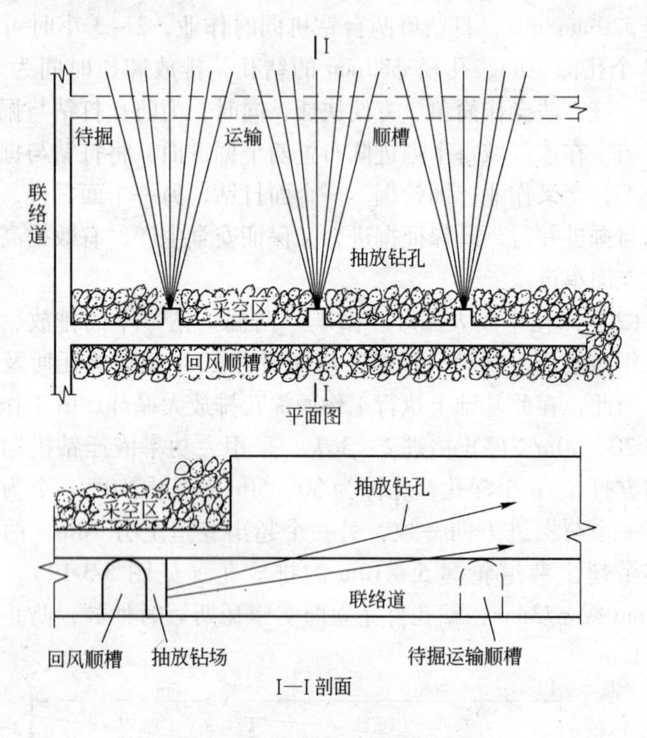

图 5-3-20　邻近巷道抽放瓦斯

（4）边抽边掘。采用边抽边掘措施，一方面可抽出预掘煤体的瓦斯，同时，对巷帮瓦斯截流，扩大巷帮的保护范围，而且，也由于超前抽放工作面前方的瓦斯，使地应力、瓦斯压力得到释放，消除了引起突出的地应力和瓦斯因素的影响；另一方面可以起到探察工作面前方煤体状况作用，在打钻时提前发现工作面突出预兆，如喷孔、憋水、响煤炮等，指导工作面防治突出措施的实施。具体做法是：在掘进巷道两侧每间隔 30m

交替布置一个掩护抽放钻场，掩护抽放钻场内一般布置 9～15 个孔深不小于 50m、孔径 ϕ89mm 或 ϕ108mm 的超前抽放钻孔（见图 5-3-21）。

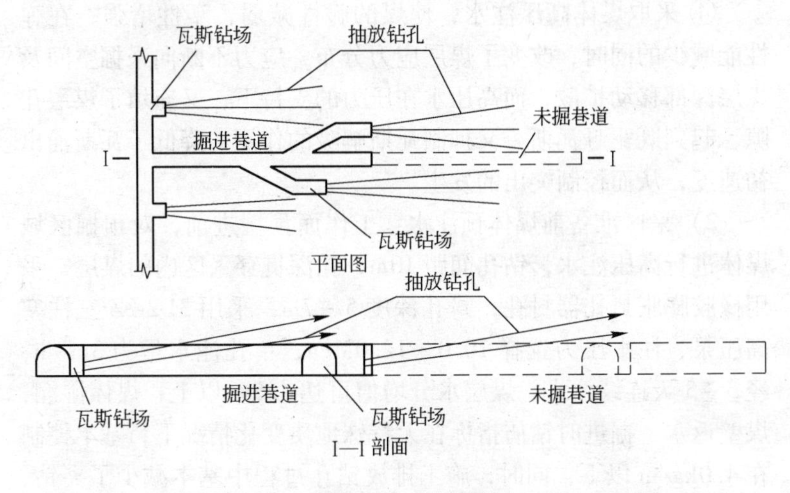

图 5-3-21 边抽边掘

(5) 煤体高压注水：

1) 煤层高压注水的作用：

① 楔入作用：煤体内的裂隙在高压水的作用下继续扩展，并产生新的微裂隙，同时，煤体内的层理等弱面在高压水的作用下松化，增加煤的分层数、减小煤的分层厚度，降低了煤的强度。

② 侵蚀作用：煤中的黏土矿物亲水性很强，能吸收吸附大量水分，改变其物理力学性质。黏土矿物颗粒直径小于 0.005mm，它的比表面积很大，可将大量水吸入到矿物层间结构中，其结构面吸附水后，黏结力被弱化，破坏了黏土的胶结作用。在饱和含水量范围内，黏土矿物强度随吸水量增加而随之降低，煤的强度也随着降低，说明水对煤有浸蚀作用，而且浸湿时间愈长其浸蚀效果愈好。

③ 水合作用：水分子常成固定性偶极，在水溶液中黏土矿

物表面多带负电荷，它使偶极水分子围绕着黏土微粒定向排列，因而就产生了微粒之间的相互排斥，破坏了黏土矿物的黏结力，降低了煤的强度。

④ 采取煤体高压注水，使煤的脆性减弱，塑性增强，在弹性能减少的同时，改变了煤层应力分布，应力不断向采掘空间及煤层深部移动扩散，而高压水在压力的支持下，又充填了煤层孔隙，起到既驱赶瓦斯，又抑制瓦斯解吸的作用，降低了瓦斯涌出初速度，从而控制突出的发生。

2）采区准备前煤体预注水：工作面预掘进前，对预掘区域煤体进行高压注水，钻孔间距10m，孔深贯穿采区内的煤层，采用橡胶膨胀封孔器封孔，封孔深度5~7m，采用3D2-SZ三柱塞高压泵，注水压力选择10.0~12.0MPa，单孔注水量为$3m^3/h$，经3~5天连续注水，煤层水分增值可达4.5%以上，煤体湿润，煤壁返水，掘进时钻屑指标在无特殊地质变化情况下，基本控制在4.0kg/m以下，同时，施工排放钻孔过程中基本减少了夹钻、顶钻现象，保证了排放钻孔达到设计要求。

3）巷道及工艺巷开采前预注水：在工艺巷掘进中实施高压注水，保证安全施工。工艺巷施工完毕后，结合抽放瓦斯钻孔进行注水（见图5-3-22），一是在两个钻场间打钻进行高压注水；二是对抽放量衰减的抽放孔进行注水。注水先采用高压注水，当注水压力降到6MPa以下时，改用静压注水，静压注水时间不得少于一个月，以增加注水效果。

4）巷道钻孔卸压及注水：在综放面回风道、联络道、回风顺槽、运输顺槽的应力集中带实施巷道钻孔卸压及注水措施。钻孔垂直于煤壁，孔径89mm，孔深30m，孔间距3m，奇数组角度+10°、偶数组角度+30°（见图5-3-23）。瓦斯抽放巷高压注水孔布置如图5-3-24所示。钻孔施工后立即封孔进行高压注水，其封孔办法如下：

采用聚胺酯及1∶1的黄泥和水泥配合直径ϕ25mm的铁管封孔。封孔深度不低于10m，先用聚胺酯封钻孔里面5m段，然后

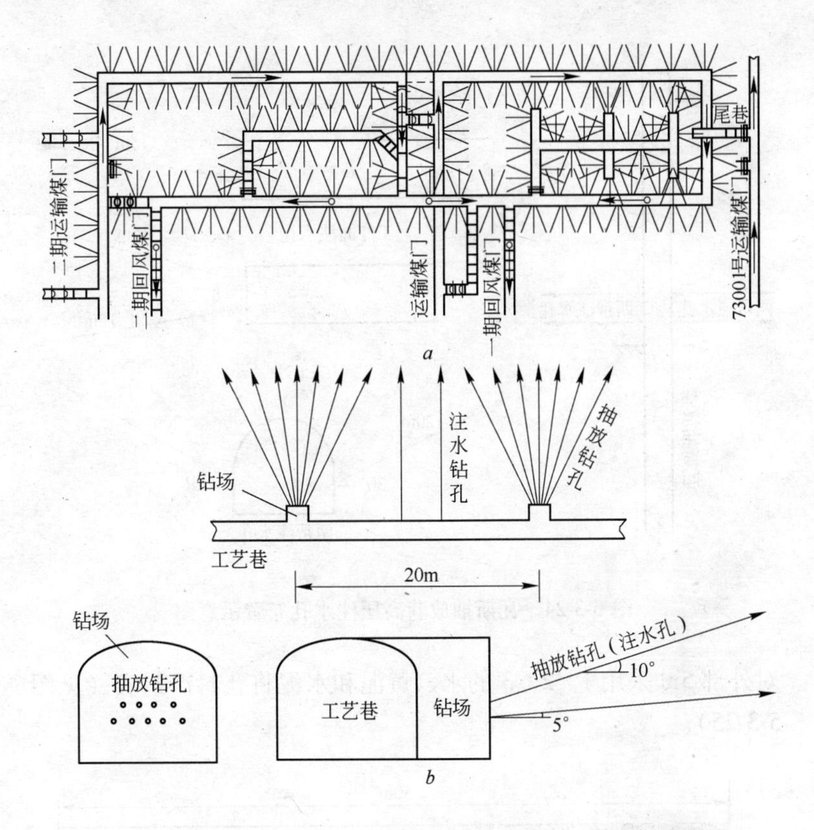

图 5-3-22　采前预注水示意图

a—巷道布置；*b*—注水钻孔与抽放钻孔分布关系

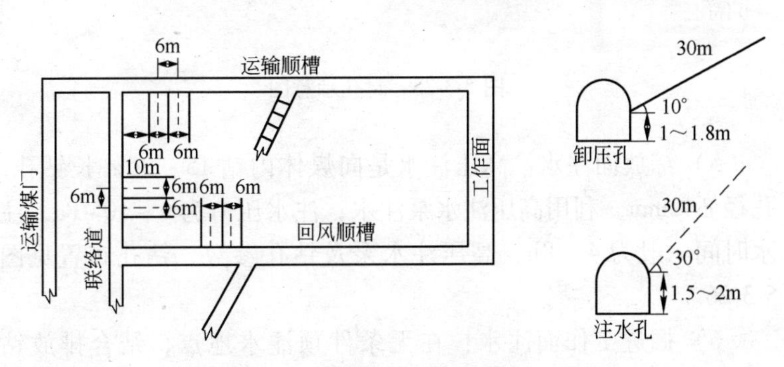

图 5-3-23　卸压及注水钻孔布置示意图

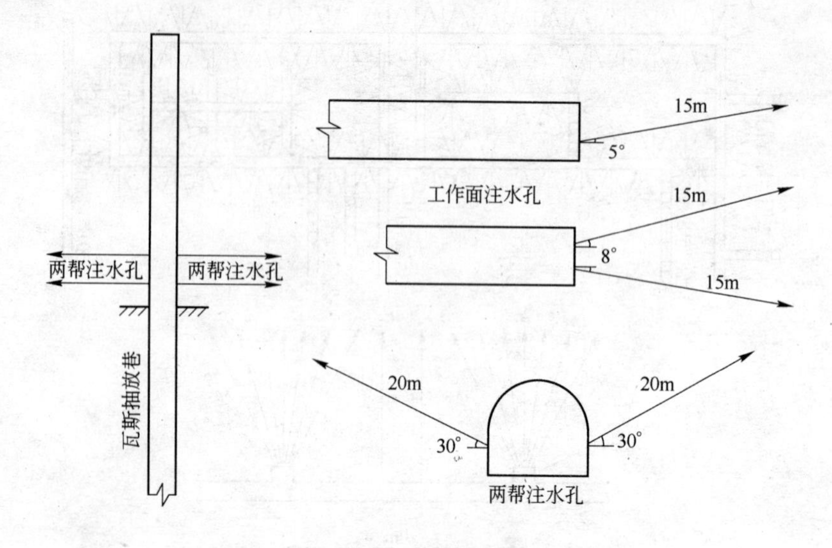

图 5-3-24　瓦斯抽放巷高压注水孔布置示意图

对外部 5m 采用 1∶2∶3 的水、黄泥和水泥将孔封严封实（见图 5-3-25）。

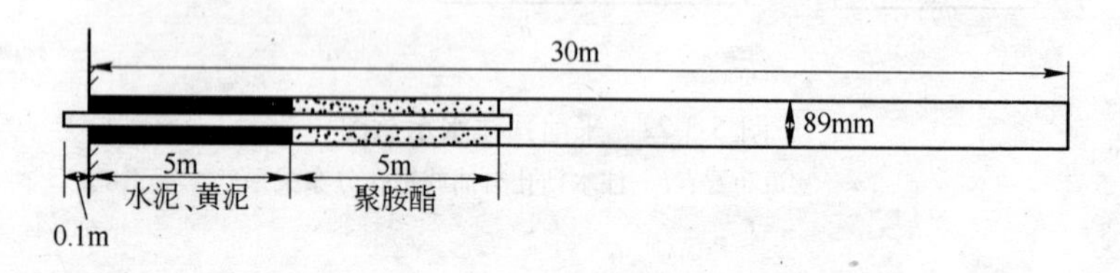

图 5-3-25　封孔示意图

5）综放面注水：高压注水是向煤体内钻 15～30m 长钻孔，孔径 ϕ42mm，利用高压注水泵注水，注水压力为 6～10MPa，注水时间一般为 4～8h，高压注水泵及钻孔参数、钻孔布置见图 5-3-26。

6）掘进工作面注水：在无条件预注水地点，结合排放钻孔，在排放钻孔下端 1m 左右巷道的两角位置，在未施工排放

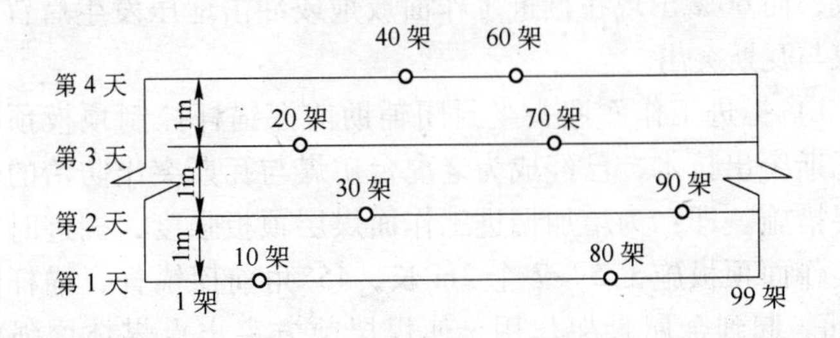

a

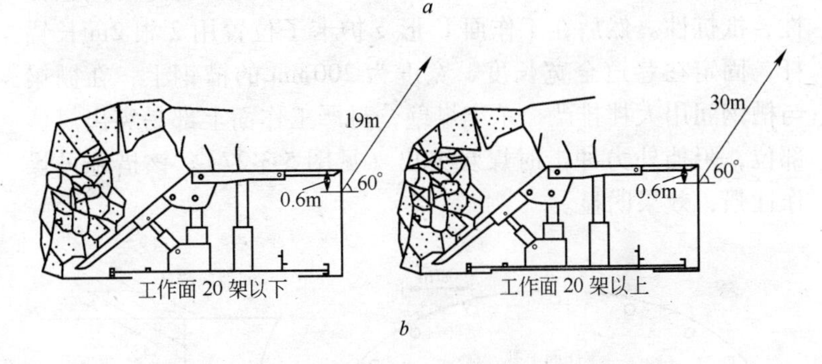

b

图 5-3-26　综放面高压注水钻孔布置

a—排放钻孔位置；*b*—高压注水钻孔注水角度

钻孔前打 2 个 ϕ42mm 的 10 ~ 15m 注水钻孔，仰角 5° ~ 10°，封孔深度 5 ~ 7m，待排放钻孔施工完毕后，向预掘进前方煤体注水，注水压力 6 ~ 8MPa，注水 3 小时后，煤壁开始回水，使煤层应力充分卸压，该措施的执行使“两掘一钻”更合理、更有效。

7）注水半径：为使高压注水选择更合理、更准确的钻孔角度，钻孔间距，我们采用干式钻进测定钻屑水分增值法测定注水有效半径，对注水 3 小时后的煤层水分增值达 2% 以上的范围，为注水有效湿润半径，经不同地点、不同分层多次测定，各分层注水半径均大于 5m。

（6）掘进工作面迎头半封闭辅助前探锚杆控制顶板预防煤与瓦斯突出。老虎台矿曾发生过 21 次掘进工作面煤与瓦斯突出事故，而60%出现在掘进工作面放炮或冲击地压发生后冒顶诱导煤与瓦斯突出。

1）掘进工作面迎头半封闭辅助前探锚杆控制顶板预防煤与瓦斯突出技术，已经成为老虎台矿煤与瓦斯突出防治的一项重要措施。即：为增加掘进工作面煤层顶板强度，掘进时首先在工作面顶板施工5～7个2m长，45°角前探锚杆，锚杆间距0.7m。起到金属骨架作用，使煤层前方突出点煤体增强整体性、抵抗性。然后在工作面U形支护卡子位置用2根2m长锚杆，固定在巷道全宽长度、宽度为200mm的槽钢上，在棚梁与槽钢间用大拌排严、杀牢煤壁，封严工作面上部易突出煤体部位，阻挡外力冲击时煤炭突出（见图5-3-27）。该措施可操作性强，效果明显。

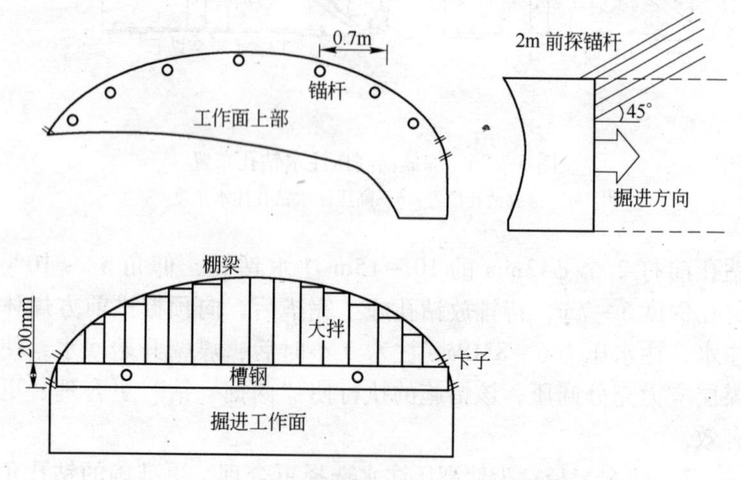

图5-3-27　掘进工作面迎头半封闭辅助前探锚杆控制顶板示意图

2）该技术施工工艺和施工材料、设备全部为正常掘进锚网支护所用，无需增加先进设备，施工工艺简单，可操作性强，不仅可以抵抗突出，施工作业现场安全性能良好。目前，防治煤与瓦斯突出是国内外科研机构研究的内容之一，特别是防治突出措施各矿不尽相同，但目的是一致的，即消除导致煤与瓦斯突出发生的因素，掘进工作面迎头半封闭辅助前探锚杆控制顶板预防煤与瓦斯突出技术是一种有效的防治煤与瓦斯突出措施，与其他措施配合实施以来杜绝了矿井煤与瓦斯突出的发生。该成果目前已在抚顺矿业集团公司井工矿推广应用，保证了矿井的安全生产。

(7) 含煤地层岩系掘进防突措施。我矿开拓掘进岩性多为玄武岩、火山碎屑岩、凝灰岩，为防止开拓掘进时发生煤与瓦斯突出事故，针对B层煤具有突出危险的实际情况，掘进时采取如下措施。

1) 长探短掘：打眼前利用3m长钎子杆打4个探眼，检查探眼内瓦斯及岩质情况，发现探眼内瓦斯浓度达到1%时或探眼内有见煤迹象，(如遇含炭质成分岩石) 停止掘进，4个探眼中，一个平行掘进方向，另3个分别巷道在顶板及两帮向巷道边缘以外岩层打眼，终孔位置超出巷道轮廓1m。探眼不准当炮眼使用，放炮落岩进尺不准备超过1m，留2m超前保护层。

2) 长钻孔探测：利用钻机在掘进工作面前方打前探钻孔，孔深可根据钻机能力和岩质情况尽最大努力深打，最浅不得低于20m (一般为30～40m) 探清工作面前方岩层岩性，是否有B层煤以及瓦斯情况，在确认钻孔控制范围内无B层煤后，掘进至工作面前方还有5m超前钻孔，停掘再继续施工前探钻孔，掘进时在保证有超前钻孔掩护下的同时，严格执行长探短掘措施。若前方钻孔或探孔探明有B层煤赋存，停止掘进，打钻探明煤层层位，测定突出有关参数，重新制定切实可行的补充措施。

(8) 石门揭煤。石门揭煤是发生煤与瓦斯突出几率很高、风险很大的工作，老虎台矿一般都是在一个采区揭开一次石门后，多数是由煤层往外揭开岩层后和石门贯通，避免突出的危险性。但每个采区必须得有一次揭煤过程，以下为老虎台矿83001

号安装道揭煤设计及防突措施。

83001 号安装道为煤层底板岩石巷，断面积 12m^2，支护方式为 U 形支架，岩性属凝灰岩，f 值为 4 ~6。由于煤层倾角较小（在 8°左右），因此，随着巷道向前推进，巷道顶板距煤层法线距离越来越小。巷道顶板距揭开煤层点 14m，巷道顶板距煤层法线距离 6m。该巷道（斜巷部分）在掘至 10m 时向煤层打钻测压、测试 Δh_2、抽放瓦斯，在斜巷掘进 3m 时打钻取煤样测试，钻孔见煤后，每 5m 采集一次煤样，测试 Δp、f、k 等三项指标。测试的各项指标见表 5-3-14。

表 5-3-14　83002 号安装道突出指标测试

指标地点	瓦斯压力/MPa	Δp	f	k	Δh_2
3m 处		2.48	0.21	11.81	
10m 处	0.2				10
19m 处					12

从以上测试指标看，瓦斯压力 p、瓦斯放散速度 Δp、综合指标 k 值均在经验临界值以下，但煤质较软。由于所揭煤层为突出煤层（四分层），为了确保安全揭煤，在巷道揭煤过程中，仍需按有突出危险管理。由于煤层倾角小，不能一次揭开煤层，而巷道顶板距煤层法线距离越来越小，存在由顶板突出（或倾出）的可能性。因此，该巷道（斜巷部分）由 19m 位置开始直至巷道全断面进入煤层为止，全部按突出煤层揭石门管理。为此特制定如下措施：

1）预测与监测措施，在掘进过程中，每班必须用 3m 长钎杆沿法线方向打 2 个探孔，角度 53°（见图 5-3-28）。当距煤层底板法线距离为 2m 时停掘，再测试 Δh_2 和钻屑量。如有突出危险，必须停止掘进，采用排放钻孔措施。

2）工作面瓦斯探头要悬挂在巷道顶板上，距工作面不大于

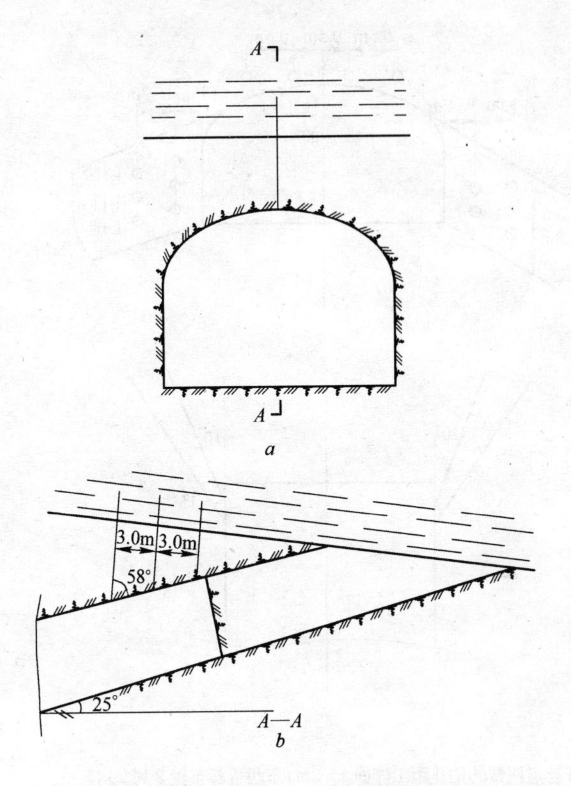

图 5-3-28　探孔（测试孔）布置示意图

a—巷道横断面；*b*—巷道轴向断面

5m，并随工作面推进及时向前移动。要经常校对探头，使其保持正常状态。

3）工作面设专职瓦斯检查员跟班作业，随时检查工作面瓦斯情况，坚决杜绝瓦斯超限作业。如果出现瓦斯忽大忽小、煤炮、支架巷道变形时，必须停止一切作业，停电、撤人，同时向调度汇报。

4）防突措施：

① 坚持原有的边掘边抽措施，巷道两侧抽放孔继续抽放，抽放钻孔布置见图 5-3-29。

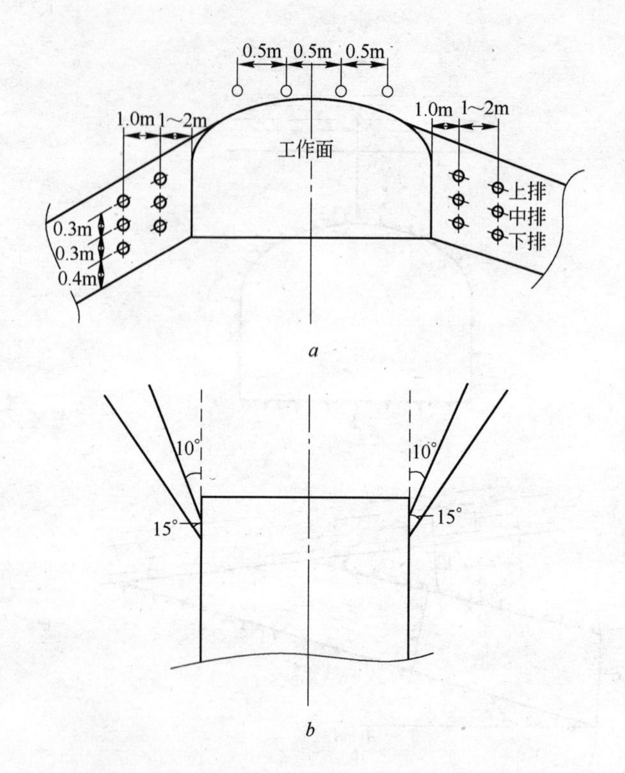

说明：(1) 巷道两帮的钻孔距工作面 1～2m，东西帮各布置 2 列、3 排；

(2) 上排孔仰角 40°，中排孔仰角 35°，下排孔仰角 30°，方位角以掘进巷道为中心，向东西两侧 10°、15°，孔深按钻机最大能力施工，不低于 30m；

(3) 钻孔打完后，及时抽放

图 5-3-29　抽放孔布置示意图

a—巷道两侧抽放孔布置；*b*—巷道两侧抽放孔布置断面

② 经测试有突出危险时，采用打排放孔措施，排放钻孔直径不小于 ϕ75mm，数量不少于 5 个，必须坚持“先探测，后掘进”的原则。排放钻孔布置见图 5-3-30。

③ 加强巷道支护。从 19m 位置开始，全部采用“锚网”与支架结合的支护方式。支架间距不大于 600mm，支架上部背板

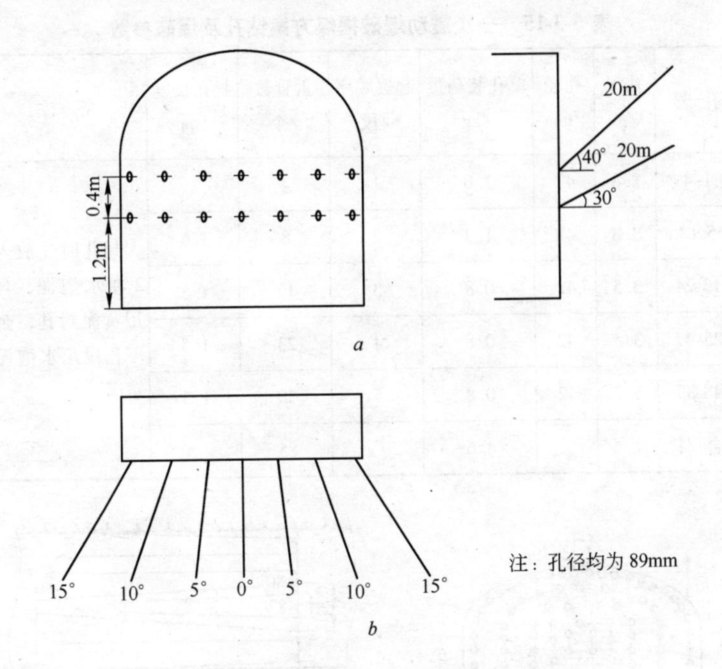

图 5-3-30　排放钻孔布置示意图

a—排放孔布置断面；*b*—排放孔布置角度分布

要背实，不得搭“凉棚”。

④ 工作面顶板严禁空顶，支护要及时跟到迎头。放炮前要将工作面迎头以外 10 架棚进行连锁加固，同时适当调整周边眼方向，防止放炮时崩倒支架。

⑤ 当巷道掘至顶板距煤层法线距离 1.0m，斜巷顶板沿掘进方向见煤距离 1.9m 时，实施一次爆破揭煤。具体方案见表 5-3-15、图 5-3-31。

5）防护措施：

① 掘进爆破必须采用毫秒雷管全断面一次爆破。严格执行“一炮三检”、“三人连锁放炮”制度。

② 在巷道平巷与斜巷交界处安装 1 组（8 个）压风自救器，在安装道口老矿车巷以东硐室内安装 1 组（8 个）压风自救器。

表 5-3-15　一次震动爆破揭煤方案钻孔及爆破参数

孔　号	孔深 /m	孔径 /mm	单孔装药量 /kg	起爆顺序 /段	雷管数 /个	封孔长度 /m	备　注
1-4	2.8	42	1.0	1	4	1	封孔时先放入2卷水炮泥，再用黄泥封孔，余下孔段用水炮泥填满
5-12	3.8	42	1.2	2	8	1.5	
13-24	3.5	42	0.8	3	12	1.5	
25-47	3.5	42	0.8	4	23	1.5	
48-85	3.5	42	0.8	5	38	1.5	
合　计			4.6		85		

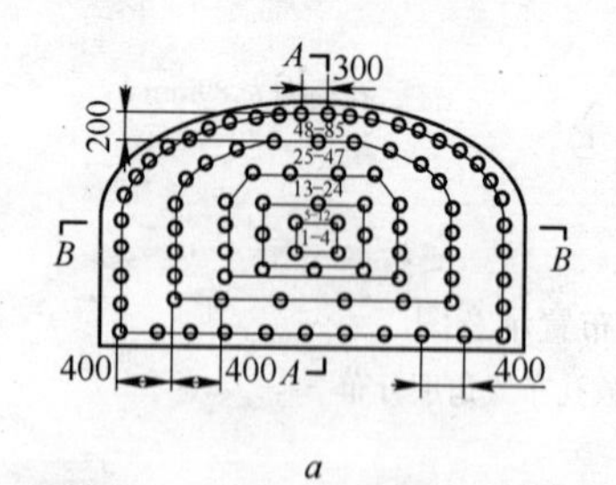

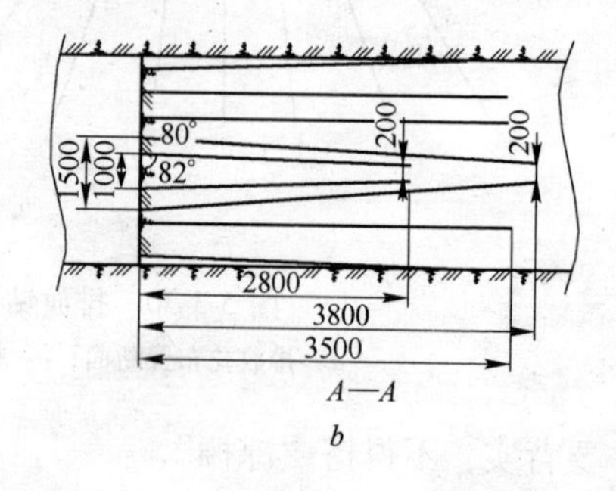

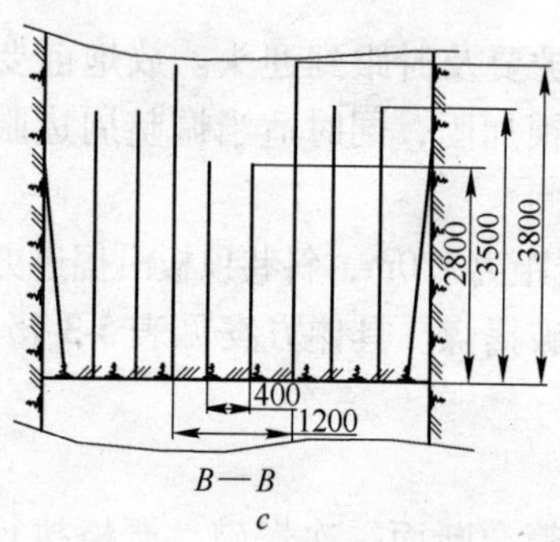

图 5-3-31　爆破孔布置示意图

a—爆破孔布置断面；*b*—爆破孔布置 *A*—*A* 剖面；

c—爆破孔布置 *B*—*B* 剖面

③ 在该巷道的所有进风道分别设置两道反向风门，使该巷道形成独立回风系统。

④ 放炮撤人地点设在反向风门以外的新鲜风流中，距离不小于300m。现场作业人员必须佩戴隔离式自救器。

⑤ 所有与放炮地点相通的巷道，以及受其影响的回风地点停电撤人，必须派专人把守，没有接到解除警戒的命令不得撤岗、放人。

⑥ 放炮后30min，由瓦斯检查员和班长佩戴瓦斯检测仪首先进入现场检查，确认无危险时，其他人员方可进入现场作业。

⑦ 巷道一次爆破揭煤时，要派10名以上救护队员在现场值班，佩带自救器，随时执行救护任务。

⑧ 揭煤时间安排在白班，矿主管领导和主管科室负责人必须在现场指挥。

（9）结论：

1）老虎台矿发生过煤与瓦斯突出动力现象及事故，都是发生在掘进巷道，突出危险性敏感指标为钻屑瓦斯解吸指标 Δh_2 和钻屑量 S，临界值为：Δh_2 为 $15 \times 9.8 = 147$Pa，S 为 4.0kg/m。临界指标合理，预测突出准确率达到70%以上，预测不突出准确率达到100%。

2）老虎台矿与科研单位多次合作对掘进工作面的防突措施进行研究，并取得一定成果，目前所采用的大孔径超前排放钻孔卸压、两掘一钻、轮掘、瓦斯综合抽放、长探短掘、煤体高压注水及“四位一体”的综合防突措施，符合抚顺煤矿防突工作的要求，取得明显效果，应予坚持。

3）针对工作面顶板破碎，放炮或冲击地压发生后冒顶诱导煤与瓦斯突出占60%的概率。采用掘进工作面迎头半封闭辅助前探锚杆控制顶板预防煤与瓦斯突出技术，有效地控制了事故的发生。

4）反向风门安装采用墙体加入6～8根锚杆与巷道连接方法，并在风门上方安装2～3行木砖缓冲压力，提高了使用的服务年限。

5）所完成的《特厚冲击地压煤层掘进工作面综合防突措施研究》科研项目，荣获辽宁省科技成果三等奖。

5.4 煤与瓦斯突出动力现象案例分析

通过下面两个案例分析，可以看出老虎台矿正确处理煤与瓦斯突出的整个过程和审慎认真的工作态度。

5.4.1 盘下煤（B层）突出案例

盘下煤（B层）突出案例时间为1985年4月14日，-730m开拓区检修硐室位于-730m水平西翼流水巷和皮带巷之间，两端分别与西第一联络道及消防列车相通，全长37m，掘进方式为打眼爆破，铲斗装岩，料石碹支护，掘进宽5.2m、3.6m、净宽4.0m、净高3.0m。该支护面由1985年4月开始自西第一联络道向西掘进，掘至9m时因修改设计而中断，直到1991年3月才又继续施工，当累计掘进至28m时，于4月14日14点40分，放炮约1min就发生了突出。其具体位置和周围巷道情况见图5-4-1，巷道施工情况见表5-4-1。

表5-4-1 巷道施工情况

巷道名称	工期	支护形式	净断面/m^2
-730m西流水巷（检修硐室对应部分）	1984年6~7月	料石碹、锚喷	11、12
-730m西第一联络道	1985年2~7月	料石碹、锚喷	11、12
-730m西皮带巷（检修硐室对应部分）	1985年8~9月	料石碹、锚喷	14、10
-730m消防列车库	1991年2~3月	料石碹、锚喷、U形棚	9.9
-730m开拓检修硐室	1985年4月 1991年3~4月	料石碹、锚喷	9.9

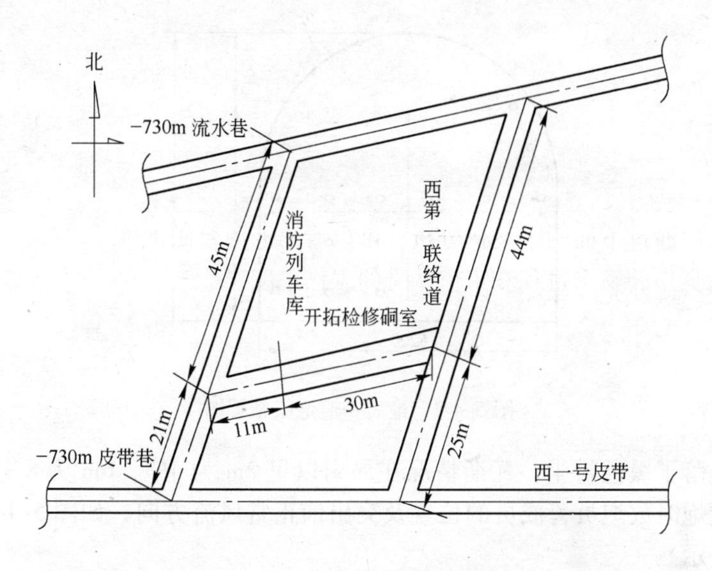

图 5-4-1　开拓平面布置图

5.4.1.1　突出经过

该工作面在 4 月 9 日前全断面均为玄武岩，10 日白班顶板出现玄武质凝灰岩，11 日开始顶板出现炭质页岩。较松软，还时而掉渣，12 日发现高顶处有 0.2% ~0.3% 的积聚瓦斯，13 日碹顶上的瓦斯为 0.5%；14 日顶板炭质页岩的范围一扩大到碹顶以下，并有片帮现象，当天的白班工人 9 点 30 分接班后，首先装运完堆在掌子头的 10 车岩石，约 11 点 30 分开始打眼，打眼过程中除顶板仍有掉渣现象外，并未发现其他异常变化，由于顶板松软只打了 22 个眼（未打顶眼）眼深 1.2 ~1.3m，又由于片帮仅有 19 个炮眼装药 3 个孔未装药，如图 5-4-2 所示。

而后按常规程序进行放炮，炮响后约 1min，又听到一声像崩断风筒似的发闷的声响（突出），接着是岩石掉落的响动，同时流水巷也由联络道涌出了黑色烟尘，在消防列车库处的警戒员还发现预计贯通地点有顶板掉渣和来压的响声，当时的时间为 14 点 40 分，约 10min 后烟尘消失，西第一联络道内都程度不同

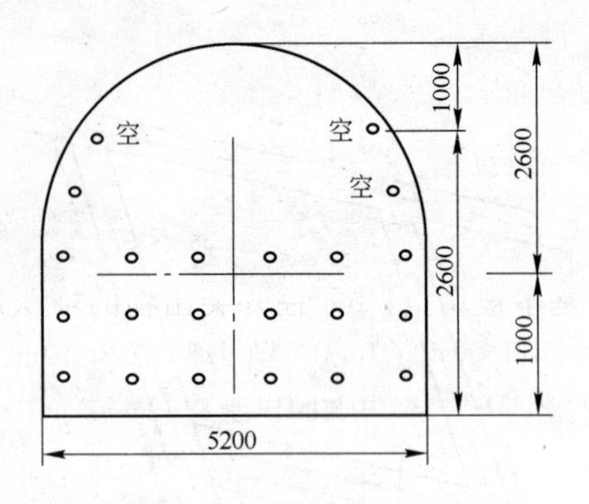

图 5-4-2　最后一遍炮眼布置图

地落了黑色粉尘，瓦斯情况在局扇以里 2m 为 4%，6m 为 8%，放炮时放炮员警戒员的位置及突出前正常风流方向，如图 5-4-3 所示。

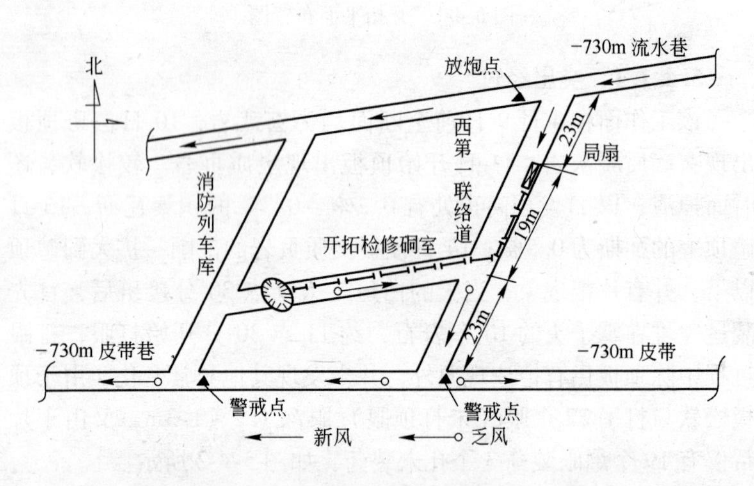

图 5-4-3　开拓检修硐室掘进面通风系统示意图

5.4.1.2　突出现场及突出物

突出发生后，矿立即组织有关人员进行了现场调查：

（1）突出物在粒度方面无明显的分选性，最大直径为 300mm，一般为100mm以下，其中混有黑色粉末，黑色逆风至流水巷与新鲜风流混合后向西流去，局扇附近有明显落尘，在与流水巷岔口处也可观察到落尘，突出物为玄武质凝灰岩、炭质页岩、高灰分煤、丝炭及天然焦等。

（2）突出物从掌子头向外6m，除靠顶板有0.1×0.4的突出瓦斯孔道外，基本被堵严，6m往外突出物的堆积角度依次为20°(6m)，14°(4m)，4°(3m)。抛出距离为19m，堆积角长13m，从抛出的状况看，突出物抛出距离基本与突出物的密度相反，如高灰分煤、丝煤密度小，多出现在抛出较远处，而玄武质凝灰岩，炭质页岩等密度大，多位于突出口附近，突出物中矸石较多，但其容重不大。

（3）该巷道使用11千瓦局扇供风，风量为174m^3/min，突出瓦斯量为2166m^3（计算依据附后）。

（4）巷道内的设施，如风管、水管、风筒、铁轨、装岩机矿车等没有损坏或移位，仅是靠掌子头的料石碹顶部有2m左右变形，并有突出物夹于碹与模板之间。

（5）4月17日进一步检查突出现场时，发现突出物堆积0.15m深处的温度高于80℃，同时消防列车库透的、突出点的钻探孔有热气往外冒，其温度为39℃，另据反映，在掘消防列车库掘到突出点的相应位置，放炮后掌子头的温度也较高，有烤脸的感觉，洒水后像有水蒸气蒸发一样（突出堆积及突出孔洞见图5-4-4）。

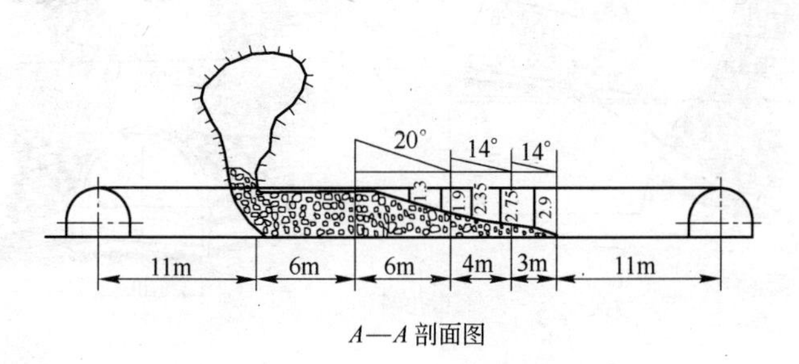

A—A 剖面图

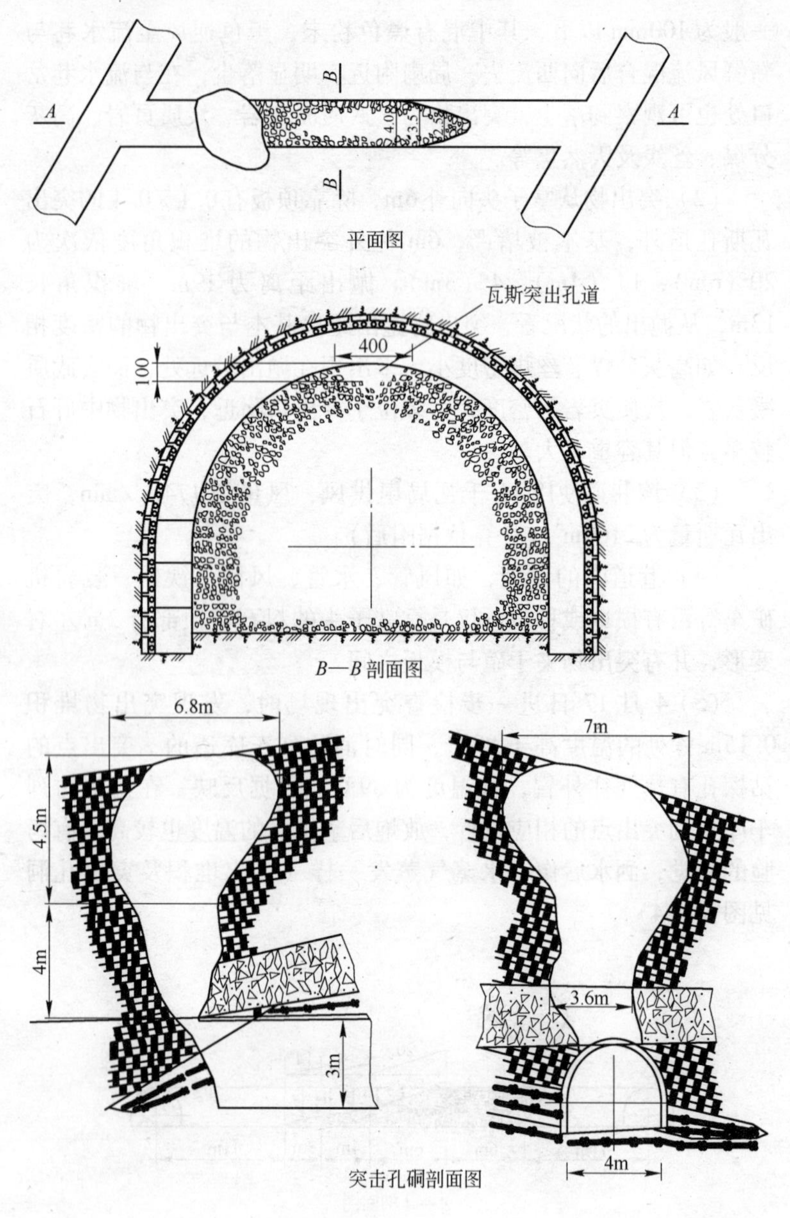

图 5-4-4　突出堆积及突出孔硐示意图

5.4.1.3　地质与瓦斯

矿本层煤底板玄武岩层中赋存一组 B 层煤（盘下煤），其赋存不稳定，开拓检修硐室是布置在煤层底板玄武岩中，所遇的就是 B 层煤（巷道围岩地质平、剖面见图 5-4-5）。

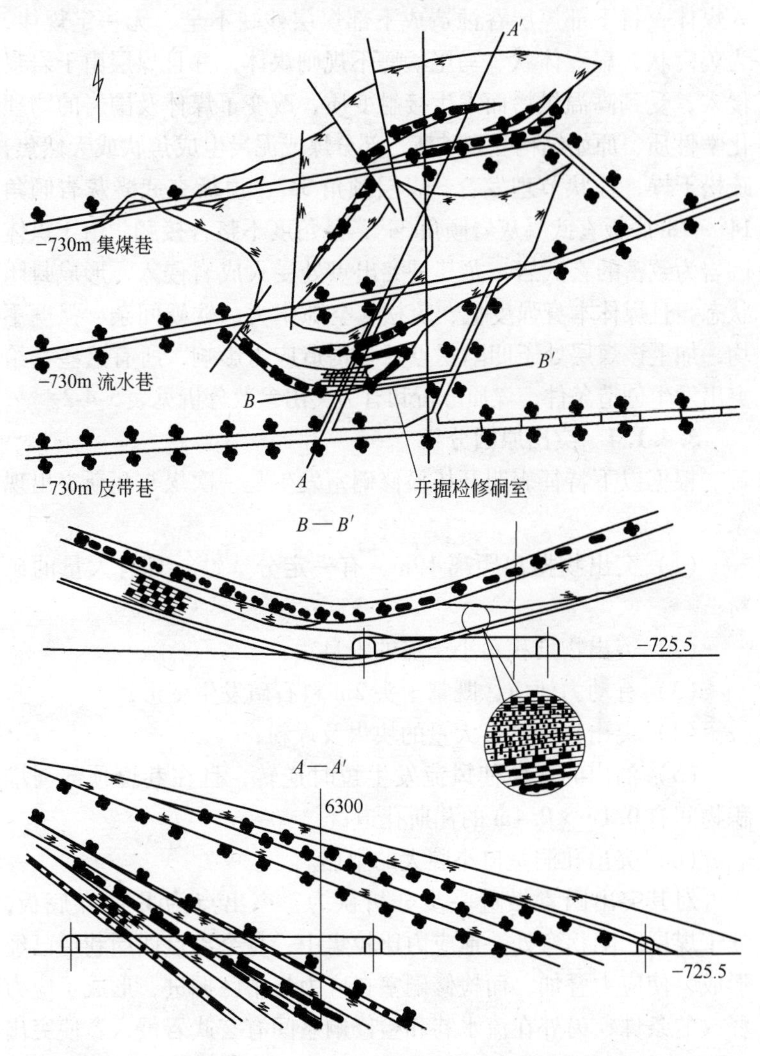

图 5-4-5　巷道围岩地质平剖面示意图

B层煤中含有高灰分煤，天然焦、丝炭、炭质页岩、煤屑玄武凝灰角砾等，煤体破碎松软，有玄武岩侵入，煤层厚8 ~10m，煤层顶底均为玄武质凝灰岩，从煤层及其围岩的产状分析，可以认为玄武岩侵入与煤层沉积是在同一时期，成煤后，岩浆再次侵入煤体，将下部煤层吞蚀造成下部煤层残缺不全，无一定规律，为鸡窝状、扁豆体状、马尾状等不规则煤体，并且煤层由于岩浆侵入，受到高温烘烤而发生接触变质，改变了煤体及围岩的物理化学性质，原始结构受到破坏，部分煤或泥炭生成焦状或天然焦，疏松干燥，柱状节理发育，煤层倾角34°，顶板玄武凝灰岩倾角14° ~18°底板玄武凝灰岩倾角34°，呈角度不整合接触，由于煤体围岩为致密的玄武岩，尤其是突出点处受火成岩侵入，形成封闭状态，且煤体本身强度低、疏松、空隙率大，软硬间杂、强度不均，加上该煤层处于凹陷拐点处受构造应力影响，所有这些都给突出发生创造条件，煤质分析和有关突出参数分析见表5-4-2。

5.4.1.4　突出原因分析

根据以下特征表明开拓检修硐室发生是一次煤与瓦斯突出现象：

(1) 突出物抛出距离19m，有一定分选性，具有大量的矿粉；

(2) 突出物堆积角小于煤的安息角；

(3) 有动力效应，既掌子头2m料石碹发生变形；

(4) 突出物中含有大量的块煤及煤粉；

(5) 涌出的瓦斯使风流发生短时逆转，且在巷道顶部与堆积物间有0.1m ×0.4m的瓦斯孔道；

(6) 突出孔洞呈口小腔大的梨形。

对其突出因素做进一步分析认为，突出点为B层煤底板，处于煤层凹陷拐弯处，地应力比较集中，且突出点四周巷道已经形成，使应力叠加，而检修硐室在应力集中区掘进，形成了应力释放的条件，另外在流水巷和检修硐室间有玄武岩侵入，使突出点 呈封闭状态，瓦斯难以泄逸，同时在成煤期受玄武岩侵入影响，

表 5-4-2　煤质分析和有关突出参数分析

采样地点及分析样别	工业分析								固定炭	突出参数		煤层破碎类型
	水分/%		灰分/%		挥发分/%		密度/g·cm^{-3}			Δp	f	
	Mau	Mad	Aad	Ad	V_{900ad}	V_{900v}	d_c	d_s	F_{cad}			
-730m 检修硐室高灰分煤		3.00 (Wf)		45.03 (Af)		16.36 (Vf)	1.65	1.98		11	0.94	暗淡无光软硬均有属Ⅱ、Ⅳ、Ⅴ类
-730m 检修硐室高灰分块煤	4.22	3.26	45.33	47.10	8.42	8.75	1.36	1.80	42.49	10	0.49	属Ⅱ、Ⅳ、类暗淡煤、较硬
-730m 检修硐室丝煤		2.88	33.63	34.63	7.16	7.84		1.66		15	0.46	属Ⅴ类煤质、松软无光、可见木纹年轮、手捻成末
炭质页岩										4.5	1.11	较坚硬

使煤体疏松，软硬不均，孔隙率大，含大量的游离态瓦斯，因而在掘进中，由于破坏了应力平衡，使潜能得到了释放，疏松的煤体厚达 8 ~ 10m，处于掘进巷道的上方，一旦保护层被打破，即揭开玄武岩层，煤体就会在瓦斯的推动下突了出来，这次突出煤量为 132 车，达 231.6t，属次大型突出（100 ~ 500t 之间），突出瓦斯量为 $2160m^3$，孔洞轴线与巷道夹角近于 85°，与煤层夹角近于 70°，其动力源主要为瓦斯压力和地层应力，起主导作用的为瓦斯压力。

5.4.1.5　主要教训

这次突出发生前，突出预兆不明显，如瓦斯、温度、湿度等异常变化，以及突出前的声响，工作面压力突然增大等，说明了突出是复杂的动力现象，虽然侥幸没有造成人员伤亡和瓦斯事故，但必须引起我们的高度重视，并从中吸取深刻的经验教训。

（1）这次发生突出的巷道，施工前没有按有关规定编制作业规程，制定防突安全措施，而是施工单位擅自安排施工，严重违反了《细则》第 6 条、第 8 条的有关规定，以致造成主管业务部门和领导不能及时掌握施工情况和掘进巷道的岩质、瓦斯等变化情况。

（2）深部开拓掘进工作面无专职瓦检员，一人兼管几个工作面，在一个工作面仅能工作 30min 至 1h，不能及时掌握掘进工作面的各个工序的瓦斯变化情况，其次瓦斯检查汇报制度不健全，如在 4 月 12 日和 13 日新一班分别检查出有 0.2% 和 0.5% 的小面积局部瓦斯后（不足积聚体积），没有引起重视和作进一步检查。放炮员在放炮前因没有胶管，而没有检查巷道顶板和炮眼内的瓦斯情况，只检查了风流中没有瓦斯，就进行了装药、放炮。没有全面掌握瓦斯变化情况。

（3）对突出预兆掌握的不牢，如在掘进中发现岩质有变化，并不断掉渣、片帮，但没有引起注意，依然按常规放炮，以致在毫无准备的状态下发生了突出。

（4）掘进过程中没有执行长探短掘、超前探钻措施。

(5) 矿井开拓水平与现采区串联通风，这次突出发生后造成 -580m 水平 509 号、511 号采区和 512 号准备区入风流中瓦斯浓度急剧上升，以致瓦斯浓度超限，最高达 1.7%，使瓦斯断电仪动作断电。（突出影响区域通风系统见图 5-4-6）

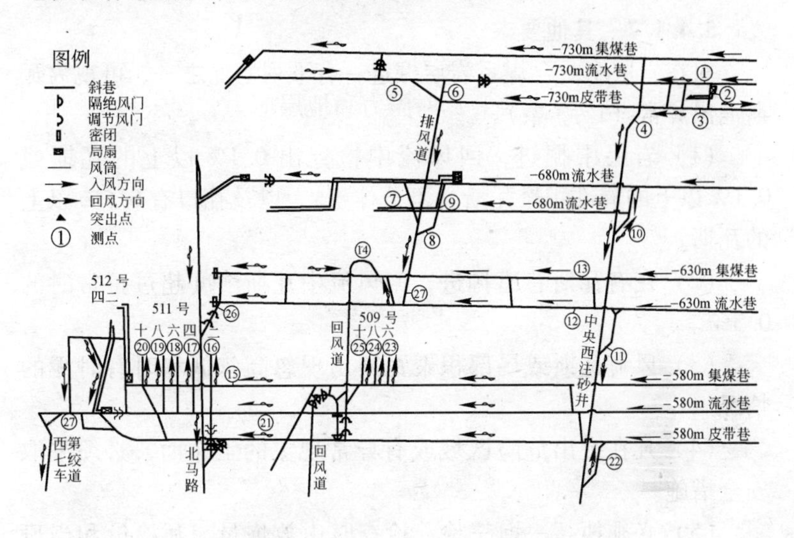

图 5-4-6　突出影响区域通风系统

5.4.1.6　今后措施

为杜绝发生突出事故，要认真总结这次突出的经验教训，除严格贯彻执行《规程》、《细则》等有关规定外，还要采取如下措施：

(1) 凡在矿井含煤系岩层中安排掘进施工，必须有专门设计，编制作业规程和防治突出措施，否则不得施工。在施工作业规程中，对掘进巷道周围的地质构造，岩层层位等，必须在说明书中详细说明。工程科在深部巷道施工前的一个月，必须组织地测、设计、通风、安监等部门进行研究，确定施工措施。

(2) 地测科对在掘进施工巷道遇盘下煤 15m 前，必须向有关部门提出预报，并必须对掘进中的巷道进行地质素描，每半年对矿井瓦斯地质图完善一次。

(3) 对有异常现象的掘进工作面，如瓦斯涌出异常，温度变化异常，压力增大、掉渣异常，工作面岩层内有异常声响等现象时，必须停止掘进，向有关部门汇报，待采取必要措施后方可继续施工。

5.4.1.7　其他要求

对在岩层中或含煤系岩层掘进，有下列情况之一，可视为瓦斯涌出异常（1~3条）。

(1) 岩层中掘进，回风流中检查出0.1%以上的瓦斯或0.1%以上的局部积聚瓦斯（不分体积），以及孔口有0.5%以上的瓦斯。

(2) 在有瓦斯巷道掘进，回风流中瓦斯浓度超过正常时的0.3%。

(3) 风流瓦斯或局部积聚瓦斯出现忽高忽低和时有时无的情况。

(4) 凡在突出危险区域或有异常现象的工作面，必须采取安全措施。

(5) 必须执行一炮三检，检查时由放炮员，瓦检员和当班组长共同进行，检查时要同时检查钻眼，局部积聚和风流瓦斯。

(6) 放炮地点必须在入风流中，放炮时必须切断工作面除局扇和检测探头以外的一切电源，回风流断电撤人，放炮距离不得少于300m，警戒距离也不得少于300m，放炮后必须在30min后方可进入工作面。

(7) 必须随身携带隔离式自救器，班组长携带瓦斯报警仪，工作面必须设置瓦斯报警断电仪，对工作面风流和回风流瓦斯进行监控。

(8) 必须设专职瓦斯检查员，瓦斯检查员和施工班组长负责观察掌握突出预兆。

(9) 保安区调度应建立突出危险工作面瓦斯检查汇报台账，专门对突出危险工作面进行管理，台账记录内容包括检查地点，瓦斯涌出情况（积聚、风流和钻眼口）、温度变化、掉渣、声响、工作面岩层变化情况等。

(10) 开拓水平实现独立通风，即深部的回风不进入现采区，深部掘进工作面之间无法独立通风的，必须设置瓦斯检测报警断电设备，开拓水平所有局部通风地点，必须实行“三专两闭锁”，突出危险工作面还必须实行双风机双电源自动分风。

(11) 对职工要切实加强防突知识教育，使之牢固掌握突出预兆，避灾路线和自救知识，并要反复讲，经常讲，突出危险区域作业地点的施工人员，必须经过防突培训教育，并经考试合格后，持证上岗。

5.4.2 本层煤突出案例

2002 年 10 月 21 日 5 时 17 分，-830m 水平 83001 号运输顺槽东进掘进工作面，掘进放炮后诱导冲击地压引发煤与瓦斯突出，事故发生后，矿有关人员及时赶到现场，对突出现场进行了仔细勘察。现将对这次突出事故的调查结果和初步分析如下。

5.4.2.1 采区概况

-830m 水平 83001 号运输顺槽东进掘进工作面，上部为煤层顶板，平均厚度 30m，下部为四分层煤层底板，南侧 100 ~ 120m 为 78001 号、78002 号已采区，北侧 130m 为 F26 断层，掘进时采用打眼爆破，皮带机械溜子运输，爆破断面 16.5m^2，净断面 12.5m^2，锚网 U 形棚复合支护，棚距 0.8m，一台 45kW 对旋风机供风，有效供风量 700m^3/min。

83001 号运输顺槽从拉门到发生煤与瓦斯突出前的掘进期间，共发生 6 次动力现象，从几次冒顶情况观察，巷道上部一直有构造复杂并与掘进方向一致的断层，断层内赋存有高能量瓦斯，由于构造复杂，导致该区域冲击地压非常活跃，瓦斯涌出异常。

5.4.2.2 防突措施实施情况

由于该工作面为顶分层采面，回采原生煤体，无卸压保护条件，其运输顺槽毗邻 F26 断层，因此，在开始施工前即将该工作面定性为严重突出危险工作面，作为防突重点来抓。在公司和两防办领导的主持下，会同抚顺分院的科研人员，针对83001号工作面共同制定了“四位一体”的综合防突措施方案。

（1）预测预报：预测预报及效果检验采用钻屑量及钻屑瓦斯解吸指标法进行，临界指标为 $\Delta h_2=150\text{Pa}$；$S=4.5\text{kg/m}$。从拉门至突出地点共掘进69m，共进行预测预报和效果检验54次，其中20次超标，最大值为 $\Delta h_2=260\text{Pa}$，$S=13.5\text{kg/m}$。

（2）防突技术措施：

1）工作面采用 ϕ89mm 孔径排放钻孔，排放卸压瓦斯压力、地应力，同时对工作面前方煤体进行高压注水。以“两钻一掘”方式实施，即掘进前，工作面不少于9个 ϕ89mm 的8~12m深的排放钻孔，1个12m深注水孔，煤体高压注水效果以煤壁返水为准，一般不小于3小时；该地点从拉门至突出地点止，共打排放钻孔767个，总进尺8283m，工作面平均每掘1m钻孔数量为11.1个，平均每米钻探进尺为120.4m；总注水时间为132小时；从10月7日来煤炮，到10月17日恢复生产至10月21日突出止，工作面有超过10m深的钻孔共54个，在此期间，工作面掘进累计进尺为6m，前方还有一部分超前钻孔。

2）区域防治措施采取预抽和边掘边抽进行瓦斯抽放，边抽在巷道两侧跟随掘进每间隔30m交替布置一个钻场，在钻场内向工作面前方打钻抽放瓦斯，掩护工作面掘进；预抽瓦斯是利用78002号北顺槽和83001号南顺槽每间隔30m布置一个钻场，向83001号北顺槽预掘进前方打深孔，预抽采煤体瓦斯。到突出前10月20日止，-830m东探巷总管路抽出瓦斯463.61万 m^3，安装道、开切眼抽出瓦斯10.96万 m^3南顺槽及78002号北顺予抽瓦斯分别为76.05万 m^3和56.47万 m^3该区域总计抽出瓦斯607.1万 m^3。其中北顺槽抽出瓦斯132833.8m^3，南顺槽抽出瓦斯760507m^3，突出区域煤体共抽瓦斯893340.8m^3（见表5-4-3）。

表 5-4-3　83001 号瓦斯抽采

地　点	钻　孔　参　数				备　注
	孔数/个	孔深/m	进尺/m	抽采量/m^3	
北顺槽北帮钻场	12	12～91	244.5	40233.6	北顺槽总计：132833.8m^3
北顺槽南帮钻场及巷道帮、顶	约 20 个	6～66	225	92600.2	
南顺槽 1 号钻场	9	90～127	914	111916.8	南顺槽总计：760507m^3
南顺槽 2 号钻场	20	96～171	2148	429753.4	
南顺槽 3 号钻场	15	70～161	2095	218836.8	
总　计	76		5626.5	893340.8	

3）计划巷道每掘进 30m 在工作面进行一次深孔排放，实际具体实施位置为工作面掘进 16m、35m、57m 处，三次停掘，都采用大功率液压钻机实施深孔排放，最后一次深孔排放实施地点为 57m 处，与突出位置相差 12m，实施钻孔 10 个，其中 50 米深 7 个、43 米深 1 个，即超过突出点前方 30m 深的钻孔有 8 个。

（3）安全防护措施：该巷道掘进期间严格执行全方位安全防护措施，工作面作业人员每人佩带隔离式自救器，工作面以外 100m 范围内安设 2 组压风自救系统，每组 10 个供风嘴，在回风口以外 30m 位置设置 2 道牢固的反向风门；在 -830m 皮带巷安设了一台自动电话，工作面至反向风门外侧设置了固定放炮母线，放炮地点在两道反向风门以外新鲜风流中，距工作面不少于 300m，放炮时关闭反向风门，放炮 45 分钟后进入工作面（见图 5-4-7）。掘进放炮后，坚持前探支护，帮顶背严背实，在进行其他作业时，对工作面正前煤壁用背板进行临时掩护。

5.4.2.3　突出经过及现场调查

A　突出经过

10 月 21 日新一班，煤掘一队代班队长领着当班小组共 10

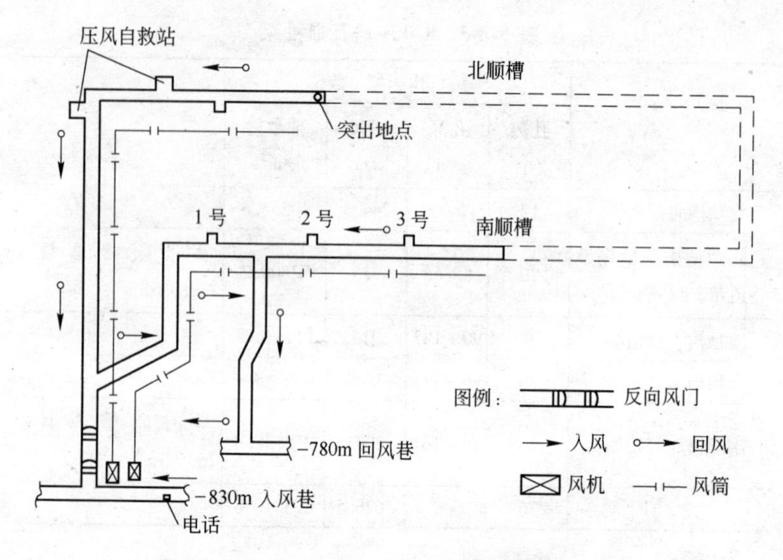

图 5-4-7　83001 号巷道布置及通风系统示意图

人去 83001 号北顺槽东进工作，在入口车站遇到二班完工人员，二班挑了一个梁子，放一遍炮，进度 0.8m，挂了一片网，一切与往常一样，没有异常现象，小组人员到工作地点后，经检查工作面瓦斯 0.4%，回风流 0.8%，确认正常后，便开始拿货，4 点 30 分开始打眼，主要在工作面下部打眼，装 25 个药卷，经放炮员与瓦检员共同检查后，没有发现异常，人员撤至反向风门以外，并关闭反向风门，于 5：02 分开始放炮，放炮后不到半分钟，听到工作面内响煤炮，声音比较连续，大约 15min 后，即 5：17 分，又响了两次闷雷似的响声，随即感到工作面可能有其他情况发生，10min 后，瓦检员进入第二道反向风门，测得瓦斯 10% 以上，风流中飘有较大的煤尘进入回风道，便与煤掘区代班队长分别向矿、区调度汇报。

B　现场调查

事故发生后，矿立即组织有关科室、救护队赶到现场进行抢险与调查。

（1）工作面掌子头 21m 内被突出煤炭充满填实，然后为

11m 软硬相杂的碎煤，呈 10°角堆积，上面覆盖约 10mm 厚的煤尘，再往后 25m 为 15°堆积角的碎煤，上面覆盖煤尘约 3 ~5mm，并延续到北顺槽门口，由于突出后的孔洞不清，初步估算突出煤量为 471t（见图 5-4-8）。

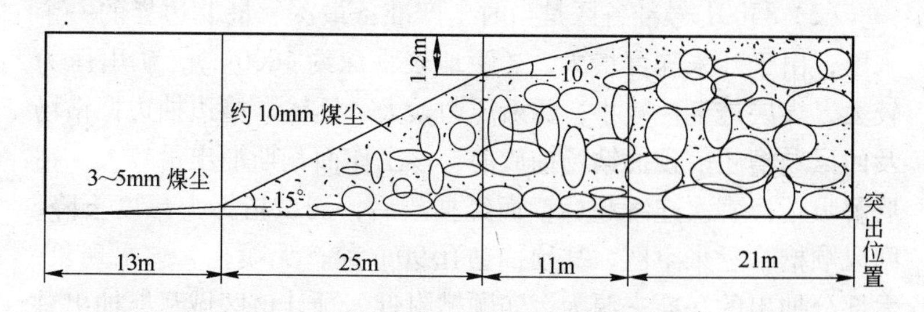

图 5-4-8　突出煤堆积示意图（剖面）

（2）根据突出后回风侧瓦斯探头监测计算，去掉日常瓦斯涌出量，此次突出共涌出瓦斯 16439m^3。

（3）突出的煤与瓦斯的冲击力不大，巷道内运输设备、棚子、通风设施、消火器材等没有发生形变和位移，堆积的浮煤在南帮可以看到明显的自然下沉现象，设备受冲击面煤尘附着较轻，受力效应一般。

（4）突出的煤炭软硬交杂，上部有一定的煤尘覆盖，清货时，多出现 0. 8m ×0. 5m 大块，堆积层位杂乱，虽有一定的分选性，但现象不十分明显。

（5）突出物堆积角小于自然安息角。

（6）涌出的瓦斯没有明显的涌出通道（即突出孔洞不明显），没有明显的逆风现象。

（7）从突出强度、破坏程度、瓦斯涌出量分析，突出以构造应力为主导力，瓦斯压力次之，煤的破坏类型为Ⅲ类（突出后取样分析 f 值为 0. 36、0. 27）。

5. 4. 2. 4　原因分析与初步结论

A　突出原因

（1）运输顺槽北侧 130m 左右为 F26 断层，受其影响，运输顺槽从拉门到突出，巷道上方一直赋存一些伴生的小构造，而且产状不清，从拉门到突出地点，该巷道共掘进69m，发生冲击地压、冒顶等以构造应力为主的动力现象6次，因此，认为该地点构造应力相当大而且比较复杂。

(2) 83001号准备区是当时生产准备最深、最北边界的一个采区，由于开采深度增大，（距地表垂深约1000m），矿山压力较大，煤层透气性减小，瓦斯压力较大，运输顺槽边抽边掘钻场及回风顺槽超前预抽钻场抽放前，该工作面瓦斯涌出量较大，钻屑解吸指标多次连续超标，而经抽放后，测试指标大幅度下降，回风顺槽临近采空区，其预抽钻孔90m前，无喷孔、憋水现象，大部分抽出的瓦斯来源为运输顺槽附近，预计该区域瓦斯抽出总量的1/3为运输顺槽构造带内的瓦斯，即抽出瓦斯29万 m^3 左右，大大减轻了瓦斯压力和含量，是本次突出瓦斯涌出量较小的主要原因。

(3) 运输顺槽以南100~120m为78001号、78002号已采区，从宏观上看，该巷道处于条带状煤柱中掘进，已采区上覆岩层的运动导致大面积地应力转移，加大了运输顺槽位置煤体的应力集中，对此次突出有一定的影响。

(4) 10月20日运输顺槽南侧距突出点超前开采200余米的78002号综放区，从9点到15点，后部采空区发生老顶顶板垮落，宏观上讲该采区的应力释放及转移，对83001号运输顺槽煤体应力平衡有一定的影响。

(5) 运输顺槽掘进工作面前方采掘应力集中区为6~8m，由此可见该地点应力特别复杂，处于多种应力叠加。

B　*初步结论*

对突出表象的认定：

(1) 突出煤量471t，规模接近大型突出；

(2) 突出物具有一定分选性，但不明显；

(3) 对突出瓦斯涌出量的统计结果分析，瓦斯参与量较少 (16439 m^3)，而且无明显逆风现象；

（4）从动力效应看，突出没有造成巷道内支架及其他设施的破坏。

通过分析可以认定，此次突出是以包括构造应力、采掘集中应力、原始应力在内的地应力为主要动力源，瓦斯压力次之的煤与瓦斯突出。

C　对突出因素的认定

（1）F26断层及其伴生小构造影响范围内，存在较大的应力集中带，加之周边采区的矿山压力的转移叠加，以及构造带中赋存的瓦斯，构成了本次突出的动力源；

（2）由于在F26断层及伴生小构造形成过程中，煤体遭到严重破坏，形成了以破碎煤体为骨架的结构弱面，此结构弱面处在高应力极限平衡状态，构成了突出抛出物的主体；

（3）放炮后，高应力结构失稳，能量突然释放，形成浅部冲击，诱发煤与瓦斯突出。

5.4.2.5　事故教训与今后措施

A　事故教训

突出预兆不明显，预测又无危险性，说明突出是复杂的动力现象，必须引起高度重视，不能放松警惕性。

（1）突出前风流瓦斯及其他有声预兆（如响煤炮等）都与往常一样无明显变化，导致作业人员放松警惕。可以断定该地点施工时的压力变化应该存在，应加强压力观测。

（2）该地点冲击地压频繁，最高震级达到过3.2级，而此次突出也是冲击地压诱发，冲击地压解危措施受多种因素影响而没有实施。

（3）该地点一直在构造带内掘进，危险性很大，由于地质条件复杂，提供地质资料困难，不能满足安全生产的需要。

B　经验总结及措施的完善

（1）将钻屑量指标临界值修订为4kg/m。

（2）排放钻孔的深度基本能达到设计要求，但钻孔的仰角和方位角还常有与设计不符现象，不能有效的控制巷道四周煤体。钻孔验收工作要着重验收钻孔的角度是否与设计相符，达不到设计要求的不予验收。

(3) 从预测角度来看，掘进速度过快，超标次数较多，造成事得其反。严格控制掘进速度，各掘进工作面日进度严禁超过1.2m，任何人不得违反此规定，两掘一钻地点二、三班各进一片网，两钻一掘地点，二班23点后放一遍炮。

(4) 所有防突工作面，均为冲击地压危险区，83001号北顺东进掘进面后方巷道两侧没有进行松动爆破，几次冲击地压发生，巷道破坏较大，冲击地压潜伏危机很大，是诱导突出的一个重大隐患，必须对巷道两侧实施松动爆破卸压解危措施。

(5) 83001号开切眼，运输顺槽东、西进，地质条件复杂，地质预报非常重要。地测部门设专人对该地点检查，及时提供地质预报，送达有关部门及施工单位，指导安全生产。

(6) 所有防突工作面，远距离放炮均在200m以上，不能全断面一次起爆现象较为突出，而放炮次数过多，既影响作业时间又给突出带来更多的机会。采用大功率起爆器，实现一次全断面起爆。

(7) 加强防突知识教育，从“10.21”突出事故后的调查来看，事故发生前无明显的突出预兆，实质上无声预兆一定会存在，只是人们没有发现，应着重加强这一方面的培训教育工作。

(8) 加强掩护钻孔施工，在施工掩护钻场时要将工作面停下来同时采取大循环措施，白班、二班两个班打钻，夜班一个班掘钻场，利用5天时间将钻场和大循环钻孔工作完成，然后利用3天时间在钻场内打5个50m深的钻孔，同时对大循环钻孔进行抽放。最后在掘进期间将钻场内设计要求的其他钻孔打完。钻场内达不到5个50m深的钻孔工作面不准掘进。

(9) 实施金属骨架防突措施，超前工作面前方煤体别顶，防止破碎煤体冒落引起突出。

C　几点需要加强的措施

(1) 施工排放钻孔的人员要尽量固定。人员更换频繁，不易掌握前方煤体应力集中点，对出现憋水、喷孔地点了解不细，一旦钻孔内出现的异常现象，更换人员后无法了解打钻的真实情况和该工作面平时的作业环境。所以，各打钻地点要固定业务精、责任心强的人员，休息换人时，最好有副队长在场指挥。

（2）提高短时抽放效果。每天抽放个数不少于2～5个，瓦检员要对打完排放钻孔及时测定涌出量。

（3）增加边掘边抽掩护钻孔个数。钻孔经常会在短时间内垮死，使前方煤体瓦斯无法抽出，达不到预期抽放效果，但却起到了较好的卸压效果。边抽钻孔由9个孔改为15个孔，能抽多少瓦斯就抽多少瓦斯，同时可以起到卸掉前方煤体一部分采掘应力的作用。

（4）增加高压注水孔个数。只施工一个注水孔，一旦注水孔垮死或与其他孔渗透，都将影响煤体注水效果，起不到湿润煤体作用。防突工作面的注水孔，必须施工2个，两孔间距及与排放钻孔的间距要大于1m，钻孔施工完毕，要同时封孔，封孔深度达不到5m，注水时，一旦其中一个孔漏水，应及时改注另一个，若2个孔全部漏水，应在下一班再打孔注水。

（5）强化排放钻孔质量及注水效果。打排放钻及高压注水人员要互相配合，排放钻孔达不到规定数量，注水时间达不到3小时，不准掘进。

（6）设置专用压风自救硐室。所有的压风自救系统一律设在行人方便一侧，工作面前方2组进入硐室，其余可设在行人畅通、无杂物的一侧。

（7）按照标准设置反向风门。从“10.21”突出事故来看，坚固严密的反向风门阻挡了风流中瓦斯逆转和冲击波，起了安全屏障作用，因此所有防突工作面的反向风门要坚决按规定去安设。

5.4.2.6　恢复掘进时现场调查

10月24日工作面将填实的21m巷道恢复，然后退回4架棚给沙门对突出前方进行河沙、粉煤灰、泥浆等充填。充填插管

8 ~ 10m，角度30°以上，北帮插管时多为浮煤。11 月 8 日扒开沙门至工作面第一架棚（无损坏）：工作面下部 1m 为硬煤，上部为浮煤。11 月 9 日向前进一架棚，全断面变为硬煤，顶板局部有粉煤灰呈不规则线状充填在煤的裂隙内。充填及探孔共打 6 个，掘进方向 3 个，仰角分别为 +30°、+35°、+60°，北帮偏北东 2 个孔 25°、30°。南帮偏南东 1 个孔 20°。孔伸均大于 10m，未见孔洞。根据钻孔推测突出孔洞应是由西向东北方向延伸，口小腔大，位于前进方向上方。

综上所述可以看出：

（1）老虎台矿开采的单一特厚煤层具有突出危险性，历史上曾多次发生过煤与瓦斯突出动力现象及事故，但都是发生在掘进巷道，与采煤方法并无直接关系。

（2）综合机械化放顶煤开采方法，是抚顺煤矿经多年多次采用各种采煤方法试验失败后，找到的一种适合抚顺深部煤层赋存条件的采煤方法。

（3）对抚顺煤层来讲，在综放工作面采取的两巷和顶板瓦斯道打钻超前抽放瓦斯及排放卸压钻孔等防突措施，收到了良好效果。经对 19 个半原生和原生煤体综放面为期 7 年（见表 5-3-12）的开采实践表明，抚顺突出危险煤层实施综放开采是可行的，综放工作面从未发生过煤与瓦斯突出动力现象。

（4）经对综放工作面防突措施试验研究和大量测定分析工作，初步确定了下列参数：

1）突出危险性敏感指标为钻屑瓦斯解吸指标 Δh_2 和钻屑量 S，临界值为：Δh_2 为 $15 \times 9.8 = 147$Pa S 为 $\geqslant 4.0$kg/m。预测突出准确率达到 70% 以上，预测不突出准确率达到 100%。

2）综放工作面的前方集中带为 5 ~ 7m，采取排放卸压措施后应力集中带前移至 11 ~ 15m。

3）开采上保护分层来保护下分层采、掘工作面，其保护范围与时间为：

①上下分层垂直段有效保护范围为50m；

②平面有效保护范围为：掘进工作面四周扩展4m；回采工作面保护面积四周扩展10m；

③保护层卸压时间大于3个月。

(5) 老虎台矿发生的煤与瓦斯突出动力现象都是发生在掘进巷道。目前所采用的大孔径超前排放钻孔卸压、两掘一钻、轮掘、瓦斯综合抽放、长探短掘、煤体高压注水及“四位一体”的综合防突措施，符合抚顺煤矿防突工作的要求，取得明显效果，应予坚持。

(6) 针对工作面顶板破碎，放炮或冲击地压发生后冒顶诱导煤与瓦斯突出占60%的几率。采用掘进工作面迎头半封闭辅助前探锚杆控制顶板预防煤与瓦斯突出技术，有效的控制了事故的发生。

(7) 反向风门安装采用墙体加入6～8根锚杆与巷道连接方法，并在风门上方安装2～3行木砖缓冲压力，提高了使用的服务年限。

(8) 老虎台矿与科研单位多次合作对突出煤层实施综放开采进行了科研攻关，所完成的《特厚突出煤层综合机械化放顶煤开采防治突出措施研究》科研项目，经专家鉴定和辽宁省科技情报研究所“查新检索”表明，达到了国际先进水平，并荣获2001年度中国煤炭工业十大科技成果奖；所完成的《特厚冲击地压煤层掘进工作面综合防突措施研究》科研项目，获辽宁省科技成果三等奖。

6 矿井瓦斯综合治理系统

6.1 抽采为主与完善瓦斯抽采系统

矿井瓦斯抽采系统是指矿井瓦斯抽采方法、方式、管网布置、连接形式和地面抽采瓦斯设备（瓦斯泵）及其附属装置的总称。建立完善的瓦斯抽采系统，对提高抽采瓦斯效果，保证抽采安全，降低瓦斯抽采成本，合理开发和利用瓦斯资源都有着极其重要影响。

老虎台矿曾经是一个水、火、瓦斯、煤尘、冲击地压、煤与瓦斯突出等“六害”俱全的矿井。据统计，矿井建国以来共发生煤与瓦斯突出21次，瓦斯燃爆事故66次，因瓦斯事故累计死亡349人，给矿井安全生产造成了极大的威胁。因此，防治瓦斯灾害历来是矿井安全工作的重中之重。

老虎台矿是1907年开采的百年老矿，随着矿井的不断延深，瓦斯涌出量越来越大，矿井最大瓦斯涌出量达337m^3/min（见表6-1-1）。为确保矿井安全生产，多年来坚持以抽采瓦斯为主，实现采、掘、抽平衡，并不断地进行技术改造，矿井瓦斯抽采系统日臻完善（见图6-1-1）。

6.1.1 抽采瓦斯泵站设置及运行管理

6.1.1.1 泵站设置规模

A 抽采瓦斯泵站的设置规模应考虑以下几个原则：

（1）抽采瓦斯矿井的井田范围大小；

（2）抽采瓦斯矿井的最大抽采量；

（3）抽采瓦斯的综合利用；

（4）抽采矿井地面的地形和地貌；

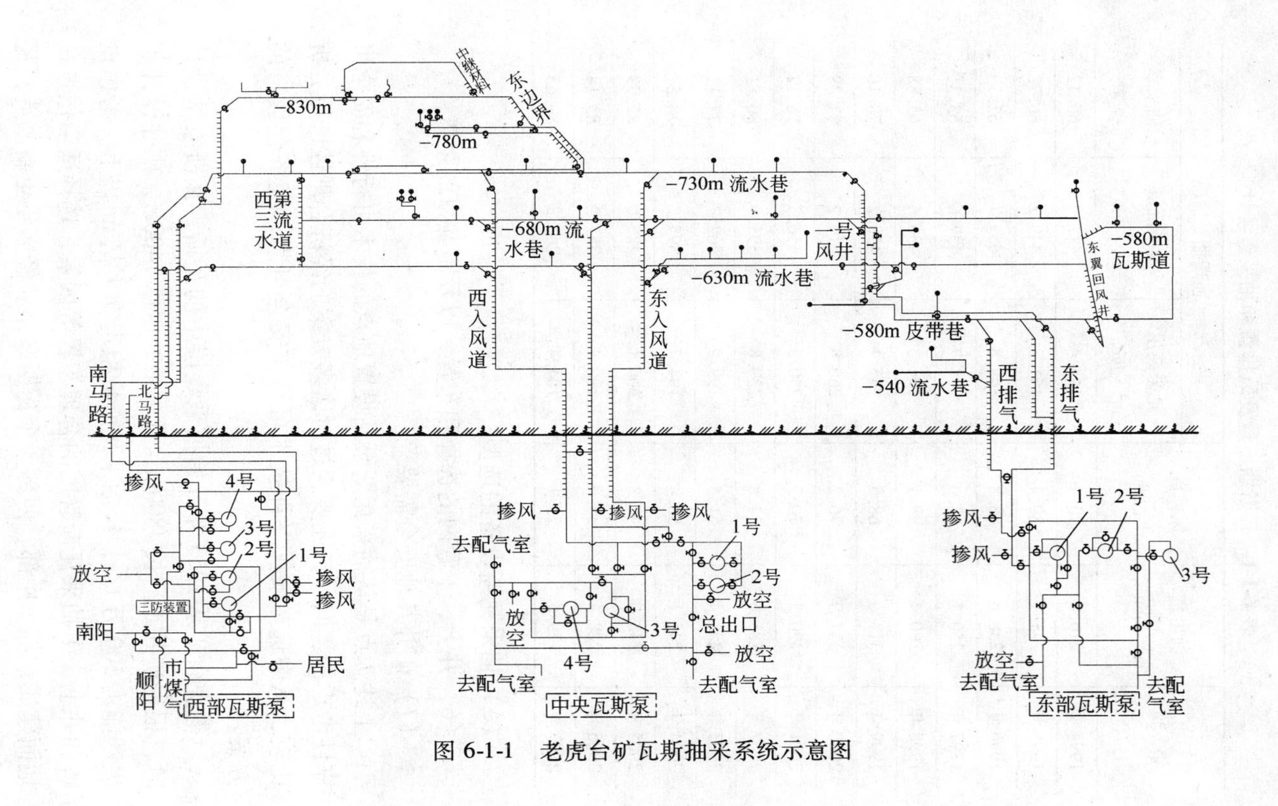

图 6-1-1　老虎台矿瓦斯抽采系统示意图

表 6-1-1 瓦斯涌出量及风排量和抽采量统计

年 份	涌出量 /$m^3 \cdot min^{-1}$	风排量 /$m^3 \cdot min^{-1}$	瓦斯抽采情况		
			抽采纯量 /$m^3 \cdot min^{-1}$	抽采混量 /$m^3 \cdot min^{-1}$	抽采率 /%
1994 年	216.8	73.4	143.4	417.3	66.12
1995 年	241.7	80.4	161.3	449.2	66.72
1996 年	238.6	88.8	149.8	459.7	62.79
1997 年	250.7	92.0	158.7	437.6	63.31
1998 年	290.4	99.1	191.3	436.4	65.88
1999 年	313.6	68.5	245.1	458.2	78.16
2000 年	337.0	76.2	260.8	519.2	77.38
2001 年	320.7	70.2	250.5	456.3	78.12
2002 年	285.6	54.8	230.8	395.9	80.81
2003 年	251.4	51.5	199.9	462.7	77.12
2004 年	245.1	50.4	194.7	395.7	78.52
2005 年	248.9	42.8	206.1	425.0	82.79
2006 年	228.4	38.0	190.4	357.2	83.14
2007 年	129.5	25.1	104.4	261.2	80.65

（5）抽采瓦斯设备的选型；

（6）井上、下管网的选择和布置，以及距井口的距离；

（7）矿井其他安全需要等。

上述 7 点是从抽采瓦斯泵站设置地点的技术可行性和安全可靠性考虑的。同时，还要通过对诸多方案的经济合理性进行分析比较，从中选择最优（即技术可行，安全可靠，经济合理）的方案。

老虎台矿从 1953 年开始抽采煤层中的瓦斯，瓦斯泵站设计时，根据矿井走向长 4800m，开采最终深度 1400m，矿井设计年生产能力 300 万 t/a，年抽采瓦斯量稳定在 1 亿 m^3 以上，考虑设备和井上、下抽采瓦斯管网的合理布置等因素，选择适当位置在地面建成东部、中部、西部 3 个瓦斯泵站。经多年更新改造，瓦斯抽采系统日趋完善，现3个泵站共计安装了11台水环式瓦斯抽采真空泵，抽采泵总额定流量为2472m³/min、总功率为3395kW（见表6-1-2），抽采能力600m³/min以上。3个泵站全部安装了变频装置（见表6-1-3），通过人工和变频装置调控抽采负压。采用多机联合抽采方式，通过井上、下并联管网，实现了对井下各采点连续抽采。在正常情况下，三处泵站只开4台泵（中央泵站开2台，东、西部泵站各开1台），年最大抽采混量2.5亿m³，纯量1.3亿m³左右（见表6-1-4），矿井抽采率逐年提高，由1996年的62.29%到2006年增加为83.14%（见表6-1-1）。

表6-1-2　老虎台矿瓦斯泵（水环式真空泵）技术参数

地点	泵号	安装时间（年.月）	规格型号	功率/kW	最大流量/m³·min⁻¹	极限压力/kPa	产地
中央泵站	1号	2004.09	CBF600-2BG3	315	230	1013~200	广东佛山
	2号	2004.09	CBF600-2BG3	315	230	1013~200	广东佛山
	3号	2000.11	2BEC-60	315	240	80	山东淄博
	4号	2002.12	2BEC-60	315	240	80	山东淄博
东部泵站	1号	2006.08	2BEC-60	315	240	80	山东淄博
	2号	1998.12	2BE1065-1BG	280	203~166	1013	广东佛山
	3号	2004.08	2BE1065-1BG	280	203~166	1013	广东佛山
西部泵站	1号	2003.08	2BEC-60	315	240	80	山东淄博
	2号	2003.08	2BEC-60	315	240	80	山东淄博
	3号	2002.12	2BEC-60	315	240	80	山东淄博
	4号	2002.12	2BEC-60	315	240	80	山东淄博

表6-1-3　瓦斯泵变频装置情况

泵　别	型　号	安装时间（年.月）
中央泵站2号3号泵	DHVECTOL-DL00425/068	2005.12
西部泵站2号4号泵	DHVECTOL-DL00425/068	2006.12
东部泵站2号泵	DHVECTOL-DL00425/068	2006.12

表 6-1-4　矿井及泵站瓦斯抽采情况

年　份	东　部		中　部		西　部		矿井年抽采量	
	抽采量/$m^3 \cdot min^{-1}$	浓度/%	抽采量/$m^3 \cdot min^{-1}$	浓度/%	抽采量/$m^3 \cdot min^{-1}$	浓度/%	纯量/万$m^3 \cdot a^{-1}$	混量/万$m^3 \cdot a^{-1}$
1994 年	159.0	35.1	129.9	34.5	128.1	33.5	7528.87	21908.86
1995 年	192.0	37.6	129.2	36.0	126.7	33.7	8474.21	23596.17
1996 年	189.4	32.0	139.1	32.7	129.4	33.7	7885.20	24208.31
1997 年	184.3	34.3	128.1	39.1	123.3	36.9	8338.99	22978.42
1998 年	179.3	39.6	121.6	49.2	136.0	44.5	10048.36	22930.62
1999 年	167.5	47.1	149.7	57.6	140.9	56.8	12876.01	24065.90
2000 年	194.8	50.2	194.8	50.2	129.6	50.3	12684.26	25314.30
2001 年	152.6	53.2	184.1	55.2	120.3	56.3	13168.14	24001.70
2002 年	130.7	57.6	159.0	58.5	106.5	58.8	12133.13	20800.90
2003 年	139.6	41.9	179.0	43.4	142.0	44.8	10501.84	24315.80
2004 年	93.4	45.1	179.9	59.2	104.1	44.3	10439.08	22126.70
2005 年	103.5	49	178.1	52.6	140.3	43.9	10008.97	18011.10
2006 年	95.4	48	151.2	57.0	106.2	55.0	10006.24	18035.60
2007 年	69.7	34.6	111.3	46.0	80.2	36.3	5466.59	13517.60

B　*矿井瓦斯抽采设备能力的选择*

主要考虑流量、管网阻力损失、用户对出口压力的要求等 3 个方面。

(1) 流量（瓦斯抽采量）计算。瓦斯泵的流量必须满足矿井开采期间内（或瓦斯泵服务期间内）矿井或采区最大抽采量的需要。即瓦斯泵流量 Q_P 应满足下式要求：

$$Q_P = \frac{\Sigma Q_{max}}{xy} K_{CH_4} \tag{6-1-1}$$

式中　ΣQ_{max}——矿井最大抽采瓦斯纯量之和，m^3/min，

即　$$\Sigma Q_{max} = \Sigma Q_1 + \Sigma Q_2 + \cdots + \Sigma Q_n + \Sigma Q_{n+1}$$

x——抽采瓦斯允许的最低浓度（按《煤矿安全规程》规定，$x \nless 30\%$，取 $x=30\%$）；

y——瓦斯泵效率（$\eta=0.8$），%；

K_{CH_4}——抽采瓦斯系统不均匀系数（$K_{CH_4}=1.2$）。

采区抽采量计算可以按采区的最大通风量瓦斯不超限为前提计算的应抽瓦斯量。采区的瓦斯储量 $Q_{储CH_4}$ 在采掘过程中按阶段分解：掘进前的预抽瓦斯量 $Q_{预抽CH_4}$，采区准备掘进时释放出的瓦斯量 $Q_{掘CH_4}$（包括边掘边抽瓦斯量 $Q_{掘抽CH_4}$ 和掘进时风排瓦斯量 $Q_{掘风CH_4}$），开采前预抽瓦斯量 $Q_{采前抽CH_4}$，开采时涌出瓦斯量（包括开采时风排瓦斯量 $Q_{采风CH_4}$ 和边采边抽瓦斯量 $Q_{采抽CH_4}$）和开采结束后的残余瓦斯量 $Q_{残CH_4}$（包括旧区抽采瓦斯量 $Q_{旧抽CH_4}$ 和溢出瓦斯量 $Q_{旧溢CH_4}$ 及残余瓦斯量 $Q_{旧残CH_4}$）。

对上述瓦斯量按类别划归为：风排瓦斯量，抽采瓦斯量，旧区残留瓦斯量3种。可用下式表示：

$$Q_{储CH_4}=Q_{抽CH_4}+Q_{风CH_4}+Q_{旧CH_4},\mathrm{m}^3 \tag{6-1-2}$$

其中：

$$Q_{风CH_4}=Q_{掘风CH_4}+Q_{采风CH_4}+Q_{旧溢CH_4},\mathrm{m}^3 \tag{6-1-3}$$

$$Q_{抽CH_4}=Q_{预抽CH_4}+Q_{掘抽CH_4}+Q_{采前抽CH_4}+Q_{采抽CH_4}+Q_{旧抽CH_4},\mathrm{m}^3 \tag{6-1-4}$$

$$Q_{旧CH_4}=Q_{旧残CH_4},\mathrm{m}^3 \tag{6-1-5}$$

式（6-1-3）中3种瓦斯量，$Q_{旧溢CH_4}$ 涌出量很少（可以忽略不计），而 $Q_{掘风CH_4}$ 虽然对安全生产有影响，但由于产量小，瓦斯排量小（对安全生产影响不大），所以，风排瓦斯量主要以采区开采时风排瓦斯量为主。由于风量在采掘过程中有一定的限制（如采区回风瓦斯浓度不大于1%），不能过大，所以，风排瓦斯量 $Q_{风CH_4}$ 就可以确定。通风能稀释的瓦斯量 $q_{风CH_4}$ $q_{CH_4风}$ 可按式（6-1-6）计算：

$$q_{风CH_4} = \frac{14.4Q_{风}}{A_{CP}K_{CH_4}}, m^3/t \tag{6-1-6}$$

式中　$q_{风CH_4}$——通风所能稀释的相对瓦斯量，m^3/t；

$Q_{风}$——采区供风量，m^3/min；

A_{CP}——平均日产量，t/d；

K_{CH_4}——瓦斯涌出不均衡系数。

则在采掘期间通风能稀释的瓦斯量应为：

$$Q_{风CH_4} = 525600T_{采}A_{CP}q_{风CH_4}, m^3 \tag{6-1-7}$$

式中　$T_{采}$——采区采掘时间，a。

知道了风排瓦斯量，就不难算出应抽采的瓦斯量：

$$q_{抽CH_4} = q_{CH_4} - q_{风CH_4} \tag{6-1-8}$$

式中　$q_{抽CH_4}$——采区采掘时间内应抽相对瓦斯量，m^3/t；

q_{CH_4}——采区采掘时间内相对瓦斯涌出量，m^3/t。

则应该抽采的瓦斯量 $Q_{抽CH_4}$ 为：

$$\begin{aligned} Q_{抽CH_4} &= q_{抽CH_4}A_{可} = 525600T_{采}A_{CP}(q_{CH_4} - q_{风CH_4}) \\ &= 525600T_{采}A_{CP}\left(q_{CH_4} - \frac{14.4Q_{风}}{A_{CP}K_{CH_4}}\right) \end{aligned} \tag{6-1-9}$$

式中　$A_{可}$——可采煤量，t。

式（6-1-4）中5种瓦斯量，只有 $Q_{预抽CH_4}$ 值大小（即抽采效果好坏），对安全生产影响很大。因为 $Q_{预抽CH_4}$ 很小，则在采掘过程中瓦斯涌出量必然增加，以致瓦斯超限，无法进行采掘作业。所以，加强瓦斯预抽就是想方设法增加抽采量，从而降低在采掘过程中的瓦斯涌出量，达到安全生产和充分利用资源的目的。为此，《煤矿安全规程》规定瓦斯涌出量大于或等于 $20m^3/min$ 采煤工作面抽放率25%和突出煤层瓦斯预抽率大于30%。如果预抽瓦斯效果差，必须加大 $Q_{掘抽CH_4}$ 和 $Q_{采前抽CH_4}$ 及 $Q_{采抽CH_4}$ 量，降低开采期间 $Q_{风CH_4}$ 量，从而减轻通风负担。老虎台矿2007年预抽瓦斯占抽放总量的62.99%，边采边抽占抽放总量的24.63%，旧区抽放仅占抽放总量的12.38%。

对于一个预抽瓦斯区来说，逐年抽出的瓦斯量是不稳定的，第一年抽出的瓦斯量多，以后逐年降低；对于边采边抽的采区来说，第一年或第一个月不是最高值，到了一定时间以后才逐年或逐月下降。无论采取哪种抽采方式，瓦斯抽采量都随着抽采时间的延长而发生变化。这就要求引入一个反映这种变化情况的系数。为此，可用抽采时间内的平均抽采量与初期的抽采量比，即为瓦斯抽采变化系数 K，如以年为单位，则瓦斯抽采变化系数 K 可用下式计算：

$$K = \frac{q_1 + q_2 + \cdots + q_n + q_{n+1}}{T_{抽} q_1} \tag{6-1-10}$$

式中 K——瓦斯抽采变化系数(预抽区为递降系数)；

$q_1, q_2, \cdots, q_n, q_{n+1}$——第一年、第二年…第 n 年和第 $n+1$ 年的平均抽采量，m^3/min；

$T_{抽}$——抽采瓦斯时间，min。

则 q_1，(m^3/min) 按一年计算平均每分钟抽出的瓦斯量：

$$q_1 = \frac{Q_{抽CH_4}}{525600KT_{抽}} \tag{6-1-11}$$

$Q_{抽CH_4}$ 和 q_1 都是为了保证安全生产，在开采期间采区回风流中的瓦斯不超限的瓦斯量。

计算 q_1 必须先确定 $Q_{抽CH_4}$、$T_{抽}$、K，$Q_{抽CH_4}$ 在前面已经研究过了。$T_{抽}$ 是根据采区接续时间，由设计、计划和工程部门提供的。K 值应根据以往统计资料来选取，K 与 $T_{抽}$ 的关系如图 6-1-2 所示。

如以 K、$T_{抽}$ 之积作为纵轴，以 $T_{抽}$ 作为横轴来标定，则可将图 6-1-2 绘制成图 6-1-3 的形式。根据 $T_{抽}$ 值则可以直接在图 6-1-3 中 $T_{抽}$-$KT_{抽}$ 曲线上查到之积，较图 6-1-2 使用方便。

式（6-1-11）是计算应抽瓦斯量的公式，也是开始抽采瓦斯

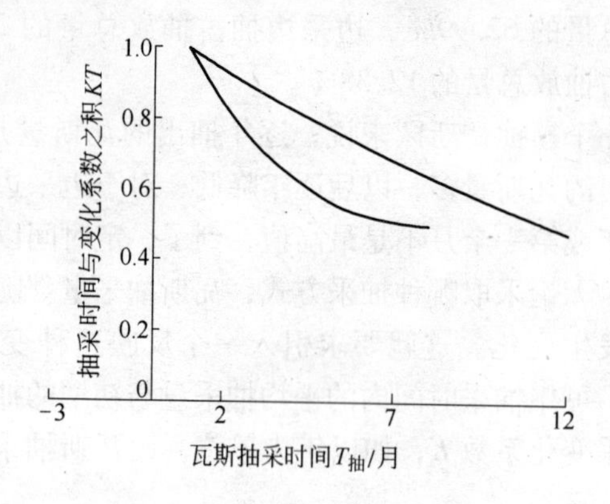

图 6-1-2　K 与 $T_{抽}$ 关系曲线

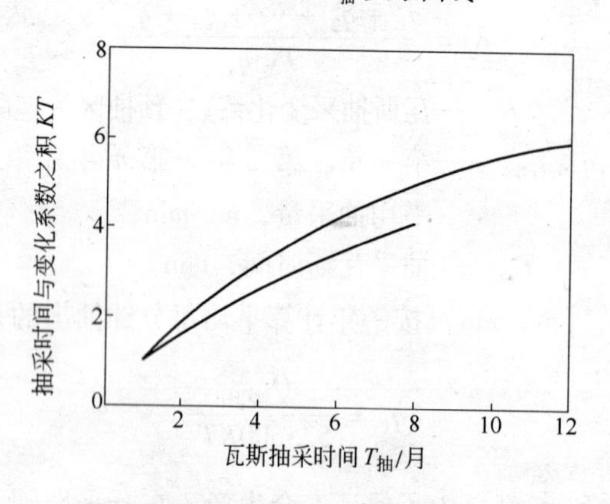

图 6-1-3　$T_{抽}-KT_{抽}$ 曲线

的第一年平均每分钟抽出的瓦斯量 q_1，这样就能保证在抽采时间 $T_{抽}$ 内抽出的瓦斯量 $Q_{抽CH_4}$。回采期间如能按计划的最大供风量 Q_{max} 供风，回风流中的瓦斯浓度 C 值就会在 1% 以下，达到了安全生产的预期效果。除此以外，还可用式（6-1-9）计算在一定的抽采时间内的累计抽采量。

（2）按布置的钻孔个数及单孔流量统计单位采区所能抽出的瓦斯量。如上所述，式（6-1-11）算出的 q_1 是根据回采时安全生产要求，在采开第一年每分钟应该抽出的瓦斯量。因此，在预抽区内布置钻场、钻孔时，就应当满足这个要求。

假设在一个预抽区（或采区）内布置几个钻场，而每个钻场内布置的钻孔数和方式都相同，则能抽出的瓦斯量为：

$$q_1' = nmq_0 \tag{6-1-12}$$

式中 q_1'——根据布置的钻孔，在开抽第一年平均每分钟可能抽出的瓦斯量，m^3/min；

n——设计采区内布置的钻孔数，个；

m——每个钻场内布置的钻孔数，个；

q_0——开抽第一年每个钻孔平均的抽出量，m^3/min。

从式（6-1-12）可以看出，q_1'的关键在于q_0。对于q_0值的选取应建立在对以往已抽区资料的统计上。如无这方面的资料或经验，应通过试验来确定。

按需要计算的q_1与按可能计算的q_1'很难在数值上相等。如果两者相等，说明布置的钻场与钻孔适应了要求，采区按期投产，回采时不至于由于瓦斯问题影响生产。这当然是最理想的，一般是很难布置得这样准确。

如果计算出的结果是$q_1 > q_1'$，说明布置的钻场、钻孔密度还不够，不能满足安全生产要求，应重新布置，使q_1'增加到q_1或比稍大一些。如果不打算重新布置钻场和钻孔，则可以考虑提前打钻孔抽采瓦斯，增加预抽期或进行边掘边抽、采前预抽、边采边抽。这时式（6-1-11）中的q_1代以q_1'、$Q_{抽CH_4}$不变，算出K、$T_抽$，然后在图6-1-3中找出。从中减去原先预定的，即为提前开钻的时间（也就是增加的预抽期）。如果式（6-1-10）中的K、$T_抽$不变，用q_1代以q_1'算出$Q_{抽CH_4}$，这时的$Q'_{抽CH_4}$小于原来的$Q_{抽CH_4}$，其差值$\Delta Q_{抽CH_4} = Q_{抽CH_4} - Q'_{抽CH_4}$即为边掘边抽、采前预抽、边采边抽的瓦斯量。

如果计算出的结果是$q_1 < q_1'$，说明布置的钻场、钻孔密度超过了需要，因而可以适当减少钻场、钻孔数量（密度），重新设计，将q_1'减少到q_1，或者比q_1稍多一些。如果不打算减少钻场

和钻孔，则可以考虑适当往后推迟一点打钻时间，缩短预抽期，或按计划开钻，提前完成预抽瓦斯任务，采区可以提前移交给生产。这时式（6-1-11）中的 q_1 代以 q_1'、$Q_{抽CH_4}$不变，算出 K、$T_{抽}$，然后在图 6-1-3 中找出 $T'_{抽}$。从原来预定 $T_{抽}$ 中减去（$\Delta T_{抽CH_4} = T_{抽CH_4} - T'_{抽CH_4}$），即为可以推迟的开钻时间（也就是可以缩短的预抽期）。这个时间就是按计划开钻时采区可以提前投产的时间。如果式（6-1-10）中的 K、$T_{抽}$ 不变，用 q_1 代以 q_1' 算出 $Q_{抽CH_4}$，这时的 $Q_{抽CH_4}$小于原来的 $Q_{抽CH_4}$，其差值 $\Delta Q_{抽CH_4} = Q_{抽CH_4} - Q'_{抽CH_4}$即为按原定计划多抽的瓦斯量。因而，采区开采时通风稀释瓦斯量将比原定的要少。在供风量不减少的情况下，采区回风流中的瓦斯浓度比预定的低。此外，如果增减供风量，修改瓦斯涌出不均匀系数 K_{CH_4}，甚至调整单孔流量等都是可以考虑的。

（3）压头计算。矿井抽采瓦斯泵的压头必须满足该系统（即从井下抽采钻孔孔口经瓦斯泵送到用户灶前）在全部运行期间最大阻力损失的要求。从这个定义可以列出瓦斯压头的计算公式：

$$H_P = (H_{入口} + H_{出口})K$$

$$= [(h_{入泵} + h_{入局} + h_{孔口}) + (h_{出泵} + h_{出局} + h_{灶})]K_1 \quad (6\text{-}1\text{-}13)$$

式中 H_P——瓦斯泵工作压头，Pa；

$H_{入口}$——瓦斯泵入口端阻力损失，Pa；

$H_{出口}$——瓦斯泵出口端阻力损失，Pa；

$h_{入泵}$——瓦斯泵入口端摩擦阻力损失，Pa；

$h_{入局}$——瓦斯泵入口端局部阻力损失，Pa；

$h_{孔口}$——抽采瓦斯孔口应有的负压（一般 $h_{孔口} \geqslant 10000$Pa）；

$h_{出泵}$——瓦斯泵出口端摩擦阻力损失，Pa；

$h_{出局}$——瓦斯泵出口端局部阻力损失，Pa；

$h_{灶}$——用户灶前必须保持的火焰高度（一般 $h_{灶} \geqslant$ 600Pa）；

K_1——压头备用系数（选取 $K_1 = 1.2$）。

一般民用瓦斯户灶前的压力（或火焰高度）不宜过高。压力过高（$h_{灶} > 600Pa$），容易离焰、脱焰和灭焰。灶前压力过低（$h_{灶} < 300Pa$），容易回火。

热效率高低同灶前压力大小有关，如图 6-1-4 所示，并同气体的种类和灶具的构造也有关。

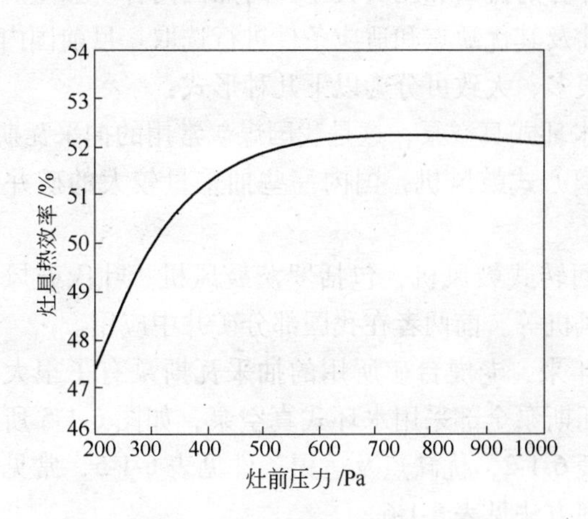

图 6-1-4　灶具前压力与热效率曲线

从图 6-1-4 中可以看出，矿井瓦斯燃烧热效率以灶前压力 600 ~ 800Pa 为最好，低于 300Pa 时，热效率明显降低。

6.1.1.2　瓦斯泵及瓦斯泵站的安全技术要求

A　瓦斯泵

矿井抽采瓦斯泵的选择，除必须满足流量和压头等参数要求外，为了保证安全抽采，还必须同时具备以下条件：

（1）矿井抽采瓦斯泵，同矿井安全密切相关，是矿井一级负荷，必须保证 24 小时能连续不断的运转。为此，每一个抽采系统要配备同等能力，同型号的瓦斯泵两台（包括配套电机及其附属装置），一台运转，一台备用。

（2）瓦斯泵的配套电动机及其附属的电气设备，以及通讯照明设备，都必须采用矿用防爆型的，否则，必须采取完善的安全措施进行有效的隔离。

（3）瓦斯泵本身必须有高度的气密性，绝对不许发生跑漏瓦斯现象。

（4）瓦斯泵的噪声不能超过 85dB，如噪声超过规定，应采取消声措施。

根据计算的流量和压头大小，对照国内各厂家生产的泵类产品目录特性及其优缺点和适应条件进行选取。目前国内生产的瓦斯泵类型很多，大致可分为以下几种形式：

（1）水环式真空泵，这是我国煤矿常用的抽采瓦斯设备。

（2）离心式鼓风机，国内一些抽采量较大的矿井使用这种设备。

（3）回转式鼓风机，包括罗茨鼓风机、叶氏鼓风机、滑板式压气鼓风机等。前两者在我国部分矿井中应用。

50 余年来，老虎台矿所用的抽采瓦斯泵有了很大变化，目前的抽采瓦斯泵全部采用水环式真空泵，如图 6-1-5 所示，其技术性能见表 6-1-2，优缺点及适用条件见表 6-1-5，常见故障及其原因和处理方法见表 6-1-6。

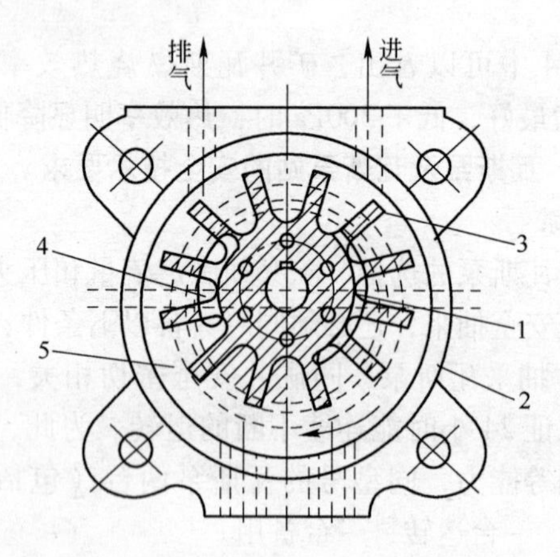

图 6-1-5　水环真空泵结构

1—叶轮；2—工作室；3—叶轮；4—空间；5—水环

表 6-1-5　水环式真空泵优缺点及适用条件

优　点	缺　点	适用条件
（1）真空度高，如用油代替水做工作液时，真空度可以达到99.5%。 （2）工作轮内充满水，可起防爆阻焰作用，安全。 （3）结构简单，运转可靠	（1）流量较鼓风机小得多。 （2）不适宜既抽出又作长距离正压输送用	（1）适用煤层透气性低的矿井。 （2）适用瓦斯抽出量变化大，采用多机联合抽采瓦斯的矿井。 （3）适用管路系统阻力大、需高负压抽采瓦斯的矿井。 （4）适用在井下个别区域单独或在试验区进行试验用

表 6-1-6　水环式真空泵常见故障及其原因和处理方法

故障现象	故障原因	处理方法
真空度降低	（1）管路密封不严，有漏气。 （2）密封填料磨损。 （3）叶轮盖间隙过大。 （4）水环温度过高（一般不应超过40℃）	（1）拧紧法兰螺钉或更换衬垫。 （2）换填料，连续工作的泵每月更换1~2次。 （3）整间隙，中小型泵间隙应为0.15mm，大泵为0.2mm。 （4）增加水量，并降低进水温度
抽气量不够	（1）泵的转速不足规定转速。 （2）叶轮和端盖间隙过大。 （3）填料密封漏气。 （4）吸入管道漏气。 （5）供水量不足以造成所需的水环。 （6）水环温度过高	（1）如电动机转速不符规定，则更换电动机；如电源电压过低，则应提高电压。 （2）减少端盖和泵体之间衬垫，来调节、更换新填料。 （3）更换新填料。 （4）拧紧法兰螺钉或更换衬垫。 （5）增加供水量。 （6）增加供水量来降低水温
零件发生高热	（1）个别零件精度不够。 （2）零件装配不正确。 （3）润滑油不足或质量不好。 （4）密封冷却水和水环的水量供给不足。 （5）轴密封填料过紧。 （6）转子歪斜。 （7）轴弯曲	（1）更换不合格的零件。 （2）重新正确装配。 （3）增添润滑油或更换符合规定质量的油。 （4）增加水量。 （5）适当调整。 （6）检查校正。 （7）检查校正

B　瓦斯泵站

（1）地面瓦斯泵房应有雷电防护装置，距进风井口和主要建筑物不得小于50m，并用栅栏或围墙保护。

（2）地面瓦斯泵房内和泵房周围20m范围内禁止有明火。

（3）瓦斯泵房距离居民住宅不得小于50m。

（4）瓦斯泵站要建筑在靠近公路和有水的地方。

（5）要考虑到管路铺设方便，便于瓦斯利用。泵房距铺设主干管线井口及瓦斯利用用户不要过远。

（6）要考虑水文地质条件和地震等自然因素。

C　瓦斯泵站的建筑

（1）抽采瓦斯泵站必须用不燃性材料建筑，对已建泵站如不符合要求在未改建之前要编制安全措施。

（2）瓦斯泵站内要有直通调度的专用电话和必要的监测装置，及时地测定流量、压力、温度变化和气体成分。

（3）瓦斯泵站要有专用供热管线和良好的照明设施。

（4）瓦斯泵站内要在房屋顶部瓦斯管出口处和泵轴承附近各设置1台瓦斯报警断电仪，当瓦斯浓度超限后，能自动报警断电。

（5）瓦斯泵站内要保持通风良好，并设有调节风流设施的门窗和天窗。

（6）机械室、司机室要分别独立设置，避免相互干扰，保证司机正常检测，观察和作业安全。

6.1.1.3　抽采瓦斯泵主要附属装置

附属设施是保证瓦斯泵正常运转，实现安全抽采瓦斯必不可少的设施，其中主要包括：

A　供水系统

水环真空泵工作液（水）需要供水系统连续提供水源。供水系统由水泵、上部水池（高于水环真空泵）、下部水池（低于水环真空泵）及配套管路和阀门等组成（见图6-1-6）。水泵将下部水池中的水抽至上部水池，上部水池中的水在自然压力作用下，为水环真空泵提供工作液（水），水环真空泵回水排入下部水池，上部水池中多余的水通过溢流管直接排入下部水池，形成水环真空泵循环供水系统。

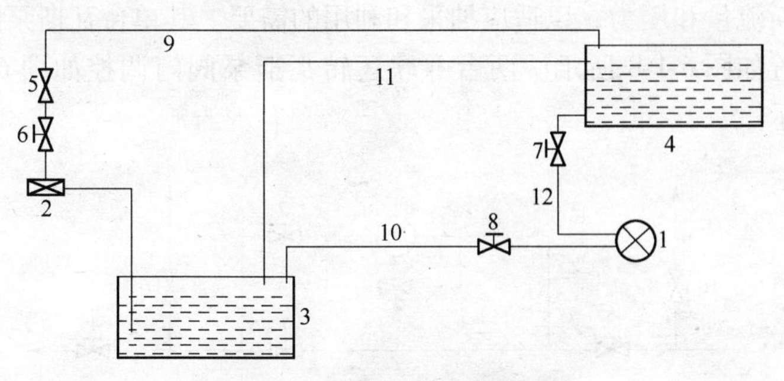

图 6-1-6　水环真空泵供水系统

1—水环真空泵；2—水泵；3—下部水池；4—上部水池；5—止回阀；6—上水控制阀；7—供水控制阀；8—回水控制阀；9—上水管；10—回水管；11—溢流管；12—供水管

B　气水分离器

水环真空泵排出的瓦斯气体中含大量水分，通过安设在水环真空泵出口的气水分离器，将瓦斯气体中的水分与瓦斯气进行分离，降低供出瓦斯气体中的水分。气水分离器主要由罐体、水位计、入口管路、出口管路、回水管路及阀门组成（见图 6-1-7）。

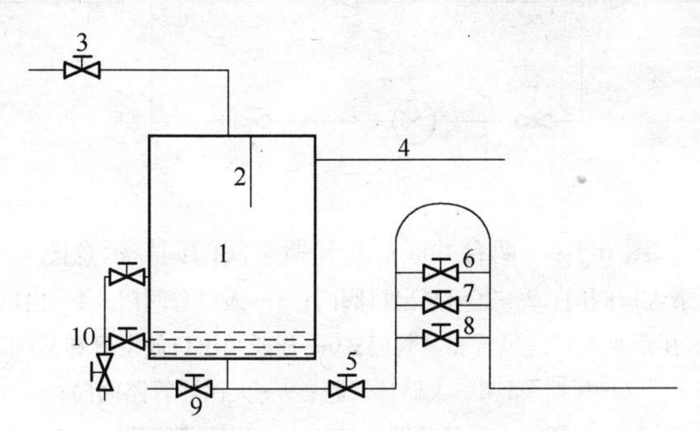

图 6-1-7　气水分离器示意图

1—罐体；2—挡板；3—出口管路和阀门；4—入口管路；5～8—回水管及阀门；9—放水管及阀门；10—水位计

C　调控阀门

（1）地面瓦斯管路调控阀。地面瓦斯管路调控阀门一般设在抽采瓦斯泵的出、入口的主干管路上。它的作用是隔绝、调节瓦斯流量和压力，以适应抽采和利用的需要。其单台瓦斯泵阀门配置如图 6-1-8 所示。两台并联运转瓦斯泵阀门调控如图 6-1-9 所示。

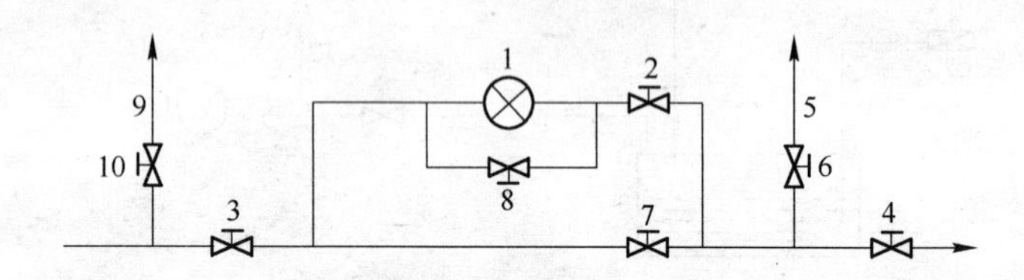

图 6-1-8　单台瓦斯泵阀门配置示意图

1—瓦斯泵；2—泵出口阀门；3—泵入口阀门；4—出口管阀门；5—泵出口放空管；6—放空管阀门；7—泵大循环管路阀门；8—泵小循环管路阀门；9—泵入口掺风入空管；10—渗风、放空管阀门

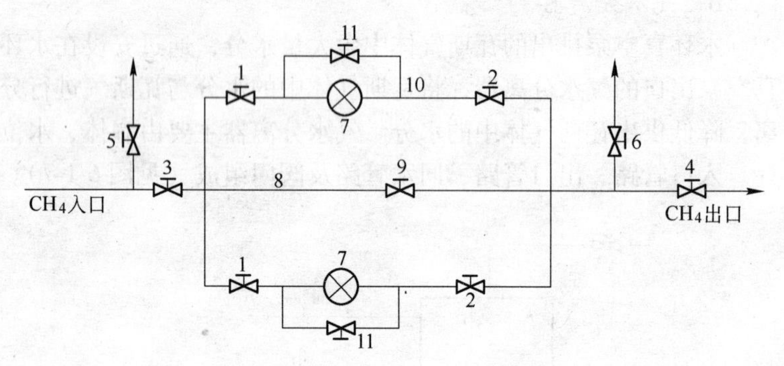

图 6-1-9　两台并联运转瓦斯泵阀门调控示意图

1—瓦斯泵入口阀门；2—瓦斯泵出口阀门；3—入口总阀门；4—出口总阀门；5—瓦斯泵入口掺风管和其阀门；6—瓦斯泵出口放空管和其阀门；7—瓦斯泵；8—大循环管路；9—大循环管路阀门；10—小循环管路；11—小循环管路阀门

（2）井下抽采管路控制阀。井下抽采瓦斯管路（网）系统阀门设置，如图 6-1-8 所示。从井下抽采瓦斯管路（网）系统阀

门设置图 6-1-10 中可以看出，在井下抽采瓦斯管路系统中，分别在主管、支管上均设置有调控阀门，其主要作用是：

1）调控抽采区、钻场和钻孔的瓦斯抽采量及抽采负压。

2）一旦矿井或一个区域发生灾变，可及时切断或控制任一抽采区的瓦斯来源，防止和避免事故的扩大和蔓延。

3）一旦管路系统破坏，跑、漏瓦斯，影响安全生产和抽采时，可以用阀门关闭隔绝，进行抢修处理时，能安全地进行作业。

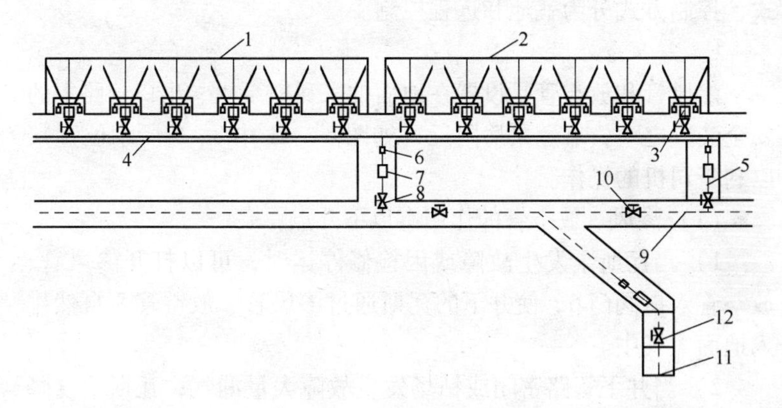

图 6-1-10　井下抽采瓦斯管路（网）系统阀门设置示意图

1—抽采瓦斯区；2—钻孔；3—钻场；4—抽采区支管；5—分支管；6—分支管放水器；7—分支管流量计；8—分支管阀门；9—主管系统；10—主管隔绝阀门；11—总干管系统；12—总抽采管路控制阀门

（3）瓦斯管路（网）上安装的阀门应符合以下要求：

1）瓦斯管路上安装的阀门应结构简单实用，气密性严，安装方便，经济。

2）阀门应选用操作方便，灵活可靠，耐腐蚀性强，不易生锈，使用寿命长。

3）阀门要与安设地点的管路直径一致。

4）在安装大直径的阀门地点，要采取加固措施。

5）对井上下主干管路上的主要阀门要建立调控操作管理制

度，防止失误。

6）对地面瓦斯利用系统阀门，要砌成暗井，并加保护板盖。冬季要有保护措施，并经常进行检查维修。

D　变频调控装置

老虎台矿地面3个瓦斯泵站于2005～2006年安装了东方日立（成都）电控设备有限公司生产的DHVECTOL-DL00425/068电动机的变频调速系统。该变频器属高压电器设备，柜内有6kW高压，环境温度－5～40℃，具有变频和工频两种运行方式，控制方式分为就地和远程控制。

E　渗风管、放空管

渗风管和放空管是设置在地面抽采瓦斯泵入、出口管路上的安全装置之一，靠近泵房附近（如图6-1-11中8、9所示位置），以利于司机的操作。

（1）渗风、放空管的作用有以下几点：

1）当瓦斯泵发生故障或因检修停运时，可以打开渗风管、放空管入口阀门6，使井下的瓦斯通过渗风管、放空管8自然排入地面大气中。

2）当井下管路密闭或钻场发生故障大量漏气，瓦斯浓度降低，供给民用不安全时，关闭6号阀门，打开7号阀门，将井下瓦斯经排出口放空管9排空，并对5号阀门加以调控，确保供气的安全。

3）当地面供瓦斯系统发生故障或检修时，可把供气系统总阀门5号关闭，切断对用户供瓦斯，打开出口7号阀门，由放空管9将井下瓦斯直接排入大气。此时，泵可以保持继续运行，不会影响井下的正常抽采工作。

4）在正常抽采和供瓦斯工作中，如瓦斯浓度较高，也可以利用入口渗风管、放空管6号阀门进行调节渗风，使瓦斯浓度达到适用的浓度。

5）当泵出口瓦斯浓度超过60%以上、正压超过8kPa时，为保证居民用气安全，关闭6号阀门，打开7号阀门，并对5号

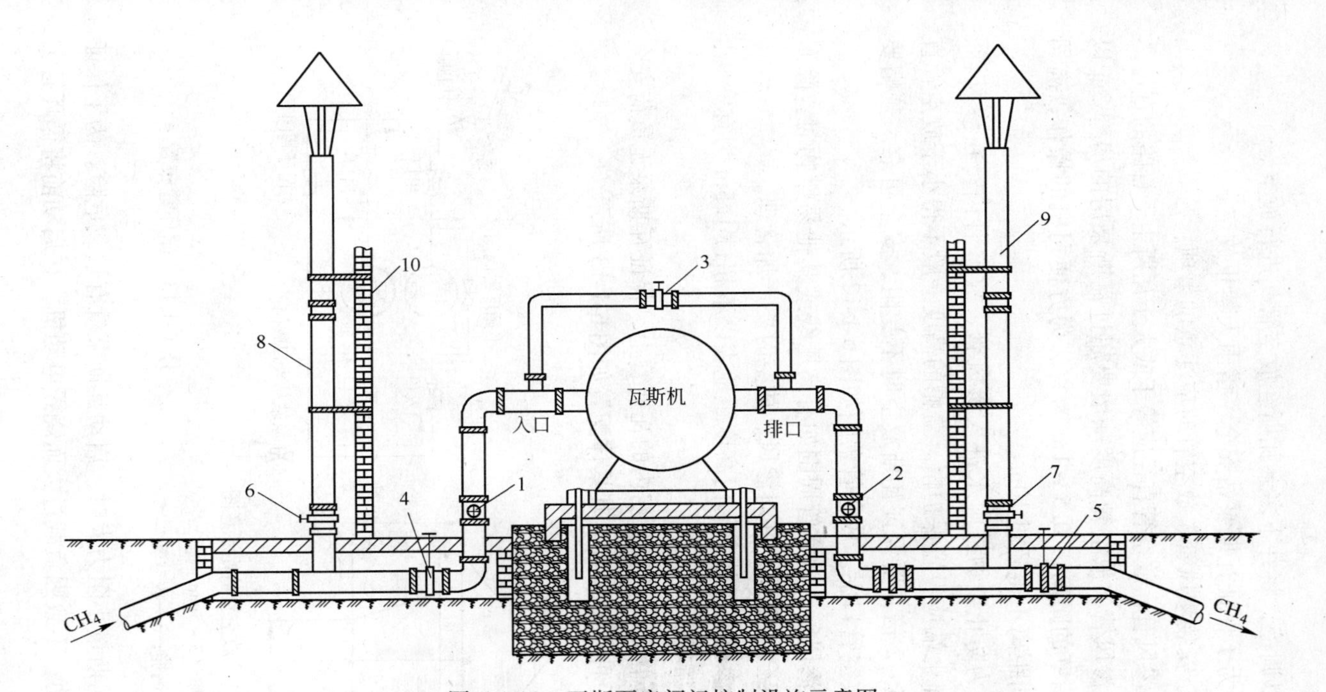

图 6-1-11　瓦斯泵房阀门控制设施示意图

1，2—瓦斯泵入、排阀门；3—瓦斯泵循环管阀门；4，5—瓦斯管总排口管及排出阀门；6—瓦斯泵总排管渗风总阀门；7—瓦斯泵总排管放空总阀门；8—瓦斯泵入总管渗风、放空管；9—瓦斯泵排总管放空管；10—瓦斯泵房墙壁

阀门加以调控，将井下多余瓦斯经放空管9进行放空。

6）为了保证瓦斯泵站安全，雷雨天禁止放空。

（2）安装渗风管、放空管时应注意的事项：

1）渗风管、放空管直径应等于或大于瓦斯主干管路的直径。

2）渗风管、放空管高度一般要超过瓦斯泵房的房脊3m以上，与墙壁的距离以0.5～1m为宜。为方便司机的操作，离司机室之间距离不得超过10m。

3）为防止杂物、雨水进入渗风管、放空管内，在渗风管、放空管口上端应设置保护帽。盖帽的高度一般不得小于放空管直径的1.5～2倍，要保证瓦斯放空时不受阻，安全可靠。盖帽要焊接在放空管口上。放空管盖帽如图6-1-12所示。

4）渗风管、放空管周围如有高压线或其他易燃物时，除采取可靠安全措施外，并对渗风、放空时要严加管理。

5）渗风管、放空阀门高度距地表以不超过1.5m为宜。

F　循环管

循环管是安装在泵房内的瓦斯管上，保证瓦斯泵无负荷安全启动的一种保护装置。其具体配置如图6-1-13所示。

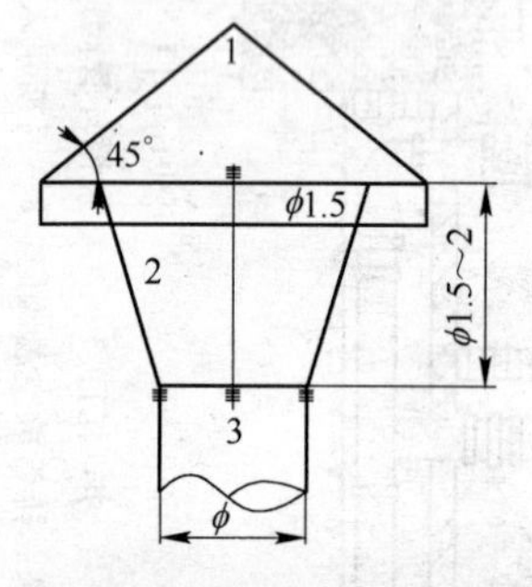

图6-1-12　放空管盖帽示意图

1—盖帽（3～5mm钢板）；
2—钢筋；3—放空管

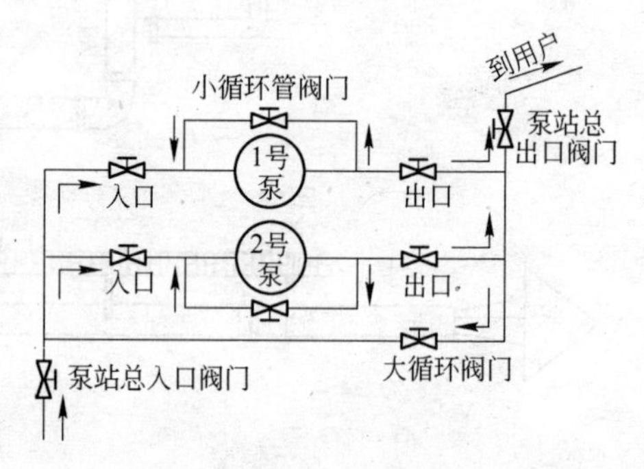

图6-1-13　循环管布置

当瓦斯量小阻力大时，启动瓦斯泵就有过载危险。为了保证安全启动，不致因负载过大而烧毁电动机，在启动前将循环管上的阀门打开，进行调节，待正常启动后，要及时关闭。

G 避雷器

避雷器也是地面瓦斯泵站必不可缺的安全保护装置之一。避雷器一般都设在泵站和瓦斯罐附近较高大建筑物周围。其布置如图 6-1-14 所示。

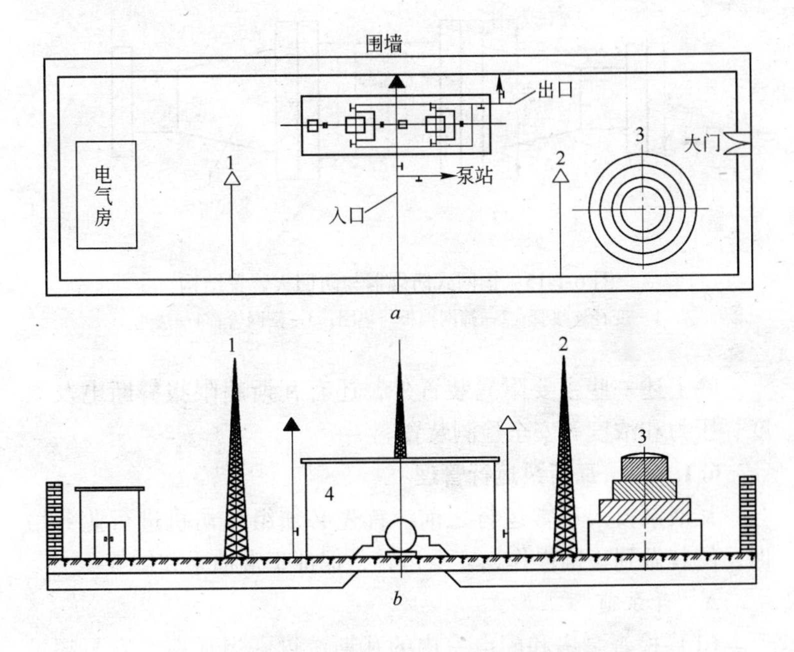

图 6-1-14 地面瓦斯泵站避雷针设施示意图

a—地面瓦斯泵站避雷针设施平面分布；*b*—地面瓦斯泵站避雷针设施剖面

1—避雷器；2—放空管；3—瓦斯罐；4—泵房

其主要作用防止在阴雨天气时雷电引起的电火花而破坏建筑物或点燃瓦斯。

H 防爆、防回火装置

目前，国外有 4 种类型的防爆、防回火装置：（1）由颗粒材料（如不锈钢球、玻璃球、石英砂等）装入容器内，构成的阻火防爆装置；（2）金属网阻火防爆装置；（3）波纹板缠绕而成的阻火防爆装置；（4）自动蝶阀加消火系统的防爆装置。国内多用水封式与铜网式。老虎台矿现用铜网式，其结构如图 6-1-15 所示。

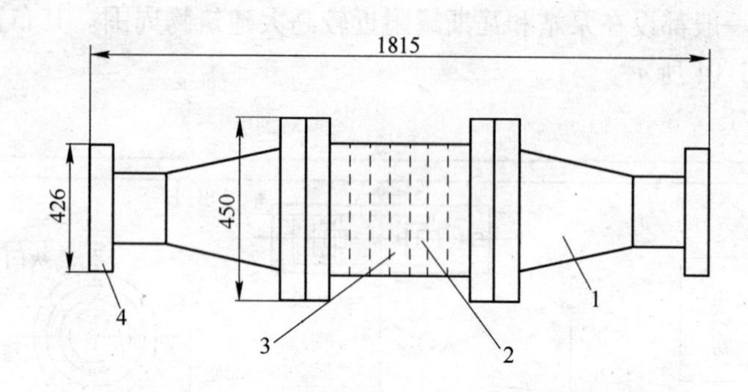

图 6-1-15　铜网式防爆器与防回火装置结构

1—变径连接管；2—筛网挡板与垫圈；3—筛网管；4—法兰

除上述一些主要附属装置外，还有瓦斯超限报警断电及温度、压力和浓度等安全检测装置。

6.1.1.4　瓦斯泵运行管理

瓦斯泵投入正常运行之前，首先必须组织司机进行业务培训，使其做到正确操作，安全运转，保证正常抽采和供气。

A　开泵前

（1）检查泵房和配电室内的瓦斯浓度，当瓦斯浓度不超过 0.5%，并经调度同意后，方可启动。

（2）检查泵和电机对轮、管路连接状态，齿轮箱的油量、油质是否合格。

（3）检查电气系统。电压、电流表指示正常。

（4）检查供水系统是否正常。

（5）打开小循环管阀门及出口总阀门，此时关闭瓦斯泵入口阀门和大循环管阀门，待启动后迅速调节。

B　瓦斯泵启动和调整

（1）合上瓦斯泵接入高压开关，启动瓦斯泵，打开供水阀门和气水分离器回水阀门，调节好气水分离器水位。

（2）注意电流、电压表的指示，并观察泵的运行情况。

（3）适当调节循环管阀门（大循环管阀门），使其抽采和供气压力和流量调节到规定要求。

C　瓦斯泵运行中应注意的事项

（1）检查润滑油状况和机械轴承不超过60℃，滚动轴承不超过70℃。

（2）瓦斯泵运转声音正常（无杂声和震动声等）。

（3）每隔一定时间检查和观测电流、电压及瓦斯泵的工作正、负压力的变化。注意瓦斯浓度的波动，并及时做好记录。

（4）当发现运转异常有变化时，除采取措施排除外，应及时汇报。

（5）每隔一定时间检查水泵运行是否正常，观测水池和气水分离器水位是否符合要求。

D　瓦斯泵停运

（1）先停瓦斯泵电机真空开关，后拉开瓦斯泵高压开关柜隔离开关。

（2）关闭水环泵供水阀门和回水阀门。

（3）关闭泵入口阀门和大循环管阀门。

（4）当负压管出现正压值时，方可打开放空阀门进行适当放空，如有同瓦斯罐连通管线，在放完前必须先将通向瓦斯罐入口阀门和泵房总出口阀门关严，再行放空处理。

（5）将瓦斯泵泵体内和气水分离器灌体内水放空。

E　变频器运行

（1）变频运行操作（见图6-1-16）。

1）检查1号泵工频断路器QF4是否断开，如没断开，应先断开QF4工频断路器（点击“断1号泵工频断路器”按钮即可）。如运行2号泵，应检查2号工频断路器QF3是否断开，如没断开，应先断开QF3工频断路器（点击“断2号泵工频断路器”按钮即可）。

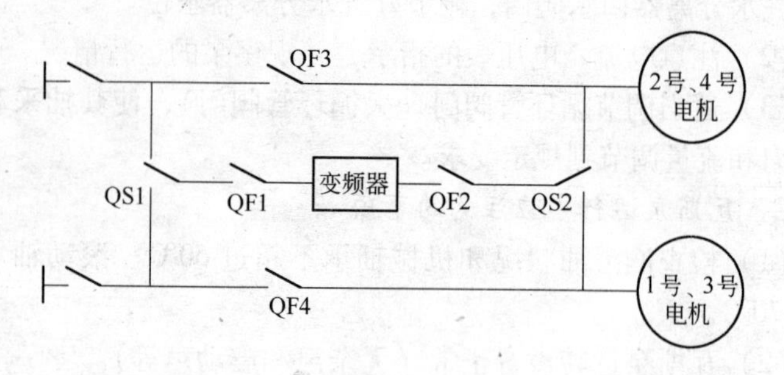

图 6-1-16 变频操作

2）关好机柜门，把旁通柜隔离刀闸 QF1 和 QF2 合到要运行电机的变频位置；同时打开变频器旁通柜照明灯，通过观察视窗，认真观察各隔离开关是否正确分断、准确就位，否则重新操作。

3）根据运行的需要，选择“远方/就地”控制，如果选择就地控制，变频器柜门上的分/合闸按钮有效；如果选择在远方控制，则操作台上的分/合闸按钮有效。

4）合“变频器输入”按钮，此时旁通柜内的 QF1、QF2 自动合上，系统就绪。

5）当液晶屏上状态显示为“请求合高压”后，如果系统此时无事故报警，合变频器 6kW 输入高压；如果有事故报警，先根据故障记录排除故障后，再合变频器 6kW 输入高压。

6）变频器高压合上后，系统状态显示“高压已合”，变频器进入高压上电检测状态。

7）待显示“请求运行”后，点击“运行”按钮，在确定后，可运行变频器。

8）变频器运行后，系统显示“正常运行”。

9）把联动“1 号瓦斯泵/2 号瓦斯泵”按钮选择到联动在运行的瓦斯泵那边。

（2）变频倒工频运行。正常停机顺序如下：确认生产要求停机→停变频→确认变频器运行频率已经降至“OH_Z”→停

6kW 小车开关，点击“断变频器输出”按钮，此时 QF2 与 QF1 自动断开（查看液晶屏幕上的 QF1 与 QF2 是否断开，如未断开，请求断开），如要工频运行 1 号泵，合“合 1 号泵工频断路器”按钮，此时 QF4 断路器合上，1 号泵工频运行。如要工频运行 2 号泵，合“合 2 号泵工频断路器”按钮，此时 QF3 断路器合上，2 号泵工频运行。

（3）工频倒变频运行。工频停机，断掉高压开关，这时电机断电，断掉工频断路器，点击“断 1 号工频断路器”或“断 2 号工频断路器”按钮，把 QS1 与 QS2 隔离刀闸都打在要运行的电机那边，刀闸准确就位后，合“合变频输入断路器”按钮，此时 QF1 与 QF2 断路器合上，待液晶屏幕系统状态显示为“请求高压”后，合高压开关，给变频器送高压，当系统出现“请求运行”后，方可运行变频。

6.1.1.5 瓦斯罐运行管理

（1）司机要熟悉瓦斯罐结构，管路控制系统和主要设施的性能，操作程序和方法。

（2）罐升高度不超过 20m；降低最低度要保持 2 ~ 3m（特殊情况不在此限）。

（3）瓦斯罐在正常运行工作中，上升和降落速度一般掌握在 4m/h 为宜，禁止快速升降。

（4）罐体升降运行正常压力要符合规定。

（5）瓦斯罐体周围和上罐检查时，严禁烟火。对罐体实施火电焊时，必须严格履行审批手续。

（6）瓦斯罐内水温必须保持在 9℃以上。

（7）发现瓦斯罐在运行中有脱轨和卡罐或应力集中产生巨大声响时，要立即关闭入、出口阀门，并立即汇报。

（8）当班工作人员要经常检查罐体中的水位。水位要经常保持不低于水槽 1m，并保证及时注入水。其各水封环的水位也必须保持设计深度，防止漏气。

（9）滑轮要定期注油，每年的 3 ~ 11 月间每周注 1 次油，每月注 1 次干油，其余时间内，每半年注 1 次稀油。

(10) 看罐人员每班要对罐体全面检查 1 次，并有记录。对罐体升降高度每小时记录 1 次，并记录罐体运行状态。

(11) 上罐检查时，要稳步、慢蹬，防止滑倒。冷冻季节上罐时，禁止穿皮底鞋或塑料底鞋及高跟鞋上罐作业。

(12) 罐体栏杆要保持良好，发现损坏要及时处理。

6.1.2 抽采瓦斯管路及其抽采系统

6.1.2.1 瓦斯管路

瓦斯管路是实现矿井瓦斯抽采的重要环节，是矿井瓦斯抽采系统的重要组成部分，它和瓦斯泵如同血管和心脏一样。心脏停止跳动人就会死亡，而心脏的跳动必须靠血管的运动来维持，可见瓦斯管路在抽采系统中的重要地位。合理的选择抽采瓦斯管路（材质、断面及走向），不仅对实现安全抽采，而且对减少初期投资，降低瓦斯成本，都具有十分重要的意义。因此，对瓦斯管路的选择应遵守以下几点原则：

A 瓦斯抽采管路系统的选择原则

(1) 瓦斯管路系统必须根据巷道布置，选择巷道曲线段少和距离短的线路。

(2) 瓦斯管路应设在不经常通过矿车的回风巷中，以防止管路被撞坏漏气。若设在运输巷道中，需设在巷道的上方。

(3) 敷设的瓦斯管路应便于运输、安装和维护。

(4) 敷设的瓦斯管路应有在抽采设备或管路系统一旦发生故障时，管内的瓦斯不至于进入采掘工作面、机房或硐室等的防范措施。

B 井下敷设瓦斯管路的要求

(1) 瓦斯管路需涂防腐剂，以防锈蚀。

(2) 水平巷道瓦斯管路敷设应有流水坡度（3% ~5%），满足放水需要；管路用铁链子吊挂，并每隔适应距离在管路底部打铁顶子，防止坠落。

（3）倾斜巷道的瓦斯管路应每隔 10m 设一个垫墩，并用卡子将管子固定在垫墩上，以免下滑。在倾角 28°以下的巷道中，一般应每隔 20～50m 设一个卡子固定。

（4）封闭巷道内引管应采取防冲击砸断管路措施。

（5）管路敷设要求平直，避免急弯。

（6）主要运输巷道中的瓦斯管路架设高度不得小于 1.8m。

（7）管路敷设时，要求坡度一致，避免高低起伏，低洼处需安装放水器。

（8）新敷设的管路要打压试验，进行严密性检查。

C　地面敷设瓦斯管路的要求

（1）冬季寒冷地区应采取防冻措施。

（2）瓦斯主管路距建筑物的距离应大于 5m，距动力电缆应大于 1m，距水管和排水沟应大于 1.5m，距铁路应大于 4m，距木电线杆应大于 2m。

瓦斯管路由主、干管，分、支管及其附属装置所组成。其中：主干管是服务于一个或几个阶段水平，或几个采区的；分支管是服务于一个或几个抽采钻场，或一个采区的。

老虎台矿现井上、下共有 ϕ108～426mm 各种管径的瓦斯抽放管 66387m（见表 6-1-7），通过井上、下总长度 28000 多米的 8 条 ϕ426mm 管路，形成井下与井上各泵站相互连通管网。

表 6-1-7　井下瓦斯管路使用情况统计

规　格	延米/m	规　格	延米/m
ϕ100mm	4553	ϕ375～400mm	1700
ϕ150mm	2615	ϕ325mm	29216
ϕ175mm	2988	ϕ426mm	18540
ϕ200～250mm	5451	合　计	66387
ϕ275～300mm	1324		

6.1.2.2　瓦斯管径

矿井抽采瓦斯管径的选择合理与否，直接关系到矿井瓦斯开发的初期投资与抽采效果。因为瓦斯管路费用在整个抽采费用中占有很大比例。管径选的越大，初期投资费用越高，如果实际不需要这么大管径，无疑是一种浪费；反之，管径选的越小，初期投资虽然相对减少，但从长远考虑是不经济的。如果达不到抽采效果，则可能是一个更大的浪费。同时，由于抽采阻力增大，耗费电能亦相应增高。所以，在选择管径时，必须经过科学的计算，并根据抽采量大小，以及运输和安装施工方便条件，经综合分析来确定。

瓦斯管径可采用下式计算：

$$D = 0.1415\sqrt{\frac{Q}{V}} \tag{6-1-14}$$

式中 D——瓦斯管内径，m；

Q——瓦斯流量，m^3/min；

V——瓦斯在管路中的平均流速（一般取 $5 < V \leqslant 15$），m/s。

此外，也可以参照不同流速流量与管径之间的关系进行选择，见表6-1-8。

6.1.2.3 瓦斯管材质

A 我国煤矿用于井下的抽采瓦斯管大致可分为以下三种：

（1）国家定型钢管。管径小，一般不超过 ϕ250mm。

（2）普通钢板卷制成的焊接管。管径较大，一般为 ϕ250mm 以上。

（3）PE 管。

B 地面瓦斯管大致可分为以下三种：

（1）国家定型钢管；

（2）铸铁管；

（3）PE 管；

6.1.2.4 瓦斯管路阻力

瓦斯在管路中流动，所产生的阻力有摩擦阻力和局部阻力两种。

表 6-1-8　不同流速流量与管径值

管径 $D=50$mm，断面 $A=0.0019625m^2$			管径 $D=50$mm，断面 $A=0.0019625m^2$		
流速/$m \cdot s^{-1}$	流速/$m \cdot min^{-1}$	流量/$m^3 \cdot min^{-1}$	流速/$m \cdot s^{-1}$	流速/$m \cdot min^{-1}$	流量/$m^3 \cdot min^{-1}$
0.1	6	0.7492	1.5	90	11.2375
0.2	12	1.4983	2.0	120	14.9833
0.3	18	2.2475	2.5	150	18.7292
0.4	24	2.9967	3.0	180	22.4750
0.5	30	3.7458	3.5	210	26.2208
0.6	36	4.4950	4.0	240	29.9667
0.7	42	5.2442	4.5	270	33.7125
0.8	48	5.9933	5.0	300	37.4583
0.9	54	6.7425	5.5	330	41.2042
1.0	60	7.4917	6.0	360	44.5000
管径 $D=100$mm，断面 $A=0.00785m^2$			管径 $D=100$mm，断面 $A=0.00785m^2$		
流速/$m \cdot s^{-1}$	流速/$m \cdot min^{-1}$	流量/$m^3 \cdot min^{-1}$	流速/$m \cdot s^{-1}$	流速/$m \cdot min^{-1}$	流量/$m^3 \cdot min^{-1}$
0.1	6	2.9967	1.5	90	44.9500
0.2	12	5.9933	2.0	120	59.9333
0.3	18	8.9900	2.5	150	74.9167
0.4	24	11.9867	3.0	180	89.9000
0.5	30	14.9833	3.5	210	104.8833
0.6	36	17.9800	4.0	240	119.8667
0.7	42	20.9767	4.5	270	134.8500
0.8	48	23.9733	5.0	300	149.8333
0.9	54	26.9700	5.5	330	164.8166
1.0	60	29.9667	6.0	360	179.8000

A　摩擦阻力

摩擦阻力大小可依下式进行计算：

$$H = \lambda \frac{L}{D} \times \frac{v^2}{2g} \times \rho \qquad (6\text{-}1\text{-}15)$$

式中　H——管路摩擦阻力损失，Pa；

λ——管路摩擦阻力系数；

L——管路长度，m；

D——瓦斯管内径，m；

ρ——瓦斯密度，kg/m^3；

g——重力加速度，m/s^2；

v——管路内的瓦斯平均流速（一般取 $5 < v \leqslant 15$），m/s。

根据老虎台矿实际使用的瓦斯管大部分为中低压管路，则瓦斯管路的摩擦阻力应按下式计算（通过验算是符合实际的）：

$$H = \frac{Q^2 \Delta L}{K_2 D^5} \qquad (6\text{-}1\text{-}16)$$

式中　H——管路摩擦阻力损失，Pa；

L——管路长度，m；

Δ——瓦斯相对密度；

Q——瓦斯流量，m^3/h；

D——瓦斯管内径，m；

K_2——系数，不同管径系数 K 值不同，见表 6-1-9。

同时也可用式（6-1-16）编制出百米管路的摩擦阻力数值，可供实际工作中参考。表 6-1-9 中的阻力数值是在标准状态下（$t = 0℃$，$p = 101.325 \times 10^3$ Pa），不同空气流量的百米管路摩擦阻力。由于表中给出的是空气，而不是瓦斯，所以，在实际应用时，还必须用混合气体的相对密度数值相乘，以换算成这种混合气体的阻力数值。

在 0℃ 和 101.325×10^3 Pa 时，不同浓度的瓦斯混合气体与空气的相对密度数值可见表 6-1-10。

表 6-1-9　不同管径的 *K* 值

通称管径/mm	15	20	25	32	40	50
K 值	0.46	0.47	0.48	0.49	0.50	0.52
通称管径/mm	70	80	100	125	150	150 以上
K 值	0.55	0.57	0.62	0.67	0.70	0.71

表 6-1-10　不同浓度瓦斯混合气体标准状态下百米管路摩擦阻力

瓦斯浓度/%	0	1	2	3	4	5	6	7	8	9
0	1	0.996	0.991	0.987	0.982	0.978	0.973	0.969	0.964	0.960
10	0.955	0.951	0.947	0.942	0.938	0.933	0.929	0.924	0.920	0.915
20	0.911	0.906	0.902	0.898	0.893	0.889	0.884	0.880	0.875	0.871
30	0.865	0.862	0.857	0.853	0.848	0.844	0.840	0.835	0.831	0.826
40	0.822	0.817	0.813	0.808	0.804	0.799	0.795	0.791	0.786	0.782
50	0.777	0.773	0.768	0.764	0.759	0.755	0.750	0.746	0.742	0.737
60	0.733	0.728	0.724	0.719	0.715	0.710	0.706	0.701	0.697	0.693
70	0.688	0.684	0.679	0.675	0.670	0.666	0.661	0.657	0.652	0.648
80	0.644	0.639	0.635	0.630	0.626	0.621	0.617	0.612	0.608	0.603
90	0.599	0.595	0.590	0.586	0.581	0.577	0.572	0.568	0.563	0.559
100	0.544									

B　*局部阻力*

瓦斯管路的局部阻力应包括：拐弯，断面收缩（包括人为在管路上设置的流量计、阀门、放水器等），接头及其他附属设施所引起的阻力。局部阻力损失可按下式进行粗略的计算：

$$\Delta H = \Sigma\varepsilon \frac{v^2}{2hg}\rho \qquad (6\text{-}1\text{-}17)$$

式中　ΔH——局部阻力，Pa；

ε——局部阻力系数；

v——瓦斯平均流速，m/s；

ρ——瓦斯密度，kg/m^3。

管路局部阻力系数见表6-1-11。

表6-1-11　管路局部阻力系数

管件别	直角三通	分支三通	弯头	直通阀	90°弯头	闸门	球阀	对管径相差1组骤然收缩
ε	0.30	1.50	1.10	2.00	0.30	0.50	9.00	0.35

在0℃和101.325×10^{3}Pa时，不同浓度的瓦斯与空气混合气体重度见表6-1-12。

为简便起见，对局部阻力也可采用折算和估算等两种方法进行粗略计算。

（1）折算法。可以将各种管件折算成相当于管路长度，叫阻力长度。

①一个阀门相当于1/5D的阻力长度米。

②一支丁形件相当于1/10D的阻力长度米。

③一支滑阀相当于1/20D的阻力长度米。

④一个弯头相当于1/100D的阻力长度米。

D为毫米，以此代入各式后再扩大1000倍，即为实际管路阻力长度米。

（2）估算法。在实际工作中或初步设计中，可以采用估算的办法来计算，一般采取直线段管路阻力的10%～20%。

6.1.2.5　井下抽采瓦斯管路（网）布置

井下抽采瓦斯管路（网）的布置合理与否，除对实现安全抽采有极其重要影响外，而且对降低管网系统阻力，降低电力消耗也有十分重要的意义。为此，井下抽采瓦斯管网布置应能满足下列要求：

（1）系统网短路，阻力损失小。

表 6-1-12　不同浓度的瓦斯混合气体在标准状态下重度

瓦斯浓度/%	0	1	2	3	4	5	6	7	8	9
0	0	1. 28724	1. 28148	1. 27531	1. 26995	1. 26419	1. 26419	1. 25267	1. 24691	1. 24114
10	1. 23533	1. 22962	1. 22386	1. 21810	1. 21233	1. 20657	1. 20657	1. 19505	1. 18929	1. 18353
20	1. 17776	1. 17200	1. 16624	1. 16048	1. 15472	1. 14895	1. 14319	1. 13743	1. 13167	1. 12591
30	1. 12015	1. 11438	1. 10362	1. 10286	1. 09710	1. 09134	1. 08558	1. 07981	1. 07405	1. 06829
40	1. 06253	1. 05677	1. 05100	1. 04524	1. 03948	1. 03372	1. 02796	1. 02220	1. 01643	1. 01067
50	1. 00491	0. 99915	0. 99339	0. 93162	0. 98186	0. 97810	0. 97034	0. 96458	0. 95382	0. 95305
60	0. 94729	0. 94153	0. 93577	0. 93001	0. 92424	0. 91848	0. 91272	0. 90696	0. 90120	0. 89544
70	0. 88967	0. 88391	0. 87815	0. 87239	0. 86663	0. 86087	0. 85510	0. 84931	0. 84358	0. 87782
80	0. 83206	0. 82629	0. 82953	0. 81477	0. 80901	0. 80325	0. 79749	0. 79172	0. 78596	0. 78020
90	0. 77444	0. 76868	0. 76291	0. 75715	0. 75139	0. 74568	0. 73987	0. 72834	0. 72834	0. 72258
100	0. 71682									

（2）所在空间（即安设的巷道），不受或少受外界条件变化的干扰。

（3）具有互补性。

总之，井下抽采管网系统要运行连续、有效、安全、可靠，不能因某一局部出现故障而影响某一系统或矿井的正常抽采。因此，老虎台矿采用“环状管网”布置，如图所示 6-1-17。

6.1.2.6 瓦斯管路安装

瓦斯管路安装是矿井瓦斯开发工程的一个重要环节，而瓦斯管路安装质量又是保证矿井瓦斯实现安全、有效抽采的基础。然而，由于井下条件狭窄，又受到时、空以及吊装机具的限制，劳动强度大，安全条件差，往往影响施工质量。所以，要做好选、运、摆、接各环节工作。

（1）选管。选管即在没装运之前，对每一根管都要进行质量检查，经检查出不合格的管（如有砂眼、裂纹、开焊或直口不平的等）不能使用；经挑选合格的管材，入井前要除锈涂油，增强耐腐蚀性，提高使用寿命。

（2）运管。运管就是将除锈涂油的管材运送到安装管路的地点或巷道。运送时，除注意人身安全外，应注意不要将管件摔坏，撞碰变形或出现裂纹，以免影响质量。

（3）摆管。摆管是将由地面集中运送来的管件，按照抽采瓦斯管路设计走向，管件布置，一根一根摆放整齐，并将所需要的连接件、密封圈、安全防护设施（如垫木、吊丝和安全卡等）也要准备到位。

（4）接管。接管（也就是安装管路），就是按照管网设计的要求，结合具体施工地点条件，按照《瓦斯管路安装质量标准》的要求进行接设。

在水平巷道接设瓦斯管时，要保持 0.4% 的流水坡度；在倾斜巷道接设瓦斯管时，至少每 50m 设一个防滑卡，以防管路下滑；需垫墩或吊丝牢固。

管路安装完后，要进行打压试验，试验压力不得小于 0.15MPa。

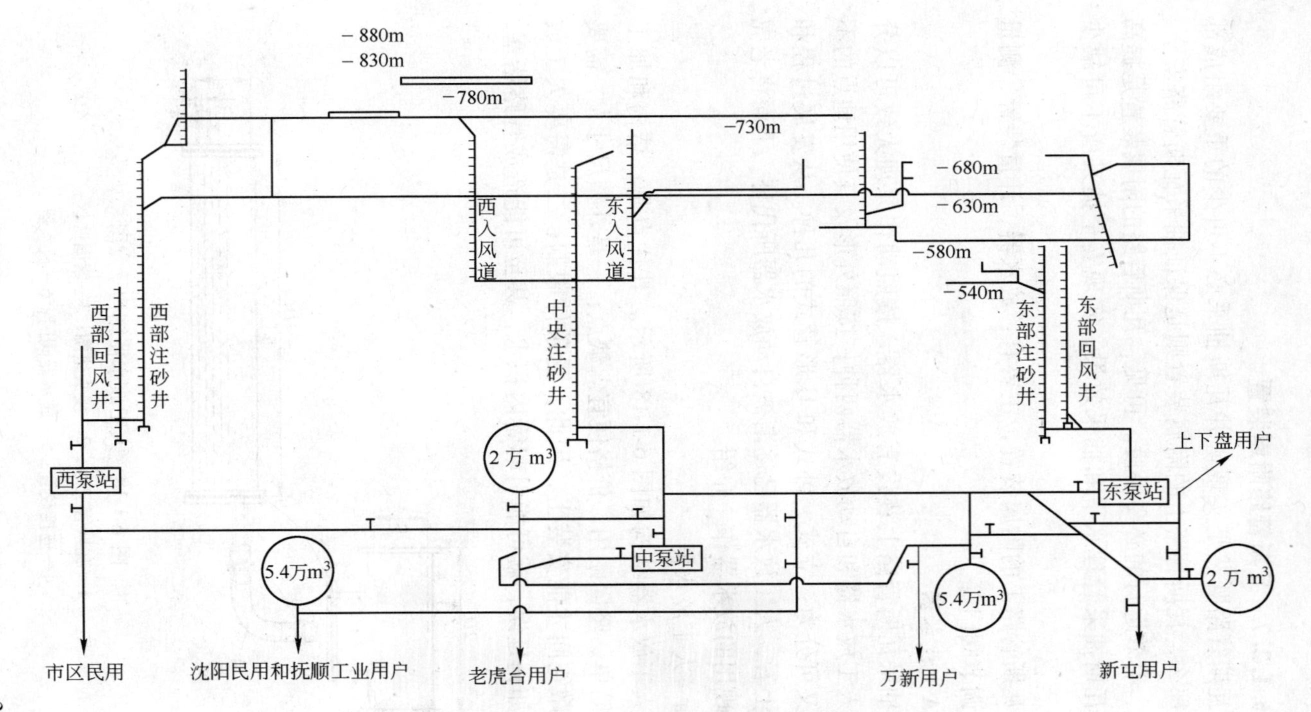

图 6-1-17 老虎台矿瓦斯抽采管网系统示意图

6.1.2.7　瓦斯管路附属装置

瓦斯管路既然是实现矿井瓦斯抽采必不可少的重要组成部分，那么，瓦斯管路上的附属装置则是保证抽采瓦斯管路安全、可靠、有效运行的必要手段。可见，瓦斯管路的附属装置是提高矿井瓦斯抽采管理水平和抽采效果，实现安全抽采所不可缺少的。

瓦斯管路上的附属装置，主要有：放水器、计量装置、测量孔和调节阀门等。

A　放水器

抽采瓦斯管路上装设有放水器，按照动作原理大致可以分为：人工放水器和自动放水器两种；按照外形及其使用地点的不同，又可分为：立式、卧式和U形管式的几种。从发展过程和趋势上看，人工放水器已逐渐被自动放水器所代替。下面将老虎台矿现用的放水器作一介绍。

a　人工放水器

人工放水器结构如图6-1-18所示。其优点是：结构和加工制作简单，坚固耐用、价格便宜。缺点：一是外型尺寸大，需要较宽敞空间才能安装上，因此，受条件限制；二是需要人工放水，如稍延误，就可能引起管内积水，甚至可能造成管路堵塞，

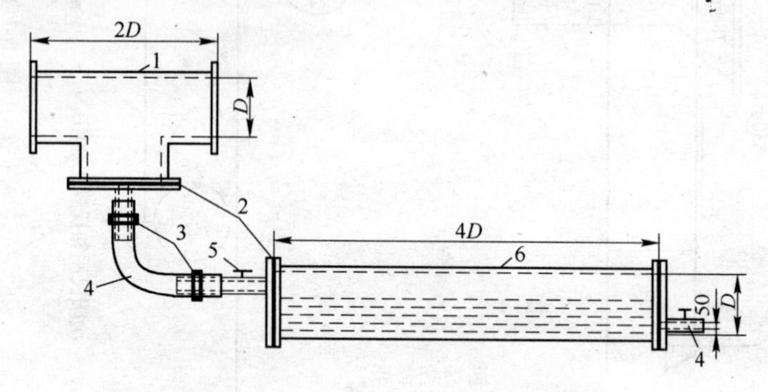

图6-1-18　人工放水器结构示意图

1—瓦斯管三通；2—接头垫圈；3—紧固铁丝；
4—连接胶管；5—放水器阀门；6—放水器

影响安全抽采。因此，人工放水器必须根据瓦斯管路积水情况，安排人员进行定期检查、放水。它适用积水量较大，抽采负压大于 1kPa 的管路上。目前，老虎台矿在瓦斯分支、主干管路上普遍使用。

b　自动放水器

老虎台矿目前在抽采钻场和支管瓦斯管路上普遍使用 U 形管式自动放水器（如图 6-1-17 所示）。

它是利用 U 形管柱高度与抽采负压的压差，实现自动放水的。即当 U 形管的水柱 h 高度大于抽采管路内与该处空气的压差 Δh 时，则 U 形管内的积水就能从 U 形管口（与空气相同点）流出，而不至于使空气由 U 形管进入抽采瓦斯管路，造成漏气和积水。为了能使 U 形管自动放水器有效的工作，在日常使用中，通常采取以下措施：

（1）U 形管自动放水器的直径必须同抽采瓦斯管路直径合理配置，其选择见表 6-1-13。

表 6-1-13　U 形放水管直径与瓦斯管直径关系

瓦斯管路直径 D/mm	U 形管直径 d/mm	瓦斯管路直径 D/mm	U 形管直径 d/mm
106.6	12.7	304.8	25.4
127.0	12.7	330.2	25.4
152.4	12.7	335.6	25.4
177.8	19.05	381.0	25.4
203.2	19.05	406.4	38.1
228.6	19.05	431.8	50.8
245.0	25.4	457.2	50.8
279.4	25.4	482.6	50.8

（2）为防止 U 形管自动放水器内无水时，空气进入抽采瓦斯管路中，影响抽采瓦斯浓度和效果，在 U 形管自动放水器的排水端（通大气侧），安装一个胶皮片，如图 6-1-19 所示。当 U 形管内积水高度等于或大于水柱高度 h 时，靠水柱高度 h 的自重

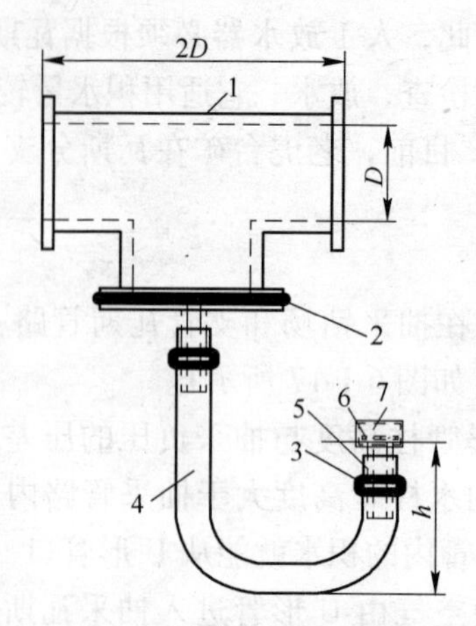

图 6-1-19　U 形管式自动放水器结构示意图

1—瓦斯管；2—接头垫圈；3—紧固铁丝；4—U 形放水胶管；
5—短节；6—胶皮片；7—自动放水器

（位能）将胶皮片 2 启开到 1 的位置，则管内积水就自动流出；当积水放出后，水柱高度 h' 值小于抽采负压差 Δh 值时，胶皮片受抽采负压 h 的作用，就闭到 2 的位置，将水口封闭，从而解决了漏气和积水问题。

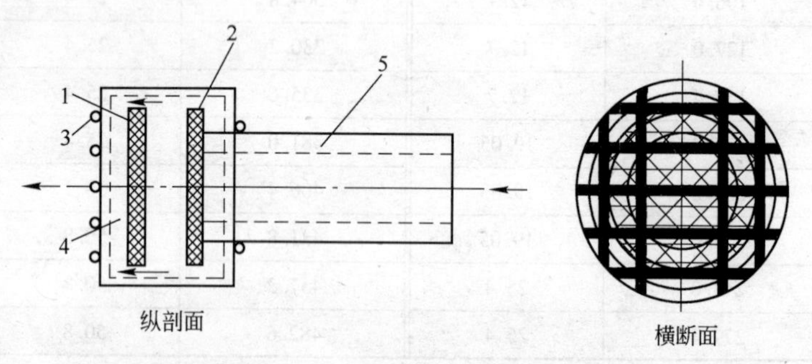

图 6-1-20　逆止阀结构示意图

1，2—胶皮片；3—挡胶皮钢筋；4—自动放水器；5—短节

c　地面瓦斯管路放水器

老虎台矿除井下瓦斯管路使用放水器外，在地面瓦斯利用管

路上也使用放水器，排除积水，以保证瓦斯的正常输送。

（1）构造：地面瓦斯利用管路上使用的放水器构造，如图6-1-21所示。

（2）动作原理：当水罐1中积有一定量的水时，可打开丝堵6，接上吸水帽（水抽子），通过抽水管可把水抽出来。

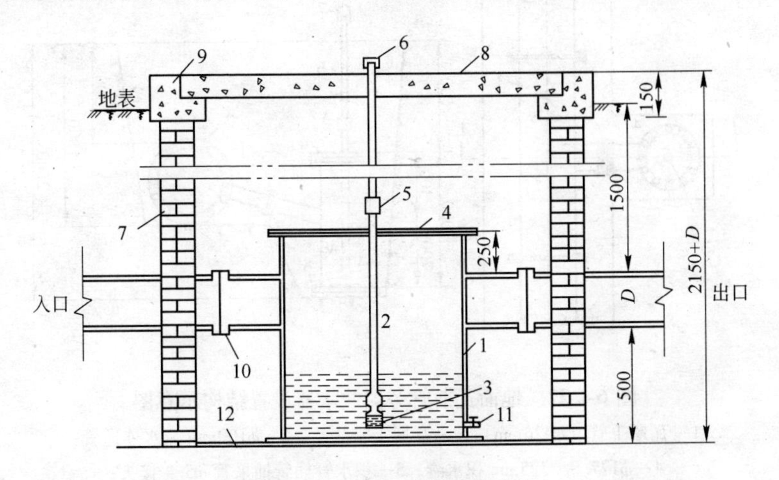

图 6-1-21　地面瓦斯管放水器

1—积水器；2—ϕ5.4mm 抽水管；3—抽水管吸水笼头；4—积水罐盖板；5—外接头 ϕ5.4mm；6—死堵头 ϕ5.4mm；7—砖井（保温检修用）；8—砖井水泥保护盖板；9—水泥槽座；10—法兰接头（瓦斯管）；11—水罐放水头 8mm；12—水罐底板水泥抹面

（3）适应条件：

1）该放水器用于地面瓦斯供气主干管上，一般设在低洼易积水的管段处，在主管与用户的连接支管接头处也常安设。这些地点由于室外温度差较大，管路坡度改变，因而，管路更易积水。

2）放水器可直接埋入地下，地面上只露出抽水管头即可。如为了方便检修或更换，也可砌成砖井，上加盖板进行保护，但无论哪种安设方法，都必须考虑该地区地点的防冻层厚度，杜绝冻坏放水器。根据近几年来的实践，又将此种放水器改为侧接放水器，即不直接与干管相连接并用阀门或挡板控制。这样就克服了上述放水器在检修、更换时须停瓦斯处理等不方便、不安全的问题。而改成侧接放水器后，只要设个临时挡板就可任意更换和检修，不需要停泵或停瓦斯处理，其构造如图 6-1-22 所示。

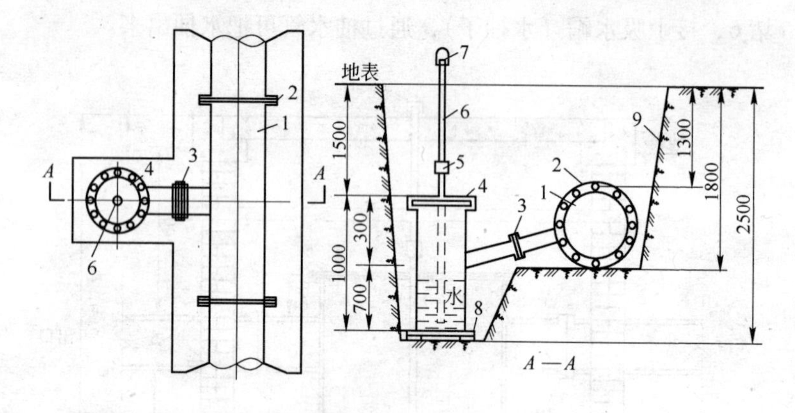

图 6-1-22　地面瓦斯管旁侧放水器设置结构示意图

1—瓦斯干管（ϕ426mm）；2—瓦斯干管法兰；3—ϕ100mm 流水连通管；4—ϕ177.8～325mm 积水罐；5—积水管插管抽采管 ϕ5.4 接头；6—ϕ8～25.4mm 抽水插入管；7—抽水插入管头弹堵；8—放水罐木砖或红砖垫块；9—瓦斯管沟

实践证明此种放水器优点甚多而安全可靠。

B　流量测定装置

流量测定装置是用以瓦斯流量的计量装置（或仪器），是矿井瓦斯抽采实现科学管理的重要内容与标志，是衡量矿井抽采效果好坏的依据和手段。因此，在抽采瓦斯管上（包括地面利用部分的输送管路）都安装有流量测定装置，并设有专人定期进行测量，并作出报告（包括有分析意见在内的瓦斯流量结果报告）。

由于抽采系统条件不同，对流量测定装置的安装、使用和维护也不完全一样。老虎台矿在主要抽采点和地面瓦斯泵站安装了管道流量传感器。有关内容详见 6.3 节。

C　测量孔

在瓦斯主管、分管、支管上以及钻孔连接装置上均应设置测量孔，以便经常观测管内流量、压力、浓度和采取气样进行气体成分分析。多数矿井都是在安装管路之前预先焊上测量嘴。老虎台矿采用在管路接设完后，在管路上打测量孔。测量孔一般为$\phi4\sim10$mm，平时用胶皮塞塞住，以防漏气。

D　控制阀门

在瓦斯管路（主管、分管、支管）上和钻场、钻孔的连接处均安设阀门，主要用来调节与控制各个抽采点的负压、瓦斯浓度、抽采量等，同时，在修理和更换瓦斯管时，可切断通路。

6.1.3　参数测定计量

瓦斯抽采参数测定是矿井瓦斯抽采实现科学管理的重要内容与标志，是衡量矿井瓦斯抽采效果好坏的依据和手段。因此，必须设有专人定期进行瓦斯抽采参数测量或观测，并进行计量、统计、分析。瓦斯抽采参数有：流量、压力、浓度等。

由于抽采系统条件不同，瓦斯抽采参数测定方式也不完全一样。目前，国内瓦斯抽采参数测定方式有：仪表测定、仪器测定、多参数测试仪测定、瓦斯抽采监测系统测定等。老虎台矿目前采用仪器测定和瓦斯抽采监测系统测定相结合的瓦斯抽采参数测定方式，瓦斯抽采监测系统测定见6.3节，仪器测定方法如下所述。

6.1.3.1　流量测定

采用皮托管倾斜压差计仪器进行抽采瓦斯流量测定。其构造如图6-1-23。此种方法，方便可靠。

A　皮托管倾斜压差计计量原理

通过皮托管倾斜压差计测定管道某一点的动压，进而求出流体速度，再计算流量的一种方法。因为，皮托管通向气流方向的孔所测得的压力值为该气流的静压与动压之和，而垂直于气流方向的孔所测得的压力值为该点气流的静压。因此，当将这两个孔洞与一个倾斜水柱计相连时，则水柱差值即表示该点气流的动压。

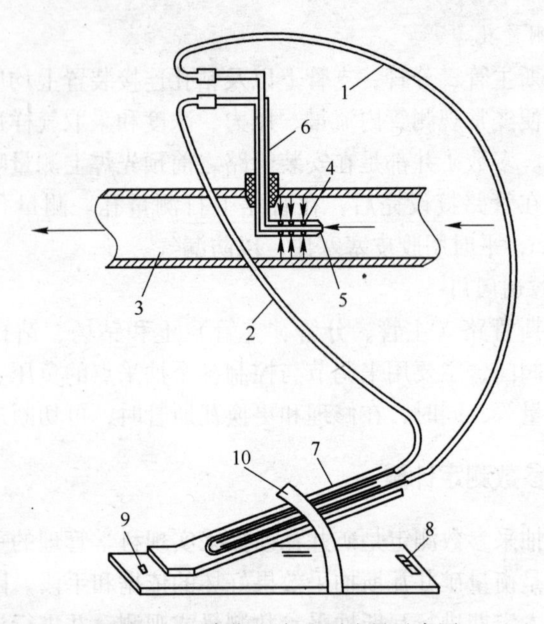

图 6-1-23　高斯三点法测流量示意图

1—全压管；2—静压管；3—瓦斯管；4—静压口；5—速压口；6—皮托管；
7—倾斜压差计；8—水准器；9—调平螺丝；10—调节倾角尺

B　计算方法

利用皮托管倾斜压差计测定流量，一般均采用“高斯三点法”求平均点速，具体测算步骤如下：

（1）瓦斯管内截面三点法布置，如图 6-1-24 所示。

（2）测量记录（见表 6-1-14）：

表 6-1-14　用“高斯三点法”的测算记录

测 点	测定项目					
	倾斜仪中的酒精柱/mm	气压/Pa	温度/℃	压差计倾斜度/(°)	ρ_0 /kg · m^{-3}	ρ_t /kg · m^{-3}
A 点						
B 点						
C 点						

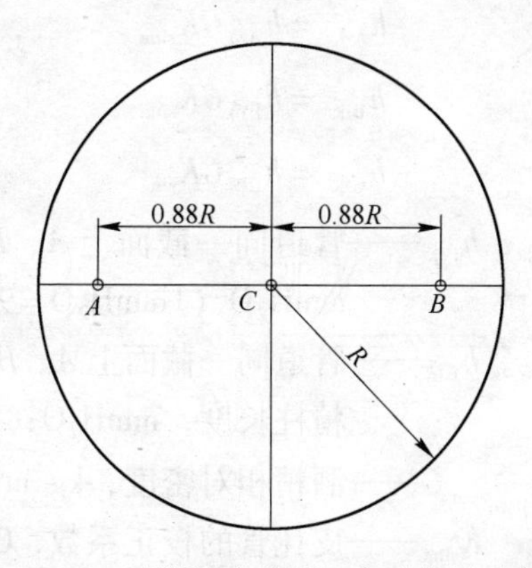

图 6-1-24　瓦斯管内截面三点法布置示意图

R—瓦斯管半径（mm）；A，B—测点到中心测点 C 的距离（S = 0.88mm）；C—管道的中心测点

（3）计算：

$$\rho_0 = (\rho_{CO_2} \times 0.96) + (\rho_{O_2} \times 1.43) + (\rho_{CH_4} \times 0.715) + (\rho_{N_2} \times 1.25) \qquad (6\text{-}1\text{-}18)$$

式中　ρ_0——标准状态下混合瓦斯密度，kg/m³；

0.96——标准状态下二氧化碳密度，kg/m³；

1.43——标准状态下氧气密度，kg/m³；

0.715——标准状态下甲烷密度，kg/m³；

1.25——标准状态下氮气密度，kg/m³。

$$\rho_T = \frac{\rho_n \times 273 \times (p + H)}{(273 + t) \times 760} \qquad (6\text{-}1\text{-}19)$$

式中　ρ_T——工作状态下瓦斯混合气体密度，kg/m³；

ρ_n——标准状态下瓦斯混合气体密度，kg/m³；

p——测点所在巷道中绝对压力，Pa；

H——测点管内外的静压差，Pa；

t——瓦斯管内温度，℃；

273——个标准大气压，mmHg。

（4）将酒精柱换成水柱，即：

$$h_{A水} = h_{A精} G K_{sina} \tag{6-1-20a}$$

$$h_{B水} = h_{B精} G K_{sina} \tag{6-1-20b}$$

$$h_{C水} = h_{C精} G K_{sina} \tag{6-1-20c}$$

式中　$h_{A水}$，$h_{B水}$，$h_{C水}$——管道同一截面上 A、B、C 三点动压，mmH_2O（$1mmH_2O = 9.8Pa$）；

$h_{A精}$，$h_{B精}$，$h_{C精}$——管道同一截面上 A、B、C 三点倾斜酒精柱长度，mmH_2O；

G——酒精相对密度，kg/m^3；

K_{sina}——皮托管的校正系数，0.94～0.96。

（5）求 A、B、C 各点速度：

$$v_A = \sqrt{\frac{2gh_{A水}}{\gamma_T}} \tag{6-1-21a}$$

$$v_B = \sqrt{\frac{2gh_{B水}}{\gamma_T}} \tag{6-1-21b}$$

$$v_C = \sqrt{\frac{2gh_{C水}}{\gamma_T}} \tag{6-1-21c}$$

式中　v_A，v_B，v_C——管道同一截面上 A、B、C 各点流速，m/s。

γ_T——混合瓦斯容重，kg/m^3。

（6）平均速度：

$$v_{CP} = \frac{4}{9} v_C + \frac{5}{18}(v_A + v_B) \tag{6-1-22}$$

式中　v_{CP}——平均流速，m/s。

（7）平均速度：

$$Q = 60\,\frac{\pi D^2}{4}\,v_{CP} \tag{6-1-23}$$

式中　Q——瓦斯量，m^3/min；

π——圆周率，3.1416。

式（6-1-23）计算出的瓦斯量为混合瓦斯量，计算纯瓦斯量时，再乘以测量时的瓦斯浓度。

6.1.3.2 压差和负压测定

A 压差

利用测量孔用U形管和倾斜压差计来测量抽采管道内、外压差（即负压）。

U形管压差计为一固定在木板上的U形玻璃管，内装汞或水为工作液。压差大时用汞，压差小时用水。工作液的正常高度为U形管高度的一半，刻度尺嵌在U形管中间，如图6-1-25所示。玻璃管的内径一般为$\phi5\sim6$mm。

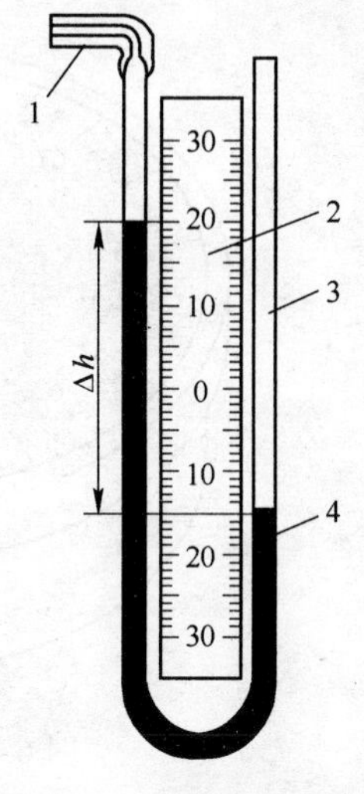

图6-1-25 U形玻璃管汞压差计

1—胶皮管；2—刻度尺；3—U形玻璃管；4—工作液

当测定的压差值小时，为提高读数精度，采用倾斜压差计，如图6-1-26所示。

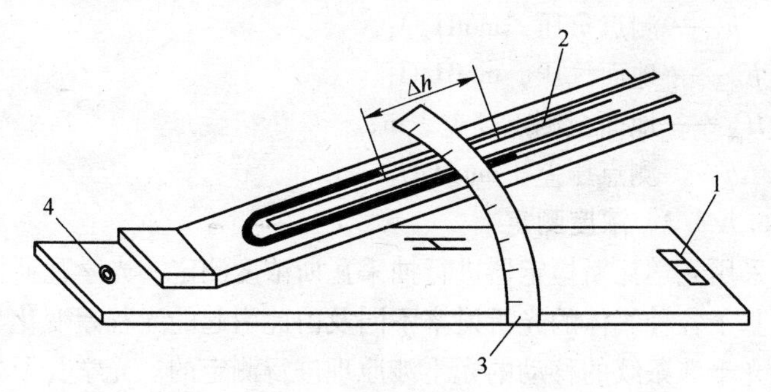

图6-1-26 倾斜压差计

1—水准器；2—倾斜压差计；3—调平螺丝；4—调节倾角尺

B 气压

利用空气盒气压计测量地面空气气压。

空气盒气压计如图6-1-27所示。

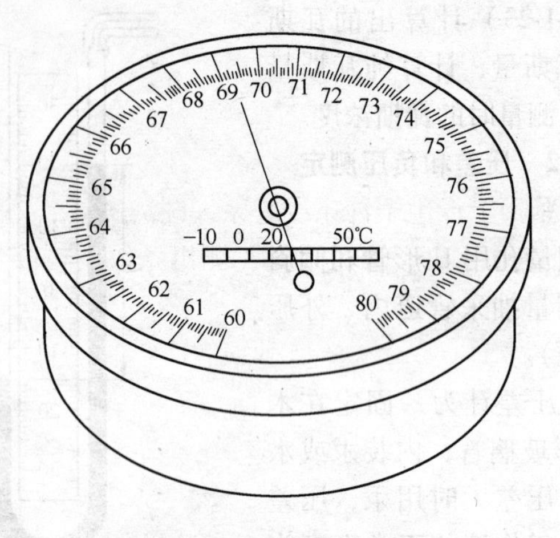

图 6-1-27　空气盒气压计

C　测点负压

根据地面气压及测点标高和压差计算测点负压。

$$h = h_{气} + \frac{H_{高}}{10} - \Delta h \tag{6-1-24}$$

式中　h——测点负压，mmH_2O；

$h_{气}$——地面气压，mmH_2O；

$H_{高}$——地面至测点高差，m；

Δh——测点压差，mmH_2O。

6.1.3.3　浓度测定

采用光学瓦斯检定器进行抽采瓦斯浓度测定。光学瓦斯检定器是基于各种气体的光折射率不同及由此引起的光程差变化，并产生光干涉条纹的移动的光干涉原理进行测定的。光学瓦斯检定器在正常的空气组分和温度条件下，灵敏度较高，准确稳定，坚固耐用，且改变气室长度可测高低浓度。其光学系统见图 6-1-28 所示。

在图 6-1-28 中，灯泡 1 发出的一束白光经光栅 2 和透镜 3 射到平行面镜 4 后，光束分成两束，一束自平面镜 a 点反射，经右空气室、大三棱镜和左空气室，回到平行平面镜，再经镜面反射到镜面的 b 点；另一束在 a 折射，进入平面镜镜底，经镜底反射、镜面折射，往反通过瓦斯室，也到达平面镜；与 b 点反射后与第一束光一同进入三棱镜，再经 90° 反射，进入望远镜，在望远镜的聚焦平面上产生干涉条纹，条纹经测微玻璃 8、分划板 9、场镜 10，到达目镜 11，通过目镜，测出条纹的位移量，即可测出瓦斯的浓度值。

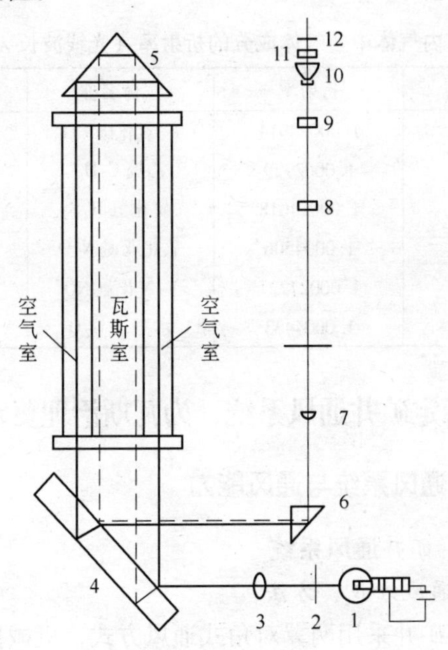

图 6-1-28　AQG-1 型瓦斯检定器光学系统

1—光源；2—光栅；3—透镜；4—平行平面镜；5—大三棱镜；6—三棱镜；7—物镜；8—测微玻璃；9—分划板；10—场镜；11—目镜；12—目镜保护玻璃

对于由空气和浓度为 C 的被测气体组成的混合物，由下式计算被测气体浓度。

$$C = \frac{100m\lambda}{L(n_2 - n_1)} \tag{6-1-25}$$

式中 C——被测气体浓度,%;

m——干涉条纹位移量;

λ——波长, mm;

n_2——被测气体组分折射率;

n_1——空气的折射率。

在标准条件下，对于波长 $\lambda=546.1\text{mm}$ 的光线，矿内大气各气体成分的折射率见表6-1-15。

表6-1-15 矿内气体中各气体成分的折射率（光线波长 $\lambda=546.1\text{mm}$）

气体名称	折射率	气体名称	折射率
氮气 N_2	1.00029914	一氧化碳 CO	1.000336
干燥空气	1.0002929	乙烷 C_2H_6	1.0007648
氢气 H_2	1.00014018	硫化氢 H_2S	1.000644
二氧化碳 CO_2	1.0004506	氧化亚氮 N_2O	1.000510
氧气 O_2	1.00027227	一氧化氮 NO	1.000295
甲烷 CH_4	1.0004433	水蒸气 H_2O	1.0002569

6.2 合理稳定矿井通风系统，为瓦斯治理奠定可靠基础

6.2.1 矿井通风系统与通风能力

6.2.1.1 矿井通风系统

A 矿井通风方式、方法

老虎台矿矿井采用两翼对角式通风方式，机械抽出式通风方法。

B 通风网络

老虎台矿现有通风巷道10万余米（见图6-2-1）。矿井现有11条井筒，即：井田中央布置7条入风井筒（6条斜井和1条竖井)，累计断面积121m^2；井田东、西边界各布置2条回风井筒，累计断面积79m^2。矿井现有9个通风水平，各水平之间布置暗斜井用于采区分区通风和硐室的独立回风。矿井现有独立通风硐室22个，正常情况下保持两采、两准、一备生产布局。

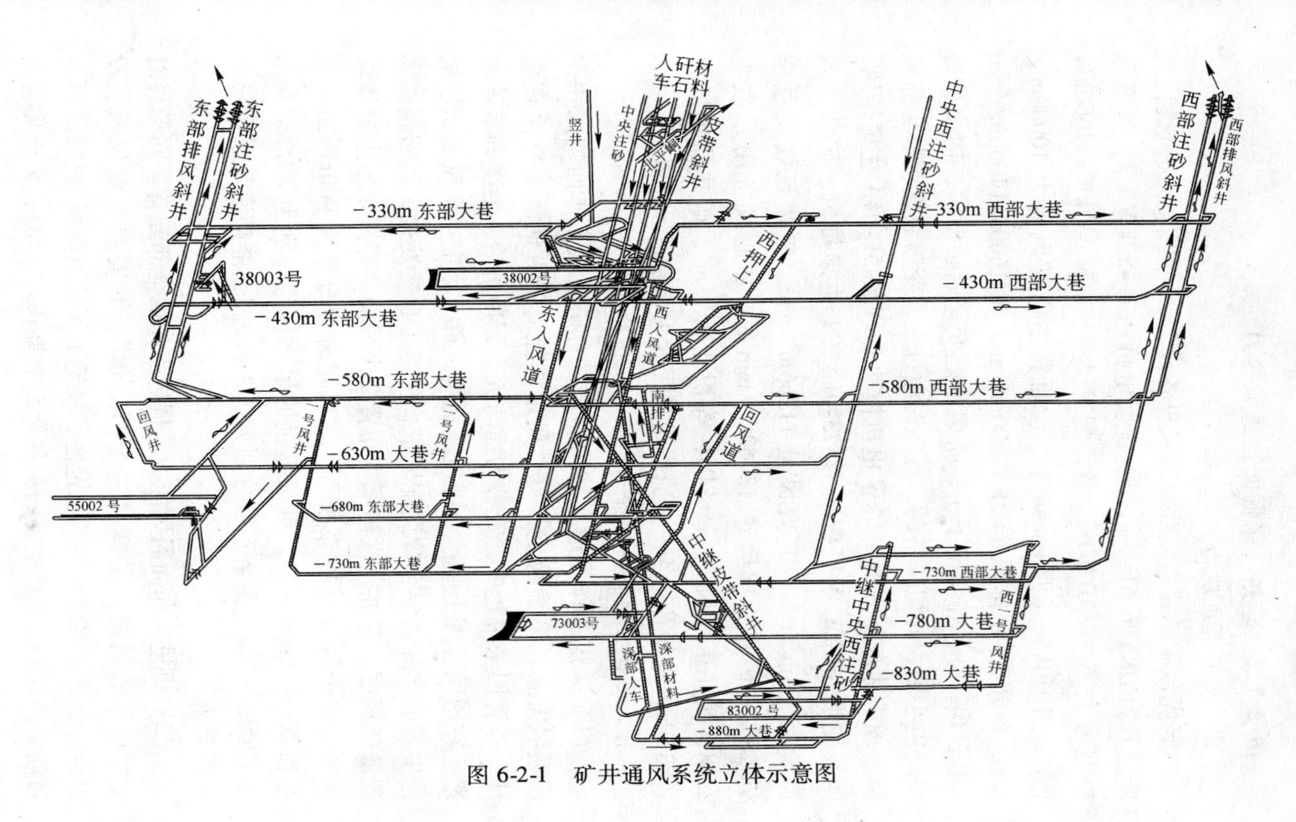

图 6-2-1　矿井通风系统立体示意图

6.2.1.2 矿井（采掘面）通风能力

A 矿井通风能力

老虎台矿矿井东、西翼扇风机各设2台风机离心式风机，主扇型号为DKY26.5F-04A型，配套电机功率450kW×2；备扇风机型号为K_4-73-01NO32$_F$型，配套电机功率630kW、1600kW（东）/1050kW（西）。矿井东、西翼主扇排风能力10000m^3/min，备扇最大排风能力11000m^3/min和16000/14000m^3/min（见表6-2-1），并实现了主、备扇均能变速调频技术，构成风量供配由小到大的配备格局，可随时通过主扇变频装置调节矿井风量。现矿井东翼使用450kW电机拖动DKY26.5F-04A主扇排风，西翼使用630kW电机拖动K_4-73-01NO32$_F$主扇排风，矿井总入风量12908m^3/min，有效风量11266m^3/min，矿井有效风量率87.28%；矿井总排风量13760m^3/min，矿井通风备用系数为2.18；矿井东翼风压－568Pa，等积孔2.74m^2；矿井西翼风压－833Pa，等积孔4.4m^2，通风难易程度为容易通风矿井。

B 采掘工作面通风能力

（1）采煤工作面通风能力。老虎台矿采煤工作面均采用U形通风方式，系统稳定性好，风量调控简洁方便。工作面在设计、布置回采过程中，充分考虑防火、瓦斯防治、温度调节等因素。在通风管理上坚持合理按需配风，每天测定一次风量，并根据生产的实际需要合理调配风量，杜绝了自然发火，瓦斯超限降到最低程度。矿井正常情况下布置2个采面，即一个原生煤体综放面、一个阶段煤柱综放面，其风量分配分别为900m^3/min左右和400m^3/min左右，可以提供的最大风量分别为2000m^3/min和1000m^3/min，富余系数分别为2.2和2.5，能够满足采面安全生产要求。

（2）掘进工作面通风能力。掘进工作面全部配备了同型号对旋式局部通风机，实施“三专两闭锁”，并安装了双风机、双电源，保证了局部通风的稳定性，杜绝了无计划停风和故障停风。目前矿井有2个生产准备面，共计5个掘进工作面，5台局扇均

表 6-2-1　老虎台矿主扇参数

参数＼风扇	东风扇			西风扇		
	主扇	备扇		主扇	备扇	
风机型号	DKY26. 5F-D4A 离心式	K_4-73-01N032F 离心式		DKY26. 5F-D4A 离心式	K_4-73-01N032F 离心式	
风机工作方式	抽出式			抽出式		
风机数/台	1	1		1	1	
风机传动方式	对轮连接	对轮连接		对轮连接	对轮连接	
风机转数/$r \cdot min^{-1}$	480	321	482	480	321	413
风机额定风量/$m^3 \cdot min^{-1}$	10000	11000	16000	10000	11000	14000
风机额定风压/Pa	1746	2254	3234	1746	2254	2400
电机型号	Y5005-12	Y630-18/1730	YR1600-12/1730	Y5005-12	Y630-18/1730	Y1050-14/2 1730
电机数/台	2	1	1	2	1	1
电机转数/$r \cdot min^{-1}$	492	329	494	492	329	423
电机功率/kW	450	630	1600	450	630	1050
变频器数/台	1		无	1		无
变频范围/Hz	0～50		工频	0～50		工频

开单机，共计配风量为1400m³/min；主、备扇均开双机可以提供的配最大风量为3868m³/min，富余系数为2.8，能够满足掘面安全生产要求。

6.2.1.3 矿井通风主要参数计算

A 矿井总进风量比

矿井总进风量比是矿井总入风量与矿井总需风量的百分比，即：

$$P_{jf} = \frac{Q_{jf}}{Q_{xf}} \times 100\% = \frac{12908}{9251} \times 100\% = 139.55\% \quad (6\text{-}2\text{-}1a)$$

式中 P_{jf}——矿井总进风量比，%；

Q_{jf}——矿井总入风量，m³/min；

Q_{xf}——矿井总需风量，m³/min。

B 矿井有效风量率

矿井有效风量率是矿井有效风量和与矿井总入风量的百分比，即：

$$P_{ef} = \frac{Q_{ef}}{Q_{lf}} \times 100\% = \frac{11266}{12908} \times 100\% = 87.28\% \quad (6\text{-}2\text{-}1b)$$

式中 P_{ef}——矿井有效风量率，%；

Q_{ef}——矿井有效风量，m³/min；

Q_{lf}——矿井总入风量。

C 矿井外部漏风率

矿井外部漏风率是矿井外部漏风量与矿井总排风量的百分比，即：

$$P_{ulf} = \frac{Q_{ulf}}{Q_{pf}} \times 100\% = \frac{356}{13760} \times 100\% = 2.59\% \quad (6\text{-}2\text{-}1c)$$

式中 P_{ulf}——矿井外部漏风量率，%；

Q_{ulf}——矿井外部漏风量，m³/min；

Q_{pf}——矿井总排风量，m³/min。

D　矿井内部漏风率

矿井内部漏风率是矿井内部漏风量与矿井总排风量的百分比，即：

$$P_{nlf}=\frac{Q_{nlf}}{Q_{pf}}\times 100\%=\frac{1642}{13760}\times 100\%=11.93\% \qquad (6\text{-}2\text{-}1d)$$

式中　P_{nlf}——矿井内部漏风量率，%；

Q_{nlf}——矿井内部漏风量，m^3/min；

Q_{pf}——矿井总排风量，m^3/min。

E　矿井通风负压

在矿井东、西风扇风机与防爆井之间风硐内，用塑料管做成一个倒U形测压管，管上每隔500mm打一个垂直于风方向测压孔，然后，用胶管引至操作室，与U形压差计相连，观测水柱压差，测量矿井通风负压。现场测量数为mmH_2O，乘以9.8换算为Pa。

F　通风富余系数

（1）矿井通风富余系数是体现矿井通风能力参数，用矿井现有排风量与备用风机最大排风量之比计算，即：

$$P_k=\frac{Q_{xy}}{Q_{zd}}=\frac{30000}{13760}=2.18 \qquad (6\text{-}2\text{-}1e)$$

式中　P_k——矿井通风富余系数；

Q_{xy}——矿井现有排风量，m^3/min；

Q_{zd}——备用风机最大排风量，m^3/min。

（2）采、掘面通风富余系数是体现采、掘面通风能力参数，用采、掘面现有排风量与最大排风量之比计算，即：

$$P_{采}=\frac{Q_{pf}}{Q_{max}} \qquad (6\text{-}2\text{-}1f)$$

式中　$P_{采}$——采、掘面通风富余系数；

Q_{pf}——采、掘面现有排风量，m^3/min；

Q_{max}——采、掘面最大排风量，m^3/min。

G　矿井通风等级孔

矿井通风等级孔是用来形象表征矿井通风难易程度的指标。可用下式求得：

$$A = 1.19 \frac{Q_{hf}}{\sqrt{h}} \tag{6-2-1g}$$

式中　A——矿井通风等级孔，m^2；

Q_{hf}——矿井东、西翼风机总回风量，m^3/min；

h——矿井东、西翼通风负压，Pa。

根据矿井通风阻力测定结果，矿井东翼通风阻力为1756.3Pa，现矿井东翼总排风量5796m^3/min，即96.6m^3/s；矿井西翼通风阻力为1289.1Pa，现矿井东翼总排风量7964m^3/min，即132.7m^3/s；所以矿井东、西翼通风等级孔为：

$$A_{东} = 1.19 \times \frac{96.6}{\sqrt{1756.3}} = 2.74m^2$$

$$A_{西} = 1.19 \times \frac{132.7}{\sqrt{1289.1}} = 4.40m^2$$

6.2.2　矿井风量测量、分配与调节

6.2.2.1　矿井风量测量

A　风量测量要求

在矿井各入风井筒井口以下和回风井筒通往防爆井联络道以下10～20m处建立测风站，每旬对矿井入回风量进行一次测量；在东、西翼各水平大巷建立测风站，每旬对东、西翼各水平大巷入、回风量进行一次测量；在东、西扇风机出口设置测风点，每旬对东、西扇风机排风量进行一次测量；在井下各硐室设置测风点，每旬对井下各硐室风量进行一次测量；在采面回风顺槽、煤门和掘进面掘进巷道及其设置局扇巷道设置测风点，每天对采面回风顺槽、煤门和掘进面掘进巷道及其设置局扇巷道进行一次风量测量；在其他用风地点建立测风点，每旬对其他用风地点进行一次测量。

B　风量测量仪器

（1）风速测量仪器现使用3种DFA系列风表，即：DFA-1高速风表、DFA-2中速风表、DFA-3低速风表。根据矿井各测风站（测风点）不同风速选用高、中、低速风表进行风速测量。

（2）巷道断面积用米尺进行测量。

C　风量计算

（1）测点风量。测点风速乘以巷道断面积，求得测点风量。计算公式如下：

$$Q_{点} = V \times S \tag{6-2-2a}$$

式中　$Q_{点}$——测点风量，m^3/min；

V——测点风速，m/min；

S——测点巷道断面积，m^2。

（2）每旬风量。每旬将各类风量对测点每天测量的风量进行平均，算出各测点每旬风量。计算公式如下：

$$Q_{点旬} = \frac{Q_{d_1} + Q_{d_2} + Q_{d_3} + \cdots + Q_{d_{10(11)}}}{10(11)} \tag{6-2-2b}$$

式中　$Q_{点旬}$——测点每旬风量，m^3/min；

$Q_{d_1}, Q_{d_2}, Q_{d_3}, \cdots, Q_{d_{10(11)}}$——第一天、第二天、第三天、…、第10（11）天测点测量风量，m^3/min。

按矿井入风，矿井东、西翼回风，矿井东、西翼排风，东、西翼各水平入风，东、西翼各水平回风，东、西翼采煤工作面风量，东、西翼掘进工作面风量，东、西翼硐室风量，其他风量对测点风量进行分类，分别计算每旬各类风量总风量。计算公式如下：

$$\Sigma Q = Q_{l_1} + Q_{l_2} + Q_{l_3} + \cdots + Q_{l_n} \tag{6-2-2c}$$

式中　ΣQ——每旬各类风量总风量，m^3/min；

$Q_{l_1}, Q_{l_2}, Q_{l_3}, \cdots, Q_{l_n}$——各类风量第一、第二、第三、…、第$n$测点测量风量（采掘工作面为每旬风量），$m^3/min$。

1）矿井总入风量为各入风井筒风量之和；

2）矿井总回风量为东、西翼各回风井筒风量之和；

3）矿井总排风量为东、西翼扇风机排风量和；

4）采煤工作面风量为东、西翼各采煤工作面风量之和；

5）掘进工作面风量为东、西翼各掘进工作面风量之和；

6）硐室风量为东、西翼各硐室风量之和；

7）其他风量为东、西翼其他独立用风地点风量之和；

8）矿井有效风量为东、西翼独立通风的各采、掘面和硐室及其他有效用风地点的风量之和；

9）矿井外部漏风量为东、西两翼总排风量减去矿井总回风量；

10）矿井内部漏风量为东、西两翼总回风量减去矿井总入风量。

（3）每月风量。将各类风量对三旬各测点测量风量进行平均，计算公式如下：

$$Q_{均} = \frac{Q_{x_1} + Q_{x_2} + Q_{x_3}}{3} \quad (6\text{-}2\text{-}2d)$$

式中　$Q_{均}$——每旬各类风量总风量，m^3/min；

Q_{x_1}，Q_{x_2}，Q_{x_3}——各类风量第一、第二、第三旬测点测量风量（采掘工作面为每旬风量），m^3/min。

各类风量每个测点三旬平均风量总和为每月各类风量总风量。计算公式如下：

$$\Sigma Q_{月} = Q_{1均} + Q_{2均} + Q_{3均} + \cdots + Q_{n均} \quad (6\text{-}2\text{-}2e)$$

式中　$\Sigma Q_{月}$——每月各类风量总风量，m^3/min；

$Q_{1均}$，$Q_{2均}$，$Q_{3均}$，…，$Q_{n均}$——各类风量第一、第二、第三、…、第 n 测点每月平均风量，m^3/min。

（4）每年风量。各类风量每月风量平均值为每年各类风量总风量，计算公式如下：

$$\Sigma Q_{年} = \frac{Q_{m_1} + Q_{m_2} + Q_{m_3} \cdots + Q_{m_{12}}}{12} \qquad (6\text{-}2\text{-}2f)$$

式中　　$\Sigma Q_{年}$——每年各类风量总风量，m^3/min；

$Q_{m_1}, Q_{m_2}, Q_{m_3}, \cdots, Q_{m_{12}}$——1月、2月、3月、…、12月各类风量总风量，$m^3/min$。

6.2.2.2　矿井风量分配

根据矿井需风量进行矿井风量分配。

A　采煤工作面需风量

（1）根据工作面平均日产量和预计回采时平均相对瓦斯涌出量，按工作面回风流中瓦斯浓度不超过1%计算工作面需风量。其计算公式如下：

$$Q_{风} = 0.0694 \times A_{CP} \times (1 - d) \times q_{相} \times K_{采} \times K_{抽} \qquad (6\text{-}2\text{-}3a)$$

式中　$Q_{风}$——工作面需风量，m^3/min；

$q_{相}$——预计工作面回采时平均相对瓦斯涌出量，m^3/min；

A_{CP}——工作面平均日产量，t；

d——工作面瓦斯预抽率，%；

$K_{采}$——工作面瓦斯涌出不均衡系数，取1.4～1.6（不边抽取2）；

$K_{抽}$——工作面边采边抽后瓦斯涌出比率，取0.15～0.25（不边抽取1）；

0.0694——每日等于1440min乘以回风流中瓦斯浓度1%的倒数。

（2）按工作面温度选择适宜的风速计算需风量，其计算公式如下：

$$Q_{温} = 60 \times V_{采} \times S_{采} \qquad (6\text{-}2\text{-}3b)$$

式中　$Q_{温}$——工作面需风量，m^3/min；

$V_{采}$——工作面风速，m/s；

60——1min等于60s；

$S_{采}$——工作面最小净断面积，m^2。

（3）按回采工作面同时作业人数计算需风量：

$$Q_{人} = 4N \tag{6-2-3c}$$

式中 $Q_{人}$——工作面需风量，m^3/min；

N——工作面人数；

4——工作面最大风速，m/s。

（4）按风速进行风量验算：

$$Q_{min} > 15 \times S \tag{6-2-3d}$$

$$Q_{max} < 240 \times S \tag{6-2-3e}$$

式中 Q_{min}——工作面最小风量，m^3/min；

Q_{max}——工作面最大风量，m^3/min；

15——工作面最小风速，m/min；

240——工作面最大风速，m/min；

S——工作面平均有效断面积，m^2。

根据式(6-2-3a)、式(6-2-3b)、式(6-2-3c)计算结果，取其最大值，并能满足式(6-2-3d)、式(6-2-3e)要求，确定工作面需风量。

采煤工作面合计需风量用下式求得：

$$\Sigma Q_{采} = Q_{cm_1} + Q_{cm_2} + Q_{cm_3} + \cdots + Q_{cm_n} \tag{6-2-3f}$$

式中 $\Sigma Q_{采}$——采煤工作面需风量，m^3/min；

$Q_{cm_1}, Q_{cm_2}, Q_{cm_3}, \cdots, Q_{cm_n}$——第一个、第二个、第三个、…、第 n 个采面需风量，m^3/min。

B 备用工作面需风量

备用工作面按本采煤工作面和邻近采煤工作面实际需要风量的50%计算需要风量。

$$Q_{备} = 50\% Q_{采} \tag{6-2-4a}$$

式中 $Q_{备}$——备用工作面需风量，m^3/min；

$Q_{采}$——邻近采煤工作面实际需风量，m^3/min。

备用工作面合计需风量用下式求得：

$$\Sigma Q_{备} = Q_{bm_1} + Q_{bm_2} + Q_{bm_3} + \cdots + Q_{bm_n} \quad (6\text{-}2\text{-}4b)$$

式中　$Q_{bm_1}, Q_{bm_2}, Q_{bm_3}, \cdots, Q_{bm_n}$——第一个、第二个、第三个、…、第 n 个备面需风量，m^3/min。

C　掘进工作面的需风量

（1）根据工作面风排绝对瓦斯涌出量，按工作面回风流中瓦斯浓度不超过1%计算工作面需风量。其计算公式如下：

$$Q_{风} = 100q_{绝} \times K_{CH_4} \quad (6\text{-}2\text{-}5a)$$

式中　$Q_{风}$——工作面需风量，m^3/min；

$q_{绝}$——工作面风排绝对瓦斯涌出量，m^3/min；

100——回风流中甲烷浓度1%的倒数；

K_{CH_4}——风排瓦斯涌出不均衡通风系数，该掘面或邻近掘面日最大绝对瓦斯涌出量与月平均日绝对瓦斯涌出量比，一般取1.5。

（2）按掘进面炸药量计算风量：

$$Q_{药} = 25 \times A \quad (6\text{-}2\text{-}5b)$$

式中　$Q_{药}$——工作面需风量，m^3/min；

25——每千克炸药不低于$25m^3$的需风量；

A——工作面一次爆破所用的最大炸药量，kg。

（3）按掘进面同时作业人数计算风量：

$$Q_{人} = 4n \quad (6\text{-}2\text{-}5c)$$

式中　$Q_{人}$——工作面需风量，m^3/min；

4——每人每分钟供给的最低风量，m^3/min；

n——工作面同时工作的人数。

（4）局部通风机吸风量计算：

$$Q_{吸} = (Q_{局} + V_{低} + S) \times I \quad (6\text{-}2\text{-}5d)$$

式中 $Q_{吸}$——局部通风机吸风量，m^3/min；

$Q_{局}$——局部通风机的额定风量，m^3/min；

$V_{低}$——安装局部通风机巷道最低风速，无瓦斯涌出巷道取9，有瓦斯涌出取15，m/min；

S——安装局部通风机巷道有效断面积，m^2；

I——工作面同时运转的局部通风机台数，台。

（5）按风速进行验算：

$$Q_{岩} \geqslant 9 \times S_{岩} \tag{6-2-5e}$$

$$Q_{煤} \geqslant 15 \times S_{煤} \tag{6-2-5f}$$

式中 $Q_{岩}$——岩巷工作面需风量，m^3/min；

$Q_{煤}$——煤巷工作面需风量，m^3/min；

9——岩巷工作面最低风速，m/min；

15——煤巷工作面最低风速，m/min；

$S_{岩}$——岩巷工作面有效断面积，m^2；

$S_{煤}$——煤巷工作面有效断面积，m^2。

根据式(6-2-5a)、式(6-2-5b)、式(6-2-5c)计算结果，取其最大值，并能满足式(6-2-5e)、式(6-2-5f)要求，确定工作面需风量。根据工作面需风量要求，进行局部通风机、风筒规格选型，根据式（6-2-3d）计算值确定该掘进工作面通风机需风量。通风机向掘进面供风量 $Q_{供}$应大于或等于掘进工作面需风量与风筒漏风量之和，需实测而定。

掘进工作面合计需风量用下式求得：

$$\Sigma Q_{掘} = Q_{jm_1} + Q_{jm_2} + Q_{jm_3} + \cdots + Q_{jm_n} \tag{6-2-5g}$$

式中 $\Sigma Q_{掘}$——掘进工作面合计需风量，m^3/min；

$Q_{jm_1}, Q_{jm_2}, Q_{jm_3}, \cdots, Q_{jm_n}$——第一个、第二个、第三个、…、第 n 个掘进面需风量，m^3/min。

D 井下硐室需风量

（1）火药库需风量按火药库空间体积每小时4次换气计算：

$$Q_{药} = 0.07 \times V_{药} \tag{6-2-6a}$$

式中　$Q_{药}$——火药库需风量，m³/min；

0.07——每小时4次换气量，1/min；

$V_{药}$——火药库空间体积（包括联络道），m³。

（2）充电车库分配按其回风流氢气浓度小于0.5%计算：

$$Q_{充} = 200 \times S_{充} \times V_{充} \times K_{充} \tag{6-2-6b}$$

式中　$Q_{充}$——充电车库需风量，m³/min；

200——回风流氢气浓度小于0.5%的倒数；

$S_{充}$——充电硐室回风巷断面积，m²；

$V_{充}$——充电硐室回风巷风速，m/min；

$K_{充}$——充电时氢气释放不均衡系数，取1.2。

充电车库合计需风量用下式求得：

$$\Sigma Q_{充} = Q_{ck_1} + Q_{ck_2} + Q_{ck_3} + \cdots + Q_{ck_n} \tag{6-2-6c}$$

式中　$\Sigma Q_{充}$——充电车库合计需风量，m³/min；

$Q_{ck_1}, Q_{ck_2}, Q_{ck_3}, \cdots, Q_{ck_n}$——第一个、第二个、第三个、…、第$n$个充电车库需风量，m³/min。

（3）机电硐室需风量按温度计算：

$$Q_{机} = \frac{3600W\theta}{1.2 \times 1.005 \times 60 \times \Delta t} \tag{6-2-6d}$$

式中　$Q_{机}$——机电硐室需风量，m³/min；

3600——热功当量，1kW·h=3600K；

W——运转的电动机功率，kW；

θ——机电硐室发热系数，空压机房取0.20~0.23，水泵房取0.02~0.04；

1.2——空气密度，kg/m²；

1.005——空气定压比热容，J/(kg·K)；

Δt——机电硐室回、入风流温差，℃。

机电硐室合计需风量：

$$\Sigma Q_{机电} = Q_1 + Q_2 + Q_3 + \cdots + Q_n \tag{6-2-6e}$$

式中　$\Sigma Q_{机电}$——机电硐室总需风量，m^3/min；

$Q_1, Q_2, Q_3, \cdots, Q_n$——第一个、第二个、第三个、…、第 n 个机电硐室需风量，m^3/min。

（4）井下硐室需风量：

$$\Sigma Q_{硐} = \Sigma Q_{药} + \Sigma Q_{充} + \Sigma Q_{机电} \tag{6-2-6f}$$

式中　$\Sigma Q_{硐}$——井下硐室总需风量，m^3/min；

$\Sigma Q_{药}$——火药库总需风量，m^3/min；

$\Sigma Q_{充}$——充电车库总需风量，m^3/min；

$\Sigma Q_{机电}$——机电硐室总需风量，m^3/min。

E　其他井巷需风量

（1）按瓦斯涌出量计算其他井巷需风量。其计算公式如下：

$$Q_{瓦} = 100 q_{CH_4} \times K_{CH_4} \tag{6-2-7a}$$

式中　$Q_{瓦}$——其他井巷需风量，m^3/min；

100——回风流中甲烷浓度小于1%的倒数；

q_{CH_4}——其他井巷绝对瓦斯涌出量，m^3/min；

K_{CH_4}——风排瓦斯涌出不均衡通风系数，取1.2～1.3。

按瓦斯涌出量计算其他井巷风量合计：

$$\Sigma Q_{瓦} = Q_{w_1} + Q_{w_2} + Q_{w_3} + \cdots + Q_{w_n} \tag{6-2-7b}$$

式中　$\Sigma Q_{瓦}$——按瓦斯涌出量计算其他井巷总需风量，m^3/min；

$Q_{w_1}, Q_{w_2}, Q_{w_3}, \cdots, Q_{w_n}$——第一个、第二个、第三个、…、第 n 个按瓦斯涌出量计算的需风量，m^3/min。

（2）按最低风速验算：

$$Q_{风} > 9S \tag{6-2-7c}$$

式中　$Q_{风}$——其他井巷需风量，m^3/min；

9——其他井巷最低风速，m/min；

S——其他井巷断面积，m^2。

按最低风速验算合计：

$$\Sigma Q_{风} = Q_{f_1} + Q_{f_2} + Q_{f_3} + \cdots + Q_{f_n} \quad (6\text{-}2\text{-}7d)$$

式中 $\Sigma Q_{风}$——按风速验算总需风量，m^3/min；

$Q_{f_1}, Q_{f_2}, Q_{f_3}, \cdots, Q_{f_n}$——第一个、第二个、第三个、…、第 n 个按风速验算的需风量，m^3/min。

（3）其他井巷合计需风量：

$$\Sigma Q_{其他} = \Sigma Q_{风} \quad 或 \quad = \Sigma Q_{瓦} \quad (6\text{-}2\text{-}7e)$$

式中 $\Sigma Q_{其他}$——其他井巷总需风量，m^3/min；

$\Sigma Q_{风}$——按风速验算其他井巷总需风量，m^3/min；

$\Sigma Q_{瓦}$——按瓦斯涌出量计算其他井巷总需风量，m^3/min。

$\Sigma Q_{其他} = \Sigma Q_{风}$ 和 $\Sigma Q_{瓦}$ 中的最大值。

F *矿井需风量*

矿井需风量为采煤工作面、掘进工作面、备用工作面、硐室、其他井巷总分配风量之和乘以矿井通风不均衡系数。其计算公式如下：

$$\Sigma Q_{矿} \geqslant (\Sigma Q_{采} + \Sigma Q_{掘} + \Sigma Q_{备} + \Sigma Q_{硐} + \Sigma Q_{其他}) \times K_{矿通} \quad (6\text{-}2\text{-}8)$$

式中 $\Sigma Q_{矿}$——矿井总需风量，m^3/min；

$\Sigma Q_{采}$——采煤工作面总需风量，m^3/min；

$\Sigma Q_{掘}$——掘进工作面总需风量，m^3/min；

$\Sigma Q_{备}$——备用工作面总需风量，m^3/min；

$\Sigma Q_{硐}$——硐室总需风量，m^3/min；

$\Sigma Q_{其他}$——其他井巷总需风量，m^3/min；

$K_{矿通}$——矿井通风不均衡系数，抽出式取1.15～1.2。

6.2.2.3 矿井风量调节

风量调节是保证矿井各用风地点合理分配风量和通风系统稳定可靠的主要设施和设备。老虎台矿现采用地面主扇变频装置和风门调节矿井风量、井下风门调节井下各用风地点风量。

A　控制风门调节矿井风量

利用地面防爆井与风机入口处1号风门控制风机排风量，调节矿井风量。由于此方法风机耗电损失量大，现很少使用。

调节方法：在1号风门框上标注高度尺寸。在矿井风量调节时，根据1号风门提升高度与矿井排风量大小关系值，按矿井风量控制大小，将1号风门提升或下降到预先设定的高度，调节矿井风量。

B　矿井主扇变频调节矿井风量

老虎台矿于2005年在矿井东、西主扇安装了变频装置，使矿井风量调节方便、省电。主扇频率每增减1Hz，矿井风量增减240m^3/min左右。

（1）变频原理：变频运行操作（见图6-2-2）：

1）QF2与QF3、QF4互锁：QF2合上时，并且QS2在A电机侧时，QF3合不上，QF4可以合上。QF2合上时，并且QS2在B电机侧时，QF4合不上，QF3可以合上。QF3合起，并且QS2在A电机侧时，QF2合不上。QF4合起，并且QS2在B电机侧时，QF2合不上。

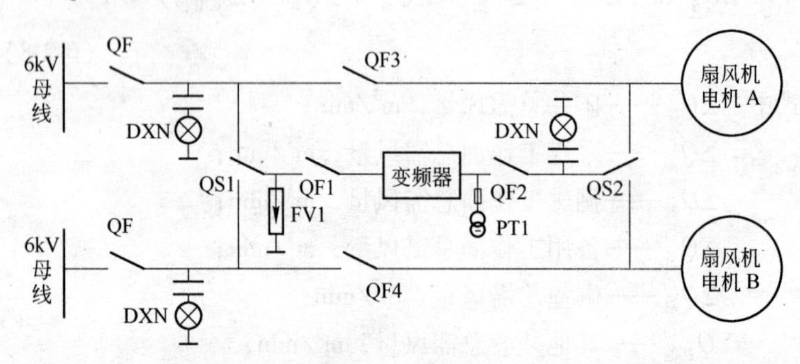

图6-2-2　变频操作

QS1，QS2—单刀双掷隔离刀闸；QF1，QF2，QF3，QF4—真空断路器；

FV1—避雷器；PT1—电压互感器；DXN—带电显示器

2）电机变频运行：A电机变频就绪时，合上QF1、QF2，此时电机A处于变频运行状

态时，先断开 QF2，再断开 QF1，然后合上 QF3，此时电机 A 处于工频运行状态。B 电机变频就绪时，合上 QF1、QF2，此时电机 B 处于变频运行状态；需要切换至电机 B 工频运行状态时，先断开 QF2，再断开 QF1，然后合上 QF4，此时电机 B 处于工频运行状态。

3）联动过程：A 电机变频运行时，若联动 A 电机工频，则先断开 QF2，再断开 QF1，然后合上 QF3，此时电机 A 处于工频运行状态；若联动 B 电机工频，则先合上 B 电机小车开关，B 电机处于工频运行状态。同样，B 电机变频运行时，若联动 B 电机工频，则先断开 QF1，再断开 QF2，然后合上 QF4，此时电机 B 处于工频运行状态；若联动 A 电机工频，则先合上 A 电机小车开关，A 电机处于工频运行状态。

（2）变频操作程序：

1）按变频器操作台上 KM1 合闸按钮；

2）延时 30s 后，系统就绪，请求合高压；

3）确认电机变频高压柜；

4）将 5 号高开机芯移到工作位置，6 号高开柜白灯亮；

5）把 7 号开关分合闸钮右旋 90°，合闸后，8 号红灯亮；

6）系统请求运行，按变频操作台运行按钮；

7）按变频操作台确认按钮，电动机启动；

8）频率按预先确定的频率要求设定；

9）将防爆井与风机入口处 1 号风门全部提起。

C　风门调节井下各用风地点风量

利用风门调节井下各用风地点风量。按风门用途分为隔绝风门和控制风量门，即：在入回风之间巷道设置隔绝风门；在用风地点入（回）风侧设置控制风量门，调节各用风地点供风量。根据风门在用时间分为永久风门和临时风门，即：主要用风地点和在用时间半年以上风门建筑料石永久风门，非主要用风地点和在用时间不足半年风门建筑木板临时风门。

老虎台矿现有风门 243 个（见表 6-2-2），矿井主要风门和采区内部风门全部采用料石建筑，并安装了风门闭锁装置和风门开关传感器，提高了风门调控井下风量的安全性和可靠性。

表 6-2-2　老虎台矿井下在用风门统计

风门名称		合 计	永 久	临 时
隔绝门	自 动	13	13	
	手 动	141	127	14
	小 计	154（其中闭锁门 78）	140（其中闭锁门 78）	14
控制门	手 动	83	67	16
合 计		237	207	30

（1）手动隔绝风门设置。在矿井入回风之间巷道建手动隔绝风门，如图 6-2-3 所示。

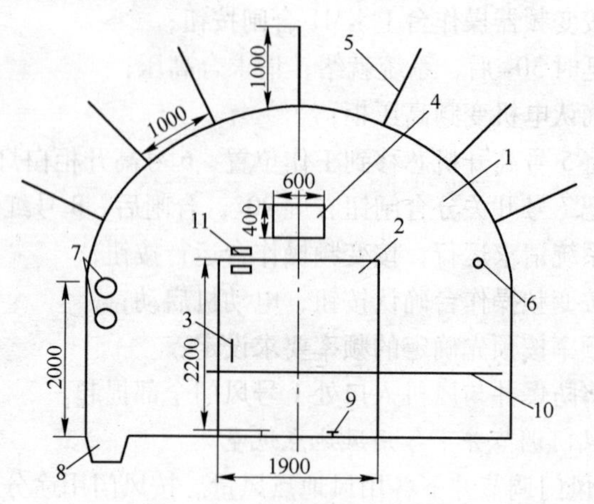

图 6-2-3　手动隔绝风门结构

1—风墙；2—风门；3—门拉手；4—调节风窗；5—锚杆；6—电缆；7—管路；8—水沟；9—铁道；10—风门闭锁绳；11—开关传感器

（2）气动自动隔绝风门。为提高风门设置质量，老虎台矿目前在主要入风大巷和采面入回风联络道共建四组气动自动风门，如图 6-2-4 所示。其工作原理如下：

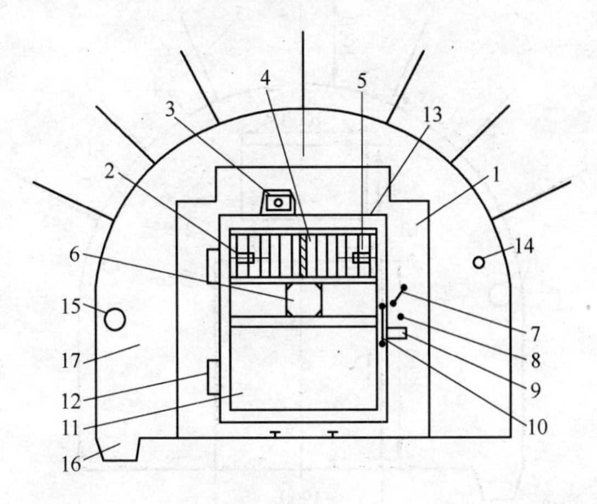

图 6-2-4　气动自动隔绝风门结构

1—门框；2—卸压风窗；3—风缸；4—调节风窗；5—调节拉杆；6—观察窗；7—卸压阀；8—关对面门按钮；9—气动开关；10—门拉手；11—钢门板；12—门轴；13—行程；14—电缆；15—管路；16—水沟；17—风门墙

1）开门过程：操作 A 门气动开关 9 或按动遥控器 A 键→卸压风窗 2 风缸后腔有压→卸压风窗 2 开启→开始卸压→风门风缸 3 后腔有压→风门开启→行程开关开启→关闭 B 门风源→实现闭锁→同时 B 门语音信号启动或报警。

2）关门过程：操作 A 门气动开关 9 或按动遥控器 B 键→风门风缸 3 前腔有压→行程开关关闭→卸压风窗 2 风缸前腔有压→卸压风窗关闭。

3）操作 A 门关闭对面 B 门开关 8→B 门风缸 3 后腔有压→B 门关闭→B 门行程开关关闭→A 门卸压风窗 3 风缸后腔有压→开启 A 门。

（3）手动控制风量风门。为控制通风巷道风量，在通风巷道设置控制风量风门，如图 6-2-5 所示。

（4）风门闭锁装置。为防止两道风门被同时打开，在矿井主要风门和采掘区风门上安装风门闭锁装置。其闭锁原理如下：

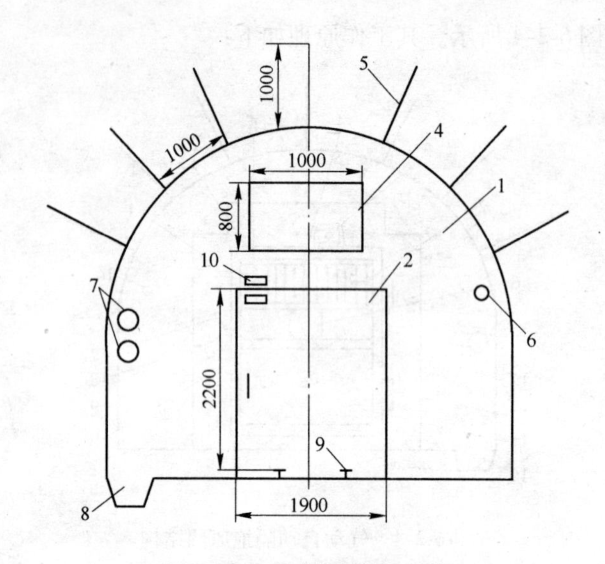

图 6-2-5　手动控制风门结构

1—风墙；2—大门；3—小门；4—调节风量窗；5—锚杆；6—电缆；7—管路；8—水沟；9—铁道；10—风门开关传感器

风门闭锁装置安装在风门门扇及风门门墙上，如图 6-2-6 所示。当两道风门均处于关闭状态下，两闭锁器在柔绳和闭锁器压簧的作用下，闭锁器门闩被拉入闭锁器腔体 100mm 左右，门栓与门闩挡板分离，风门处于自由状态，任一道门扇都可被拉开。

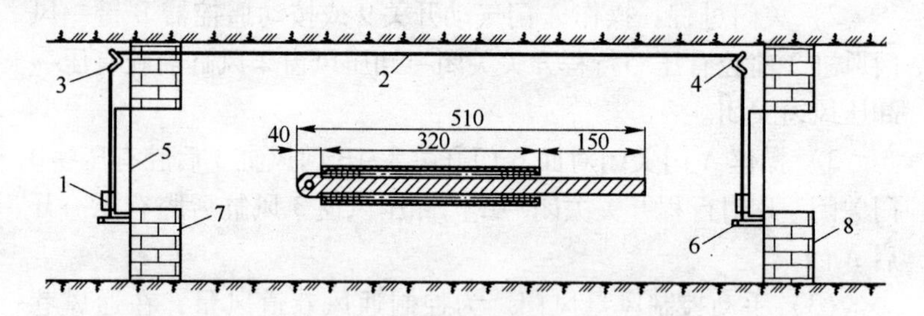

图 6-2-6　风门闭锁装置结构示意图

1—风门闭锁器；2—钢质柔绳；3—改向曲柄；4—曲柄支架；5—风门扇；6—闭锁器门闩挡板；7—第一道风门墙；8—第二道风门墙

当任一道门扇被拉开后，柔绳安装位置发生改变，开放风门侧柔绳自然缩短，整体柔绳连接系统相应加长，风门闭锁器门栓在闭锁器压簧的作用下，处于自由状态，闭锁器腔体内被拉入100mm左右的门栓弹出，插入闭锁器门栓挡板内，另一道风门自然被锁住，起到风门任一道门扇开放时，另一道风门自然被锁住不能开启的闭锁作用。

6.2.3 加强通风管理，防止瓦斯积聚

6.2.3.1 保证通风系统合理可靠

（1）根据采掘面实际需风量，合理布置通风系统和分配风量，保证采掘面有足够的通风能力，所有煤巷不准出现无风、微风、循环风。

（2）掘进工作面采用双对旋式局部通风机供风，并实现“三专两闭锁”功能。掘进巷道应采用矿井全风压或局部通风机通风，不得采用扩散通风；采用扩散通风的地点深度不能超过6m，入口宽度不得小于1.5m，无瓦斯涌出。

（3）矿井主要风门和采面风门用料石建筑，安装闭锁装置和开关监控传感器，设置风门建筑和管理板版，并安排专人按规定进行检查维修，确保通风系统稳定、可靠。

（4）煤层巷道封闭时，在封闭巷道两侧各建一组10m砂段，外边按标准构筑防火密闭，有瓦斯涌出防火密闭必须引管对密闭内、外采取抽采措施；外围岩石巷道封闭时，在封闭两侧各按标准构筑通风密闭；有水患巷道封闭时，按标准构筑防水密闭。密闭前5m内无杂物、积水和淤泥；支架完好、无片帮、冒顶。防火密闭前要设置栅栏、警标、说明牌板和检查牌板，确保无瓦斯积聚。

（5）采区及其变电所必须独立通风，必须一次串联通风的采掘面不准两个面同时采掘施工，并在被串面入风侧安装瓦斯监测探头。

6.2.3.2 防止采面瓦斯积聚和超限

（1）保安区调度每小时记录一次大气压力，根据大气压力

变化和综放面瓦斯变化情况，及时通知瓦斯泵及井下人员调整瓦斯抽放强度；

（2）综放面抽采尾巷设专责瓦检员和直通区调度的电话。根据保安区调度和有关领导的指令，随时调控尾巷瓦斯管气门，并认真检查抽采尾巷及周围安全情况；

（3）综放面上、下隅角要及时放顶，不得留有长度超过2m的空间，并在上隅角设置风帐，防止积存瓦斯；

（4）工作面要控制放煤，防止架后瓦斯超限；

（5）工作面瓦斯检查员要注意检查综放面风流、架前、架后、上隅角的瓦斯，瓦斯超限要立即停电、撤人、设好栅栏，并向区、矿调度汇报，同时采取措施进行处理；

（6）瓦斯监测系统必须灵敏可靠，按《规程》要求实现瓦斯超限断电；

（7）认真检查好瓦斯泵、气门和井下瓦斯抽放管路，确保气门灵敏可靠，瓦斯泵随时可以启动。

6.2.3.3　防止掘进工作面瓦斯积聚

（1）有计划停风前，必须提出申请，矿审批后送达受影响单位。受影响单位要提前做好准备。

（2）掘进工作面停风前，必须做好如下准备工作：

1）将风筒卸压三通打开，做好排放瓦斯的准备工作；

2）在停风掘进工作面采取借风措施；

3）煤掘工作面内的砂管必须接设到位，在门口出三通，保证随时与瓦斯管对接。

（3）煤掘工作面的供电设计及安装要一步到位，减少停电的次数。

（4）根据掘进工作面的长度，合理选择局扇及风筒。

（5）对各掘进工作面必须制定具体的停风安全措施和排放瓦斯措施，并绘制成牌板，设在局扇附近，便于操作执行。

（6）无计划停风时，瓦斯检查员必须及时采取上述有关措施，并向区调度汇报。

6.2.4 通风技术资料管理

6.2.4.1 现采掘面测风日报

由测风组负责，每天对现采掘面风量和瓦斯情况进行一次测量，并填写现采掘面测风日报表（见表6-2-3），报保安区和通风科及矿通风系统领导。

表 6-2-3 现采掘面测风日报

填报单位：　　　　　　　　　　　　　　　　　　　　年　月　日

<table>
<tr><td rowspan="2">地 点</td><td rowspan="2">断面
$/m^2$</td><td rowspan="2">风速
$/m \cdot min^{-1}$</td><td rowspan="2">风量
$/m^3 \cdot min^{-1}$</td><td rowspan="2">温度
/℃</td><td colspan="2">瓦斯/%</td><td rowspan="2">备 注</td></tr>
<tr><td>CH_4</td><td>CO_2</td></tr>
<tr><td></td><td></td><td></td><td></td><td></td><td></td><td></td><td></td></tr>
<tr><td></td><td></td><td></td><td></td><td></td><td></td><td></td><td></td></tr>
</table>

6.2.4.2 通风瓦斯日报

由保安区调度负责，每天早上，对前一天采掘面通风瓦斯情况进行汇总，打印出通风瓦斯日报表（见表6-2-4），经区长、矿总工程师、矿长审阅签字后，送通风系统有关单位。

表 6-2-4 通风瓦斯日报

老虎台矿　　　　　　　　　　　　　　填报时间　　年　月　日

<table>
<tr><td>地 点</td><td colspan="2">瓦斯情况</td><td>浓度/%</td><td>地 点</td><td>瓦斯情况</td><td>浓度/%</td></tr>
<tr><td rowspan="4">采 面</td><td colspan="2">工作面 (CH_4)</td><td></td><td rowspan="4">掘进道口</td><td>掘进巷道 (CH_4)</td><td></td></tr>
<tr><td colspan="2">上隅角 (CH_4)</td><td></td><td>掘进巷道 (CH_4)</td><td></td></tr>
<tr><td colspan="2">回风顺槽 (CH_4)</td><td></td><td>掘进巷道 (CH_4)</td><td></td></tr>
<tr><td colspan="2">入风顺槽 (CH_4)</td><td></td><td>掘进巷道 (CH_4)</td><td></td></tr>
<tr><td rowspan="3">瓦斯超限情况</td><td>地点</td><td>超限时间</td><td>超限原因</td><td>累计超限时间</td><td>最高浓度</td><td>处理情况</td></tr>
<tr><td></td><td></td><td></td><td></td><td></td><td></td></tr>
<tr><td></td><td></td><td></td><td></td><td></td><td></td></tr>
<tr><td>备 注</td><td></td><td></td><td></td><td></td><td></td><td></td></tr>
</table>

6.2.5 矿井通风阻力及主要通风机性能测定

为确保矿井通风系统的稳定可靠性，增强矿井防灾抗灾的综合能力，按照《规程》119、121 条关于矿井通风阻力测定和主要通风机性能测定的相关规定，老虎台矿于 2008 年 8 月聘请煤炭科学总院抚顺分院共同进行了矿井通风阻力和主要通风机性能的测定工作。

6.2.5.1 矿井通风阻力测定

A 通风阻力测定的理论依据与测定方法

（1）通风阻力测定的理论依据。矿井内风流在沿井巷的轴线方向为一维紊流，遵循伯努里能量方程，两点间的通风阻力如下所示：

$$h_{1-2}=(p_1-p_2)+(Z_1-Z_2)\rho_{1-2}+\frac{\rho_1 v_1^2-\rho_2 v_2^2}{2},\text{Pa} \quad (6\text{-}2\text{-}9)$$

式中 h_{1-2}——两点间的通风阻力，Pa；

p_1-p_2——两点间的静压差，Pa；

$(Z_1-Z_2)\rho_{1-2}$——两点间的位压差，Pa；

$\frac{\rho_1 v_1^2-\rho_2 v_2^2}{2}$——两点间的速压差，Pa。

（2）测定方法。为了保证在系统相对稳定的一个时间段内完成一条阻力路线的测定工作，本次阻力测定采用气压计测定法中的基点测定法。

测定人员分两组，利用 2 台同型号的精密气压计，带至地面井口附近，同时读取压力值，然后 1 台留在入风井口，每隔一段时间（5min）读取并记录一次空气压力值，另 1 台则沿测点逐点记录测压时间，并读取空气压力值，并测定巷道风流的干、湿球温度、风量以及断面几何参数，测定期间应尽量保证与基点读数时间的对应性，减少测量误差，此方法通过校核基点压力数值的变化，避免了大气压力变化所造成的影响，具有较高的精度。

B　测点及测定路线的选取

参照老虎台矿通风系统图和矿井通风示意图，本次矿井通风阻力测定路线选择涵盖全矿井的六条最大阻力路线，共43个测点。于7月16日~7月20日进行了测定工作，此六条路线分别为：

（1）－780m水平西部支线：

1—2—3—4—5—6—7—8—9—10—11—12—13—14；

（2）－580m水平西部支线：

1—2—15—16—17—11—12—13—14；

（3）西部主线：

1—2—18—5—19—20—21—22—23—8—24—10—12—13—14；

（4）－730m水平东部支线：

1—2—3—25—26—27—28—29—30—31—32—33—34；

（5）－580m水平东部支线：

1—2—15—35—36—37—38—39—31—32—33—34；

（6）－630m水平东部支线：

1—2—15—40—41—42—43—38—39—31—32—33—34。

各测点布置见通风系统及网络解点示意图6-2-7和图6-2-8。

C　阻力测定结果

老虎台矿矿井通风阻力实测结果见表6-2-5~表6-2-10。

表6-2-5　－780m水平西部支线通风阻力

测　点	静压差 /Pa	位压差 /Pa	速压差 /Pa	阻力 /Pa	巷道长度 /m	百米阻力 /Pa
1—2	40.00	0.64	0.0	40.6	—	—
2—3	－10145.83	－7.44	10299.0	145.7	1806	8.1
3—4	26.66	8.80	－26.8	8.6	260	3.3
4—5	40.00	0.25	－11.5	28.8	160	18.0
5—6	－573.29	－0.46	613.0	39.2	220	17.8
6—7	119.99	－0.12	39.8	159.7	60	266.1

续表 6-2-5

测　点	静压差 /Pa	位压差 /Pa	速压差 /Pa	阻力 /Pa	巷道长度 /m	百米阻力 /Pa
7—8	-13.33	-0.27	19.8	6.2	540	1.1
8—9	119.99	-2.41	-109.3	8.3	—	—
9—10	786.60	-26.31	-660.3	100.0	—	—
10—11	1853.18	23.70	-1804.9	72.0	330	21.8
11—12	8106.00	-23.19	-7446.1	636.7	1300	49.0
12—13	373.30	-0.09	-340.1	33.1	30	110.4
合　计				1278.9		

表 6-2-6　-580m 水平西部支线通风阻力

测　点	静压差 /Pa	位压差 /Pa	速压差 /Pa	阻力 /Pa	巷道长度 /m	百米阻力 /Pa
1—2	39.99672	0.64	0.0	40.6	—	—
2—15	-8345.98	-1.08	8430.5	83.4	1436	5.8
15—16	-26.6645	1.15	29.3	3.8	550	0.7
16—17	466.6284	-0.19	-29.2	437.2	320	136.6
17—11	159.9869	-1.47	-96.7	61.8	1190	5.2
11—12	8106.002	-25.85	-7445.1	635.0	1300	48.8
12—13	373.3027	-0.09	-340.0	33.2	30	110.5
合　计				1295.0		

表 6-2-7　西部主线通风阻力

测　点	静压差 /Pa	位压差 /Pa	速压差 /Pa	阻力 /Pa	巷道长度 /m	百米阻力 /Pa
1—2	40.00	0.64	0.0	40.6	—	—
2—18	-10199.16	-7.52	10349.5	142.9	1696	8.4
18—5	26.66	9.14	-18.7	17.1	530	3.2
5—19	-1239.90	-0.72	1250.3	9.6	449	2.1

续表 6-2-7

测点	静压差 /Pa	位压差 /Pa	速压差 /Pa	阻力 /Pa	巷道长度 /m	百米阻力 /Pa
19—20	-13.33	-5.38	36.5	17.8	460	3.9
20—21	79.99	4.52	-47.7	36.8	500	7.4
21—22	106.66	-0.44	0.0	106.2	—	—
22—23	453.30	0.02	-359.8	93.5	—	—
23—8	213.32	-2.90	-196.1	14.4	200	7.2
8—24	66.66	0.69	-12.4	55.0	480	11.5
24—10	786.60	-1.38	-765.2	20.0	160	12.5
10—12	10039.18	-23.64	-9307.0	708.5	1700	41.7
12—13	373.30	-0.09	-342.2	31.0	30	103.4
合计				1293.4		

表 6-2-8　-730m 水平东部支线通风阻力

测点	静压差 /Pa	位压差 /Pa	速压差 /Pa	阻力 /Pa	巷道长度 /m	百米阻力 /Pa
1—2	40.00	0.64	0.0	40.6	—	—
2—3	-10239.16	-7.53	10399.3	152.6	1806	8.4
3—25	13.33	6.13	-11.3	8.2	580	1.4
25—26	40.00	2.57	-30.0	12.6	230	5.5
26—27	53.33	-0.73	-43.7	8.9	680	1.3
27—28	639.95	-0.80	-625.5	13.7	360	3.8
28—29	1359.89	0.65	-644.1	716.4	690	103.8
29—30	613.28	1.10	-605.6	8.8	830	1.1
30—31	-26.66	-1.10	35.1	7.4	400	1.8
31—32	8399.31	-15.44	-7639.8	744.1	1310	56.8
32—33	613.28	-4.69	-538.2	70.4	48	146.6
合计				1783.7		

表 6-2-9　-580m 水平东部支线通风阻力

测　点	静压差/Pa	位压差/Pa	速压差/Pa	阻力/Pa	巷道长度/m	百米阻力/Pa
1—2	40.00	0.65	0.0	40.7	—	—
2—15	-8385.98	-1.08	8500.4	113.4	1436	7.9
15—35	559.95	0.97	24.5	585.4	870	67.3
35—36	79.99	-1.49	-11.0	67.5	510	13.2
36—37	79.99	1.90	-23.1	58.8	575	10.2
37—38	53.33	-1.89	-43.7	7.7	380	2.0
38—39	40.00	-0.97	7.0	46.1	350	13.2
39—31	13.33	2.84	-5.8	10.3	35	29.5
31—32	8452.64	-15.45	-7695.6	741.5	1310	56.6
32—33	613.28	-4.69	-539.0	69.5	48	144.9
合　计				1740.9		

表 6-2-10　-630m 水平东部支线通风阻力

测　点	静压差/Pa	位压差/Pa	速压差/Pa	阻力/Pa	巷道长度/m	百米阻力/Pa
1—2	40.00	0.65	0.0	40.7	—	—
2—15	-8385.98	-1.08	8500.4	113.4	1436	7.9
15—40	-106.66	2.71	633.2	529.2	320	165.4
40—41	26.66	-1.98	11.1	35.8	320	11.2
41—42	87.99	-2.88	-32.0	53.1	230	23.1
42—43	71.99	2.42	-27.0	47.4	410	11.6
43—38	679.94	-13.00	-632.9	34.1	960	3.6
38—39	53.33	9.84	7.0	70.2	350	20.1
39—31	13.33	4.25	-5.9	11.7	35	33.5
31—32	8452.64	-15.45	-7698.1	739.1	1310	56.4
32—33	613.28	-4.69	-538.9	69.7	48	145.2
合　计				1744.4		

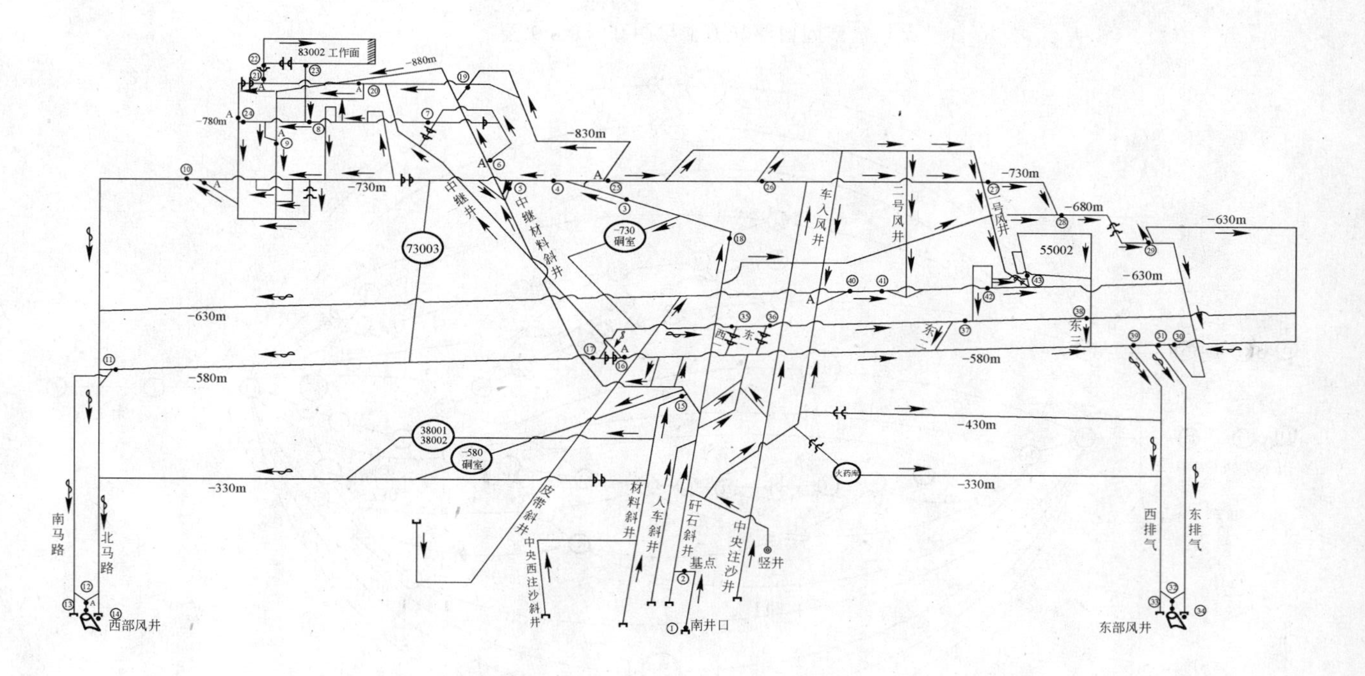

图 6-2-7　老虎台矿矿井通风系统示意图

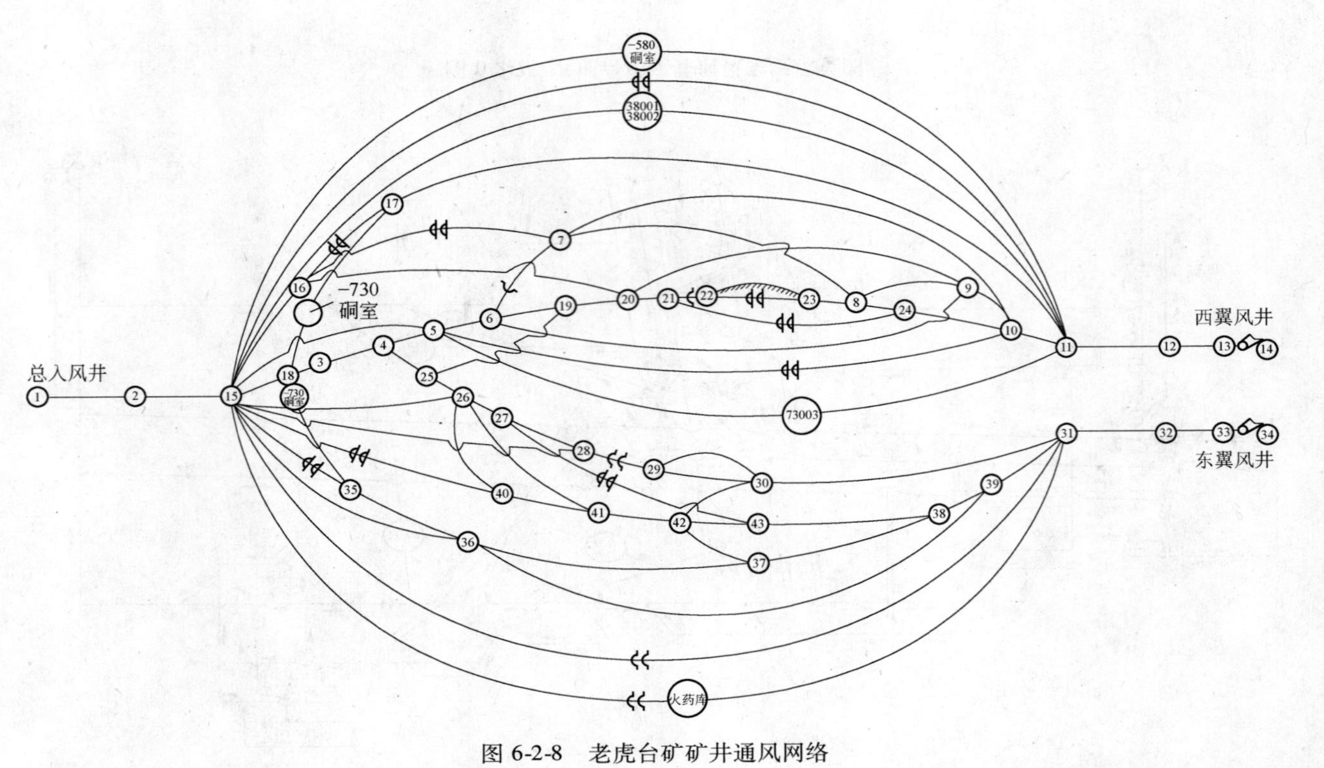

图 6-2-8　老虎台矿矿井通风网络

D 通风阻力分布合理性评价

根据矿井实际情况，把老虎台矿西翼主线（-830m 水平）、东翼 -630m 水平进行通风阻力分布分析，分布计算结果见表 6-2-11。由上表矿井通风阻力分布分析数据可以看出，在矿井工作面部分所占阻力较小，主要因为是老矿、井深、多水平延深，进、回巷道通风线路长，造成进、回风段阻力所占比例大；同时可以看出西翼回风段阻力明显大于进风段，主要因为进风井为七条巷道，而回风段巷道只有两条，使得巷道的风量较大造成的；东翼的进风与回风段相差不大，主要原因是在进风段有一调节风门来控制全矿井向东部的风量。

表 6-2-11 老虎台矿井阻力分布计算

各区段	西翼测定主线（-830m 水平）			东翼 -630m 水平		
	编号	阻力值 /Pa	所占比例 /%	编号	阻力值 /Pa	所占比例 /%
矿井进风段	1~21 号	264.8	20.47	1~43 号	819.6	46.98
工作面区域	21~23 号	199.7	15.44	43~38 号	34.1	1.96
矿井回风段	23~13 号	828.9	64.09	38~33 号	890.7	51.06
合 计		1293.4	100		1744.4	100

E 矿井等积孔

等积孔是用来形象表征矿井通风难易程度的指标，计算如下：

$$A = 1.19Q_{tf}/\sqrt{h} \qquad (6\text{-}2\text{-}10)$$

式中 A——矿井的等积孔，m^2；

Q_{tf}——通过矿井通风系统的风量，m^3/s；

h——矿井通风系统的阻力，Pa。

矿井西翼通风阻力平均值为 1289.1Pa，西翼主要通风机工作风量为 8798m^3/min，即为 146.6m^3/s；矿井东翼通风阻力平均值为1756.3Pa，东翼主要通风机工作风量为5877m³/min，即为98.0m³/s；所以矿井通风系统等积孔为：

$$A_{西翼} = 1.19 \times 146.6/\sqrt{1289.1} = 4.86\text{m}^2$$

$$A_{东翼} = 1.19 \times 98.0/\sqrt{1756.3} = 2.78\text{m}^2$$

通过矿井等积孔的计算可以看出，按照一般矿井通风难易程度分析，矿井通风难易程度属于容易。

F　通风系统网络解算（略）

G　矿井通风阻力测定总结分析

（1）本次矿井通风阻力测定工作过程中，矿井通风系统相对比较稳定，并在较短的时间内完成测定工作，使所测定各项数据更准确，由于各种因素测定结果中出现个别数据不正确的情况，根据实际情况进行了校核，使得测算结果可以作为将来矿井通风系统管理基础数据。

（2）由矿井实际风量分布情况来看，巷道其他用风地点和内部漏风占整个矿井总入风量比例较大，西东翼分别为45.54%和41.84%，因此将来在某个时期井下工作面或硐室用风不够的情况下，可对此部分风量进行优化，来实现自然分风或按需分风及矿井通风系统将来的合理性优化提供指导性建议。就目前来看，整个矿井通风系统能够满足各用风地点风量需求，总体上矿井风量分布比较合理。

（3）从矿井阻力分布结果来看，进回风段的阻力相对于工作面区域较大，主要是由于进回风段线路长，而且在回风段风量较大。现阶段矿井阻力分布比较合理，总体来看，整个矿井阻力分布比较合理。

（4）现阶段矿井通风系统西翼等积孔为4.86m²，东翼为2.78m²，均属于矿井通风容易时期。

（5）矿井现阶段自然风压计算结果为西翼平均100Pa，东翼平均75Pa。测定相对误差绝对值均小于5%，在测定误差允许范围之内。

(6) 实测矿井通风总阻力西翼为1289.1Pa，风机总回风量6228m^3/min，即在自然风压的作用下，矿井西翼主要通风机联合工况为（146.6m^3/s，1289.1Pa）；矿井东翼主要通风机联合工况为（98.0m^3/s，1756.3Pa）；网络解算主要通风机运行联合工况为西翼（146.7m^3/s，1268.8Pa），东翼（98.2m^3/s，1736.2Pa）。

6.2.5.2 主要通风机性能测定

A 测定目的与内容

(1) 测定目的。通风机制造厂所提供的特性曲线都是根据不带扩散器的模型试验所获得的，而实际运行的通风机都装有扩散器，加之运输、安装时和运行一段时间后的磨损等原因，使得通风机的实际运转性能往往与厂方提供的特性曲线不相符合。因此，必须对通风机性能进行实际测定，方可得出其个体特性曲线，以指导煤矿合理使用主要通风机。

本次测定老虎台矿两台DKY26.5F-04A型离心式通风机的性能，据测定数据绘制出每台通风机的特性曲线，提出测定报告。

(2) 测定内容。通风机特性的测定内容是测定通风机在不同工况点时的风量、风压、功率和效率等参数，并通过计算、整理绘制出矿井空气密度为1.2kg/m^3标准状况时的通风机特性曲线，以便合理调节主要通风机工况。绘制出标准状况下的特性曲线。每台风机均测定下列参数。

B 测定方法与工矿调节

本次测定在不影响井下正常生产的前提下，采用脱网式短路通风的方法对主要用通风机进行测定。具体作法是：测定主要通风机时，关闭1号闸门（如后图6-2-11所示），使之与井下隔绝。风流经调节闸门短路经由风硐测定断面及通风机后由扩散塔排出。为了不致烧坏通风机的电机，启动时必须使功率最小，离心式通风机在调节闸门全闭状态下启动。工况调节方法是利用开启调节闸门大小进行调节。每改变一个工况点，稳定运行约3min后开始测定，约5min内测定一组数据。

在风机性能测定过程中，速压和风量测定位置的选择是整个测定成败的关键。一般应选在风流平稳的平直段内，且要有足够的长度，为测点断面直径的3～5倍。在本次测定中,为尽量使入风风流均匀，所以只能根据现场实际情况，把测定断面选在两吸入风硐的中间位置，尽量满足测定的要求，如图6-2-11所示我们认为这是可供选择的最好位置。

C 测定数据的整理与计算

(1) 相关计算公式（略）。

(2) 计算结果。

西翼主要通风机测算结果详见表6-2-12、表6-2-13；

东翼主要通风机测算结果详见表6-2-14、表6-2-15。

(3) 通风机实际特性曲线。

西翼通风机特性曲线见图6-2-9。

东翼通风机特性曲线见图6-2-10。

D 测定结果与分析

本次主要通风机测定在不影响井下正常生产的情况下，采用脱网短路通风的方法对主要通风机进行了参数测定，通过技术测定和数据的整理与计算得出如下分析：

(1) 为了获取主要通风机的连续完整的实际特性曲线，在实际测定过程中工况调节8～10个调节点，使得实际特性曲线的绘制结果更加真实可靠。本次对两台主要通风机实测过程中，测定工况调节点均8个以上，最终进行特性曲线绘制。

(2) 通过主要通风机性能测定,得到各个大气及电气参数，如表6-2-12～表6-2-15所示;通过各参数测算分别绘出每台主要通风机标准状况时（空气密度1.2kg/m^3，风机转数480 r/min）运行的静压特性曲线、功率特性曲线和效率特性曲线。

表 6-2-12　西翼主要通风机性能鉴定大气、压力、电气参数原始记录

风机型号：DKY26.5F-04A　　电机额定功率：450kW　　测定日期：2008 年 8 月 21 日

测点号	大气及压力参数							电气参数			
	大气压	干温	湿温	风机静压/Pa		断面速压/Pa		电流	电压	功率因数	电动机转数
	mmHg	℃	℃	左硐室	右硐室	左硐室	右硐室	A	V	$\cos\phi$	r/min
1	749.2	25.8	21.0	2200	2250	2.9	2.9	35	6480	0.7	490
2	749.1	25.6	21.0	2200	2300	8.8	5.9	42	6480	0.71	490
3	749.1	25.7	21.0	2200	2250	17.7	8.8	48	6480	0.72	490
4	749.1	25.8	21.0	2110	2150	35.3	11.8	55	6480	0.73	490
5	749.1	25.8	20.8	1750	1800	44.1	23.5	57	6480	0.73	490
6	749.1	25.8	20.8	1300	1250	53.0	35.3	56	6480	0.72	490
7	749.1	25.8	20.8	1050	900	58.9	58.9	54	6480	0.71	490
8	749.1	25.8	20.6	850	700	61.8	67.7	52	6480	0.72	490
9	749.1	25.8	20.0	600	450	64.7	76.5	51	6480	0.705	490
10	749.0	25.8	19.8	500	400	70.6	79.5	50	6480	0.7	490
备注	测点断面面积：$S = 2.4 \times 4.9 = 11.76\text{m}^2$； 1mmHg = 133.322Pa										

表 6-2-13　西翼主要通风机性能鉴定数据汇总

风机型号：DKY26. 5F-04A　　电机额定功率：450kW　　测定日期：2008 年 8 月 21 日

测点号	湿度	水蒸气分压	密度	断面风速/m · s^{-1}		风机风量	风机静压	输出功率	输入功率	效率
	%	Pa	kg/m^3	左硐室	右硐室	m^3/s	Pa	kW	kW	%
1	65. 30	2169	1. 1584	2. 25	2. 25	51. 9	2208. 9	114. 7	254. 4	45. 10
2	66. 47	2182	1. 1589	3. 90	3. 19	81. 7	2228. 4	182. 0	309. 5	58. 82
3	65. 88	2175	1. 1586	5. 52	3. 90	108. 6	2198. 3	238. 7	358. 8	66. 53
4	65. 30	2169	1. 1582	7. 81	4. 51	141. 9	2094. 2	297. 2	416. 9	71. 28
5	64. 01	2126	1. 1585	8. 73	6. 38	174. 0	1730. 7	301. 2	432. 0	69. 72
6	64. 01	2126	1. 1585	9. 56	7. 81	200. 1	1223. 5	244. 8	418. 6	58. 49
7	64. 01	2126	1. 1585	10. 08	10. 08	232. 3	910. 6	211. 5	398. 0	53. 14
8	62. 72	2083	1. 1587	10. 33	10. 81	243. 5	705. 8	171. 9	388. 6	44. 23
9	58. 86	1955	1. 1594	10. 57	11. 49	254. 1	451. 3	114. 7	373. 0	30. 74
10	57. 62	1914	1. 1595	11. 04	11. 71	262. 0	372. 4	97. 6	363. 1	26. 88
备 注										

表 6-2-14　东翼主要通风机性能鉴定大气、压力、电气参数原始记录

风机型号：DKY26. 5F-04A　　电机额定功率：450kW　　测定日期：2008 年 8 月 22 日

测点号	大气及压力参数							电气参数			
	大气压	干温	湿温	风机静压/Pa		断面速压/Pa		电流	电压	功率因数	电动机转数
	mmHg	℃	℃	左硐室	右硐室	左硐室	右硐室	A	V	$\cos\phi$	r/min
1	744. 9	20. 2	18. 0	2270	2200	2. 9	2. 9	35	6420	0. 7	490
2	744. 8	20. 0	18. 0	2310	2300	5. 9	5. 9	37. 5	6420	0. 73	490
3	744. 8	20. 0	18. 0	2312	2300	5. 9	8. 8	39	6420	0. 72	490
4	744. 8	20. 0	18. 0	2360	2220	11. 8	17. 7	48	6420	0. 71	490
5	744. 8	20. 0	18. 0	2200	2110	23. 5	23. 5	55	6420	0. 72	490
6	744. 8	19. 8	17. 6	1450	1440	32. 4	53. 0	60	6420	0. 715	490
7	744. 8	19. 6	17. 8	1250	1240	38. 3	58. 9	59	6420	0. 71	490
8	744. 8	19. 2	17. 6	1000	950	47. 1	64. 7	57	6420	0. 705	490
9	744. 8	19. 4	17. 6	770	750	55. 9	67. 7	55. 5	6420	0. 7	490
10	744. 8	19. 2	17. 8	600	620	61. 8	70. 6	55	6420	0. 7	490
11	744. 8	19. 4	18. 2	480	370	67. 7	73. 6	51	6420	0. 7	490
备注	测点断面面积：$S=2.4\times4.9=11.76\text{m}^2$；1mmHg＝133. 322Pa										

表 6-2-15　东翼主要通风机性能鉴定数据汇总

风机型号：DKY26. 5F-04A　　电机额定功率：450kW　　测定日期：2008 年 8 月 22 日

测点号	湿度	水蒸气分压	密度	断面风速/m·s^{-1}		风机风量	风机静压	输出功率	输入功率	效率
	%	Pa	kg/m^3	左硐室	右硐室	m^3/s	Pa	kW	kW	%
1	81.01	1917	1.1731	2.24	2.24	51.6	2191.0	113.1	248.9	45.44
2	82.60	1930	1.1736	3.17	3.17	73.0	2256.0	164.6	278.0	59.23
3	82.60	1930	1.1736	3.17	3.88	81.2	2255.5	183.1	285.1	64.21
4	82.60	1930	1.1736	4.48	5.49	114.8	2232.6	256.3	346.0	74.06
5	82.60	1930	1.1736	6.33	6.33	145.9	2091.4	305.2	402.1	75.91
6	80.85	1867	1.1747	7.42	9.50	194.9	1374.6	268.0	435.2	61.58
7	84.11	1918	1.1751	8.07	10.01	208.3	1172.5	244.2	424.8	57.48
8	85.70	1906	1.1766	8.95	10.49	223.9	899.5	201.4	407.0	49.49
9	84.05	1893	1.1760	9.75	10.73	235.9	683.7	161.3	393.7	40.98
10	87.43	1945	1.1763	10.25	10.96	244.3	532.3	130.1	390.0	33.35
11	89.23	2010	1.1751	10.73	11.19	252.6	347.3	87.7	362.0	24.23
备注										

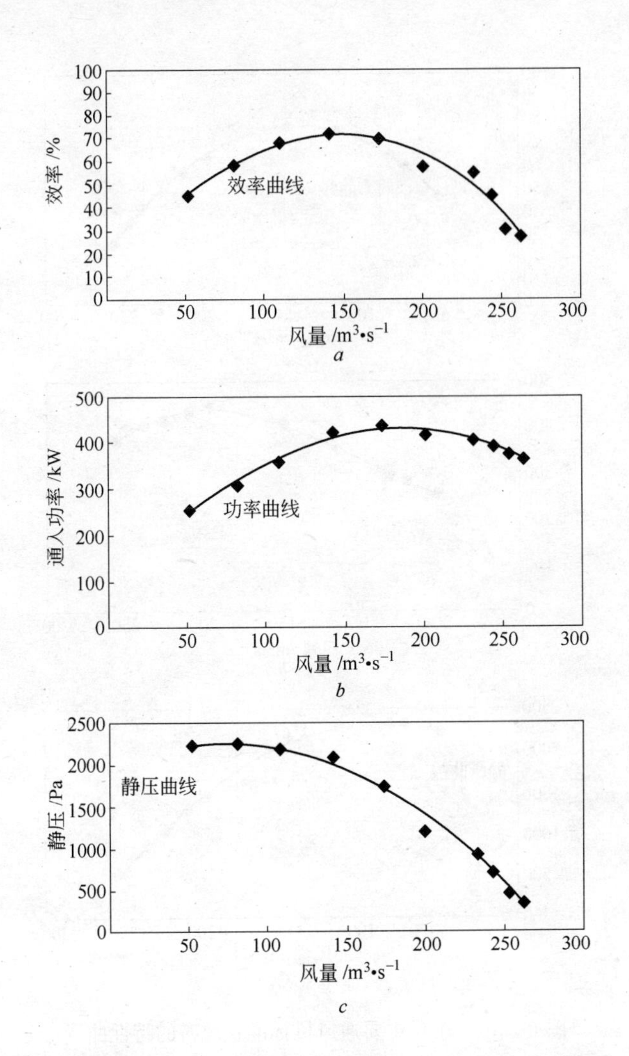

图 6-2-9　西翼主要通风机标准状况时的特性曲线

a—风量效率分布曲线；*b*—功率分布曲线；*c*—风量与静压关系曲线

如图 6-2-10、图 6-2-11 所示。

（3）根据整理后的测定数据，我们分别绘制了两台主通风机的静压曲线、功率曲线和效率曲线，所测绘的特性曲线比较平

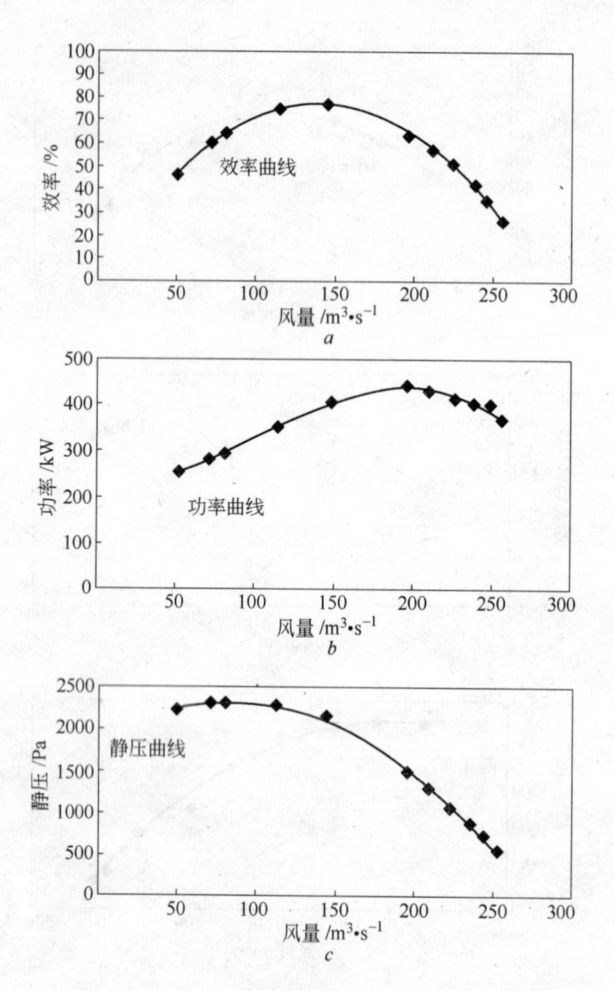

图 6-2-10　东翼主要通风机标准状况时的特性曲线

a—风量效率分布曲线；*b*—功率分布曲线；*c*—风量与静压关系曲线

滑。依据实测数据分析，我们认为各测点接近实际特性曲线，所测数据误差均在允许范围之内，说明测定过程中大气动力参数和电气参数的测定是真实可靠的，实测通风机性能曲线在今后一段时间内可以指导两台主要通风机实际运行。

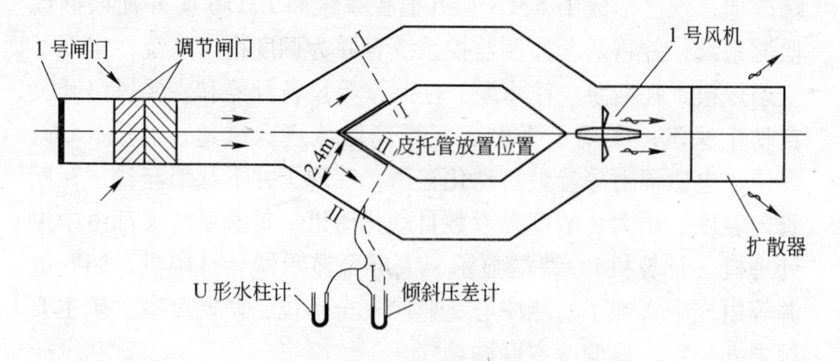

图 6-2-11 风硐及测定断面位置示意图

（4）由图6-2-12中我们看到风机运行效率最高超过70%，为了使得风机合理经济运行，主要通风机的静压效率至少不应低于60%。

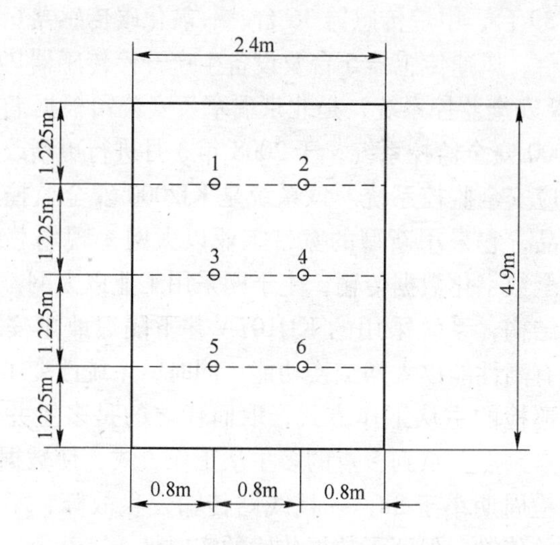

图 6-2-12 Ⅰ—Ⅰ（Ⅱ—Ⅱ）断面皮托管布置示意图

6.3 装备先进的矿井安全监控系统

老虎台矿在1986年开始安装矿井安全监测系统，经多年升级改造，现已形成了 KJ4N 矿井监控系统和 KJ136 矿井瓦斯抽放监测系统，并将两套监测监控系统合并为调度指挥系统，实现了主扇风机、瓦斯泵、注水泵、注浆泵等设备开停和主要风门开关自动化遥讯；实现了采掘面瓦斯高低浓度、风速、温度、CO、煤位、电磁辐射等参数自动化遥讯；实现了井下瓦斯流量、瓦斯管内温度、压力、浓度等参数自动化遥讯。每套系统又都由中央处理机（计算机）、终端显示、大屏幕显示器、打印机、UPS 电源等组成，实现了监测中心、监测安全单位、矿调度室、矿主要领导办公室、局调度室联网功能。

6.3.1 KJ4N 矿井监控系统

老虎台矿原矿井瓦斯监测监控系统 KJ2000 有两套，其中：一套工作，一套备用。井下的 KJ2000 监测监控系统，由安全监控的分站 39 台，甲烷传感器 36 台、一氧化碳传感器 6 台、温度传感器 3 台、风速传感器 5 台及设备生产开停传感器 77 台组成。矿井 KJ4N 安全监控系统，是北京瑞塞长安公司根据老虎台矿原有的 KJ2000 安全监控系统，于 2008 年 3 月进行更新改造的总线型快速反应安全监控系统。该系统是 KJ2000 安全监控系统的更新换代产品，它采用新型的宽带工业以太网 + 现场总线传输平台，实现全数字化数据传输，主干网采用工业以太网，支持光纤冗余环网结构；系统采用的 KJJ107A 井下隔爆兼本安型网络交换机，具有高性能以太网交换功能，同时，系统改变了中心站对各个分站巡检的主从工作方式，取而代之的是多主并发上传方式，形成点到点、点到多点的多主从工作方式，使数据上传形成环网，巡检周期小于 3s，一旦线路传输发生故障，不影响其他分站数据的传输，保证了数据传输的实时性。

6.3.1.1 KJ2000N 总线型快速反应安全监控系统特性

A KJ2000N 安全监控系统组成及用途

KJ2000N 总线型快速反应安全监控系统主要由井上地面中心站及配套产品和井下工作站及配套产品两大部分组成（见图

6-3-1)。井上地面设备安装在地面安全场所；井下设备为爆炸性气体环境用电气设备，安装在煤矿井下具有煤尘、瓦斯的爆炸性气体环境中。主要用于煤矿安全、生产监测监控、生产指挥调度和综合信息管理等。

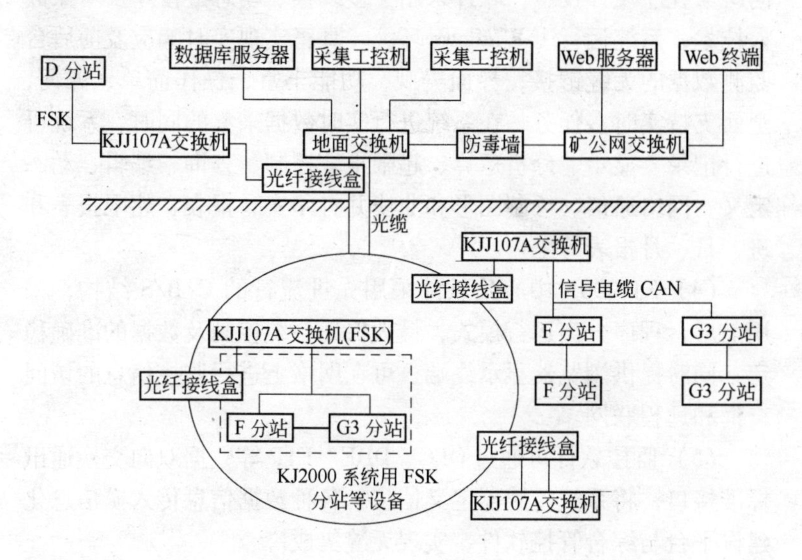

图 6-3-1　KJ2000N 总线型快速反应安全监控系统

B　地面中心站及软件功能和特点

（1）KJ2000N 系统的地面中心站主要由数据服务器、地面光纤交换机（带冗余环网功能）、硬件病毒防杀组件及 KJ2000 中心站软件四部分组成。由于 KJ2000 监控系统地面中心站使用了工业以太网传输接口及 SQL Server 数据存储模式，使得监控系统具有数据热备份和双机自动切换能力。

（2）开放式的 Windows 操作系统和标准硬件设备，使得软硬件可以灵活配置、扩充，系统地面设备以全网络方式运行，支持 TCP/IP、NETBUI、SPX/IPX 协议，可与矿计算机局域网实现网络互联，方便与生产监控和生产调度系统的联网，由于软件支持浏览器结构，可以网上运行任意台网络终端，同时支持终端通过服务代理的远程连接（通过公用电话 PSTN 网），实现监控信息的远程实时共享。系统上传数据格式可根据用户要求而定。

（3）监控软件采用了先进的 Visual C++ 及 . Net 等可视化面向对象程序设计技术，软件采用了多线程、动态链接库及对象嵌入技术，系统运行于 Windows 环境，真正实现实时响应及前后台监测数据的无缝链接；界面美观，功能丰富，操作简单、方便；全面支持实时多任务，在系统进行实时数据采集的同时，系统可进行记录、显示、分析运算、超限报警控制、查询、编辑、动态定义、网络通信、绘制图形和曲线并打印实时报表、超限报表和班、日、月报表等工作。

（4）KJ2000N 中心站软件采用先进流行的 C/B/S 结构，采用前后台程序分离运行模式，最大保证系统控制及数据的准确稳定，同时提供浏览器显示终端，可在网络上进行监控信息的访问查询和远程联网。

（5）监控软件可通过 OPC、DDE、FTP 等数据双向交换通讯标准接口，将系统传感器定义信息、各种数据信息传入矿信息化建设平台与综合管控软件，实现无缝集成。

（6）监控软件可通过 GPRS 模式实现短信报警功能，根据需要，还可实时将故障设备名称、报警测点名称及数值自动发送到指定的手机组，并能任意对手机用户进行编辑。

（7）监控软件具有强大的语音报警功能。可自行设定各种状态下的报警声音。

（8）KJ2000N 系统全面支持标准的 TCP/IP 通讯协议。

（9）实时数据显示能显示各监测点的当前状态或数值，可分类显示或全部显示，显示内容可编排。

（10）当系统设备故障或模拟量超限时，系统显示故障设备名称、报警测点名称及数值，并将故障信息和报警信息存入数据库，供以后查询统计分析。

（11）KJ2000N 系统中心站软件具备灵活的身份授权加密机制，可由系统管理员任意配置，对于系统中测点定义、手控等关键操作信息有完善全面的事件日志记录，软件支持内外网段分离访问方式，结合防火墙提供良好的病毒防护功能。

（12）报表输出内容齐全，有模拟量和开关量的班报及日报，平均日报、超限报警及异常报表等，其格式可自行编排；监控系统表格丰富，格式可任意编排，可满足各监测管理数据报表的形成输出。

（13）监控软件具有很强的作图能力，并提供有相应的图形库，操作员可在不间断监测的同时，容易地实现联机并完成图形编辑、绘制和修改。对数值、转动、位移、断电状态、馈电状态、设备开停状态、风门开关状态、报警信息、往返、仓位、流量、电量等根据监测实现功能强大的模拟动画显示。

（14）系统采集到的数据进行实时分析处理，以数值、曲线、柱图等多种形式进行屏幕查询显示和打印，并形成相应的历史统计数据，趋势数据采用变值变态存储技术，存储至少 10 年以上的历史数据，同时提供有采样间隔最少 1s 的实时数据，运行报告，并且实时查阅和打印。

（15）系统信息查询方式灵活，可进行分类，时间分段和日期查询，查询信息以数值、曲线和柱图多种方式显示；在实时监视画面，可对屏幕任意显示测点单击鼠标右键，弹出快捷菜单，快速的查询该点的数据、曲线、定义、运行状况等信息。可同时显示 6 个测点的曲线并可通过游标获取相应的数值及时间，显示曲线可进行横向或纵向放大。查询时间段可任意设定。同时提供有对曲线的分析、注释文字编辑框。

（16）监控软件提供有控制软件包，控制逻辑可进行设置编排，有 5 级控制断电报警设置。具备井下任一分站超限后控制任意多台异地分站断电功能，现场总线接口分站台可不通过地面中心站台，在现场实现异地断电功能。同时还具有传感器就地、分站程控、中心站手控三级断电能力，并具有风、电、瓦斯闭锁功能。在紧急情况下，系统操作人员可在地面中心站向井下分站直接发送控制命令，从而控制井下电器设备的断电或声光报警。

(17) 系统断电控制具有回控指令比较，通过馈电状态传感器确保可靠断电，当监测到馈电状态与系统发出的断电指令不符时，监控主机能够实现报警和记录存储。

(18) 系统应具有很强的自检诊断功能，能及时发现系统设备故障，并在屏幕上以文本或图形方式直观显示，同时发出报警。还能在屏幕实时弹出信息窗，所有设备事故均形成事故表，供维护人员查询打印，并将其记入运行报告文件。

(19) 系统具有线路智能化管理，具有对系统本身的运行状态和故障状态进行自诊功能，能及时发现和记录系统配置设备及软件开始实行故障，及时发出故障报警信号，并以图文方式显示故障类型、位置和缘由，具有故障自动截支功能，并在支路故障排除后自动恢复支路通讯。

(20) 联机定义或修改系统中的各种传感器、分站及控制器的类型、安装位置及控制通道。对模拟量传感器的上、下限报警、断电值可多级定义。系统配置灵活，随时接入或删除分站、传感器、断电器。在线定义设备的安装位置及控制通道、模拟量传感器的上下限报警值、断电值和复电值。

(21) 系统具有增容能力，可与其他子系统组网，对于大型子系统可通过以太网接入的方式接入系统进行数据集成，也可通过分站 RS485 通讯接口在井下与其他子系统进行信息交互，并将数据传送至集团公司煤矿安全生产数字化网（WEBGIS）实时监测与监管系统和超限信息发布系统。

(22) 系统软件运行可靠性高，死机率低于规定标准：1 次/800h。

KJ4N 总线型快速反应安全监控系统的主要适用大、中、小型煤矿在安全、生产监测监控、生产指挥调度和综合信息管理。

6.3.1.2　监测监控分站和各类传感器特性

A　KJ2007G1、G2 分站

KJ2007G1、G2 分站是一种自带防爆电源的小型分站，为爆炸性环境电气设备。该分站由防爆外壳、一路 +12V 板、两路

+2112V板、一路充电断电板、线性变压器；本安外壳、一块分站主板、一块显示板、一块电阻板、一块通讯板；2 节 12V/2.2AH 蓄电池等组成。其功能如下：

（1）可以监测低浓度 CH_4、CO、风速等环境因素，也可以监测温度、压力等其他环境参数，以及风门开关等各种参数，并能监测生产参数；

（2）每台分站受中心站控制，执行中心站的各种命令，并将分站的各种监测参数和工作状态传送给中心站；

（3）每台分站可以外接 8 个频率量输入传感器或 8-X 个开关量传感器（X：频率量信号接入数），前 4 路可接双线传感器，后 4 路可以查断线；有两路控制功能；

（4）适合矿井及地面工厂ⅡB 类环境需要，耐压、耐腐蚀、防潮、密封；

（5）具有掉电初始化信息不丢失的保护功能；

（6）分站本身具有死机自动复位功能；

（7）电源箱提供分站部分及外接传感器的工作电源；

（8）当交流电源停电时，蓄电池能自动投入工作；

（9）当分站主板关掉其工作电源时，蓄电池能自动断开；

（10）当分站主板给出断电控制信号时，电源箱能实现一路断电功能；

（11）用于地面工厂；ⅡB 类环境时，可以监测烟雾、可燃气体等参数。

B　KG01 高低浓甲烷传感器

KG01 高低浓甲烷传感器主要用于检测煤矿回风流中的甲烷气体浓度。实现甲烷气体浓度检测的高低浓度自动转换、超限时的声光报警、浓度显示及信号输出功能。更换气室后可以作为管道高浓传感器使用。其主要技术指标如下：

（1）测量范围：0 ~ 10%；

（2）报警点：0.5% ~ 2.0%之间可调；

（3）传输信号：200 ~ 1000Hz；

（4）响应时间：≤30s；

（5）控制距离：≥5m；

（6）最大传输距离：≤1500m；

（7）工作环境：温度0～40℃、相对湿度≤96%、大气压力86～106kPa、风速0～8m/s。

C　KG200G低浓甲烷传感器

KG200G低浓甲烷传感器采用了高精度仪表专用放大电路，其工作稳定，测量准确、功耗小、寿命长，测量范围宽，能适用于煤矿井下，瓦斯抽采泵站，天然气输配气站等有甲烷泄漏的地点，并具有声光报警、瓦斯浓度信号输出、断电信号输出、数字显示及信号线开路指示等功能。其主要技术指标如下：

（1）测量范围：0～4%或0～10%可选；

（2）报警点：0.5%～1.5%可选择；

（3）传输信号：200～1000Hz；

（4）响应时间：30s内超过气样值的80%；

（5）工作环境：温度-10～50℃、相对湿度不大于98%、大气压力80～110kPa、风速2～8m/s。

D　KG04一氧化碳传感器

KG04一氧化碳传感器是由单片机控制的红外遥控智能型监测仪表，主要用于检测煤矿井下风流中的一氧化碳气体浓度。具有超限二级报警、浓度显示及浓度信号输出功能。该传感器更换传感元件可进行硫化氢、二氧化硫等气体的测量。其主要技术指标如下：

（1）测量范围：$(0 \sim 200) \times 10^{-6}$；

（2）报警点：一级报警点为24×10^{-6}，二级报警点为200×10^{-6}；

（3）传输信号：200～1000Hz；

（4）响应时间：≤40s（T90）；

（5）控制距离：≥5m；

（6）最大传输距离：≤1500m；

（7）工作环境：温度 0～40℃、. 相对湿度≤96%、大气压力 86～106kPa、风速 0～8m/s。

E　KG05 温度传感器

KG05 温度传感器主要用于检测煤矿井下巷道中的空气温度的检测。实现空气温度显示及信号输出功能及超限时发出声光报警。其主要技术指标如下：

（1）测量范围：0～100℃；

（2）报警点：按《规程》规定设置；

（3）传输信号：0～5mA（200～1000Hz）；

（4）控制距离：≥5m；

（5）最大传输距离：≤1500m；

（6）工作环境：温度 0～40℃、相对湿度≤96%、大气压力 86～106kPa。

F　KGF2 风速传感器

KGF2 风速传感器主要用于煤矿井下测风站或测风点处的风速检测，以确保煤矿的安全生产。其主要技术指标如下：

（1）测量范围：风速 0.3～15m/s；

（2）传输信号：200～1000Hz；

（3）巷道截面积：小于 $40m^2$。

G　KGKT-C10-X 设备开停传感器

KGKT-C10-X 设备开停传感器主要用于检测井下机电设备（如采煤机、提升机、破碎机、主扇、水泵、风泵、瓦斯泵、运输机等）的开停状态，并把检测到的设备开停信号转换成各种标准信号传输给监测系统分站（或其他向地面传送信息的载波设备等），再远传至地面调度监控中心，集中在模拟盘及计算机显示屏上直接显示。可实现地面对全矿机电设备的开停状态进行集中连续自动监测，并进行必要的控制。其主要技术指标如下：

（1）工作电压：DC 12～24V；

（2）工作电流：≤10mA。

H　KGT20 馈电开停传感器

KGT20 馈电开停传感器是根据通电导体周围存在电场的原理，通过检测周围电场的有无，确定该电缆是否处于馈电状态，从而对被控设备进行实时监测。该传感器主要用于监测电缆芯线是否带电，并同时输出相应的状态信号供监测系统采集处理。其主要技术指标如下：

（1）工作电压：DC12～24V；

（2）工作电流：≤10mA。

6.3.1.3 KJ4N 总线型快速反应安全监控系统使用情况

老虎台矿 KJ4N 安全监控系统现安设分站 25 个，监测数量为 122 个，其中模拟量 53 个、开关量 69 个。模拟量主要对矿井瓦斯、一氧化碳、温度、风速、煤位、电磁辐射等参数进行连续监测监控。开关量主要对采煤机组、主要皮带运输、人车绞车、注浆泵、注水泵、主扇风机等设备开停、馈电状态和风门开关进行连续监测。KJ4N 矿井监测系统设备安装使用情况见表 6-3-1，监测传感器设置及其报警、断电情况见表 6-3-2。采掘面监测设备布置见图 6-3-2、图 6-3-3。

表 6-3-1 KJ4N 矿井监测系统设备安装使用情况

<table>
<tr><th>序号</th><th colspan="2">名 称</th><th>规格型号</th><th>数量/台</th><th>主要安装使用地点</th></tr>
<tr><td>1</td><td rowspan="10">传感器</td><td rowspan="3">甲烷</td><td>KJ101-45（低浓型）</td><td>5</td><td>采区工作面、上隅角、回风等</td></tr>
<tr><td>3</td><td>KG01（高低浓型）</td><td>26</td><td>采区工作面、上隅角、回风等</td></tr>
<tr><td>4</td><td>KG200（低浓型）</td><td>23</td><td>采区工作面、上隅角、回风等</td></tr>
<tr><td>7</td><td>一氧化碳</td><td>KG04</td><td>6</td><td>采区回风顺槽、总回风处</td></tr>
<tr><td>8</td><td>温度</td><td>KG05</td><td>3</td><td>采区回风顺槽</td></tr>
<tr><td>9</td><td>风速</td><td>KGF2</td><td>3</td><td>采区回风顺槽</td></tr>
<tr><td>10</td><td>电磁辐射</td><td>GF100</td><td>4</td><td>采区入、回风顺槽</td></tr>
<tr><td>11</td><td>设备开停</td><td>KGKT-C10-X</td><td>35</td><td>采区高压、低压配电点</td></tr>
<tr><td>12</td><td>馈电开停</td><td>KGT20</td><td>10</td><td>采区高压、低压配电点</td></tr>
<tr><td>13</td><td>风门开停</td><td>KGE23</td><td>10</td><td>采区运输石门、大巷风门处</td></tr>
<tr><td>14</td><td colspan="2">分站监测</td><td>KJ2007G</td><td>24</td><td>采区高压、低压配电点</td></tr>
</table>

表 6-3-2　采掘面监测传感器设置及其报警、断电情况

地点及位置		传感器	报警值	断电值	复电值	断电范围
综放面	回风顺槽,距工作面≤10m	甲烷	≥1%	≥1.5%	<1%	工作面及其入回风侧全部非本质安全型电器设备电源
	上隅角,距软帮≤0.8m,距煤壁≤0.8m、>0.2m	甲烷	≥1%	≥1.5%	<1%	工作面及其入回风侧全部非本质安全型电器设备电源
	回风顺槽,距回风岔口10~15m	甲烷	≥1%	≥1%	<1%	工作面及其入回风侧全部非本质安全型电器设备电源
		一氧化碳	≥0.0024%			
		温度				
		风速				
	回风煤门,距回风巷10~15m	甲烷	≥1%	≥1%	<1%	工作面及其入回风侧全部非本质安全型电器设备电源
		一氧化碳				
掘进面	工作面,距工作面≤5m	甲烷	≥1%	≥1.5%	<1%	工作面及其回风侧全部非本质安全型电器设备电源
	回风侧,距回风岔口10~15m	甲烷	≥1%	≥1%	<1%	工作面及其回风侧全部非本质安全型电器设备电源
	总回风侧,距回风巷10~15m	甲烷	≥1%	≥1%	<1%	工作面及其回风侧全部非本质安全型电器设备电源

6.3.2　KJ-136 矿井瓦斯抽放监测系统

老虎台矿瓦斯抽放系统监测始建于 1998 年，当时中日防火合作由日方提供一套设备，主要监测瓦斯管道浓度、负压、温度、一氧化碳、臭气等参数。2003 年末，在地面三处瓦斯泵站

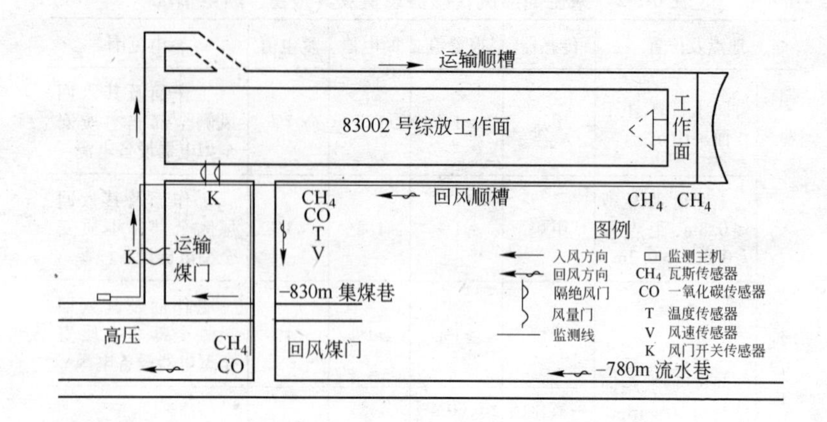

图 6-3-2　回采工作面监测设备布置

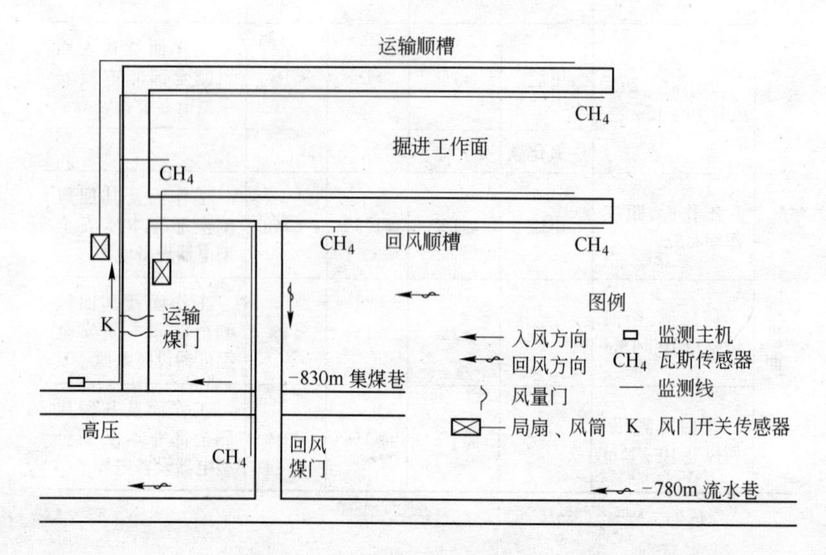

图 6-3-3　掘进工作面监测设备布置

安设 KDB-1 泵站监测系统，主要对泵站瓦斯浓度、流量、压力、开停等参数进行连续监测。2004 年末，主要对 83001 号、63001 号、－880m 等尾巷中的浓度、压力、流量、温度参数进行连续监测。现矿井瓦斯抽采监测系统采用一套抚顺比尔公司生产的KJ-136型矿井安全监测系统，安装流量传感器12台、负压传感器18台、温度传感器23台、开停传感器11台，监测数量73个，其中模拟量62个，开关量11个。模拟量主要对地面3个瓦斯泵站和井下主要抽放地点主干管路的瓦斯流量、正负压力、温度、甲烷浓度等参数进行连续监测。开关量主要对地面瓦斯泵运行情况进行连续监测，为瓦斯开发和利用以及抽放系统提供可靠的依据。

6.3.2.1 KJ136系统组成

KJ136系统的基本结构由三部分组成：中心站→分站→传感器的结构。

A 中心站

中心站一般包括：计算机、打印机、UPS电源、调制解调器（或信号通讯器）、网络交换机，信号及电源避雷器等设备，一般安装在装有空调和防静电地板的房间内。

B 分站

分站包括：智能型控制分站，隔爆兼本安电源，接线盒等，安装在机电硐室（或可在附近取得电源的地方）。每一个分站都有独一无二的编号（或地址）编号为1-32。老虎台矿现分站在籍和安装使用情况详见表6-3-3 ~ 表6-3-5。

表6-3-3 KJ136瓦斯抽放监控系统设备地面安装使用情况

地　点	分站 KDB-1/台	传感器/台					
		低浓甲烷	高浓甲烷	压力 /kN·m^{-2}	温度 /℃	流量 /m^3	开停
中央泵站	1	4	5	5	7	3	4
万新泵站	1	3	4	4	5	2	3
东岗泵站	1	4	4	4	6	2	4
合　计	3	11	13	13	18	7	11

表 6-3-4　KJ136 瓦斯抽放监控系统设备在籍情况

序号	名称		规格型号	数量/台	备注
1	传感器	甲烷	KG01（高浓型）	39	
2			KG01（高低浓型）	42	
3			KG01（低浓型）	60	
4			KG200（低浓型）	73	
5			KJ101-45（低浓型）	45	
6		压力/kN·m^{-2}	KG03	17	
7		一氧化碳/m^3	KG04	45	
8		温度/℃	KG05	54	
9		风速/m·s^{-1}	KGF2	20	
10		流量/m^3	GF100	12	
11		设备开停	KGKT-C10-X	50	
12		馈电开停	KGT20	20	
13		风门开停	KGE23	50	
14	分站	监测	KJ2007G	48	
15		抽采	KDB-1	7	

表 6-3-5　KJ136 瓦斯抽放管路监控系统设备井下安装使用情况

地点	分站 KDB-1/台	传感器/台			
		高浓甲烷	压力/kN·m^{-2}	温度/℃	流量/m^3
73003 号尾巷	1	1	1	1	1
63003 号尾巷	1	2	2	2	2
−880m 矿车巷	2	2	2	2	2
合计	4	5	5	5	5

C　传感器

各种类型的模拟量、开入量和开出量，老虎台矿现各类传感器在籍和安装使用情况详见表 6-3-3、表 6-3-4、表 6-3-5。

D　系统连接

从中心站到分站一般由专用通讯电缆和接线盒进行连接，而分站到传感器由普通信号电缆和接线盒进行连接，由此构成整个KJ136系统。

E　监测点编号

监测点的编号原则是：分站号+通道号+测点类型。分站号和通道号由两位数学组成，测点类型：模拟量用 *M* 表示，开入量用 *K* 表示，开出量用 *C* 表示。

以上的模拟量、开入量、开出量通道是各自独立的，各个通道的数量根据分站的类型而有所不同。

6.3.2.2　KJ136 系统工作原理

A　KJ136 工作过程

中心站的计算机通过调制解调器向现场的某一个分站发出呼叫(呼叫中,带有这个分站的编号),而在现场中的每一个分站都有一个唯一的编号,呼叫发出后,现场所有的分站都收到这个呼叫,但只有分站的编号和呼叫的编号一致的那个分站发出应答,而其他分站的编号不一致,则不作应答,等待下一次的中心站呼叫;所以,现场的任何两个分站的地址不能相同,不然会造成通讯混乱。

B　信号和数据传送

分站上连接各种传感器，分站读取它所连接的传感器的信号，将传感器信号转化成实际的工程值，在分站的屏幕上进行直观显示，并根据这些信号的大小决定是否进行断电控制，另外还要把这些信号存储在分站上的单片机内，当中心站呼叫到本分站时，该分站将把这些信号传送到中心站的计算机中供计算机处理，同时，分站还可以接受中心站的手控命令。

传感器一般以频率的方式把数据传送给分站。

6.3.3　监控技术资料管理

6.3.3.1　瓦斯监测日报表

由保安区调度负责，每天早上，对前一天采掘面通风瓦斯情况进行汇总，打印出通风瓦斯日报表（见表6-3-6），送通风系统有关单位。

表 6-3-6　瓦斯监测日报

报表日期　　　　打印项目：最大值

通道	测点	5	6	7	8	9	10	11	12	13	14	15	16	17	18	19	20	21	22	23	24	1	2	4	全天

6.3.3.2 瓦斯抽采情况日报

由瓦斯抽采测量组负责，对井下各瓦斯抽采点，每天进行一次气体采样，送化验室进行气体分析，填写瓦斯抽采情况日报表（见表6-3-7），报保安区和通风科及矿有关领导。

表6-3-7 瓦斯抽采情况日报

填报单位： 年 月 日

地点	CH_4浓度(质量分数)/%	混量/$m^3 \cdot min^{-1}$	纯量/$m^3 \cdot min^{-1}$	压力/$kN \cdot m^{-2}$	温度/℃	气压/Pa	备注
合计							

6.3.3.3 煤与瓦斯突出预测预报单

有突出危险和威胁掘进面布置超前钻孔，根据钻孔长度和掘进速度，进行掘进面煤与瓦斯突出预测预报。老虎台矿对突出危险每15天进行一次煤与瓦斯突出预测预报，对有突出威胁每掘30m进行一次煤与瓦斯突出预测预报（见表6-3-8）。

综上所述，老虎台矿在矿井瓦斯综合治理方面，完善了瓦斯抽采、矿井通风、安全监控三大系统。

表 6-3-8　煤与瓦斯突出预测预报单

预报时间	年　月　日　班	地　点		
指标	钻屑量 S /kg · m^{-1}	瓦斯涌出速度 q /L · min^{-1}	解吸指标 $\Delta h_2/\Delta h_{100}$	衰减指标 C
测定值				
工作面描述及钻孔位置			施工动力现象	
预测结论				
工作人员				
防突负责人		矿长 总工程师	签收	

（1）井下瓦斯管网更新改造。完成了两趟 ϕ325mm 瓦斯管网更新改造共 15400m，其中在 -830m、-880m 水平和现采面瓦斯工程巷道新设置 7100m、地面和各水平大巷及斜井瓦斯管路改造 8300m，完善了瓦斯抽采管路系统。

（2）矿井瓦斯泵站更新完善。在东部瓦斯泵站新安装了一台水环式真空泵；在西部瓦斯泵站安装了一台 FBQ 型“三防”装置；在 3 个瓦斯泵站各安装一套 DHVECTOL-DL00425/068 型变频装置；使地面 3 个瓦斯泵站全部装备了水环式真空泵，完善了安全装置，实现了瓦斯泵通过变频调节矿井瓦斯抽采量。

（3）矿井主要通风机更新完善。矿井东、西风扇各更换了一台 DKY26. 5F-04A 型新风机及配套的 2 台 450kW 电机，并各安装了一套 DHVECTOL-DI 型变频装置，使矿井主扇及其配套电机更加合理，实现了主扇通过变频调节矿井风量。

（4）矿井通风系统和设施更新完善。简化通风巷道 14000m；矿井主要风门全部采用料石建筑，安装了风门闭锁装置和风门开关传感器，并新建 4 组（8 个）新型气动自动风门；

掘进工作面全部安装了对旋双风机，完善了矿井通风系统和设施，实现了分区通风和采、掘面及机电硐室独立通风，使矿井通风系统更加合理、可靠。

（5）矿井安全监测系统更新完善：

1）将矿井 KJ2000 型升级为 KJ2000N 型，形成了点对点、点到多点的多主从工作方式，传输数据形成环网，使系统传输数据加快，保证了传输的实时性。

2）按 AQ 标准安装了各种传感器，实现了对矿井瓦斯、一氧化碳、温度、风速、煤位、电磁辐射等参数和采煤机组、主要皮带运输、人车绞车、注浆泵、注水泵等设备开停和风门开关进行连续监测。

3）形成了监测中心、监测安全单位、矿调度室、矿主要领导办公室、局调度室联网，实现了安全监测系统联网功能。

（6）完善矿井瓦斯抽采监控系统。在矿井瓦斯抽采系统安装了一套 KJ136 监控系统，并在瓦斯泵站和井下主要抽采地点的主干管路设置了瓦斯传感器，实现了对瓦斯流量、正负压力、温度、甲烷浓度等抽采参数和对地面瓦斯泵运行情况进行连续监测。

（7）效果：

1）井下瓦斯管网更新改造后，使井下瓦斯管网布局更加合理可靠，保证了矿井瓦斯安全抽采。

2）矿井瓦斯泵站更新完善后，保证了瓦斯泵站抽采瓦斯和变频调控瓦斯抽采量的安全可靠运行。

3）矿井主要通风机更新完善后，保证了主要通风机排风和变频调控矿井排风量的安全可靠运行。

4）矿井通风系统和设施更新完善后，保证了矿井通风系统合理、可靠。

5）矿井安全监测系统更新完善后，KJ2000N 矿井安全监测系统使用效果良好，保证了各种传感器对矿井瓦斯、一氧化碳、温度、风速、煤位、电磁辐射等参数和采煤机组、主要皮带运输、人车绞车、注浆泵、注水泵等设备开停和风门开关进行连续监测，保证了监测中心、监测安全单位、矿调度室、矿主要领导办公室、局调度室监测数据共享。

6）矿井瓦斯抽采监控系统完善后，KJ136 矿井瓦斯抽采监控系统使用效果良好，保证了各种传感器对瓦斯流量、正负压力、温度、甲烷浓度等抽采参数和对地面瓦斯泵运行情况进行连续监测。

总之，在矿井瓦斯综合治理方面，取得了矿井瓦斯综合治理体系建设重要成果。矿井瓦斯抽采率达到 60% 以上，保证瓦斯抽采、矿井通风、安全监控三大系统安全可靠。老虎台矿坚持“抽采先行，通风保证，监测监控，严管严惩”的原则，建立健全了矿井通风、安全监控、瓦斯抽采三大系统，制订完善了瓦斯防范措施，形成老虎台矿矿井瓦斯综合治理体系。“抽采先行”是瓦斯防治的基础；“通风保证”是防止瓦斯超限或积聚的先决条件，也是防治瓦斯最基本的生产管理措施；“监测监控”是防止瓦斯事故的重要防线和保障措施；“严管严惩”是用法律法规和规章制度来规范人的行为，消除导致瓦斯事故主导原因的主观因素。四者形成了一个相辅相成的有机整体。

7　矿井瓦斯治理管理制度

7.1　瓦斯检查规章制度

7.1.1　瓦斯防治管理体系

（1）成立以矿长为组长、总工程师和副矿长为副组长、副总和有关科室科长、有关生产车间行政和技术负责人为成员的矿井瓦斯防治领导小组，负责全矿的瓦斯防治工作。领导小组职责：

组长是瓦斯防治的第一责任人。

总工程师对瓦斯防治负技术责任，负责组织制定瓦斯防治方案、安全技术措施及资金的安排与使用。

安监处长对瓦斯防治工作负监督检查责任。

各系统领导负责分管系统的瓦斯防治相关方案、措施的落实。

各单位行政负责人是本系统、本单位瓦斯防治的第一责任人，负责分管区域瓦斯防治措施的落实与实施。

当天生产值班长对当班采掘工作面瓦斯变化情况，要做到及时掌握，发现瓦斯超限及时采取措施进行处理。

（2）防治瓦斯领导小组下设瓦斯治理职能科室和专业瓦斯治理队伍。

1）通风科、冲击地压研究与防治办公室是矿井瓦斯防治职能科室。

通风科负责瓦斯抽放设计，制定矿井通风管理、瓦斯防治方案，审批相关措施，平衡、指导、监督检查等日常瓦斯治理工作。

冲击地压研究办公室负责煤与瓦斯突出和冲击地压的专项防治工作，严格按《防突细则》和防治冲击地压有关规定，认真落实“四位一体”综合防突和防冲击地压措施。

2）保安区是矿井瓦斯治理专业队伍，负责瓦斯防治方案、措施的具体实施及矿井瓦斯的日常检查与管理。

3）瓦斯开发利用办公室设在保安区，配备4名专职人员，由区长任主任，一名专职副区长任副主任，一名工程师，一名专职人员，专门负责瓦斯抽放措施的编制与实施及日常瓦斯抽放管理工作。

4）保安区东部队、西部队、通风队，分别负责矿井通风瓦斯管理、瓦斯抽放管理以及监测监控等项工作。

7.1.2 瓦斯检查规章制度

7.1.2.1 常规制度

(1) 下列人员下井时必须携带便携式甲烷检测仪：矿长、生产副矿长、矿技术负责人、爆破工、采掘区队组长、通风区队组长、工程技术人员、安监处盯现场及检查人员、流动电钳工、放煤工、看注水泵工、绞机车司机、看配电室电工、组长。

(2) 瓦检员下井时，必须同时携带光学和电子甲烷检测仪，安全监测工必须携带便携式甲烷监测报警仪或光学瓦斯检定器。

(3) 负责水平或一翼瓦斯抽采密闭检查的瓦检员下井时，必须同时携带高浓度光学和电子甲烷检测仪；测风检查员只许携带光学瓦斯检定器。

(4) 所有采掘工作面、硐室、密闭、砂门、砂碹、旧区、盲巷、机电设备的设置地点以及有人员作业的地点都应纳入检查范围。

(5) 采掘工作面每班至少检查3次瓦斯；本班未进行工作的采掘工作面，瓦斯和二氧化碳应每班至少检查1次；可能涌出或积聚瓦斯、二氧化碳的硐室和巷道的瓦斯、二氧化碳应每班检查1次；井下停风地点栅栏外风流中的瓦浓度每天至少检查1

次；下列地点必须经常检查瓦斯：

1）有煤与瓦斯突出危险的采掘工作面；

2）有瓦斯喷出的采掘工作面和瓦斯涌出较大、变化异常的采掘工作面。

（6）所有采掘工作面，有人员作业且瓦斯涌出较大变化异常使用机电设备的地点，必须安设瓦斯监控设备。

（7）瓦检员必须执行瓦斯巡回检查制度和请示报告制度，并及时汇报和认真填写牌板、手册，做到“三对口”。每次检查结果要通知现场作业人员。

（8）瓦斯浓度超过《规程》有关规定时，瓦检员有权责令现场人员停止工作，并将现场人员撤到安全地点。

（9）测火员必须每班检查 1 次指定区域内的一氧化碳浓度、气体温度等变化情况。

（10）井下停风地点栅栏外风流中的瓦斯浓度每班至少检查 1 次；砂门外、砂碹周围的瓦斯浓度每天至少检查 1 次；密闭内外的瓦斯浓度、一氧化碳浓度、氧气浓度和温度每周至少检查 1 次。

（11）通风值班人员（调度、区队当日值班人员），必须审阅瓦斯班报（即瓦检员汇报记录、微机打印记录等），掌握瓦斯变化情况，发现问题及时查找原因进行处理，并向矿调度室汇报。

（12）通风瓦斯日报必须当日送矿长、总工程师审阅。对重大通风瓦斯问题，应制定措施，进行处理。

7.1.2.2　瓦斯检查制度

A　采掘面瓦检员

（1）必须严格执行《规程》及其他有关通风、瓦斯等的规定。及时汇报和认真填写手册、牌板，做到“三对口”。

（2）当管辖范围内检查发现瓦斯超限或“一通三防”其他隐患时，必须按规定采取措施及时处理；同时向区调度汇报。

（3）熟练掌握检查瓦斯和二氧化碳浓度的方法。

（4）巡回检查瓦斯的顺序和有关规定为：

1）采煤工作面从进风巷开始，经下隅角、工作面、上隅角、回风巷以及沿途的高顶、砂门、旧区、密闭处等为1次巡回检查。

2）掘进工作面应从局扇进风侧20m开始至掘面回风至掘面。

3）采掘工作面检查瓦斯的间隔要均匀，在正常情况下，每班检查3次、填写3次，并至少向调度汇报2次。

（5）牌板的吊挂位置：

1）回采工作面应吊挂在如下地点：

①进风巷煤岩交界处；

②运输顺槽端头以里10m；

③下隅角、上隅角；

④上隅角外10m处的回风顺槽；

⑤回风顺槽端头以里10m；

⑥回风石门以里10m以及在此范围内的高顶、旧巷、密闭等容易涌出瓦斯的地点和有机电设备地点。

2）掘进工作面应吊挂在如下地点：

①局扇附近；

②工作面后退10m处；

③回风流与全风压汇合处以里10m处以及在此范围内的高顶、旧巷、砂碹等容易涌出瓦斯的地点和有机电设备地点。

B　其他瓦检员

（1）测风员发现矿井总回风巷或一翼回风巷中瓦斯或二氧化碳浓度超过0.75%时，应立即向调度汇报。

（2）测风员发现运输机巷、采区进回风巷，采掘工作面的风速低于0.25m/s时或其他通风人行巷道的风速低于0.15m/s时，应立即查明原因进行处理并汇报。

（3）测火员发现某地点出现发火征兆时，应立即查明原因并汇报。

（4）测火员采集风流气样时不得与放炮过程同步；采高顶

气样时必须用探火针插入最高点；采高顶浮煤气样的探火针必须插入其中。

（5）测火员和旧区检查瓦检员，每采集一个气样前，必须把球胆反复清洗，保证气样的准确性。

（6）检查密闭、砂门时，每次检查结果都应填写在牌板和手册上，发现异常应采气化验并立即向调度汇报。

（7）检查尾巷密闭时，除检查密闭处外，还应检查瓦斯管的氧气、一氧化碳、瓦斯浓度、温度、正负压以及流量等参数，及时放水并填好牌板做好记录。

（8）井下持火时，瓦检员严格执行《规程》第223条的有关规定，工作结束后瓦检员必须停留检查1小时。

（9）所有携带便携式甲烷检测仪人员，进入井口后，应立即打开开关，使检测仪进入工作状态。

（10）井下任何人发现瓦斯超限或积聚时，都应立即通知现场作业人员停止作业，通知通风人员查明原因进行处理。

（11）通风调度员随时通过瓦斯监控系统监视采掘工作面瓦斯浓度，发现异常应立即与通风区队长、瓦检员进行联络，责成其查明原因进行处理。

C　其他地点

其他地点（已采区、密闭、盲巷、硐室、砂门、砂碹等）：

（1）瓦检员填写牌板内容为：检查地点名称、甲烷及二氧化碳浓度，温度、检查日期、班次、时间、次数、姓名等。

（2）瓦检员严格执行“一炮三检”和“三人连锁放炮”有关规定。

（3）采掘面瓦检员按规定交接班。

（4）瓦斯检查员必须经常检查采煤机或掘进机附近瓦斯情况，当瓦斯浓度超过《规程》规定时立即采取措施进行处理，凡是处理不了的瓦斯，应立即向调度汇报。

（5）采掘工作面瓦检员除正常检查外，对以下地点的瓦斯也必须检查，发现瓦斯超限应立即停止工作，切断电源，进行处理；处理不了的，应向调度汇报。

1）采空区边缘；

2）架间架后；

3）后部溜子；

4）局部漏顶处；

5）高冒处；

6）电机设备附近等。

（6）采掘面放震动炮、卸压炮、松动炮时，瓦检员必须严格执行矿编制的有关措施，当瓦斯浓度超1%时，必须下令立即停止放炮。

（7）瓦检员必须严格执行《排放瓦斯管理规定》。

7.1.3 预防瓦斯灾害应急处理管理制度

（1）各采面运输和回风顺槽必须设置防火门，备好10块大拌、50块小拌和5捆苞子，并在采面保安仓库备好塑料布，确保采面发生火灾事故时及时采取两侧封堵措施。

（2）在现采面入、回风侧各备一台30×2局扇，并在各采面保安仓库备好足够采面巷道供风距离长度的风筒。采面内部突发巷道堵塞事故时，及时接设风筒，向堵塞巷道入回风侧供风。

（3）井下所有煤层巷道每50m安设一组供5人使用的压风自救装置；采面每隔5架安设一组供2人使用的压风自救装置；掘进面50m范围内安设一组供9人使用的压风自救装置；回风侧有人员作业地点按其作业人数安设一组压风自救装置；保证作业人员在突发灾害时，及时进入自救装置避灾。

7.2 通风治理瓦斯管理制度

7.2.1 防止井下停风管理规定

7.2.1.1 防止矿井停风管理规定

（1）矿井东、西两翼主扇电机必须采用双回路电源供电，保证主扇正常运转。主扇运转时，必须有1台备扇处于完好状态，保证能在10min内正常开动。

（2）主扇改造、检修、停电时，必须保证1台主扇正常运转或单回路电源正常供电，并制定突发主扇停运或单回路电源停电造成矿井或一翼停风安全措施，报矿总工程师批准后实施。

（3）变电所或电厂在停电以前，必须将预计停电时间通知矿调度。

（4）为保证矿井突发停风时井上、下通讯系统畅通，矿调度必须将井下各地点电话安装维修好，并保证电话灵敏可靠。

（5）为保证矿井突发停风时能及时进行矿井东西翼调风，保安区必须加强井下各组风门管理，特别是东西翼调风风门必须保证处于完好状态。

（6）矿井（或一翼）突发停风时，立即启动矿井（或一翼）停风事故处理预案。

1）主扇停运时，主扇司机在10min内启动备用主扇。

2）矿调度立即通知受停风影响的地点必须立即停止工作、按工作面、低压点、高压顺序切断停风区的一切电源，一翼停风人员撤到入风水平中央车场待命，矿井停风人员撤至-580m水平入风车场、硐室待命或升井。

3）风泵房、水泵房、人车停电应视现场情况而定。一翼停风时，进行通风系统调整，保证风泵房、水泵房、人车正常通风；矿井停风时，人员全部撤离。风、水泵房、人车绞车房及车场人员应及时同区、矿调度联系，汇报情况，待命。

4）各采掘工作面现场负责人（区队班组长）按上述停电顺序实施停电，组织撤离，并立即向区矿调度汇报。认真做好记录。

5）各地点瓦检员应监督本负责区域人员的撤离和停电情况，对已撤人停电的工作面应设好栅栏，并向区、矿调度汇报。

6）救护队立即出动，井口待命。保安区立即组织待机人员，各施工单位组织好人员待命。加强各井口安全保卫工作，控制升入井人员数量、维持好秩序。

7）矿井停风在10min内不能恢复时，将扇风机人字门打开，进行矿井自然通风；一翼停风在10min内不能恢复时，立即将未停风一翼风扇电机开到最大值，将停风一翼运行风扇2号闸门关闭，并进行矿井东风西调或西风东调。调风原则；

①保持矿井原有入回风系统，防止采面回风串入入风巷道或硐室。

②控制正常通风一翼用风地点排风量，将停风一翼回风由－580m、－630m向正常通风一翼调风。

③减少各水平巷道回风量，保证采掘面，防止瓦斯积聚或超限；保证风、水泵房正常供风量。

④矿井供风风量不小于正常供风量的40%。

8）当停风时间长，停风区恢复通风后，必须经瓦斯检查员检查瓦斯，并按分级管理有关规定排放瓦斯后，方可向其巷道和受影响的地点送电，恢复生产。

①东、西主扇和瓦斯泵恢复运转10min后，安排人车开车，保安区瓦检员、各地点电工及看局扇人员到现场实施送电排瓦斯工作。

②送电顺序应遵循先浅部后深部、先高压后低压、先入风侧后回风侧、掘进面先局扇（待排完瓦斯，其浓度符合规定后）后动力的顺序进行。

③综放面的送电应依据瓦检员现场检查瓦斯情况及监测探头的参数，符合规定后方可送电。

④全系统恢复后组织生产。

7.2.1.2　防止采掘面停风管理规定

（1）掘进面都必须安装对旋式双风机，主、备扇采用专用线路，主扇必须与备扇电源互锁，能自动转换。

（2）原生煤体采面在入回风联络道以外各安设2台对旋式，并在保安仓库备好足够数量的风筒，在采面巷道遭到破坏时，接设风筒，向其入回风侧供风。

(3) 岩掘工作面必须实现风电闭锁，煤巷、半煤巷和有煤与瓦斯突出危险或有瓦斯涌出的岩巷掘进工作面，必须实行“三专两闭锁”（专用变压器、专用开关、专用线路、风电闭锁、瓦斯电闭锁）。

(4) 局部通风机必须保持经常运转，不得发生无计划停风（未经施工单位事先申请，并由通风科、机电科审批，经矿总工程师批准的停风）。一旦发生无计划停风，必须由安监部门牵头，通风、机电和生产（工程）科参加按事故追查处理。

(5) 在有冲击地压、煤与瓦斯突出危险和瓦斯涌出量大的掘进面有计划停风时，保安区必须制定防止掘进道口内瓦斯积聚的措施，报通风科审批、矿总工程师批准后，严格按措施实施。

(6) 因故需要停止局部通风机运转时，必须由施工单位提前提出申请。并由施工单位和保安区制定相应的停电、停风和瓦斯排放等安全措施，由通风、机电部门审批，经矿总工程师批准后，严格按措施实施。

(7) 临时停工的地点不得停风；否则必须由施工单位电工切断电源，保安区瓦检员设置栅栏，揭示警标，禁止人员进入，并向矿调度室报告。停工区内瓦斯或二氧化碳浓度达到3%或其他有害气体浓度超过《规程》规定不能立即处理时，由矿总工程师负责指令保安区必须在24h内封闭完毕。

(8) 恢复已封闭的停风区或采掘工作接近这些地点时，必须由通风科编制启封停风区排放瓦斯安全措施，报矿总工程师批准后，事先排除停风区内瓦斯。

(9) 严禁在停风或瓦斯超限的区域作业。

(10) 保安区必须对各掘进面事先编制好排放瓦斯措施，报通风科、矿总工程师批准后，挂在掘进巷道出口处。局扇因故停止运转，在恢复通风前，必须首先检查瓦斯，按事先编制的排放瓦斯安全措施，利用卸压三通控制风流排放瓦斯。在排放瓦斯过程中，排出的瓦斯与全风压风流混合处的瓦斯和二氧化碳浓度都不得超过1.5%，停风区及其回风侧必须全部停电撤人。只有恢复通风的巷道风流中瓦斯浓度不超过1.0%和二氧化碳浓度不超过1.5%时，方可人工恢复局扇供风巷道内及其回风流中电气设备的供电。

7.2.2 回采工作面通风管理规定

（1）综放面采用U形通风方式。

（2）合理调配风量。采面设计和作业规程编制时进行综放面需风量计算，在回采过程中进行合理配风，保证工作面最大通风能力，并根据采面及回风流瓦斯变化情况加以调整，使瓦斯与配风关系合理，保证工作面正常开采。

（3）加强采区内风压调控、风门管理，使工作面采空区呈微负压状态。在运输煤门设置调压、调风控制门，加强入回风联络道风门的管理，风门必须设置闭锁装置和风门开关传感器，严防通风短路。

（4）回采过程中保证有效通风断面。

（5）综放面回风顺槽安设了风速探头，有冲击地压采面的入、回风侧均设置了备用局扇，现采区及其变电所全部实现了独立通风，确保了采煤工作面通风管理的可靠性。

7.2.3 局部通风管理制度

（1）掘进巷道应采用矿井全风压或局部通风机通风，不得采用扩散通风；采用扩散通风的地点深度不能超过6m，入口宽度不得小于1.5m，无瓦斯涌出。

（2）所有掘进工作面都必须采用压入式通风方式，否则，必须制定措施，报集团公司总工程师批准。

（3）掘进工作面实际需要风量应按瓦斯涌出量、炸药用量、温度、作业人数计算，并经风速校验后取其最大值。

（4）掘进巷道施工前，必须由施工单位编制《掘进施工作业规程》，报生产科、机电科、通风科、安监处审批，经矿总工程师批准后施工。《掘进施工作业规程》内容中必须有局部通风设计说明书。说明书中的内容必须包括：

1）掘进工作面地点、名称、煤层层别、局扇最长通风距离。

2）施工单位名称，作业方式和劳动组织情况等。

3）设计断面和支护形式。

4）瓦斯涌出量大小，预计岩温情况等。

5）通风系统，通风方式，方法和通风机安装地点。

6）进行掘进面和局扇处供风量计算。

7）选择局部通风扇风机功率、型号以及附属设备和设施。

8）对瓦斯监测装置的安装，吊挂，断电浓度，断电范围等，按有关规定进一步明确，并有安装布置图。

9）有掘进工作面供电设计报告，其中必须包括局部通风机和动力设备系统图，风电闭锁接线原理图，设备布置平面图，风电闭锁试验及电气安全措施。

（5）掘进工作面施工前，施工单位根据已批准的《掘进施工作业规程》提出《安装使用局部通风机》的申请书和《安装使用安全监测瓦斯装置》的申请书，经机电科、通风科、保安区和施工单位技术或机电负责人共同审批后报矿总工程师批准方可安装使用，同时，安装单位提出《局部通风机包保管理表》，包保管理表试样见表7-2-1，有关车间和科室负责包保人必须在表中签字，实行车间、科室专人负责包保管理制度。局扇一旦违规停运，除按集团公司和矿有关规定追究当班责任者责任外，一并追究包保责任人的责任。

表 7-2-1　局部通风机包保管理

<table>
<tr><td colspan="3" rowspan="2">掘进面</td><td colspan="4">局扇安装</td><td rowspan="3">安装单位</td><td rowspan="3">使用单位</td></tr>
<tr><td colspan="2">地　点</td><td colspan="2">时　间</td></tr>
<tr><td colspan="3"></td><td colspan="2"></td><td colspan="2"></td></tr>
<tr><td rowspan="3">负责人</td><td colspan="2">安装单位</td><td colspan="2">使用单位</td><td colspan="2">保安区</td><td rowspan="3">机电科</td><td rowspan="3">通风科</td></tr>
<tr><td>车间</td><td>队</td><td>车间</td><td>队</td><td>车间</td><td>队</td></tr>
<tr><td></td><td></td><td></td><td></td><td></td><td></td></tr>
</table>

（6）安装单位负责局部通风机及附属电器设备的安装工作；使用单位负责局部通风机及附属电器设备的运行和维护工作；保安区负责风筒、风门、瓦斯监控系统的安设和维护等工作；机电科负责局部通风机完好及供电系统和设备管理工作；通风科负责局部通风和风筒、风门质量及瓦斯监测系统运行的管理工作。

（7）新安装的局部通风机及其附属电气设备，必须经过机电科防爆组检查合格后，方可允许投入使用。

（8）局部通风机设备必须齐全，缺一不可（有风罩、整流器、消音器，高压部位有衬垫），否则通风部门拒绝接设风筒。

（9）压入式局部通风机和启动开关（包括按钮）必须安装在全风压处的新鲜风流巷道中，其间距不得超过20m，局部通风机距回风口不得小于10m，防突道口距回风口不低于50m，局部通风机安装地点到回风口的巷道中最低风速必须符合《规程》规定。

（10）保安区负责在掘进工作面出风口以里第一个风筒开始，每隔50m必须加设风筒调节风量三通，否则局部通风机不准运转。

（11）防突掘进面保安区必须在防突门安装防止突出时风筒风流逆流装置。

（12）保安区负责将风筒从局部通风机出口第一节开始逐节编号。

（13）严禁采用2台以上（含2台）的局部通风机同时向一个掘进工作面供风；不得使用一台局部通风机同时向2个作业的掘进工作面供风。

（14）岩掘工作面必须实现风电闭锁，煤巷、半煤巷和有煤与瓦斯突出危险或有瓦斯涌出的岩巷掘进工作面，必须实行“三专两闭锁”（专用变压器、专用开关、专用线路、风电闭锁、瓦斯电闭锁）。

（15）掘进工作面“三专两闭锁”功能的实现由施工单位、机电部门、通风部门共同完成。通风部门负责提供瓦斯闭锁接点，机电部门负责向通风部门提供瓦斯闭锁电源开关，并负责连接瓦斯闭锁接点（实现瓦斯闭锁功能）和该开关的维修，其他瓦斯监测设备的管理，调试和维修由通风部门负责。

（16）新采区准备，所有的煤巷与半煤岩巷掘进工作面以及有煤与瓦斯突出危险或有瓦斯涌出的岩巷掘进工作面，都必须安装对旋式双风机，并能自动转换。

（17）对旋风机的主、备扇都必须采用专用线路，其备用局部通风机的电源，可接在总受入开关的负荷侧。备用局部通风机开动时，主扇必须与备扇电源互锁。

（18）掘进工作面双风机双电源，由机电部门负责实现风机自动转换。

（19）使用对旋式局部通风机供风的掘进工作面，也必须安装备用局部通风机，并且保证双电源，否则不准运转。

（20）为提高局部通风机供电的安全可靠性，各级开关保护要齐全，整定合理。局部通风机控制开关必须选用带有断相保护装置的磁力开关（如：QBZ-120、BQD-200、BQD-120 等）防止因单相运行造成局部通风机电动机烧毁。

（21）受风电瓦斯闭锁控制的掘进工作面动力开关必须采用防爆、带有闭锁装置的真空磁力开关或用其他中间控制装置，钻探电源（防突钻、注水钻、注水泵等用电）不得脱保运行。

（22）施工单位负责局部通风机供电线路的吊挂，必须符合《煤矿安全规程》的要求，禁止使用易燃的尼龙、塑料绳吊挂，不准有冷补接头和其他不符合规定电缆接头。

（23）瓦斯自动检测报警断电装置的电源必须取自局部通风机的电源侧。该工作由施工单位机电部门和通风监测部门负责。

（24）局部通风机必须设专人看管，看管人员必须经过安全技术培训，考核合格后，持证上岗作业，距局部通风机和开关的位置不得超过 20m，不准兼做其他任何工作。并在岗位交接班。施工单位必须制定看管局部通风机人员的岗位责任制，其内容包括：

1）注意检查局部通风机是否循环风，如果发现循环风，立即通知瓦斯检查员采取措施处理。

2）注意局部通风机运转情况，发现异常立即通知专责电工和瓦斯检查员采取措施处理。

3）局部通风机因故停止运转，应立即通知掘进工作面人员全部撤离到新鲜风流中，并通知瓦斯检查员和专责电工采取措施进行处理，并做好记录。

4）负责监督任何人不得随意停、开局部通风机。

5）不得失职离岗。

（25）所有煤与半煤岩掘进工作面或有煤与瓦斯突出危险的掘进工作面必须设专责瓦斯检查员，并在掘进工作面指定地点交接班，瓦斯检查员必须遵照巡回检查制度检查。

（26）局部通风机必须保持经常运转，不得停风，临时停工地点也不得停风。如因检修、停电等原因停风时，必须切断电源撤出人员，设置栅栏，揭示警标，该项工作由通风、机电、施工部门的队（组）长、专职瓦斯检查员、该掘进工作面专责电工和局部通风机看管人员负责。

（27）局部通风地点不得发生无计划停风（未经施工单位事先申请，并由通风科、机电科审批，经矿总工程师批准的停风）。一旦发生无计划停风，必须由安监部门牵头，通风、机电和生产（工程）科参加按事故追查处理。

（28）在有冲击地压、煤与瓦斯突出危险和瓦斯涌出量大的掘进面有计划停风时，保安区必须制定防止掘进道口内瓦斯积聚的措施，报通风科审批、矿总工程师批准后，严格按措施实施。

（29）因故需要停止局部通风机运转时，必须由施工单位提前提出申请。并由施工单位和保安区制定相应的停电、停风和瓦斯排放等安全措施，由通风、机电部门审批，经矿总工程师批准后，严格按措施实施。

（30）临时停工的地点不得停风；否则必须由施工单位电工切断电源，保安区瓦检员设置栅栏，揭示警标，禁止人员进入，并向矿调度室报告。停工区内瓦斯或二氧化碳浓度达到3%或其他有害气体浓度超过《规程》规定不能立即处理时，由矿总工程师负责指令保安区必须在24h内封闭完毕。

（31）有突出危险的掘进工作面，严禁串联通风。

（32）符合规定的串联通风，被串掘进工作面局部通风机前5m处，必须安设瓦斯自动报警断电装置（由施工单位提出申请，保安区、监测队签字，机电科、通风科审批，报矿总工程师批准后，监测队在规定时间内安装完瓦斯自动报警断电装置）。当该处风流中瓦斯浓度超过0.5%时，自动切断被串掘进工作面及其回风侧所有电源，同时撤人。被串局部通风机包括备用风机是否停电，由通风科、机电科、保安区区长、通风、机电副总确定。

（33）局部通风机供电线路及设备的检修调试工作，必须经通风区和掘进施工单位同意，在指定时间内，并在瓦斯检查员监督下进行。风电闭锁、双风机双电源和检漏跳闸试验每天进行一次，瓦斯监测调试每周调试一次，必须有专门安全措施，由专职瓦斯员负责组织专业电工、瓦斯监测电工和局部通风机看管人员同时在场，统一在指定时间内进行。应注意风电闭锁，双风机双电源试验和瓦斯监测仪调试工作，不得与检漏跳闸试验同时进行。

（34）局部通风机及其附属电气设备（包括电缆）由施工单位机电部门负责，必须定期检修，并认真做好记录。

（35）与瓦斯监测装置有关的电气设备、电源线及控制线路，均由施工单位机电部门负责维护。检修与瓦斯监测装置有关的电气设备，需要停止瓦斯监测装置运行时，施工单位制定安全措施，由机电科、通风科审批，经矿总工程师批准后方可进行。

（36）掘进工作面每小班停工，人员全部撤离后，值班电工应将掘进工作面内动力电源从位于新鲜风流中的高、低压配电点的总开关处停电，挂牌，并认真交接班。

7.2.4 通风设施管理制度

7.2.4.1 密闭管理制度

（1）采区结束后在规定的时间内按标准构筑永久密闭。

（2）密闭必须用料石砌筑，严密不漏风，墙体厚度不小于0.5m。

（3）密闭周边要掏槽，见硬底硬帮与煤岩接实，并抹有不少于0.1m的裙边。

（4）墙面平整，无裂缝、重缝和空缝。

（5）密闭内有水的要设返水池。防火密闭要设观测孔和注浆孔，孔口封堵严密。

（6）密闭前要设置栅栏、警标、说明牌板和检查牌板。

（7）密闭前无瓦斯积聚。

（8）密闭前5m内无杂物、积水和淤泥；支架完好、无片帮、冒顶。

（9）定期对密闭进行维修和粉刷。

（10）通风、防火密闭每旬至少对密闭进行检查一次，并及时填写检查记录。同时对防火密闭进行采气分析，发现异常要立即采取措施进行处理。

（11）注意观察防火密闭正负压情况，发现密闭呈负压时，要采取封堵措施。

（12）抽采密闭要根据瓦斯浓度和瓦斯量情况，适当进行调控抽采强度，以密闭瓦斯不外溢为宜。

7.2.4.2 风门管理制度

（1）加强日常门风的管理、维修工作，做到专人负责，保证风门完好、开关灵活。

（2）机车要控制拉车数量，通过风门时，必须慢速运行，车过风门后及时关闭风门，不准将两道风门同时支开或把车停在风门中间造成风门常开。有意破坏和支开风门等通风设施，一经发现给肇事者开除矿籍处分。

（3）风门被撞坏后，责任者必须及时向矿调度和保安区调度汇报，隐瞒不报一经查出要升格处理。保安区接到汇报后，要立即组织人员进行抢修。

（4）矿井主要风门和采区、准备区内部风门要安设闭锁装置和风门开关传感器，并设置管理牌板。

（5）瓦斯检查员要经常检查本区域内的通风设施，发现问题及时处理和汇报，凡发现通风设施损坏而不汇报者，给予降薪一级处分。

（6）运送大件时，施工单位事先要与通风部门取得联系，通风部门要安排专人配合。

（7）因施工需要拆除和改动风门时，施工单位必须事先与通风部门取得联系，经同意后方可施工，同时通风部门要采取防止风流短路的措施，严防通风、瓦斯事故的发生。

7.2.5 巷道贯通管理制度

7.2.5.1 贯通前通风管理规定

（1）贯通前地测部门提出预报，综掘巷道50m，炮掘巷道20m必须通知生产部门、通风部门，做好贯通前各项准备工作。

（2）贯通前施工单位编制贯通安全措施。报生产、通风、地测、机电、安监科及总工程师批准。同时保安区编制改风安全措施。报通风科、总工程师批准。

（3）贯通前调改风相关通风设施必须健全，否则不能贯通。

（4）被贯通的巷道必须有足够的风量，风流中瓦斯浓度不得超1%。如果被贯通的巷道是掘进工作面，必须保持正常通风，并且要安排专职看局扇工和专职瓦检员。

（5）掘进工作面放炮前，必须安排专人和瓦检员到贯通及被贯通的巷道或掘进工作面检查瓦斯。符合《规程》规定后方可放炮，并设好警戒。

7.2.5.2 贯通时通风管理规定

（1）贯通时停止巷道内的一切作业，施工单位必须听从通风部门的指挥。扩大通风断面，杜绝瓦斯超限。

（2）通风部门及时调整通风系统，施工单位做好配合。确保通风系统合理，稳定。通风系统未调整好前，不准从事其他工作。

（3）贯通后，相关通风设施施工单位必须安排专人看管。

7.3 瓦斯抽采管理制度

7.3.1 瓦斯抽采一般规定

（1）矿井必须将抽采工作列入正常生产程序，在编制矿井长远和年度生产计划的同时，必须编制相应的矿井长远和年度的瓦斯抽采计划，在设计新水平，新采区（采面）时，必须认真考虑瓦斯抽放工作，根据安全生产的需要确保瓦斯抽采工程（计划）按期实施。

（2）采区或综放面回采结束后，要及时整理瓦斯资料。对其通风瓦斯量、抽采瓦斯量、采出煤量及相对瓦斯量等应认真分析总结，建立资料档案。

（3）瓦斯抽采工程必须有专门设计、抽采钻场、施工钻孔及管路安装必须有质量标准，并严格执行。

（4）预抽率较低的采区或采掘面，在准备前由矿总工程师负责组织制定“边抽边掘”等措施。

（5）每个抽采系统必须定期测定瓦斯流量、负压、浓度等参数，泵站每小时测定 1 次，干支管与抽采钻场（密闭）至少每周测定 1 次，凡进行采空区抽采瓦斯的综放面，每天测定 1 次，并测量温度，采样分析。如发现问题必须立即向区调度和有关领导汇报，按要求及时调整负压控制抽采。

（6）抽采瓦斯管路必须专人定期检查维护，水平大巷瓦斯管路必须每天检查 1 次，绞车道每月至少检查 1 次，做好记录。及时放水，不漏气，不水堵，在常压放水无效必须降压放水时，必须制定安全措施，降压放水前，必须向区调度和有关领导汇报，经同意后方可进行。

(7) 抽采瓦斯地点必须设置调控气门。随时调整抽放负压。当出现一氧化碳或管内温度超过 35℃，综放面尾巷瓦斯浓度低于 80% 或抽放钻场低于 20% 时，必须采取措施进行处理。

(8) 矿井必须建立瓦斯抽采台账和抽采瓦斯系统图，并有专人管理，抽放系统必须与实际相符，实行动态管理。

(9) 改设瓦斯管路需要采取临时抽采措施和相应的施工安全措施。

(10) 保安区调度在瓦斯泵停止运转前和恢复运转前及降压时，必须提前通知使用瓦斯的单位和井下受影响采掘工作面的单位做好准备工作。

(11) 在向综放面的尾巷注水、下砂子、注泥时，施工单位必须提前通知好瓦斯抽采管理单位做好准备工作，防止堵管事故。

(12) 保安区调度密切注意和观测采掘工作面瓦斯变化情况，大气压变化情况，气体化验分析和瓦斯抽采泵站运转情况等，当发现异常情况立即采取措施进行处理和汇报。

(13) 井下瓦斯抽采系统必须建立专人定期检查制度，对打瓦斯钻的地点和抽采瓦斯的钻场（密闭）必须每天检查 1 次，将瓦斯管内外瓦斯浓度、温度、抽采负压等情况做好记录，做到“三对口”即牌板、手册、台账三对口。抽放密闭每周采集气样 2 次、煤巷钻场每天采集气样，发现异常跟踪采集气样化验分析、汇报处理。

(14) 抽采检测仪表齐全，定期校正，保证好用。

(15) 抽采瓦斯钻场，必须有栅栏、免进牌、检查板、流量板和原始记录板，各种记录、台账齐全。

(16) 抽采钻机完好率 85% 以上，使用率 50% 以上，达到上级规定标准。

7.3.2 瓦斯钻孔施工与管理

(1) 打瓦斯钻时，施工钻场必须有钻孔设计施工图板，施工安全措施，钻机安装平稳牢固，按设计要求定向，有防止喷孔伤人的安全设施。

（2）在有煤与瓦斯突出危险地点施工时，还必须制定防止突出的专门措施，施工人员必须佩戴隔离式自救器。

（3）施工钻场必须按规定使用便携式瓦斯报警仪，瓦斯超限不准作业，钻孔见煤前，必须形成抽放系统，见煤后必须采取“边钻边抽”的措施。

（4）用聚氨酯封孔时煤层不低于3m。岩层水泥、沙浆封孔时，不低于2.5m，养生时间必须超过24小时，否则不准钻进施工。

（5）瓦斯钻场钻孔布置必须有专门设计，正常情况钻场断面不小于6m^2，长度3.5m，间距不大于30m，钻场要比邻巷至少高出0.5m，孔间距不小于400mm。

（6）岩石开孔直径必须达到ϕ146mm，插管长度不小于2.5m，煤层开孔直径必须达到ϕ89mm及以上。正常情况下瓦斯浓度应控制在40%以上，负压控制在6000～13000Pa。

（7）钻场停抽后必须及时撤出集中管等设施，封堵好钻孔。

（8）当煤层钻场出现温度升高，有CO和瓦斯抽采浓度降低等现象时，控制或停止抽采，直至用河砂下死。

7.3.3 瓦斯抽采管理规定

（1）采区开采前瓦斯抽采率必须达到30%以上，否则不许开采；预抽不充分的可以在采区准备过程中采取补充抽放措施，进行边掘边抽。

1）采区边掘边抽补充措施时，必须编制抽采设计，并严格按设计施工。

2）边掘边抽包括准备区两顺打钻预抽、顶板巷打钻预抽、掘进巷道超前钻孔抽采以及其他采前预抽措施。

（2）综放工作面因瓦斯涌出量大，回采中必须采用边采边抽的综合措施，边采边抽包括尾巷抽采、上隅角埋管抽采、顶板巷埋管抽采、两顺及顶板巷钻孔抽采。

（3）边采边抽工作必须编制设计，根据投产采区或综放工作面预测剩余相对瓦斯量，并考虑相关的瓦斯系数和通风能力确定抽采方式和抽采能力。原则是保证生产准备和开采期间的瓦斯浓度不能超限。

（4）瓦斯道和抽采钻场等必须按设计施工并维持好，否则，追究有关领导的责任。

（5）综放工作面采用尾巷抽采时必须符合下列规定：

1）必须贯彻执行“低压、高浓、多点、均衡”的八字原则。

2）埋设瓦斯管路的数量、管径，要具备充足的抽放能力，并具有一倍的备用系数。

3）必须在尾巷的适当位置设对门，间距5~10m，用河砂充实，砂门滤水后，必须用泥进行二次充填，对门以外必须设密闭抹好抹严，在砂门与密闭间应设气室进行注氮。

（6）综放工作面采用埋管抽采时必须符合下列规定：

1）埋管的管径必须根据预计抽出的瓦斯混合量进行合理确定。

2）管口埋设的位置、高度必须便于保护和放水。

3）管口周围必须打好木垛，架设牢固，用双层金属网保护好。

4）瓦斯管要定期放水，防止水堵，当抽采效果不好时必须及时埋设新管。

5）埋设管路必须采取插件、包裹接头等防止断裂漏气措施。

（7）综放工作面采用顶板瓦斯道抽放时，必须符合下列规定：

1）瓦斯道超前工作面距离不得超过50m。断面应不小于4m^2，底板距架上高度不得低于3m。

2）瓦斯管径应根据预计的混合瓦斯量确定，瓦斯管要接至斜上的平盘处，并在斜巷设对门进行及时充填封闭，充填长度不得小于6m。

（8）采用两顺及顶板巷钻孔抽采时，必须符合下列规定：

1）按钻场管理要求，每天采样分析，出现CO的钻场要逐孔采样，及时封闭废孔和隐患钻孔。

2）钻场距工作面距离小于30m时，停止抽采，对其抽采钻孔进行严密封堵。

（9）采用上隅角埋管抽放瓦斯时，必须符合下列规定：

1）上隅角必须按防火要求定期进行封堵。

2）要防止上隅角过量抽采。

3）当采取顺风墙、尾巷抽放、引射器等措施无效时，方可采取上隅角抽采措施。

7.3.4 旧区抽采管理规定

（1）结束的采区、采面或报废的巷道必须按照规定进行及时封闭。根据瓦斯情况进行旧区抽采。

（2）旧区抽采必须选在巷道状态好的地点设对门，长度5~10m，砂门要充满、充实、接顶，砂门脱水后，必须用泥或河砂进行二次充填。在距砂门适当位置必须砌筑永久密闭。

（3）抽采密闭必须按质量标准施工，在密闭上部设有抽采瓦斯的穿膛管，观测孔和防火充填管。

（4）抽采负压应控制在500~2000Pa，当瓦斯浓度低于10%时，应停止抽采。

（5）根据密闭前观测孔管内或穿膛管内的瓦斯浓度及时调整抽采负压。

（6）火区密闭严禁抽采瓦斯。

7.3.5 瓦斯管路管理规定

（1）瓦斯管工程安装前，必须编制设计和安全措施报矿总工程师审批。

（2）确定瓦斯管路直径时应进行经济技术比较，管路中的平均瓦斯流速应按 15m/s 选取。

（3）瓦斯管路敷设必须符合质量标准，每一分区系统和瓦斯管从边界至汇集点必须保持大于5‰的流水坡度。

（4）抽采钻孔间应用铁管连接，如特殊情况需要胶管连接时必须采取防抽扁的措施。

（5）矿井多系统抽采时，必须在主要阶段、水平设置带有可调控装置的联络管。

（6）敷设瓦斯管路的巷道，瓦斯管和电缆要分别设在巷道的两侧，如受条件限制，必须敷设在巷道的一侧时，其电缆高出瓦斯管距离不得小于 500mm。

（7）瓦斯管路敷设要做到“一直两靠”，避免拐 90°的硬弯。

（8）每节瓦斯管至少吊挂一点或打一个垫墩。

ϕ325mm 及以上瓦斯管每隔 10 棵管打一个铁顶子。斜巷每隔 50m 打一组防滑卡子或抱柱。

（9）瓦斯管工程竣工后，由施工单位和使用单位共同检查，进行打压试验。无问题方可移交。

7.3.6 瓦斯泵站管理规定

（1）抽采瓦斯设施应符合下列要求：

1）地面泵房必须用不燃性材料建筑，并必须有防雷电装置。和主要建筑不得小于 50m，并栅栏或围墙保护。

2）地面泵房和泵房周围 20m 范围内，禁止堆积易燃物和有明火。

3）抽采瓦斯泵及其附属设备，至少应有 1 套备用。

4）地面泵房内，电器设备照明和其他电气仪表都应采用矿用防爆型，否则必须采取安全措施。

5）泵房必须有直通矿调度室的电话和检测管道中瓦斯浓度流量、温度、压力等参数的仪表或自动监测记录装置。

6）抽采瓦斯泵出气侧管路系统中，必须装设有防回火、防回气和防爆炸作用的安全装置，并定期检查，保持性能良好。

7）在瓦斯抽放泵站内和地沟内安设瓦斯监测探头，操作室和保安调度室有大屏幕显示监测数据，随时观测瓦斯管路和泵站内瓦斯情况。室内瓦斯达到0.5%时，必须报警，并立即采取措施进行处理。

8）每个抽采瓦斯泵站必须有不少于两套的专用电源及其附属设备，一路使用，一路备用，保证瓦斯泵站供电安全。

9）瓦斯泵的进、出口都设有不小于抽放瓦斯管直径2/3的放空管。放空管的高度应超过泵房房顶3m。

10）泵房内要备有足够数量的防消火设备和器材。

（2）抽采利用瓦斯必须遵守下列规定：

1）在矿井检修期间，对瓦斯泵站供电系统和调频装置进行一次全面检查，发现问题及时采取措施进行处理。

2）利用瓦斯时，瓦斯浓度不得低于30%，且在利用瓦斯的系统中必须装设有防回火、防回气和防爆炸作用的安全装置。不利用瓦斯时，抽采瓦斯浓度不得低于25%。

3）看泵站人员每班必须对瓦斯管路漏气情况进行一次全面检查。

4）瓦斯泵水池子储好水量，瓦斯泵降压时，用水封住，确保不漏气。

5）瓦斯泵停泵降压影响供气时提前通知好有关用气单位。

6）居民供气正压超过8kPa、瓦斯浓度少于30%时，立即停止向用户供气，瓦斯泵放空；瓦斯浓度超过60%时，进行渗风，防止泵房附近居民灶具脱火，出现事故；并由矿总工程师负责组织查明原因，进行处理。在恢复向用户送气前，必须先通知用户后，方可送气。

7.4 预防煤与瓦斯突出管理制度

7.4.1 防突组织机构及其职责

为加强防治煤与瓦斯突出工作的领导，成立由矿长、总工程师任组长，分管副矿长、副总工程师任副组长，有关科室和车间为成员的防突领导小组，对防治突出工作全面负责。防突领导小组下设防突专业组，即冲击地压研究与防治办公室防突组，防突专业组是矿防治突出工作的专门机构，在防突领导小组的领导下开展工作。钻探队是矿防治突出的专业队，在矿防突领导小组的领导和防突专业小组的指导下工作。

7.4.1.1　防突领导小组具体任务

（1）检查、平衡防治突出工作，解决防治突出所需人力、财力、物力，保证防治突出工作的落实和防治突出措施的实施。

（2）组织、编制、审批防突工作规划、计划和措施，并定期监督检查实施情况。

（3）确定煤层突出危险程度和范围。

（4）探讨突出规律和对突出防治效果进行评价。

（5）负责组织矿在职员工防突的安全技术培训工作。

7.4.1.2　各部门防突工作职责

A　地质测量设计大队

（1）确定巷道布置方式和开采程序时，应尽量避开 B 层煤、地质构造带、褶曲、裂隙、断层和煤质比较松软等地区，并且要考虑新水平揭开煤层时，有独立的通风系统，编制具体的防突专门设计和措施报集团公司审批。

（2）认真进行地质素描、岩芯分析，及时准确地向防突部门和施工单位提供煤层、断层、褶曲、破碎带的位置、围岩状况及煤层变化等情况的地质报告（包括 B 层煤），并在 10m 前提出书面预报，对于揭煤、穿煤掘进巷道，在开工前向施工单位提供说明。

（3）及时绘制采掘动态图，当掘进工作面距煤层法线距离 10m 前（地质构造复杂、破碎地区应 15m），以书面形式通知施工单位及其主管业务科室、防突专业小组，说明煤层情况及其附近地质构造。

（4）积累开采深度、开采程序、矿压状况、地质构造、煤层条件、瓦斯涌出等与突出有关的资料，总结突出规律。

（5）负责绘制瓦斯地质图，为防突工作提供科学依据。瓦斯地质图必须每年修改、补充完善一次。

（6）提供有关图纸资料时，必须将煤层及其顶、底板的位置表示或注明清楚。

B　掘进科、生产科

（1）安排新水平、新采区施工程序时，必须考虑尽早形成独立的通风系统和瓦斯抽放系统，保证掘进工作面揭穿煤层时，其他工作面不受其影响。

（2）在编制年、季、月掘进计划时，对揭煤层（包括B层煤）、煤层中掘进的工作面必须同时制定防突措施，并与采掘计划同时贯彻落实。

（3）在接到地测部门、防突部门的有关防突预报后，必须立即采取措施，避免灾害事故的发生，并报矿总工程师审批。

C　供应、财务、人事部门

（1）对防治突出所需要的设备、仪器、材料必须优先解决。

（2）优先解决防突资金，满足防突工作需要。

（3）购置防突器材须经防突小组同意并指派责任心强的人员担任，确保防突器材的供应及时，并保质保量。

（4）按要求配备防突专业人员，并保证其劳动待遇等问题。

D　安全监察部门

（1）对各项规定进行监督执行。

（2）参加防突专门设计及措施的审查，并对其执行情况进行监督。

（3）对防治突出所需的各种费用资金进行监督。

（4）对突出隐患进行及时检查，督促整改，对可能造成突出事故的作业场所有权令其停止作业，撤出人员。

E　防突专业组

（1）填报突出卡片，收集、积累、保存有关突出与防治突出资料，总结经验教训，建立防突管理台账。

(2) 掌握突出动态、突出规律，搞好预测预报和防治突出措施效果检验工作。

(3) 负责防突措施的审批，并监督其执行情况，不执行措施有权停止工作。

(4) 负责组织、学习、试验和推广防突工作的新经验、新工艺、新技术，解决防突工作中存在的新问题。

(5) 负责探讨、总结地质构造、围岩性质及瓦斯赋存状态与瓦斯突出的关系。

(6) 开展防突工作科学研究、试验，不断探索防治煤与瓦斯突出的综合措施。

(7) 负责突出区域中施工的干部、人员安全技术培训工作的指导、教材的提供、课程的讲授等工作。

(8) 负责矿瓦斯抽放工作及对钻探工作统筹安排。

F 通风科

(1) 负责对突出区域的合理配风、调风，确保通风系统稳定可靠，保证各采掘工作面独立通风。

(2) 负责矿井瓦斯监控工作，确保瓦斯监控系统灵敏可靠。

(3) 协调瓦斯抽放和钻探施工等工作。

(4) 负责突出区域压风系统合理布局，保证足够的风量供应。

G 机电科

负责突出区域内机电设备、设施安装和使用的检查指导工作，确保机电设备完好，防爆率必须达到100%，并保证掘进工作面实现“三专两闭锁”。

H 矿调度

负责掌握突出区域内作业人数，一旦发生突出事故，严格按“矿井灾害预防及处理计划”迅速通知矿有关领导及部门，积极组织抢险救灾。

I 保安区钻探队

(1) 负责瓦斯抽放、地质勘探、煤层注水、消防火、防突等钻孔的施工。

（2）负责对煤层瓦斯含量、瓦斯压力、瓦斯放散初速度、煤层透气性、煤的坚固性系数的测定（包括取样、送检）。

（3）负责瓦斯抽放的管理工作，抽放瓦斯钻孔必须有详细记录。包括：钻场、钻孔布置、钻孔深度（煤、岩）、孔径、流量（自然量、抽放量）、施工时间等。

（4）负责煤层高、静压注水施工及管理工作，钻孔设计由防突专业组提供。高、静压注水都必须详细记录孔深、封孔深度、注水时间、注水压力、更改高、静压注水时间、注水量等，并定期将上述参数及水分化验结果报防突专业组及有关领导。

（5）在进行防突钻孔施工时，必须严格按设计施工，并在现场交接班。每班将施工进度，孔内所遇煤岩变化情况，施工过程中的动力现象，上报防突专业小组。

（6）进行钻孔施工前，必须制定可靠的安全措施，经矿总工程师批准后严格执行。凡抽放钻孔在施工完毕 24 小时内必须进行封孔抽放。

J　施工单位

（1）参加防突专门设计及措施的制定，并严格按设计及措施的规定组织施工。

（2）及时反馈采掘工作面的施工动态、突出动态（包括工作面掘进进度、煤岩质变化、压力显现、温度、瓦斯等情况）。

（3）积极创造条件保证突出预测、防突措施的顺利实施。

（4）采掘工作面未按规定进行预测或工作面有突出危险，有权停止作业或撤出人员。

7.4.2　预测预报及效果检验

7.4.2.1　区域预测

区域预测在矿井新水平开拓和新区准备时进行。预测方法采用综合指标法。预测煤层突出危险性指标用瓦斯放散初速度和煤的坚固性系数；综合指标以 K 值确定。当瓦斯放散初速度 Δp 大于10、煤的坚固性系数 f 小于0.5、综合指标以 K 值大于15时为突出危险区域。突出危险区域以外的煤层为突出威胁区域或无突出危险区。突出威胁区域和无突出危险区由矿防突领导小组根据具体情况划分。

在突出危险区域内，采掘工作面作业前，必须进行工作面预测，采掘工作面经预测，可划分为突出危险工作面和无突出危险工作面。在突出威胁区域内，根据煤层的突出危险程度，采掘工作面每推进30~100m，采用工作面预测方法连续进行不少于2次的区域预测验证，只有连续2次验证都无突出危险时，该区域仍定为突出威胁区域。

7.4.2.2　石门揭煤预测

石门揭煤工作面预测采用钻屑指标法预测其突出危险性。钻屑瓦斯解析指标 Δh_2、钻屑量指标 S 临界值按照 15×9.8Pa 和4kg/m考核。当指标超标时，该工作面为突出危险工作面，反之为无突出危险工作面。

7.4.2.3　掘进工作面预测

在突出危险区域的煤巷掘进时，采取钻屑指标法预测工作面突出危险性。在掘进工作面打2个（倾斜或急倾斜煤层）或3个（缓倾斜煤层）直径42mm，长8~10m深的钻孔，一个位于工作面中部平行于巷道方向，其他钻孔的终点应位于巷道轮廓线以外2~4m处，测定每米的钻屑量 S 和每2m的瓦斯解析指标 Δh_2。用最大钻屑量 S_{max}、最大瓦斯解析指标 Δh_2，确定工作面突出危险性，其临界值钻屑量 S 按4kg/m考核，Δh_2 按 15×9.8Pa考核。当预测无突出危险时，必须留有4m的预测超前距；只要预测为突出危险工作面，该工作面必须立即停止掘进，采取防突措施，经效果检验后指标不超限，方准施工但必须留有不小于5m投影孔深的超前距。

7.4.2.4　回采工作面预测

回采工作面预测可采用煤巷掘进工作面预测方法，沿采煤工作面每隔10~15m布置一个预测钻孔，当预测无突出危险时，每预测循环要有2m的预测超前距。

7.4.2.5 预测其他要求

（1）区域性预测和工作面预测的实施和测定结果，必须报总工程师批准。

（2）区域性预测、工作面预测、防治突出措施的效果检验工作，由防突专业小组负责组织进行。

7.4.2.6 效果检验

突出危险工作面进行作业前，必须采取防治突出措施，经效果检验措施有效后，必须再采取防治措施，只有连续2次预测为无突出危险，方可采取安全防护措施进行作业。

7.4.3 防突措施

7.4.3.1 区域防突措施

（1）有煤与瓦斯突出危险的煤层，在开采前，必须进行瓦斯预抽或煤层注水。

（2）采取瓦斯预抽措施时，必须编制专门设计。设计包括钻场位置、间距、规格、钻孔深度、直径、角度、终孔位置以及施工中的安全措施，并报矿总工程师批准。

（3）采取瓦斯预抽措施时，钻孔封堵必须严密，封孔长度：岩层不少于3m，煤层不少于5m。抽放负压应控制在6~13kPa。

（4）采取煤层注水措施时，钻孔每间隔15m布置一个，高低角度交替布置，首先利用高压水压裂煤体，增加煤的裂隙，然后改为静压注水，使水均匀注入煤体，开采前，此项工作若不能全部完成，必须超前工作面50m进行边采边注。

（5）当开采保护层后，保护层保护范围划定为：上、下垂直对应段为有效保护范围，为无突出危险区，垂直段以外8m为突出威胁区，其余为突出危险区，保护段有效厚度为50m。

（6）经区域防治措施实施后，应达到：

1）瓦斯抽放率在30%以上；

2）瓦斯压力在0.74MPa以下；

3）煤层中全水分5%，增值2%以上。

达到上述指标的区域，可解除防突，未达到上述指标的区域，进行掘进时必须采取补充的防治突出措施，并严格按“四位一体”的综合防突措施执行。

7.4.3.2 局部防突措施

（1）布置巷道应尽量避开地质破碎带或应力集中区。

（2）石门揭突出煤层必须采取防治突出措施，并按下列顺序进行：

1）探明工作面与煤层的相对位置；

2）测定煤层的有关突出参数；

3）采取专门措施，揭开、穿过煤层；

4）在巷道岩石与煤层连接处加强支护。

（3）石门揭开突出煤层应采取远距离放炮措施，由施工单位及业务科室编制具体措施，对炮眼布置、装药量及警戒、撤人、停电范围等要有具体规定，经防突专业组审核，矿总工程师批准后实施。

（4）在突出煤层中掘进，如瓦斯抽放率不足30%，必须采取逢掘必抽，以抽保掘，即在巷道两侧每隔50m交替布置一个钻场，向预掘前方超前抽放瓦斯，钻孔深度尽钻机最大能力施工，并定期测定抽放参数上报防突专业组，以便掌握前方煤体瓦斯状态。

（5）在突出危险区域的掘进工作面必须执行“两掘一钻”、“两钻一掘”及高压注水措施，打钻班每天施工不少于9个ϕ89mm排放钻孔，一个42mm注水钻孔，排放钻孔深度不少于10m，注水钻孔不少于12m（在工作面两侧每隔一天交替布置），当钻孔深度没有达到要求出现憋水现象时，要尽最大努力度过集中应力带，防止浅孔过多，破坏保护屏障，每天低于8m的孔不准超过2个，否则，不准掘进。直至应力前移后，钻孔深度达到了设计要求，方准掘进。严禁“拼刺刀”式作业。质量验收人员必须认真负责，现场跟踪考核验收，验收后必须在验收小票上签字。

（6）掘进巷道在排放钻孔施工后，必须立即实施高压注水。高压注水时间每天不少于3h。所有执行排放钻孔及高压注水地点，保安区必须制定有针对性的施工安全措施，超前钻孔，高压注水钻孔，边掘边抽钻孔，由防突专业组制定设计，报矿总工程师批准后执行。

（7）为保证“两掘一钻、两钻一掘”及高压注水钻孔顺利实施，每个突出危险工作面，均由两台2.0kV钻机施工，并备用一台，防止中途钻机出现故障，影响钻孔施工，打钻作业要尽量固定人员，以便熟悉工作地点瓦斯、煤质变化情况及打钻时出现的异常现象。

（8）施工单位在安装电器设备同时，必须为实施防突措施工作提供电源和电缆，并在实施打钻的班次配备一名电工协助保安区电工接设电源并保证施工过程中正常运转。

（9）保安区必须搞好内部协调工作，对风、水管路要及时接设，管路保证畅通，不得影响打钻及注水，停压风、停水要有措施，同时反馈给施工单位，因停压风造成压风自救系统不能正常使用地点，瓦检员要及时将人员撤出，对排放、注水工作没能按计划完成的地点，该地点钻探施工负责人员要及时通知下一班次，并继续施工直至符合要求为止。

（10）有突出危险的煤掘工作面，施工单位经排放、注水后必须在预测允许推进的范围内掘进，突出危险严重的特殊地点要限制掘进速度，严禁超掘。其具体地点根据实际情况，由防突专业组决定。

（11）有同一突出煤层、同一区段的集中应力影响范围内不得两个工作面相向回采或掘进。在突出煤层中采、掘作业时，严禁使用冲击式风动工具打眼或落煤，防止诱发突出。可根据工作面的不同情况，采取手镐落煤，掘半面留半面，间歇作业等方式进行作业，减少震动或使工作面前方应力得到释放，以达到防突的目的。

(12) 在含 B 层煤的岩层中掘进时，必须编制防止误揭煤层的施工措施，经审批后执行。

(13) 开拓工程每个岩掘工作面都必须备有 3.0m 长钎子，坚持执行有疑必探，长探短掘措施施工。探眼应超过正常炮眼 2m，布置在软岩中，数量不少于 4 个，并不得当炮眼使用。发现有见煤预兆及异常情况时，必须停止掘进，向有关部门汇报，采取有效措施后，方可恢复施工。

(14) 要根据岩质情况采取远探近掘措施，即随着掘进用钻机施工钻孔，探明远距离煤层赋存情况。钻孔不低于 2 个，钻孔深度要尽钻机最大能力施工，但不准低于 15m，掘进时要留有不少于 4m 的安全岩柱。

7.4.4 安全保证及安全防护措施

(1) 在突出煤层中进行采掘作业时，必须采取安全防护措施。

(2) 在突出煤层中掘进，必须保证支架质量，加密棚距，保证梁和腿的规格，及时支护，在钻探施工前必须将工作面迎头棚卡子以上部分刹严背实，严禁空帮空顶。

(3) 按规定随身携带隔离式自救器，自救器必须定期检查，严禁使用不合格自救器。

(4) 在突出煤层中掘进时，在掘进工作面的入风侧按《防突细则》要求安设两道间距不小于 4m 的反向风门。反向风门的日常检查由保安区和施工单位共同负责，维修管理由保安区负责，风门损坏时，施工单位必须停止作业，及时通知保安区处理。在采掘工作面的入风巷道内，必须设有直通矿调度的电话。

(5) 在突出煤层中采掘工作面的组长、队长、放炮员、瓦检员必须使用便携式瓦斯报警仪，随时检查工作面的瓦斯情况。发现瓦斯超限立即停止作业，撤出人员。

(6) 按《防突细则》要求安设压风自救系统，压风自救装置由施工单位管理，交接班时进行交接，并及时检查维修，压风管路由保安区管理，每班作业前施工单位要对供风情况进行检查，确保装置始终都处于完好状态。

（7）突出区域内的所有电器设备，防爆率必须达到100%，严禁使用防爆性能不合格的电器设备，机车必须是防爆特殊型，司机携带瓦斯警报仪，当瓦斯超限时立即停止运行。

（8）突出区域放炮作业时，要切断回风侧除瓦斯监测探头以外的所有电源。突出危险工作面的回风流中所有电器设备，应安装瓦斯报警断电装置。当风流中瓦斯达1%时，自动切断电源。

（9）在突出区域内，严禁进行火、电焊作业，如遇特殊情况必须进行火、电焊作业时，必须制定可靠的安全措施，同时必须停止可能引发突出的一切工作。

（10）揭开突出煤层或在突出煤层中掘进放炮，必须使用毫秒雷管实行一次装药一次起爆，毫秒雷管不得跳段使用，最后一段延期时间不得超过130ms。

（11）在突出区域放炮作业时，必须采用远距离放炮。放炮地点设在入风侧反向风门之外，将反向风门关闭，放炮地点距工作面的距离要根据实际情况由分公司总工程师确定，放炮地点应有压风自救系统或隔离式自救器，放炮30min后方可进入工作面检查，确认无异常情况后方可恢复工作。

（12）若突出危险工作面其回风流切断后一个采、掘进工作面安全出口危险时，后一个工作面必须采取安全防护措施。

7.4.5 突出事故抢救措施

（1）采掘工作面和巷道一旦发生突出，在场所有人员应立即佩带好隔离式自救器，在当班负责人的组织下撤到安全地点，清点人数，并迅速报告有关调度待命。

（2）调度接到灾区的报告后应立即切断受其回风影响的一切电源，迅速通知受灾区回风影响的人员全部撤到安全地点，并按“救灾计划”及时通知有关领导和单位。

（3）有关领导和人员接到通知后，应立即赶到现场，积极组织抢救人员，采取切实可行的防止瓦斯事故和人员伤亡的措施。

（4）对积存瓦斯的巷道加强通风，将瓦斯迅速引入回风系统，排放瓦斯的井口附近20m，必须清除火源，切断电源禁止人员通行。

（5）迅速恢复正常通风，及时清理突出的煤岩，并确定为处理事故所需材料的储备和存放地点。在清理突出煤岩时，必须制定防止二次突出的安全技术措施。

（6）抢救完毕直至确认恢复正常，并经瓦斯检查员检查瓦斯浓度，符合《煤矿安全规程》规定后，方可送电恢复生产。

（7）如果突出巷道和工作面无法恢复时，在抢救出全部人员后，要及时进行封闭。

7.4.6 其他要求

（1）凡在突出区域工作的区、队长，应由工程技术人员或经过专门培训的人员担任，并从事采掘工作不少于3年。

（2）突出区域的煤、岩掘进工作面，必须配备专职瓦斯检查员，并实行“一炮三检、三人连锁放炮换牌”制，配备的瓦斯检查员必须挑选责任心强、技术过硬的人员担任。瓦斯检查员除了按规定的时间汇报外，其余时间必须坚守在工作面，随时观察和掌握突出前各种预兆，一旦有突出危险时，有权停止作业，并迅速带领全体人员按避灾路线撤离危险区，并及时汇报调度室。

（3）突出区域的通风系统必须稳定、可靠、合理。采掘工作面独立通风，严禁串联风，掘进工作面实现“三专两闭锁”，实现双风机、双电源、自动换机。

（4）地质测量设计大队、机电科、生产部、保安区等部门和单位，应在自己的业务范围内，制定出防治突出的业务保安责任制，并要严格执行，否则追查领导的责任。

(5) 凡在突出煤层作业时，必须严格按照《煤矿全规程》、《防突细则》中有关规定制定具体的防突措施。防突措施由施工单位在作业规程中编制，由矿防突专业小组审核后，经矿总工程师审批后执行。审批后的措施必须送交防突专业组和向施工人员贯彻传达。防突措施应包括突出危险性预测、防治突出措施、防治突出措施的效果检验、安全防护措施“四位一体”的综合措施。

(6) 安全培训

1) 突出区域内的所有施工人员及各类检查人员，必须经过专门的防突知识培训，并经考试合格后，持证上岗。

2) 防突专业小组要建立培训档案，掌握入井职工培训动态。

(7) 防治煤与瓦斯突出必须首先贯彻“保人不保突”的原则，在突出严重的掘进工作面采取必要的技术措施后仍不能有效控制突出发生时，要采取撤出人员停止掘进等保护性措施。

7.5 放炮和排放瓦斯管理制度

7.5.1 放炮管理规定

(1) 放炮前，放炮员、施工单位组长必须按规定设好警戒。

(2) 放炮员、瓦检员、施工单位组长放炮期间必须认真执行瓦斯检查各项规章制度。

(3) 放炮员、瓦检员要严格执行一炮三检制度。

(4) 放炮员、瓦检员、施工单位组长认真执行三人连锁放炮制。

(5) 放炮前瓦斯浓度不符合（规程）规定，不准放炮并停止其他工作。处理完后方可施工。

(6) 放炮员、瓦检员、施工单位必须严格执行放炮喷雾，使用水炮泥等项综合防尘措施。

(7) 放炮员、施工单位组长放炮前必须采取措施维护好放炮地点的各种通风设施。包括风筒、管路、风门、探头、电缆等。

(8) 掘进工作面放炮前，放炮员负责将工作面的探头挪到安全地点，放炮后挪回。

7.5.2 排放瓦斯管理规定

7.5.2.1 掘进工作面排放瓦斯安全措施编制的规定

(1) 由通风部门负责，根据井下各掘进工作面通风系统状况，制定每个掘进工作面排放瓦斯安全措施。排放瓦斯安全措施吊挂在每个掘进工作面入风口处，并根据通风系统变化及时进行更改。

(2) 有计划停风的掘进工作面，由施工单位提出停电申请。报机电科、生产科（工程科)、通风科、安监科、总工程师审批后，根据停送电时间，按本掘进工作面排放瓦斯安全措施进行瓦斯排放工作。

(3) 临时或故障停风时、恢复送电后，按本掘进工作面排放瓦斯安全措施进行瓦斯排放工作。

(4) 矿井检修需停电排放瓦斯时、安全措施由通风科统一制定。

7.5.2.2 停风期间通风与瓦斯管理规定

(1) 局扇停运后、由瓦检员和生产组长负责将掘进工作面的人员全部撤出、并及时设置栅栏和警标、停止一切作业。

(2) 煤掘工作面、凡具备借风条件的必须预先设置借风风门，备足材料。掘进工作面一旦停风由瓦检员负责采取借风措施，减少工作面内瓦斯积聚。

(3) 凡煤掘工作面，保安区必须形成瓦斯抽放系统。道口内瓦斯抽放管路可由河砂管路代替，但道口外必须形成抽放负压管，并出好三通，一旦停风瓦检员负责对上负压管路，进行抽放。防止瓦斯积聚。

(4) 局扇停运后，具备送电条件必须立即恢复送电排放瓦斯。要尽量缩短停风时间，防止瓦斯积聚。

7.5.2.3　排放瓦斯必须遵守如下规定

（1）排放瓦斯时，保安区带班队长，瓦检员。施工单位电工，局扇工必须同时在场。停风时间长，瓦斯大的地点，有关科室及保安区、施工单位区长也必须到现场指挥瓦斯排放工作。

（2）保安区带班队长负责将受排放瓦斯影响的回风地点一律停电撤人（包括被回风切断安全出口的掘进工作面内的人员、车头等），并设好警戒。

（3）施工单位电工负责对回风路线的电缆，电气设备认真检查，确认停电后方可排放瓦斯。

（4）排放瓦斯时，必须采用风筒卸压三通，控制风量稀释瓦斯浓度，排放瓦斯时全风压混合处瓦斯浓度必须控制在1.5%以下。

（5）排放瓦斯后，要对施工地点的瓦斯情况认真检查，及时向区调度汇报，并做好记录。

7.6　瓦斯监测管理制度

7.6.1　矿井安全监控系统安装、使用及维护

7.6.1.1　安装前准备

（1）施工单位必须根据采区设计，采掘作业规程和安全技术措施中对安全监控设备做出的明确规定，填写《安装申请单》，提前三天送到监测队。

（2）监测队接到《安装申请单》后，要立即组织安装前的各项准备工作，于三日内安装完毕。

7.6.1.2　系统接线

（1）施工单位负责提供监控设备供电电源的完整装置，供电电源必须采取自被控开关的电源侧。

（2）供电电源开关如使用手动启动器，施工单位负责接线至开关电源侧（插座），监测队负责接通负荷侧（插销）。如使

用磁力启动器，接线至负荷侧。

（3）监测队负责提供断电控制线，并按施工单位的要求给出相应的开或闭接点，施工单位负责断电控制线与被控开关的连接。试验超限断电情况，必须由监测工与施工单位的电工共同进行并确认。

（4）监测队负责按《煤矿安全规程》的规定设置传感器，接通传感器、分站、电断器、监测信号传输线路的连接。

7.6.1.3　日常管理维护

（1）综放工作面传感器（T_1），在该区域清洗煤尘之前，由综采队洗尘人员负责将传感器挪至安全位置，防止水淹，清洗完毕，再将其挪回原来位置吊挂好。

（2）综放面回顺传感器（T_2），掘进工作面、回风传感器（T_1T_2）及其他位置的传感器，在清洗煤尘之前，由保安区洗尘人员负责将其遮盖好，防止水淹。

（3）需经常移动的掘进工作面传感器（T_1）及其电缆，距工作面20m内，由施工单位班、组长负责按规定吊挂好。爆破前将传感器挪至安全位置，掩护好，爆破后及时将其挪回，并按规定的高度（距顶板300mm）距侧邦距离（≥200mm），距工作面<5m的位置吊挂好。监测工必须保证电缆长度，使传感器有足够的移动量，防止炮崩。

（4）监测工必须按规定，每班对所管辖区域的所有传感器及其电缆进行巡视，保持传感器清洁，吊挂符合规定，电缆平直不缺吊。

（5）监测工必须每7天用空气和标准甲烷气样对所管辖的传感器进行调校，保证各项指标符合规定。

（6）瓦斯检查员每班应对管辖范围内传感器的显示数值进行校对并记录，并对传感器及其电缆进行外观检查，发现异常情况，立即向通风调度报告。

（7）矿井安全监测系统的分站、传感器、断电器、电缆等设备由所在的采、掘区（队）负责保管的使用，如有损坏要及时向通风调度汇报，对故意破坏、盗窃者要严肃处理。

（8）在有监控系统线路的地点进行拆换、爆破等施工时，施工前必须将线路保护好，防止砸、崩坏电缆，造成测量中断、断电失控。

（9）监控设备发生故障必须及时处理，并向通风调度汇报，填写故障登记，同时采用人工监测等措施。

7.6.2 便携式瓦斯检定器的发放使用及维护保养

（1）便携式瓦斯检定仪器实行统一管理，集中发放，专人专机、凭牌领取，设专职人员负责收发，标定和检修。

（2）仪器发出前，发放人员必须检查零点、电压值，光谱清晰度、气密性等，对仪器还要进行外观检查，不符合要求的禁止发放。

（3）仪器领出后，应检查零点、电压值、光谱清晰度、气密性及外观，不符合要求的，要予以调换。

（4）便携式瓦斯报警仪领出后，应注意节约电能，以保证在井下有足够的工作时间。

（5）升井后，应及时将仪器交回到发放处，以便及时充电和检修。

（6）检测环境瓦斯浓度超过量程（>4.00%）时，禁止使用瓦斯报警仪，以防止仪器损坏。

7.6.3 监控信息处理及技术资料管理

（1）重点采掘工作面的监测数据应保存一年以上。

（2）监控系统中心站值班人员必须认真监视显示器所显示的各种信息，出现异常情况时，要立即通知通风调度，同时通知监测队井下值班人员进行处理。

（3）重点采掘工作面必须打印监测日报表、报矿长、总工程师审阅。

（4）监测队应建立下列账卡及报表：

1）设备、仪表台账；

2）监测设备故障登记表；

3）检修记录；

4）巡检记录；

5）中心站运行日志；

6）矿井安全监控日报表；

7）矿井安全监控设备使用情况月报表和季报表；

8）便携式瓦斯检定仪器收发记录；

9）便携式瓦斯检定仪器检修记录；

10）通气标定记录等。

（5）监测队必须绘制安全监控设备布置图、断电控制接线图。

8 煤层瓦斯综合利用

8.1 抚顺煤矿瓦斯利用概述

抚顺煤矿瓦斯利用，是从抽采瓦斯那天开始的，并且随着矿井瓦斯抽采量的增加，其利用规模和范围也在不断地扩大，迄今已经经历了56年。矿井抽采瓦斯的有效利用不仅取得了良好的经济效益，且收到了良好的社会效益和环境效益。

8.1.1 抚顺煤矿瓦斯利用简况

1948年11月，抚顺煤矿获得解放，在3年恢复生产建设时期，采空区抽采瓦斯不仅没有停止，而且又得到进一步加强，地面瓦斯利用也有所扩大，但依然是在小范围内缓慢发展着。1952年7月1日，龙凤矿在本层煤预抽瓦斯试验获得成功；1954~1956年又相继在老虎台矿和胜利矿全部推广，使抽采瓦斯成果进一步扩大，同时也促进了抚顺市煤气化的发展。目前，抚顺市民用瓦斯已发展到21.56万户，比建国前的不足百户，增加了近2200倍。

抚顺煤矿瓦斯利用现主要以民用和工业用为主，从其用量和规模都发展较快。它将井下瓦斯变害为利、变废为宝，造福于人民，是一件一举多得、利国利民的好事。

抚顺煤矿抽采初期的瓦斯大部分用于工业。龙凤矿1952年7月1日正式实现工业化抽采瓦斯的同时，就在其附近夜海沟建成了一座年生产炭黑330t的炭黑厂，生产硬质槽式炭黑，为橡胶工业提供了原料，填补了我国不能生产炭黑的空白。以后由于体制改革，将炭黑厂划归化学工业部管辖，但炭黑生产一直延续到1978年。1970年，在胜利矿东部瓦斯泵站附近建成一座年产500t的甲醛厂；1991年在老虎台矿又建设了井口瓦斯发电站；

抚顺煤矿在瓦斯综合利用各方面，都取得了明显的经济效益。2009 年坑口发电后，将形成民用和工业用及发电综合利用规模。

8.1.2 老虎台矿瓦斯利用近况

据2007 年末统计，老虎台矿地面 3 个泵站抽采的瓦斯通过怡和公司和市煤气公司向本矿区和抚顺市 21.56 万户居民供应家庭燃料，通过顺阳公司向沈阳市居民供应家庭燃料和抚顺市工业供应工业燃料，目前瓦斯利用率已达100%（见表 8-1-1），使抚顺市城市煤气化率达到 75% 以上。一是由怡和公司转供本矿区、南阳、新屯、栗子沟居民 3.39 万户生活瓦斯用气，年供应瓦斯量 0.9～1.0 亿 m^3（瓦斯浓度为30%，地面 ϕ50～500mm 瓦斯管路 15.79 万 m）。二是由市煤气公司转供抚顺市 18 万户居民生活用气，其范围是新抚区、顺城区、望花区等（瓦斯浓度 33%），销售价格 0.46 元/m^3，年销售瓦斯量 4000 万 m^3，经济效益 1840 万元。三是由顺阳公司转供给沈阳市东陵区生活用气，抚顺特钢工业炼钢用和抚顺电磁厂烧陶瓷用（瓦斯浓度 70%），销售价格 0.8 元/m^3，其中老虎台矿收 50% 利润，年销售瓦斯量 4000 万 m^3，经济效益 1600 万元（见表 8-1-2）。

表 8-1-1 老虎台矿近年来矿井瓦斯利用情况

时间	抽采量 /万 $m^3 \cdot a^{-1}$	居民燃料 /万 $m^3 \cdot a^{-1}$	锅炉 /万 $m^3 \cdot a^{-1}$	工业 /万 $m^3 \cdot a^{-1}$	其他 /万 $m^3 \cdot a^{-1}$	合计利用量 /万 $m^3 \cdot a^{-1}$	利用率 /%
2000 年	12684.26	10775.27	983.11			11758.38	92.70
2001 年	13168.14	10765.43	447.97	925.94		12139.34	92.19
2002 年	12133.13	8885.07	1187.38	926.58		10999.03	90.65
2003 年	10506.18	7745.87	527.08	2197.17	31.94	10502.06	99.96
2004 年	10439.08	7463.62	381.64	2530.64	63.18	10439.08	100
2005 年	10008.97	7216.70	218.13	2532.10	42.04	10008.97	100
2006 年	10006.24	7177.67	266.38	2536.72	24.08	10004.85	99.99
2007 年	5466.59	3883.85		1572.01	10.73	5466.59	100
总计	84412.59	63913.48	4011.69	13221.16	171.97	81318.3	96.33

表 8-1-2　2007 年老虎台矿地面瓦斯利用分布情况

用　户	市区	本矿区	锅炉	南阳	空调	新屯	栗子沟	顺阳	合计
瓦斯流量 /$m^3 \cdot min^{-1}$	88.1	138.3	7.8	8.3	1.2	13.1	6.6	79.3	342.7
瓦斯浓度 /%	33	30	40	33	65	30	33	70	334.0
瓦斯用户 /户	180000	23018		6242		5083	1250		
瓦斯单价 /元·m^{-3}	0.46							0.8	
贮气罐 /万 m^3·座$^{-1}$		5.4				2/2		5.4	

8.2　民用瓦斯

煤层瓦斯是一种洁净能源。用于锅炉、做饭、取暖等民用，不仅省事、省时，而且方便、干净，不污染环境。

将矿井抽采出来的瓦斯作为民用，是抚顺煤矿抽采瓦斯的目的之一。矿井瓦斯作为家庭燃料，早在 20 世纪 40 年代就已在世界许多国家开始使用。我国也是 40 年代开始在抚顺煤矿应用，只是规模和瓦斯来源不同而已。在 40 年代中期，抚顺龙凤矿就在地面建成 $50m^3$ 的瓦斯罐 1 座，贮存从采空区抽出来的瓦斯。新中国成立后，随着我国煤炭工业的健康发展，抚顺煤矿的原煤产量逐年提高，矿井瓦斯抽放量也随着抽放方法与工艺的不断完善而大幅度增加；同时，抽出的瓦斯也得到充分利用，地面瓦斯储存设备、输送管网及附属装置日臻完善，用户逐年增多。抚顺煤矿抽放的煤层瓦斯早已成为抚顺市全市居民用作家庭燃料的主要来源。

8.2.1　瓦斯储集、输送

8.2.1.1　瓦斯储集

矿井抽采瓦斯是连续进行的，其抽出流量较连续、均衡稳定的。

但民用瓦斯有一日三餐高、低峰用瓦斯的不均衡性,往往是低峰用瓦斯时供大于需,势必大量放空瓦斯;而高峰用瓦斯时,抽出瓦斯量满足不了要求,需要有补充气源。为此,必须建立瓦斯贮气罐,储集瓦斯,用以调节瓦斯供需平衡,避免放空瓦斯,提高瓦斯利用率。

贮气罐按其压力大小,可分为中、低两种;按其密封方式分为干式和湿式贮气罐;按照构造形式分为圆柱形、球形和螺旋形;按布置方式又可分为立式和卧式利用系统中现有 4 座湿式螺旋形低压储气罐,即中央罐、南万新罐、新屯罐、胜利罐,有效储量为 14.8 万 m^3,其结构如图 8-2-1 所示。

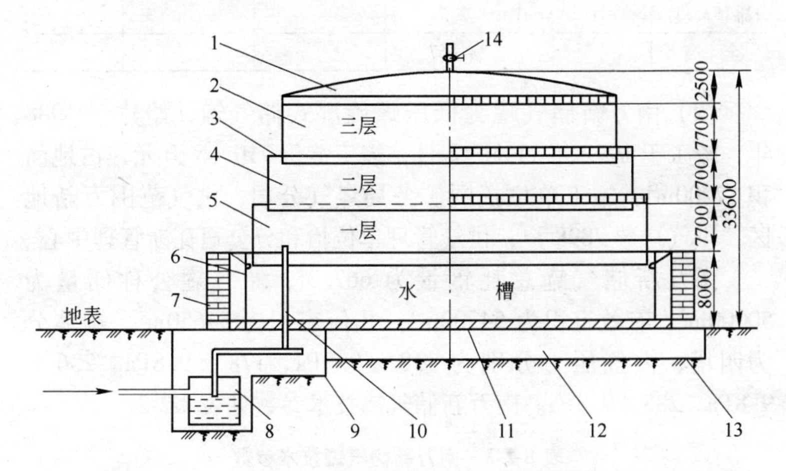

图 8-2-1　低压湿式瓦斯罐示意图

1—罐顶盖帽;2—钟开罩(三塔);3—水封环(550mm);4—活动套筒节(二塔);5—塔; 6—钢轨槽; 7—墙; 8—水封器; 9—水封闸门; 10—进出瓦斯管;11—底座; 12—罐底细砂层; 13—罐基础环水泥; 14—罐顶放空闸门

(1) 中央储气罐为低压螺旋湿式储气罐,始建于 1969 年,竣工于 1970 年,竣工造价 130.11 万元,占地面积 15205m^2,施工单位抚顺矿务局建安公司,供气范围老虎台、南岭、北机电、华丰东山小区及矿内工业用气,供气户数为 7343 户,供气管理单位怡和分公司瓦斯管理中心。

中央储气罐总耗钢量为 390.6t,储气罐公称储量为

20000m^3，有效容积为23367m^3，几何容积为25215m^3。罐体分为三塔，供气压力分别为210×9.8Pa、260×9.8Pa、300×9.8Pa。中央储气罐技术参数见表8-2-1。

表8-2-1　中央储气罐的技术参数

塔　层	直径/m	高度/m	供气压力/Pa	水封槽/Pa	备 注
一　塔	36.4	7.7	210×9.8		
二　塔	37.3	7.7	260×9.8	450×9.8	
三　塔	38.2	7.7	300×9.8	450×9.8	
水　槽	39.1	8.0			
罐顶高度		2.5			
全　高		31.67			

（2）南万新储气罐为低压螺旋湿式储气罐，始建于1988年，竣工于1992年11月12日，竣工造价710.65万元，占地面积17200m^2，施工单位抚顺矿务局煤气公司，供气范围万新地区，供气户数7898户，供气管理单位怡和分公司瓦斯管理中心。

南万新储气罐总耗钢量为662.3t，储气罐公称储量为50000m^3，有效容积为54200m^3，几何容积为56650m^3。罐体分为四塔，供气压力分别为118×9.8Pa、178×9.8Pa、236×9.8Pa、288×9.8Pa。南万新储气罐技术参数见表8-2-2。

表8-2-2　南万新储气罐技术参数

塔　层	直径/m	高度/m	供气压力/Pa	水封槽/Pa	备 注
一　塔	42	9.7	118×9.8		
二　塔	43	9.7	178×9.8	650×9.8	
三　塔	44	9.7	236×9.8	650×9.8	
四　塔	45	9.7	288×9.8	650×9.8	
水　槽	46	9.8			
罐顶高度		3.5			
全　高		49.68			

（3）新屯储气罐为低压螺旋湿式储气罐，始建于1984年10月，竣工于1985年12月，竣工造价307万元，占地面积

15230m²，施工单位抚顺矿务局煤气公司，供气范围新屯地区，供气户数5083户，供气管理单位怡和分公司瓦斯管理中心。

新屯储气罐总耗钢量为390.6t，公称储量为20000m³，有效容积为23367m³，几何容积为25215m³。罐体分为三塔，供气压力分别为215×9.8Pa、265×9.8Pa、315×9.8Pa。新屯储气罐技术参数见表8-2-3。

表8-2-3　新屯储气罐的技术参数

塔　层	直径/m	高度/m	供气压力/Pa	水封槽/Pa	备　注
一　塔	36.4	7.7	215×9.8		
二　塔	37.3	7.7	265×9.8	450×9.8	
三　塔	38.2	7.7	315×9.8	450×9.8	
水　槽	39.1	8.0			
罐顶高度		2.5			
全　高		31.67			

（4）胜利储气罐为低压螺旋湿式储气罐，始建于1987年，竣工造价970万元，占地面积20000m²，施工单位抚顺矿务局19处，供气范围：沈阳市2万户民用和抚顺特钢、抚顺电瓷厂、北方催化剂厂3个工业用户，供气管理单位顺阳煤层气开发公司。

胜利储气罐总耗钢量为662.3t，有效容积为54200m³。罐体分为四塔，供气压力分别为118×9.8Pa、178×9.8Pa、236×9.8Pa、288×9.8Pa。胜利储气罐技术参数见表8-2-4。

表8-2-4　胜利储气罐技术参数

塔　层	直径/m	高度/m	供气压力/Pa	水封槽/Pa	备　注
一　塔	42	9.7	118×9.8		
二　塔	43	9.7	178×9.8	650×9.8	
三　塔	44	9.7	236×9.8	650×9.8	
四　塔	45	9.7	288×9.8	650×9.8	
水　槽	46	9.8			
罐顶高度		3.5			
全　高		49.68			

8.2.1.2 加压泵

加压泵是瓦斯输配系统加压设备。目前，抚顺煤矿矿区内瓦斯利用输送系统中共有 10 台加压泵，其主要技术参数见表 8-2-5。

表 8-2-5 抚顺煤矿输送瓦斯加压泵主要技术参数

地 点	型 号	类 别	台数/台	流量/$m^3 \cdot min^{-1}$	介质密度/$kg \cdot m^{-3}$	功率/kW	转数/$r \cdot min^{-1}$	轴温/℃
南万新罐	L62LD	罗茨鼓风机	2	60	1.2	45	1450	70
新屯罐	SD36	罗茨鼓风机	1	60	1.2	110	1450	70
南阳泵房	ML30—20/0.20	罗茨鼓风机	2	25	1.2	15	1450	70
胜利罐	ARF300HG	罗茨鼓风机	2	152.9	1.2	220	1450	70
	D-60/6	压缩机	3	60	1.2	315	1450	70

8.2.1.3 输送管网

A 管路（网）系统选择

民用瓦斯利用输配管路（网）系统（主要干管）选择应考虑以下几点：

（1）应布置在民用瓦斯利用规划区的中心地带。其方式以中心为主，辐射两翼（如图 8-2-2 所示）。

（2）输配瓦斯的主干管路（网）力求选择路线短、地形简单的地区布置。

（3）敷设管路（网）的走行（向），尽量避开主要建筑和公共设施，并符合表 8-2-6 和表 8-2-7 的规定。

（4）管路（网）敷设的土方工程量（敷设管路的管沟工程）最小的地区布置。

（5）管路（网）应布置在安装施工容易，检查、维修方便的地点。

（6）管路（网）布置，应避开塌陷（沉降）区和易受外力破坏的地区。

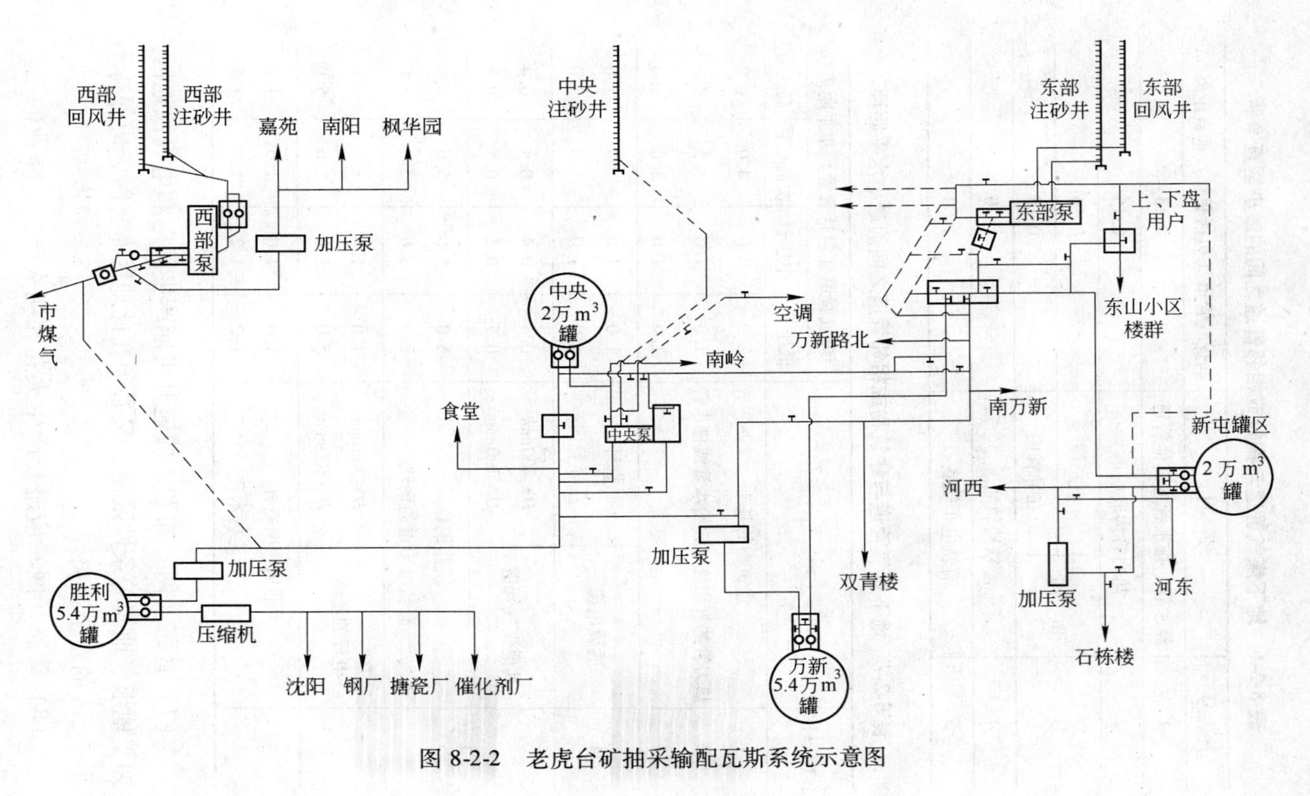

图 8-2-2 老虎台矿抽采输配瓦斯系统示意图

表 8-2-6　地下煤气管道与构筑或相邻管道之间的最小垂直净距

序　号	项　目		与煤气管道（包括套管）垂直距离/m
1	经水管、排水管或其他管道		0.15
2	热力管沟底或顶		0.15
3	电　缆	直　埋	0.50
		在导管内	0.15
4	铁路轨底		1.20
5	有轨电车轨底		1.00

表 8-2-7　地下煤气管道与建筑物或相邻管道之间的最小水平距离

序 号	项　目		与煤气管道（包括套管）水平距离/m			
			低压管	中压管	次高压管	高压管
1	建筑物的基础		2.0	3.0	4.0	6.0
2	热力管的管沟外壁，给水管或排水管		1.0	1.0	1.5	2.0
3	电力电缆		1.0	1.0	1.0	1.0
4	通风电缆	直埋	1.0	1.0	1.0	1.0
		在导管内	1.0	1.0	1.0	2.0
5	其他煤气管道	$D \leqslant 300$mm	0.4	0.4	0.4	0.4
		$D > 300$mm	0.5	0.5	0.5	0.5
	铁路钢轨		5.0	5.0	5.0	5.0
	有轨电车道的钢轨		2.0	2.0	2.0	2.0
6	电杆的基础	$D \leqslant 300$mm	1.0	1.0	1.0	1.0
		$D > 300$mm	5.0	5.0	5.0	5.0
7	通风照明电杆		1.0	1.0	1.0	1.0
	人行道树木		1.2	1.2	1.2	1.2

（7）管路（网）布置，应避开可能产生静电和电腐蚀地区。如受地形、地貌等条件限制，又必须在此地区布置时，应保持不小于 5m 的安全距离。

（8）管路（网）应避开产生火花和明火施工、作业的工厂或车间。

B 管路（网）断面计算

输配瓦斯管路（网）断面一般按下式计算：

$$D = 0.146 \sqrt{\frac{Q}{V_{CP}}} \tag{8-2-1}$$

式中 D——瓦斯管路直径，m；

V_{CP}——输配瓦斯管路的瓦斯平均流速，$V_{CP} = 15\text{m/s}$；

Q——通过输配管路的最大流量，m^3/min。

C 管路（网）系统阻力计算

要使用户得到较为理想的燃烧效果，瓦斯泵出口压力 $h_{出}$ 必须大于等于出口段（即输配段）到最远用户的摩擦阻力损失 $h_{出摩}$ 和局部阻力损失 $h_{出局}$ 及炊具出口的火焰高度 $\Delta h_{火}$。即：

$$h_{出} = h_{出摩} + h_{出局} + \Delta h_{火} \tag{8-2-2}$$

（1）管路（网）摩擦阻力 $h_{出摩}$ 按下式计算：

$$h_{出摩} = \frac{\Delta L_{max} Q_{max}}{K^2 d^5} \tag{8-2-3}$$

式中 L_{max}——瓦斯管路最大长度，m；

Δ——瓦斯比重，$\Delta = 0.717$；

Q_{max}——瓦斯管中瓦斯最大流量；

K——与瓦斯管径 d 和瓦斯量 Q_{max} 有关的修正系数，K 值见表 8-2-8。

表 8-2-8 不同管径的系数值

通称管径 d/mm	15	20	25	32	42	50
K 值	0.46	0.47	0.48	0.49	0.50	0.52
通称管径 d/mm	70	80	100	125	150	150
K 值	0.55	0.57	0.62	0.67	0.70	0.71

（2）管路（网）局部阻力 $h_{出局}$ 按下式计算：

$$h_{出局} = \Sigma\varepsilon \frac{V_{CP}^2}{2g}\gamma \qquad (8\text{-}2\text{-}4)$$

式中 $h_{出局}$——瓦斯管路（网）局部阻力损失，Pa；

ε——局部阻力系数；

γ——瓦斯密度，由表 6-1-12 查得，kg/m³。

（3）灶（炉）具出口火焰高度 $\Delta h_{火}$。灶（炉）具出口火焰大小，一般都以最充分燃烧的热效率高度来评价，而热效率高低又同灶（炉）具规格形式有关。常用灶（炉）具的热效率最高时的煤气压力为 600 ~ 800Pa（见图 8-2-3）。

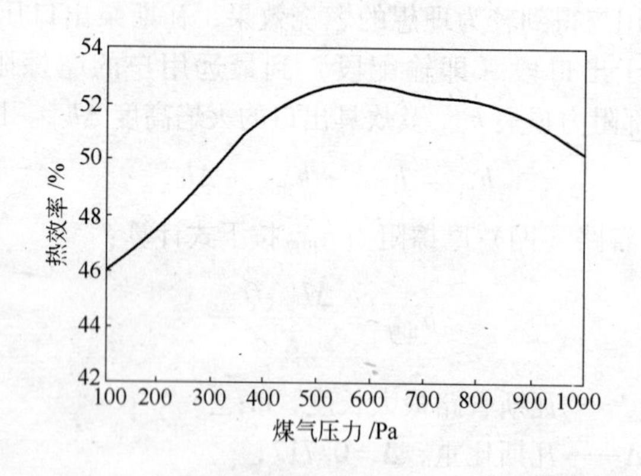

图 8-2-3　铸铁灶具煮开水时煤气压力与热效率关系

如计算出 $h_{出摩} + h_{出局} + \Delta h_{火}$ 值大于或等于瓦斯出口压力 $h_{出}$，则输配管路（网）系统的用户，可以获得较好的利用效果。否则，输配管路（网）最边远区域（即阻力最大的区域）的用户将得不到所需气量。

D　输配瓦斯管路（网）的敷设与安装

地面输配瓦斯管路（网）的敷设与安装同井下抽采瓦斯管路的敷设与安装相比，由于环境（外界条件）和目的不同，对其敷设与安装也有不同的要求。地面瓦斯管路埋设在当地冻土层以下（抚顺煤矿瓦斯管路均埋在 1.2m 以下），其管顶覆盖土层厚度必须符合下列规定：

（1）埋设在有车辆通行的道路下面时，其厚度不得小于0.8m。

（2）埋设在非车辆通行的地区时，其厚度不得小于0.6m。

（3）埋设在水体下面时，其厚度不得小于0.8m。

E　管沟

埋设瓦斯管的管沟是地面民用瓦斯利用工程的一个重要方面，它关系到工程费用和造价，并且对日后维护和保证正常供气意义重大。因此，在民用瓦斯利用设计时应予以充分考虑。

管沟的断面形式和规格应根据管路（网）系统的布置原则以及土质条件、地下水位、管径（断面）、埋深、施工条件和施工方法等综合因素一并考虑确定。

常见的管沟断面形式有：

直槽（见图8-2-4）、梯形槽（见图8-2-5）和混合槽（见图8-2-6）。

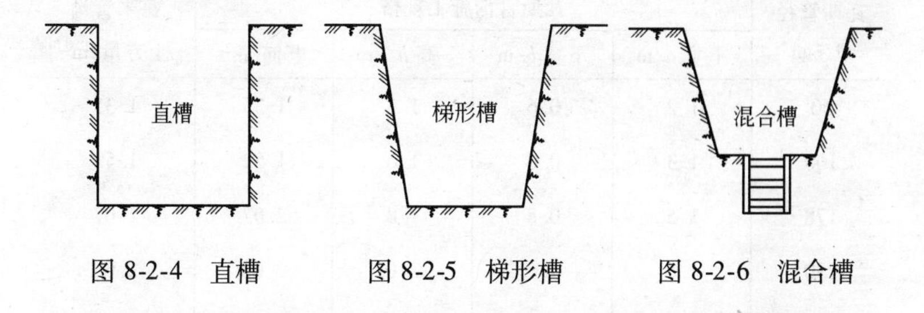

图8-2-4　直槽　　图8-2-5　梯形槽　　图8-2-6　混合槽

一般管沟底宽度决定于管材、管径和施工方法，但不能小于0.7～1.0m。一般金属管、石棉管所需沟底宽度见表8-2-9。

表8-2-9　沟底宽度的经验数据

管径 d/mm	沟底宽度 b/m	管径 d/mm	沟底宽度 b/m
<100	0.7	500～600	1.5
100～200	0.8	700～800	1.7
250～350	0.9	900～1000	1.9
400～450	1.1	>1000	D外径+0.6

抚顺煤矿地面瓦斯管多选用钢管及铸铁管，管沟一般采用的规格和形式见图 8-2-7 和表 8-2-10。

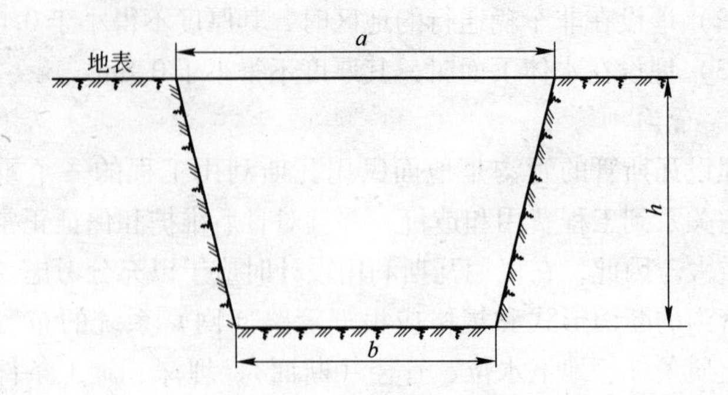

图 8-2-7　地面瓦斯管沟施工规格断面示意图

a—上宽；*b*—下宽；*h*—高

表 8-2-10　地面瓦斯管沟规格及土方量

瓦斯管径 D/mm	瓦斯管沟施工规格				每米管沟土方量/m^3
	上宽 a/m	下宽 b/m	高 h/m	断面/m^2	
50	1.2	0.6	1.5	1.35	1.35
100	1.3	0.6	1.6	1.52	1.52
178	1.5	0.8	1.8	2.07	2.07
280	1.6	1.0	2.0	2.60	2.60
380	1.7	1.2	2.0	2.90	2.90
430	2.0	1.4	2.1	3.57	3.57
500	2.0	1.5	2.1	3.58	3.68

F　管路敷设与安装

地面民用瓦斯管路敷设与安装应按以下各点要求进行施工：

（1）管路敷设：

1）应按照设计对管沟进行全面检查；

2）对管材和管件逐个进行外观检查，有缺陷的要检出，并要清除管内杂（污）物；

3）管材、管件敷设前要涂油；

4）闸门、放水器（或抽水罐）、调压器均应在敷设前逐个检查清洗、涂油和进行气密性试验，不合格不能敷设。

5）铸铁管及其管件的承插口，敷设前必须熔烧或刷掉接口面上的沥青，未经处理的管材和管件不准敷设。

（2）管路安装：

1）采用承插接头的铸铁管，管与管的中心允许偏差 ±5mm，采用法兰盘对接的钢管直口要平整，允许偏差不超过 ±1mm。

2）在保持设计坡度的前提下，管中心偏差每 100m 直线段不得超过 50mm，标高误差不得超过 ±20mm。

3）铸铁管承插口应留有一定间隙，以适应热变形的需要，即 d25 ~250mm 管的间隙为 3 ~5mm，d250 ~800mm 管的间隙为 4 ~6mm。

4）铸铁管承插接头的插口环形间隙要保持均匀。

5）沿曲线段安装的管路允许偏差 d500mm 以下的管路应为 1°，d500mm 以上的管路为 2°。

6）填塞插口环形状间隙的麻辫要粗细均匀、干燥，使用时要拧紧，并要打实，直至要求深度，以麻辫不走动为合格。

7）打水泥前，将承口内的泥砂及碎麻清除干净；用毛刷沾水将承口润湿；打灰时，灰压（抹）子移动的距离不应超过灰压（抹）子宽度的 1/2，每次必须打实；接口打完后，用潮湿的草袋或湿土盖好。

8）采用法兰盘对接时，使用的垫圈质量符合设计要求，放入位置正确紧密，无“闷鼻”和“跳井”现象。

9）铅接口要保持接口平整，打一锤不走动，紧密有弹力现象，打三锤不凹入 2mm。

G　管路验收

（1）验收文件及依据。验收地面埋入的输配瓦斯管路及其附属设备、设施、闸门、放水器、抽水罐、入风管及压力检测管路等，应提出（或依据）下列文件：

1）设计图纸及设计说明书；

2）修改设计的报告及批复意见；

3）隐蔽工程及检查验收记录；

4）所使用的材料及配件验收记录。

（2）工程质量检查验收：

1）外观检查：管沟沟槽底土壤无受冻积水、泥浆浸泡现象，沟底标高允许偏差不超过±20mm；管路坡度不得小于设计要求，中心偏差每100m不得小于50mm，管缝在规定范围内；接口塞麻深度偏差不得超过±0.5mm，铅口平整，打击变形符合要求；附件安装质量符合设计要求。

2）管路性能试验：强度试验。外观检查完毕后，即进行强度试验，试验压力为0.15kPa，发现有缺陷，及时更换；气密性试验。抚顺煤矿瓦斯抽采与利用均采用中、低压瓦斯管路输送瓦斯。采用分段充气法进行气密性试验。以空气为介质，充气压力为0.1kPa，待观察管沟土壤与管内气体温度相等时，即开始正式观测管内气体的压力变化，当连续观测8~14h，管内气体压力降低值超过下列公式计算值时，认为被检查的管路气密性合格。

①中压管路：中压管路的合格标准压力降值，按下列式计算：

$$\Delta p_{中} = \frac{300T}{d} \qquad (8\text{-}2\text{-}5)$$

式中 $\Delta p_{中}$——在观测时间（T）内的压力值，kPa；

T——试验时间，$T=18\sim24$h；

d——试验管路直径，m。

②低压管路：低压管路的气密性试验，试验压力为0.02MPa。低压管路的合格标准压力降值，按下式计算：

$$\Delta p_{低} = \frac{660T}{d} \qquad (8\text{-}2\text{-}6)$$

式中　$\Delta p_{低}$——在观测时间（T）内的压力值，kPa。

③室内外管路：庭院及室内管路的强度试验和气密性试验，同低压管路的试验方法和标准相同。具体试验和计算如前所述。由于煤矿民用瓦斯管路压力均小于3000Pa，所以强度试验也可不进行，但气密性试验必须进行，尤其是对新建成的抽采瓦斯系统和直接应用于民用的管路进行气密性试验检查，才有安全用气的保证。

8.2.1.4　调压器

调压器是用来调节管路压力平衡的一种装置和设施。其构造如图8-2-8所示。

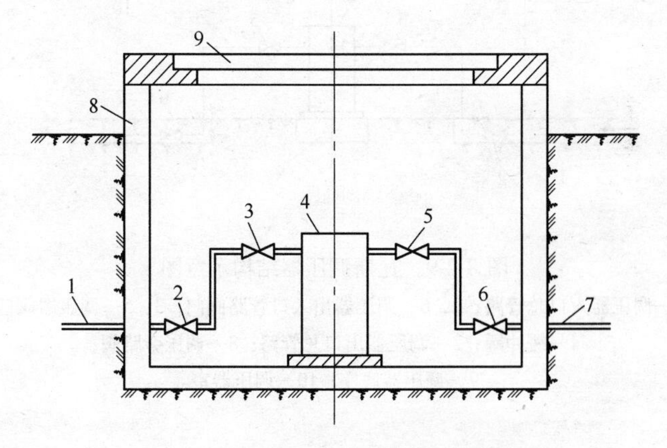

图8-2-8　半地上半地下调压结构示意图

1—调压器入口瓦斯管；2—入口管总阀门；3，5—出入口两侧管阀门；4—调压器；6—调压器出口管总阀门；7—调压器出口管；8—半地下调压器室水泥墙；9—盖板

调压器类型很多，按照压力大小可分为高压、中压和低压三种；按设置地点又可分为地上、地下和半地上半地下三种形式。

选择调压器主要是根据地形、地貌和调压参数等条件来决定。抚顺煤矿用于地面瓦斯输配系统上的调压器一般为低压，在个别少数阻力较大的远地区（段），也有中压调压器。

调压器是用来调节局部区域（段）压力的。因此，它只能通过系统中的瓦斯管路来实现其调节压力作用，其同瓦斯管路的连接装配形式如图 8-2-9 所示。

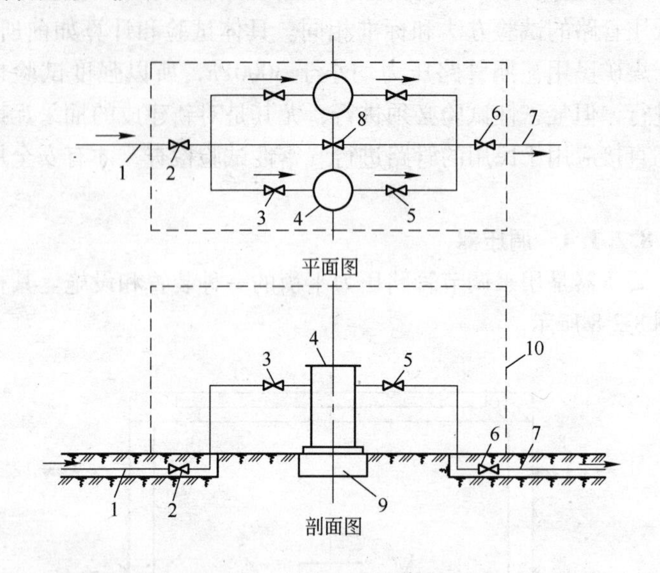

图 8-2-9　瓦斯调压器结构示意图

1—调压器入口总管路；2，6—调压器出入口管路阀门；3，5—调压器阀门；4—缓冲罐；7—调压器出口总管路；8—调压旁路阀；9—调压器底座；10—调压器室

调压器的安装设置有三种方法：一是设在地面上。它是具有施工简单、便于维修和管理、检测安全等优点；但必须考虑防寒、防冻等问题。二是设置在地下。它虽然没有冬季防寒、防冻问题，但工程土方量大其防水、通风等一系列问题需认真考虑。三是建在半地下。这种方法较为理想，它可以避开上述两种的缺点，扬长避短。

8.2.1.5　灶（炉）具

市场出售的灶（炉）具种类繁多、构造各异，煤气消耗量也有很大差别。常用的灶（炉）具与煤气（瓦斯）耗量关系见表 8-2-11。

表 8-2-11　常见的几种炊具的额定流量与热值

炊　具	额定流量		热负荷	热值	备注
	$m^3 \cdot h^{-1}$	$m^3 \cdot min^{-1}$	$/kJ \cdot h^{-1}$	$/kJ \cdot m^{-3}$	
上海搪瓷双眼灶	1.5	0.025	10660×2	16800	
北京 JZ-2-1 型双眼灶	0.7×2	0.0117×2	11704×2		
北京-天津 YZ-A 型			9196×2		
沈阳普及型改进 2 号	0.53	0.00885	10032	10868×13794	
大连民用 3 号单眼灶	0.68	0.0113	7940	2600×3300	784Pa
抚顺铸铁莲蓬灶	0.87～1.14	0.0145～0.019			583Pa

在灶（炉）选用上应考虑以下两点：

（1）燃烧充分，热效率高，一般较好的灶具，热效率可达 50%～60%。

（2）构造简单，使用方便，燃烧稳定，火焰清晰，没有连焰、脱焰及回火现象。

符合上述要求的灶具能使用户满意，同时又能节省煤气，缓解煤气供应紧张。事实上，任何一个地区的用气量不可能在任何一个时间内都达到 100%，即所有灶具都在使用。实践证明，灶具愈多，利用系数 K 愈小。利用系数 K 同灶具之间的关系如图 8-2-10 所示。

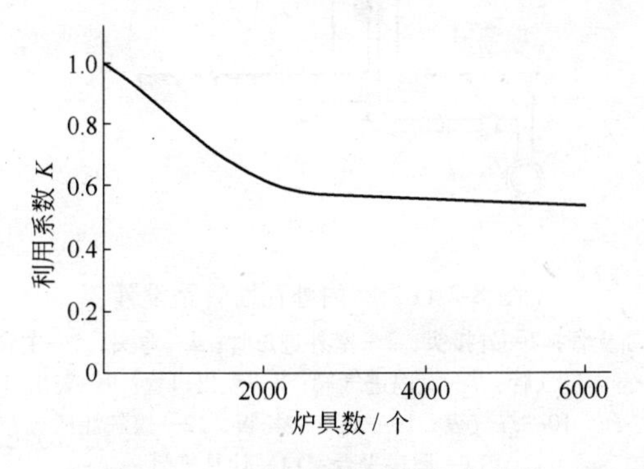

图 8-2-10　同时利用系数变化曲线

根据抚顺煤矿50多年使用瓦斯经验，室内新器具（包括煤气表及灶具等）的合理装配，如图8-2-11所示。

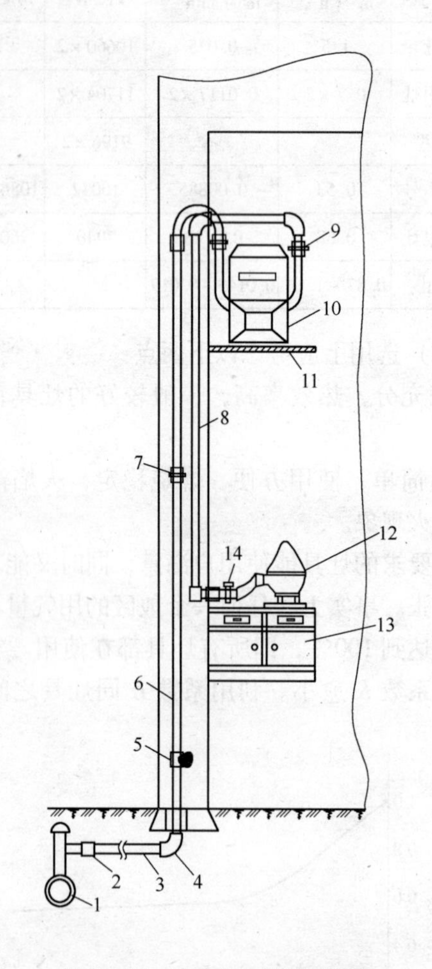

图 8-2-11　室内外瓦斯管路设置

1—瓦斯支管；2—外接头；3—室外进户管；4—弯头；5—主管气门；6—室内进气管；7—室内进气阀；8—表出口管；9—表出口阀；10—煤气表；11—煤气表托板；12—煤气灶；13—厨房平台；14—灶具气门

煤气孔口及开关的安装：

（1）高度允许偏差 ±13mm；

（2）位置允许偏差 ±13mm；

（3）管卡（弯钉）平整、牢固。

8.2.1.6 煤气表

A 煤气表选用

煤气表是民用瓦斯利用系统的计量装置，是室内设施。选用煤气表时应注意如下几点：

（1）计量准确、适于民用；

（2）安全可靠，管理方便；

（3）式样美观，尺寸较小；

（4）安装简便，容易维护；

（5）对其他设备无影响；

（6）不易损坏；

（7）故障率低；

（8）组装严密，不易产生漏气；

（9）价格便宜；

（10）距明火和电气设备要保持一定的安全距离。

B 煤气表形式

煤气表的安装有以下几种形式，如图 8-2-12 中所示。

C 煤气表安装

煤气表安装时应注意如下几点：

（1）高度允许；

（2）位置允许左右偏差 ±1.5cm，距墙面净距允许左右偏差 ±0.5cm；

（3）垂直度与地平线不得歪斜；

（4）表托板平整、牢固。

D 煤气表检查

煤气表安完后，要进行气密检查。一般方法是压泵或打气筒打压 4900Pa，用 U 形水柱压差计测定 10min，压降不超过 49Pa

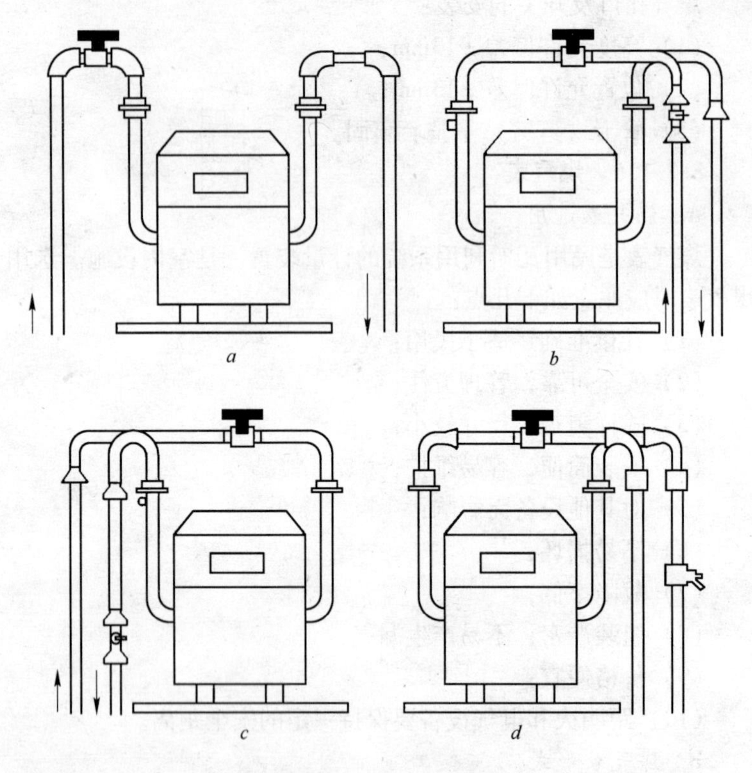

图 8-2-12　瓦斯表安装

a—瓦斯表入出口对称表位；*b*—右侧壁墙表位；*c*—左侧表位；
d—大型表用钢管连接的瓦斯表

为合格。阀门和接头是否安装严密，可以用肥皂液进行检查，严禁用火柴之类的明火检查漏气。

8.2.1.7　阀门

阀门的规格种类很多。由于民用瓦斯利用系统压力属低压输配气（压力低于）0.1MPa，所以一般低压阀门均可满足要求。阀门连接在输配管路中，要埋设在地下，为了随时随地的调控阀门，需要在阀门设置地点砌筑阀门井。阀门的安装位置如图8-2-13所示。

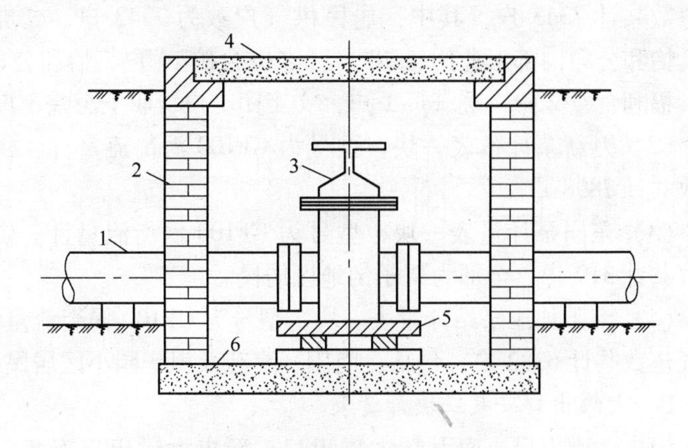

图 8-2-13　地面瓦斯管路阀门井

1—地面瓦斯管路；2—地面瓦斯管路阀门井；3—阀门；4—盖；
5—阀门木垫墩；6—阀门井水泥底板

8.2.2　供气方式及计量情况

8.2.2.1　供气方式

目前，抚顺煤矿瓦斯供气方式除南阳、嘉苑、平山部分地区用户靠东岗瓦斯泵出口直接供气外，其他地区全部采用罐供方式向用户供气。

为缓解冬季供气紧张局面，在冬季对矿区瓦斯用户采取高、低峰分时供气方式。供气时间为：

早：5∶00 ~ 8∶00

中午：11∶00 ~ 13∶00

晚：16∶00 ~ 20∶00

其他时间为停气储罐。

实施高、低峰供气，高峰供气时，供气压力不小于 20 × 9.8Pa，低峰供气时供气压力不小于 10 ×9.8Pa。

8.2.2.2　计量情况

A　*老虎台矿泵房出口计量表*

（1）中央泵有两块计量表，型号为 GF100 涡街流量计。供气户数共计7343户，其中：居民供气户数为7343户，老虎台矿、怡和公司内部工业用气28户（老虎台矿14户，怡和公司7户，福利食堂2户，暖气厂1户，文工团1户，职工医院3户）。

（2）万新泵计量表一块，型号为GF100涡街流量计。供气户数共计7898户。

（3）东岗泵计量表一块，型号为GF100涡街流量计。供气户数共计319户，全部为栗子沟地区居民。

（4）南阳加压泵站计量表一块，型号为GF100涡街流量计。供气户数共计6382户，包括：南阳、嘉苑及枫华园小区居民。

B　大罐出口安装三块计量表

中央大罐出口、南万新大罐出口、新屯大罐出口安装三台JLQD-400罗茨气体流量计，计量表的技术参数为170～3400m^3/h。

C　煤气表检定站

怡和公司煤气表检定站系抚顺市技术监督局授权的煤气表检定站，从1980年建标，现有工作人员4人，负责本管辖区域户的煤气表检定、标校工作。现有ZKY-20钟罩式气体计量装置控制器一套，钟罩计量器的型号为LJQ-100，精度等级为0.5级，工作环境相对湿度85%，温度（20+5）℃，容积输出0～100L，流量0.46m^3/h。

煤气表检定站开展煤气表检定工作，执行JJG577—2005《膜式燃气表检定规程》，该规程于2005年12月20日批准，自2006年6月20日起施行。该规程对煤气表的检定周期做了明确规定：

（1）对于最大流量小于10m^3/h的燃气表只作首次强制检定，限期使用，到期更换。

以天然气为介质的燃气表使用期限一般不超过10年。

以人工燃气、液化石油气等为介质的燃气表使用周期一般不超过6年。

（2）对于最大流量大于10m^3/h的燃气表的检定周期一般不

超过3年。

根据上述规定，抚顺煤矿管理的煤气表使用的是矿井气，其使用期限不超过10年。

8.2.3 安全设施

8.2.3.1 三防装置

中央、新屯、南万新三处储气罐均有防回气、防回火、防爆炸的三防装置。

8.2.3.2 瓦斯断电仪

安装三台瓦斯断电仪，其型号为AK201B，主要技术参数：

（1）测量范围0～4%；

（2）2路传输方式，双头制式配两台KGJIC甲烷传感器；

（3）显示；断电仪采用自动扫描方式；

（4）报警；当瓦斯传感器测量值超过报警点时，断电仪发出慢节奏警报声，当瓦斯传感器测量值超过断电点时，断电仪发出快节奏警报声；

（5）报警点；在0～4%的范围内连续可调，常规设为1.00%；

（6）断电点；在0～4%的范围内连续可调，常规设为1.50%。

1）新屯储气罐安装报警仪一套，双路，分别检测泵房机械室、阀门间的瓦斯浓度。

2）南万新储气罐安装双路瓦斯报警仪一套，分别检测泵房机械室、阀门间的瓦斯浓度。

3）南阳泵房，安装单路瓦斯报警仪一套，检测泵房机械室瓦斯浓度。

在阀门间泵房瓦斯浓度超限时进行报警，确保安全。

8.2.3.3 集中凝水器

三处泵房的出口有3个集中凝水器，2008年在三处泵房出口安装三台集中凝水器，供气效果明显。

（1）中央储气罐位于中央泵房的西侧30m处，储水量为$2m^3$，位于老虎台供气管线上，解决因管线水堵影响供气问题。

（2）东岗泵房的集中凝水器位于华丰煤厂院内，储水量为$1.2m^3$，位于南阳供气管线上，解决了南阳、嘉苑地区因管线水堵影响供气问题。

（3）万新泵房位于泵房北侧10m，储水量为$3m^3$。位于万新泵房总出口的管线上，当泵房启动瓦斯泵时或因抽放压力突然变化出现水环泵向管道内带水时，多余的水便进入集中凝水器，不会影响供气。

8.2.3.4 注嗅设备

A 注嗅标准

根据GB50028—2006《城镇燃气设计规范》3.2.3的规定，城镇燃气应具有可以察觉的嗅味，燃气中加嗅气的最小量应符合下列规定：

（1）无毒燃气泄露到空气中，达到爆炸下限的20%，应能察觉；

（2）有毒燃气泄露到空气中，达到对人体允许的有害浓度时，应能察觉；

（3）加嗅剂和燃气混合在一起后应具有特殊的嗅味，不应对人体、管道或与其接触的材料有害；

（4）加嗅剂的燃烧产物不应对人体呼吸有害，并不应腐蚀或伤害与此燃烧产物经常接触的材料；

（5）加嗅剂溶解于水的程度不应大于2.5%（质量分数）；

（6）加嗅剂应有在空气中应能察觉的加嗅剂含量指标。

B 注嗅设备

（1）三台瓦斯注嗅装置，主要技术参数：

1）输入采样信号：4～20Ma/5V流量信号，温度信号、压力信号等；

2）输入电压交流220V；

3）工作电流小于3A；

4）功耗：小于300W；

5）输入脉冲信号频率：0～50次/min。

（2）电磁驱动隔膜计量泵主要参数：

1）最大工作压力；4.0MPa；

2）单行程注入量：50～500mg/次；

3）自动调节注入频率：0～3000次/h；

4）单次注入量误差：10mg/次；

5）计量罐容量：50kg/200kg；

6）工作环境：温度－30～50℃；相对湿度小于85%。

（3）安装部位。中央瓦斯泵安装一套煤气加嗅装置，设备型号为RL-CIIXT；2001年在万新瓦斯泵安装一套煤气加嗅装置，设备型号为BJZ-2001，生产厂家沈阳贝尔公司。南阳瓦斯泵房安装一套煤气加嗅装置，设备型号为RJB-1999，生产厂家为沈阳贝尔公司。

通过定量无间断的向管网注入嗅气，提高了供气的安全性，三台注嗅装置年用嗅气量为1500kg。

8.2.3.5 光学瓦斯检定器

现有光学瓦斯检定器12台，分为高浓度和低浓度两种，用于瓦斯泵房管道浓度检测和管网瓦斯泄露情况安全检测，其型号为AQG-1，技术参数为测量范围0～100%，0～10%，使用环境－15～40℃，湿度小于98%，海拔小于1000m，测量误差小于0.3%。

8.2.3.6 便携式瓦斯检定器

用于瓦斯管线泄露及施工现场检测瓦斯浓度，其型号为JCB-C4B甲烷检测报警器，系重庆安仪煤矿设备有限公司的产品，主要技术指标：

（1）测量范围0～4%（超过4% CH_4以上测量值仅供参考）。

（2）测量误差：

1）0～1%时，小于等于0.1；

2）1%～2%时，小于等于0.2；

3）2% ~4% 时，小于等于 0.3。

（3）零点稳定性：保持时间大于等于 1 周。

（4）报警点误差 1%。

（5）报警声强；大于等于 80 ×0.115NP。

（6）光报警信号能见度大于 20m。

8.2.4 民用瓦斯管理

民用瓦斯管理的首要任务是安全供气。瓦斯具有燃烧和爆炸性，并能使人窒息，这种性质是民用瓦斯的安全隐患。有的楼前瓦斯沟回填下沉，瓦斯管线受拉变形；气温温差变化大，引起管线膨胀，易使瓦斯管连接处发生断裂而泄漏瓦斯。一旦渗入室内，在关严窗门的季节则更容易发生这种事故。

此外，瓦斯管中积水，放水如不及时，在瓦斯泵的负压作用下，积水在管路中来回窜动，瓦斯流动的阻力就会时大时小，这样流量也时小时大，燃烧瓦斯的灶具火焰就不稳，甚至断气熄火，如发生瓦斯泄漏现象，就会发生意外人身事故。

还有，由于供瓦斯的调峰设施不健全，供气量又不足，瓦斯用气高峰时，管网边远地段也容易发生熄火现象，出现安全问题。一些无取暖设备的平房用户，瓦斯使用器具简陋，并用瓦斯烧炕取暖，在炕洞中有残火的情况下，瓦斯时断时续，也容易发生炕洞子瓦斯爆炸事故。

综上所述，民用瓦斯安全供气问题不容忽视。在做好民用瓦斯安全知识教育工作的同时，还要做好民用瓦斯的调气、调压、施工设计、管理工作。

8.2.4.1 高低峰用气的调节

抚顺煤矿从利用瓦斯那天起，就存在着一个高峰用气不足，低峰用气过剩的问题。

高低峰用气，不仅在一天内有明显差异，如图 8-2-14 所示，而且在一年之内也同样存在差异。

调节办法主要是：高峰用气时，除保证正常抽采瓦斯外，将

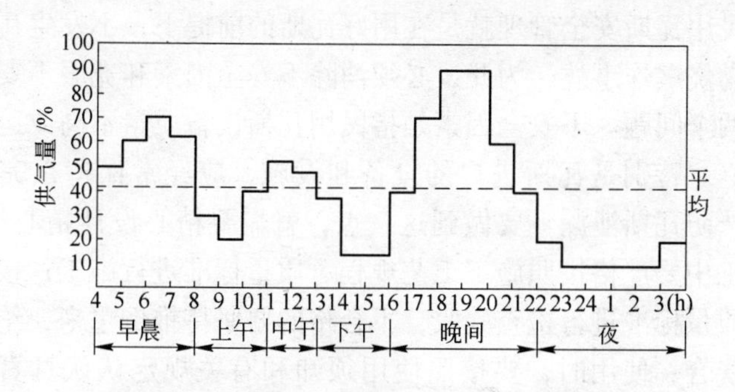

图 8-2-14　每天主高低峰值用气量变化曲线

贮气罐阀门打开，向输配气系统配气，借以缓解直供（即没有贮气装置，边抽边供）不足的矛盾。实践证明，抚顺煤矿采用贮气罐联网供气以来，大大改善了民用瓦斯利用，燃烧火焰不稳定、脱焰、离焰的现象明显减少。但是，由于目前种种因素的影响，个别地区还不能实现罐供（如老虎台矿西部瓦斯泵向南阳地区供气还是采用直供方法）。为此，还需要采取其他一些措施，这就是高峰、低峰用气同时考虑，抽采与利用相结合，地面贮气和井下贮气相补充。

为了保证民用瓦斯气源稳定，在低峰用气时间（季节性的，每天 14h），在保证井下安全的前提下，采取降低抽采量的方法，特别是应控制采空区抽采量，即多用多抽，少用少抽，不用不抽。用采空区来调节瓦斯用量，作为地面贮气能力不足的补充，当采用贮气罐贮气和采空区控制瓦斯抽采后，瓦斯供应仍有富余时，还可以就近发展工业用户，以便充分利用瓦斯资源，避免放空损失。

8. 2. 4. 2　民用瓦斯的安全管理

如前面所说，抽出的瓦斯加以合理、有效地利用，确实是一件利国利民的好事。然而，由于瓦斯是一种有害气体，如稍有不慎就可以酿成大祸，给用户带来巨大损失和痛苦。所以，加强民用瓦斯管理确实是一项非常重要的工作。

民用瓦斯安全管理就是在用好瓦斯的前提下，不发生瓦斯窒息和燃烧爆炸事故。为此，必须消除不安全因素和克服不安全行为这两个问题。不安全因素是指民用瓦斯设备质量不高或运行状态不好。特别是瓦斯进户的设备和设施，应经常保持在完好状态，严防瓦斯泄漏。要做到这一点，就需要精心设计精心施工，在施工中要严格按照施工工艺规程、质量标准进行施工；按照设计和质量标准进行检查验收，不合格的要坚持推倒重来，绝不迁就、凑合；使用时，要按照使用须知和有关规定认认真真地去办，不得任意拆卸或变动，发现未经专业部门同意，擅自拆卸、变更设备、设施及供气流程的，要严肃查处；专业部门要定期巡查，发现问题要及时处理，不能过夜；用户发现问题要及时通知或报告专业经营部门进行处理。专业经营部门接到报告或通知后，必须立即派人进行维修，不得拖延，否则造成一切后果由专业经营部门负全部责任。用户在点火时，要将点火物（火柴）准备好再开通瓦斯炉阀门，点燃瓦斯。每次用完瓦斯后，要立即关闭瓦斯灶的阀门，做到人走火灭，不得用瓦斯取暖。

出现瓦斯管路断裂、贮气罐变形等问题，需要动用火、电焊进行处理时，必须制定专门安全措施报矿总工程师批准，并应采取以下几项措施：

（1）将贮气罐内瓦斯放净，使罐体下降到最低位置；如需将水槽中的水放掉进行维修，放水时，要严防罐内出现真空状态，必须先开通罐顶放空管阀门，使罐内与大气相通，以免罐体受压（大气压）变形而损坏。

（2）在打开贮气罐放空阀门排放瓦斯时，在罐体周围50m的范围内，禁止有明火。大气中瓦斯浓度达到1%时，在此范围内的一切作业应当停止。

（3）瓦斯罐放空瓦斯的同时应充入空气，当罐内瓦斯浓度低于1%时，即可关闭罐顶放空阀门，再继续向罐内充入空气，罐塔上升到所需位置（或高度）时，方可施工。

（4）将所有与贮气罐连通的管路（不管是进气管，还是送气管）上的阀门全部关闭严实，防止瓦斯漏入或施焊火焰吸入用户。

（5）有专人监护，按时完工。

（6）施焊完工后，要有专人进行全面检查，消灭余火和残渣，使修理部位的温度降到正常状态时，才能离去。

（7）贮气罐恢复使用前，要进行升、降罐试验，检查罐体运行状态是否受到检修施焊的影响而不正常。如发生异常要立即进行处理，否则不能使用。

（8）升、降罐试验达到正常后，经矿总工程师批准后方可恢复使用。

（9）恢复使用后 24 小时内，要有专人检查实际运行情况，并作好详细记录。

8.3 工业用瓦斯

抚顺煤矿于 1952 年首先利用矿井瓦斯制造炭黑，并成批生产；1970 年利用矿井瓦斯制造甲醛；2000 年开始至今一直向抚顺钢厂、电瓷厂、北方催化剂厂等提供工业燃料。

8.3.1 利用矿井瓦斯生产炭黑

矿井瓦斯在高温下燃烧，热分解后即可生产出粉状的碳粒子，这就是炭黑。煤矿抽出的瓦斯浓度愈高，炭黑的生产量、质量和回收率也越高。由于煤矿瓦斯含硫化物少，所以是最理想的炭黑生产原料。

炭黑生成率每立方米纯沼气可达 120 ~ 150g 左右。抚顺煤矿龙凤矿 1952 ~ 1978 年的 27 年间，向炭黑厂提供沼气达 6.5 亿 m^3，生产炭黑 8770t。用矿井瓦斯生产炭黑，根据品种的不同，抚顺煤矿采用了炉法、槽法和混气法三种生产工艺，均生产了合格的优质炭黑。

8.3.1.1 炉法炭黑

炉法炭黑的生产工艺流程，如图 8-3-1 所示。

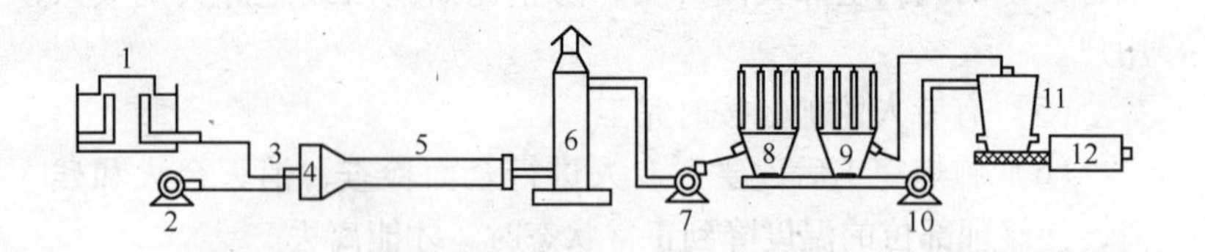

图 8-3-1　瓦斯炉法炭黑的生产工艺流程示意图

1—定压贮气缸；2—鼓风机；3—火嘴箱；4—反应炉；5—烟道；6—冷却塔；
7—抽采机；8—收集过滤箱；9—过滤箱；10—抽风机；
11—旋风分离器；12—成粒机

矿井瓦斯抽采站将瓦斯送入定压贮气罐，稳定后的瓦斯经流量计量后，再经套管或火嘴箱送入反应炉中。炉前鼓风机将空气以切线方向通过火嘴箱送入反应炉中，所需空气量一般为瓦斯完全燃烧的 50% ~60% 。瓦斯与空气由火嘴箱送入反应炉后，高速旋转混合，一部分燃烧放出大量的热能，使炉子反应部分的温度保持在高温下裂解瓦斯生成炭黑，炭黑及燃气接着以高速进入活化部分（即烟道)，活化部分将未裂解的碳氢化合物及吸附在炭黑表面的碳氢化合物的中间产物，继续在高温下进行裂解，煤道出口温度控制在 1150 ~1180℃，为了防止过多的空气漏入反应炉中，反应炉必须控制在正压 196Pa 左右生产。

由烟道出来的炭黑和燃余气，经冷却塔由 1150 ~1180℃冷却至 600℃左右，然后余气抽风机将炭黑及燃余气抽至袋式过滤器中过滤，尾气在袋滤间排除，过滤后的炭黑吸附在滤袋上，再由反吸风机将炭黑从袋滤器中抽出，并送入旋风分离器，炭黑由于离心力的作用碰在器壁上而失去速度落入气密阀中，气密阀将炭黑送至螺旋输送器，最后由螺旋输送器送入成粒机中选粒，成粒后即获成品炭黑，成品炭黑由成粒机出口漏斗自动流入包装纸袋中。

经旋风分离过后的尾气，由旋风分离器出口送至回收过滤器中，回收残余的炭黑。

8.3.1.2 槽法炭黑

槽法炭黑的生产工艺流程如图 8-3-2 所示。

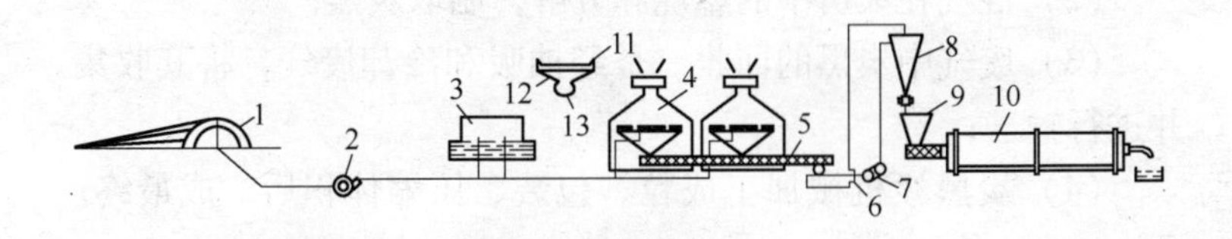

图 8-3-2 瓦斯槽法炭黑的生产工艺流程

1—矿井；2—瓦斯泵；3—防爆湿式瓦斯罐；4—火房；5—螺旋输送机；
6—气密阀；7—送风扇风机；8—分离器；9—漏斗；10—成粒机；
11—槽铁沉积面；12—燃管；13—燃烧气管

槽法炭黑的生产主要分两部分，即火房生产和炭黑半成品加工。火房是槽法生产炭黑的主要设备。在火房内部，有瓦斯管，沉积炭黑用的槽铁，吊槽铁的滑车，收集炭黑的漏斗和螺旋输送器等。

8.3.1.3 混气炭黑

混气活性炭黑的生产工艺流程如图 8-3-3 所示。

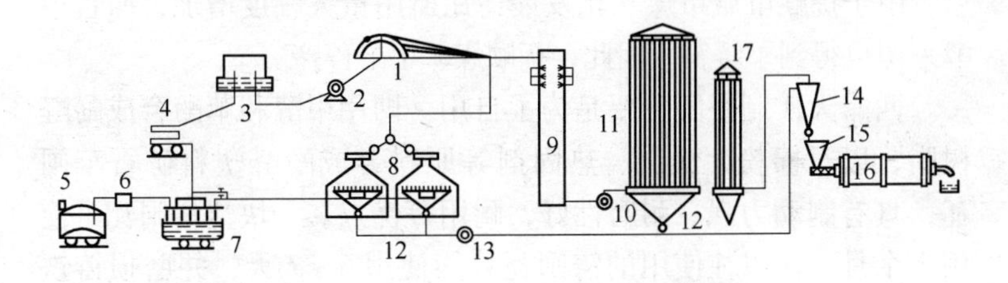

图 8-3-3 混气活性炭黑的生产工艺流程

1—矿井；2—瓦斯泵；3—防爆性湿式瓦斯罐；4—预热器；5—溶化釜；
6—齿轮泵；7—气化釜；8—火房；9—冷塔；10—烟气扇风机；
11—袋滤收集器；12—气密阀；13—扇风机；14—旋风分离器；
15—漏斗；16—成粒机；17—小袋滤器

混气活性炭黑的生产过程，可以分为 4 个工段：

(1) 原料的加工处理。脱去原料中的水分和机械杂质，熔化固体原料，预热瓦斯，并将预热瓦斯同碳氢化合物蒸气混合，制配混气；

（2）混气在火房中的燃烧和分解，制取炭黑；

（3）废气中炭黑的回收，是经抽吸和冷却废气，将其收集，并进行输送；

（4）炭黑经机械加工成粒、包装、压缩体积后，成最终产品。

8.3.2 利用矿井瓦斯生产甲醛

甲醛是有价合成的重要化工原料，主要用于合成树脂、纤维，并广泛应用于医药等工业部门。目前，有两种生产方式。一种是以天然气发生炉为原料进行生产，（首先将瓦斯制成甲醇，然后再氧化为甲醛，称为二步甲醛），另一种是将天然气直接氧化成甲醛（也称为一步法制甲醛）。抚顺西露天矿采用天然气一步法常压绝热氧化制甲醛工艺，1970 年 5 月建厂，同年 10 月一次性投产，年产甲醛 500t。日生产甲醛 0.8 ~ 1.7t。1980 ~ 1984 年间，由于矿井瓦斯利用转向民用，将甲醛改为季节（春夏季）性生产。1985 年后，由于抚顺市城市煤气化发展，瓦斯用量大幅度增加，而且甲醛来源也得到了缓解，因此，抚顺煤矿甲醛停产。

西露天矿制甲醛主要是为了自用。即用甲醛和苯酚合成酚醛树脂，以石棉粉、铁红、热固剂等原料合成酚醛塑料矿石车闸瓦，具有制动力强、耐磨性好，耐用等优点。一块塑料闸瓦可使用 3 个月，而以往使用的铸闸瓦只能使用 6 ~ 7 天，并磨损铸铁 6kg。经多年使用证明，在矿石车（60t）上使用塑料合成闸瓦是成功的。这样，一为该矿西部出车沟大坡道（42‰）改造提供了制动力高的塑料闸瓦，有力地促进露天矿剥离生产的发展；二是淘汰了铸铁闸瓦，年节省铸铁 2000 多吨；三是成本降低，1980 年核算，一块铸铁闸瓦成本 13.7 元，是一块塑料闸瓦成本的 1.6 倍。所以，用矿井瓦斯制甲醛，为矿坑改造创造了条件，取得了较好的经济效益。

8.3.2.1 反应原理

瓦斯（甲烷）常压绝热氧化制取甲醛的反应式为：

主反应

$$CH_4 + O_2 \xrightarrow{NO} CH_2O + H_2O + 282.2(kJ)$$

副反应

$$CH_4 + \frac{3}{2}O_2 \xrightarrow{NO} CO + 2H_2O + 519.6(kJ)$$

$$CH_4 + 2O_2 \xrightarrow{NO} CO_2 + 2H_2O + 802.6(kJ)$$

也可以认为

$$CH_4 \xrightarrow{O_2} CH_2O \xrightarrow{O_2} CO \xrightarrow{O_2} O_2$$

瓦斯（甲烷）氧化的最终结果是生成二氧化碳。甲醛只是瓦斯（甲烷）在氧化过程中的中间反应物，极不稳定，超过反应时间（0.15s）就会继续氧化而生成一氧化碳。因此，反应条件控制是很重要的。

8.3.2.2 工艺流程

瓦斯常压绝热氧化制取甲醛的工艺流程如图 8-3-4 所示。

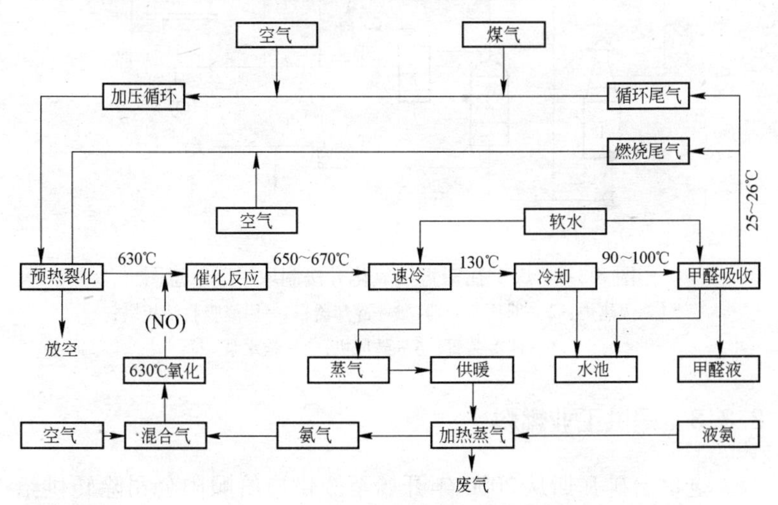

图 8-3-4 瓦斯常压绝热氧化制取甲醛的工艺流程

把瓦斯（浓度30%左右）气体送入预热炉加热到630℃左右，再送入反应器。反应所需的催化剂硼砂涂在反应器内装瓷环的表面；另一种催化剂一氧化氮，在原料气体未进入反应器之前压入总循环管中。瓦斯（甲烷）在反应器中催化剂的作用下，发生一系列的化学反应，甲醛就是他的中间产物。

为了使氧化产物不向纵深进行，必须控制反应气体在反应器内停留时间不超过0.15s，并要掌握住温度，使反应后气体的温度由670℃骤降到200℃以下，经过速冷的反应气体，再经过二级冷却器，降温到100℃以下，才能进入吸收塔与软水进行逆向吸收。这样，便可得到粗甲醛溶液。其制取方法如图8-3-5所示。

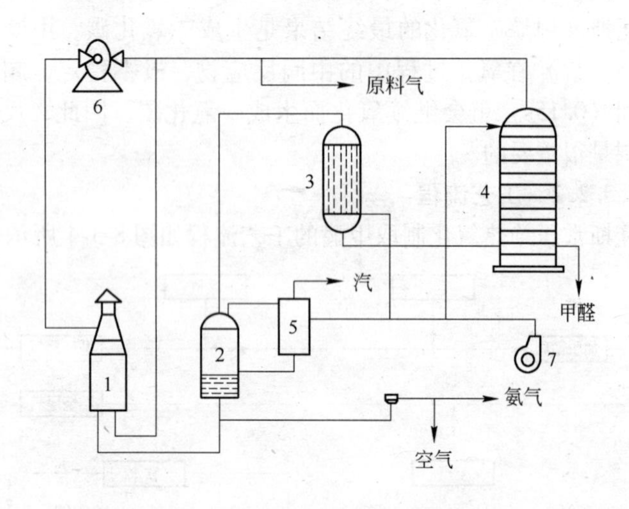

图8-3-5　煤矿瓦斯直接氧化方法制取甲醛示意图

1—预热炉；2—催化反应器；3—冷却器；4—甲醛吸收筛板塔；

5—速冷装置；6—鼓风机；7—软水泵

8.3.3　提供工业燃料

老虎台矿瓦斯从2000年开始至今供应给顺阳公司除转供给沈阳市东陵区生活用气外，还向抚顺特钢提供工业炼钢用燃料和向抚顺电磁厂提供烧陶瓷用燃料（瓦斯浓度 60%），销售价格 0.8 元/m^3，其中老虎台矿收 50% 利润。

顺阳公司胜利储配站瓦斯输配系统见图 8-3-6，转供气系统见图 8-3-7。

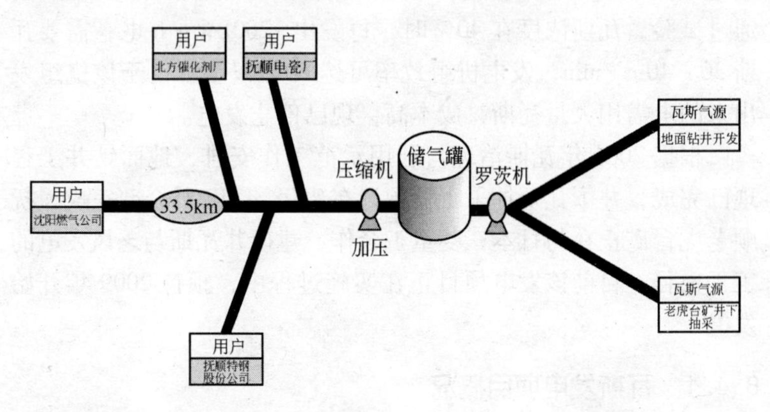

图 8-3-6 胜利储配站瓦斯输配系统示意图

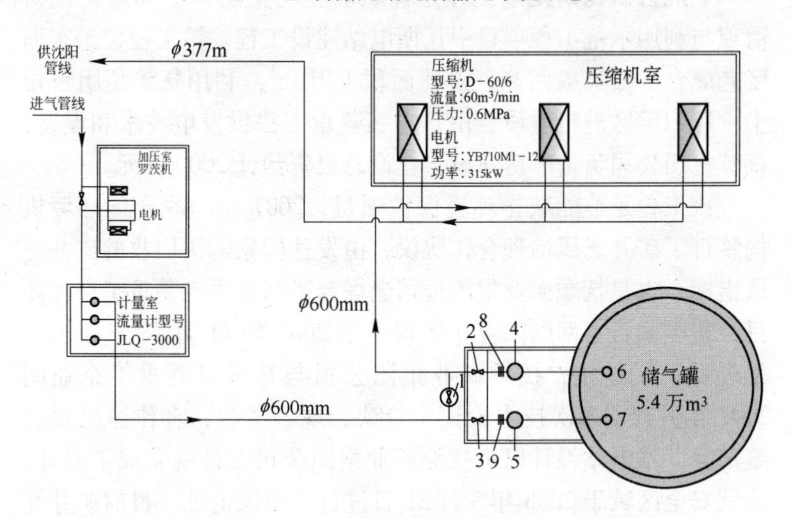

图 8-3-7 胜利储配站瓦斯输配供气系统

1—联络闸阀；2—煤气出口闸阀；3—煤气入口闸阀；4—出口水封罐；5—入口水封罐；6—出口管口；7—入口管口；8—出口挡板；9—入口挡板

8.4 瓦斯发电

1990 年，抚顺老虎台矿利用夏季民用低峰期剩余瓦斯发电。发电机组是从英国和挪威引进的。机组额定能力为 1500kW · h。通过试验，瓦斯浓度在 40% 时，每发出 1200kW · h 电，需要瓦斯 30 ~ 40m^3/min，发电机组效率可达 80% 以上。由于该机组发出来的电需用大量瓦斯，成本高，现已停止发电。

根据 2006 年瓦斯治理与利用示范工作安排，地面钻井工程现已完成，井下瓦斯抽采工程预计在 2008 年 12 月全部完成，抚顺老虎台矿正在与日本三菱重工合作，建矿井瓦斯与乏风发电的工程项目。目前该发电项目正在实施过程中，预计 2009 年开始发电。

8.4.1 瓦斯发电项目概况

老虎台矿瓦斯发电工程是抚顺矿业（集团）公司煤矿瓦斯治理与利用示范工程项目中瓦斯电站建设工程。该工程位于东洲区老虎台矿西风扇西侧，占地面积 1 万 m^2，利用抚矿集团公司十一厂旧厂区进行建设，由日本三菱重工提供发电技术和设备，抚矿集团公司负责厂房建设，建设总投资预计 2000 万元。

该工程是节能减排环境保护项目，2007 年与联合国环境机构签订了矿井乏风治理合作协议，由发达国家购买回收的矿井乏风指标；也是抚顺矿业集团公司老虎台矿与日本三菱重工合作项目，我国和日本两国间合作协议已于 2007 年 11 月 28 日在国家发改委正式签定；抚顺矿业集团公司与日本三菱重工企业间 2007 年进行了多次技术论证、洽谈、现场考察，合作协议现已签定完，发电站设计已由抚顺矿业集团公司设计院完成了设计，并就安全区域于 2008 年 3 月 31 日进行了专家论证。目前矿井瓦斯与乏风发电的工程项目正在实施之中，预计 2009 年末建成发电。

该发电站采用日本产 3500kW 燃气发电机组发电，利用老虎台西风扇6kV电源供电，年耗电量432万kW·h；利用老虎台矿矿井抽采瓦斯量（标态下）3400m³/h（浓度30%）。电站建成后，年发电量为3000万kW·h，并入矿区电网自用；回收矿井乏风（标态下）22600m³/h，减少周围空气污染。回收热能17800m³/h（温度360℃），供本厂或其他用户使用。

8.4.2 工艺流程

工艺流程见图8-4-1。

（1）井下瓦斯通过东岗瓦斯泵站抽采后，一部分瓦斯加压（甲烷浓度30%，压力0.51MPa）后直接进入3500kW瓦斯发电机组，一部分与矿井西风扇排出的井下回风（乏风，甲烷浓度0.3%，压力0.15MPa）通过混合器混合后进入瓦斯发电机组，进行燃烧发电。

（2）发电机发出的电量除自身用电以外，其余的通过架空线路送至杨柏矿区变电所。

（3）发电机产生的高温尾气，通过管式余热锅炉变成蒸汽，可供本厂和其他用户使用。

8.4.3 燃气供应与加压

8.4.3.1 燃气供应

（1）瓦斯发电机对燃气的要求见表8-4-1。

表8-4-1 瓦斯发电机燃气参数

瓦斯气体组成（体积分数）/%						
CO_2	C_nH_m	O_2	CO	H_2	CH_4	N_2
		<14.7			>30	<55.3
压力/MPa		流率/$m^3 \cdot h^{-1}$		密度/$kg \cdot m^{-3}$		热值/$kJ \cdot m^{-3}$
0.51		3400				10752

（2）老虎台矿西部泵房气体参数见表8-4-2。

（3）老虎台矿西风扇排出的矿井乏风气体参数见表8-4-3。

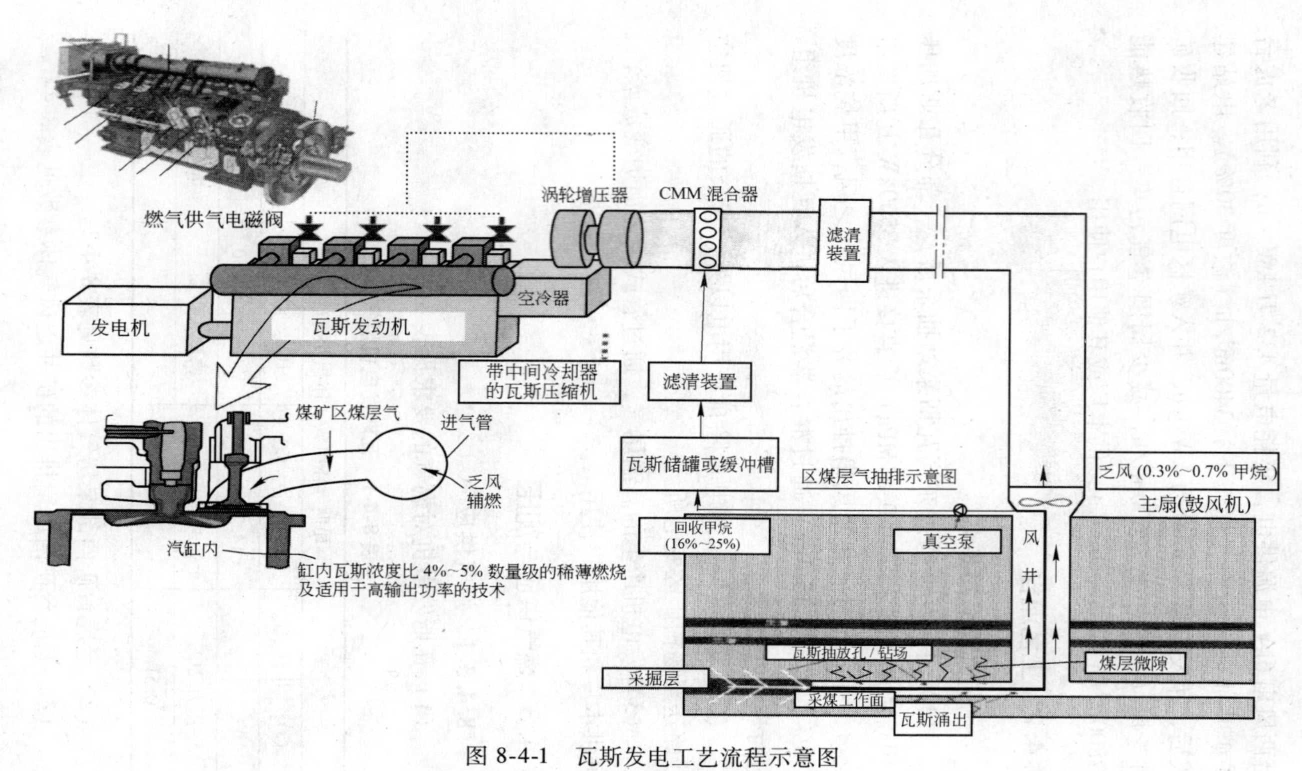

图 8-4-1　瓦斯发电工艺流程示意图

表 8-4-2　老虎台矿西部泵房气体参数

瓦斯气体组成（体积分数）/%						
CO_2	C_nH_m	O_2	CO	H_2	CH_4	N_2
8	0.1714	9.5			36	45
压力/MPa		流率/$m^3\cdot h^{-1}$		密度/$kg\cdot m^{-3}$		热值/$kJ\cdot m^{-3}$
0.003		7800				12815.081

表 8-4-3　老虎台矿西风扇排出的矿井乏风气体参数

乏风气体组成（体积分数）/%						
CO_2	C_nH_m	O_2	CO	H_2	CH_4	N_2
0.2	0.0014	20.2			0.28	79.2
压力/MPa		流率/$m^3\cdot h^{-1}$		密度/$kg\cdot m^{-3}$		热值/$kJ\cdot m^{-3}$
0.001		528000				

（4）用供应管线流程图的形式概括了井下瓦斯（CMM）和乏风（VAM）主要指标燃气流率、浓度以及压力（见图 8-4-2

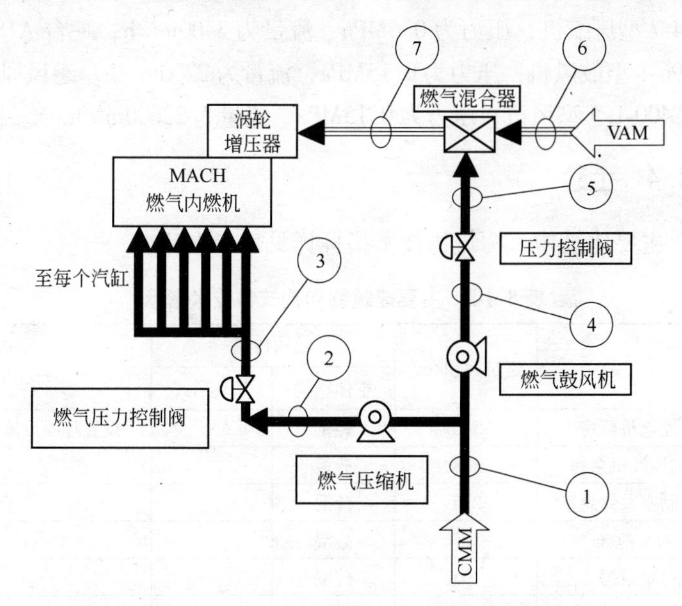

图 8-4-2　CMM/VAM 供应管线流程

和表 8-4-4）。

表 8-4-4　管线各处供应的 CMM/VAM 流率、压力和浓度

管　线	燃　气	流率/$m^3 \cdot h^{-1}$	压力/MPa	甲烷浓度（质量分数）/%
①	CMM	3400（*1）	0.003	30
②	CMM	3400（*1）	大于 0.51	30
③	CMM	3400（*1）	0.4	30
④	CMM	2200（*2）	大于大气压力	30
⑤	CMM	2200（*2）	<0	30
⑥	VAM	22600	大气压力	0.3
⑦	CMM&VAM	22600	<0	0.3～3

8.4.3.2　燃气加压

根据供应管线流程图中各处的流率和压力，分别在对应各处选择了相应的压缩机和鼓风机。由于燃气发电机要求压力在 0.51MPa，须设瓦斯加压风机房，风机房设备选用一台 2D12-60/0.04-7 型压缩机，压力为 0.6MPa，流量为 3400m^3/h；一台 A180-1.096-1 型鼓风机，压力为 0.15MPa，流量为 2200m^3/h。乏风风机为 C400-1.5 型风机，压力为 0.15MPa，流量为 22600m^3/h。

8.4.4　土建

主要建筑物、构筑物技术指标详见表 8-4-5。

表 8-4-5　主要建筑物和构筑物技术指标

名　称	建筑面积/m^2	结构特征		备　注
		主体结构	基础形式	
发电机厂房	340	轻钢		设置降噪设施
加压风机泵房	228	砖混		
控制室及休息室	235	砖混		
污水池/m^3	105	砖混		
水泵房	105	砖混		
冷却水池/m^3	2800	混凝土		

8.4.5 冷却水制备

8.4.5.1 冷却水水质及用水量

A 初级冷却水（软水）

特性要求：

pH 值：6 ~ 8

钙硬度：少于 30mg/L

氯离子：少于 100mg/L

硫离子：少于 50mg/L

二氧化硅：少于 50mg/L

供水温度：环境温度

供水压力：大约 0.2MPa（压力计）

消耗量：大约 60L/d、机组

B 次级冷却水（工业水）

特性要求：

pH 值：6 ~ 8

钙硬度：少于 30mg/L

二氧化硅：少于 50mg/L

导电性：少于 100nS/cm

供水温度：低于 35℃

供水压力：大约 0.2MPa（压力计）

循环流率：150m^3/h、机组

消耗量：大约 6.0m^3/h、机组

8.4.5.2 软化水流程

由于初级冷却水（软水）和次级冷却水（工业水）水质要求的特性指标相差不大，采用 2 级全自动离子交换方法对原水进行处理，完全可以达到初级冷却水和次级冷却水水质指标。

根据冷却水水质及用水量要求，采用大连贝斯特环境工程设备有限公司的 2 级全自动离子交换方法对原水进行处理（见图 8-4-3）。

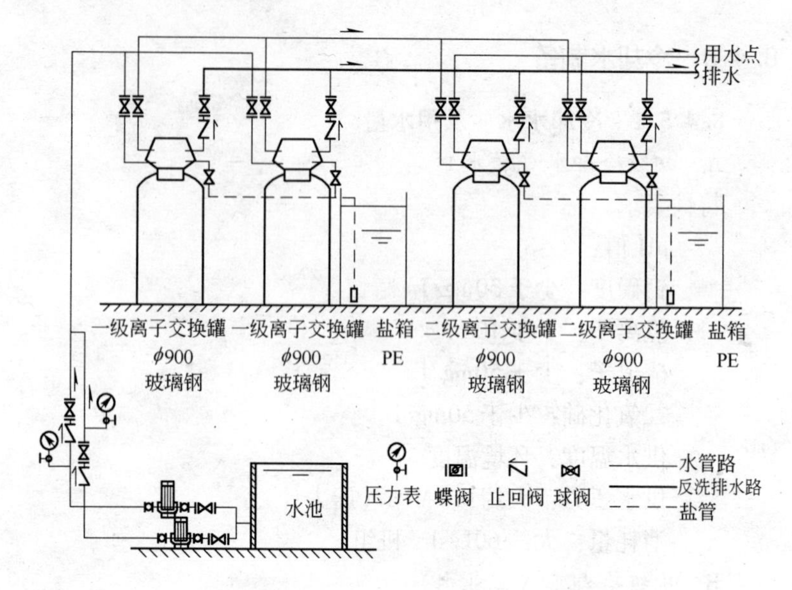

图 8-4-3 软化水（离子交换）流程

为保证用水要求，系统采用一备一用，处理水量 $12m^3/h$。

水泵型号：PC50-32-200D 流量：$15m^3/h$，扬程：30m。

8.4.5.3 次级冷却水循环系统

根据机组热负荷要求，次级冷却水温度为 46.7/32℃，湿球温度计 27℃，次级冷却水循环流率 $150m^3/h$。据此，选用冷却塔降温系统（见图 8-4-4）。

冷却塔型号：GFNDP-100 高温降工业型逆流玻璃钢冷却塔。温降 20℃时，冷却水量 $98.1m^3/h$。

冷却循环泵型号 PC150-125-350A，流量 $200m^3/h$，扬程 30m。

过滤器型号 SYS-200B1.0JZ/D-C，流量 $200m^3/h$。

8.4.6 供水及污水排放

8.4.6.1 供水

A 水量计算

（1）生活水量及水质：

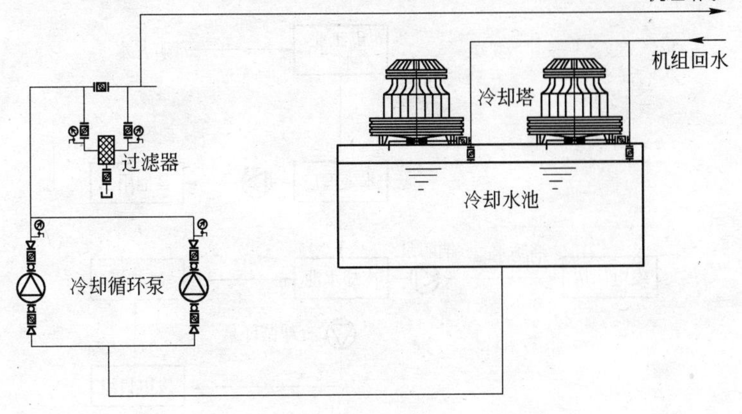

图 8-4-4　冷却塔降温系统流程

用水人数：40 人

生活水量：$0.07 \times 40 = 2.8m^3/d$

水质：自来水

（2）冷却水量及水质：

根据机组热负荷要求，初级冷却水消耗量：60L/d。次级冷却水消耗量：$6.0m^3/h$（$144m^3/d$）。

水质：软化水

（3）瓦斯排送机水量及水质：

根据设备要求，瓦斯排送机冷却水消耗量 $10.8m^3/d$。

水质：软化水

B　给水系统工艺流程

水源取自老虎台矿工业水厂净化后储水池，该处地面标高 +145m。工业水和消防水共用一条输水管道，管径 DN150mm，管道全长 1.5km。

冷却水池上部为生产用水，下部为消防用水，并设有必保消防用水时不被动用的措施。保证消防用水有效容积大于 $250m^3$，通过加压水泵向各处供消防用水。

给水系统工艺流程，如图 8-4-5 所示。

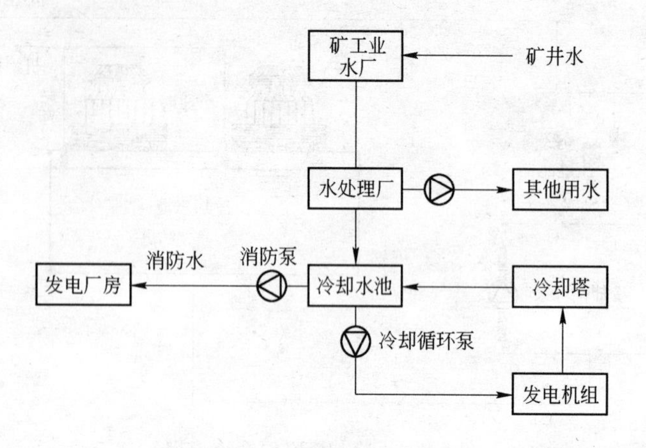

图 8-4-5　给水系统工艺流程

8.4.6.2　污水排放

A　污水点

（1）凉水塔排污水：水量约 1.5m^3/h,36m^3/d。

（2）空气冷却器排污水：水量约 0.35m^3/h,8.4m^3/d。

（3）生活污水：水量约 0.2m^3/h,4.8m^3/d。

（4）水处理排污水：水量约 0.5m^3/h,12m^3/d。

（5）瓦斯排送机排污水。

（6）乏风排送机排污水。

B　污水排放系统工艺流程

根据瓦斯发电厂各系统布局及标高，确定采用污水集中收集方案。

在设计标高最低处建污水池和污水泵房，利用污水池集中收集污水，再用污水泵输送到老虎台矿沉淀池处理（见图 8-4-6）。

8.4.7　供电系统

8.4.7.1　发电机投入运行前的供电电源

由老虎台西风扇引来 6kV 供电电源至电站变配电室为燃气

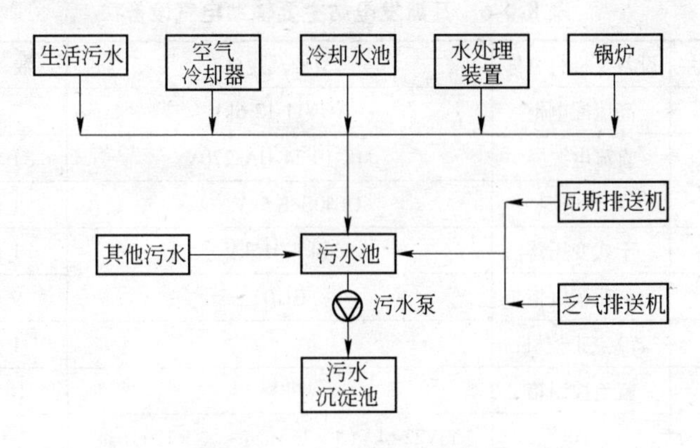

图 8-4-6　污水系统工艺流程

压缩机、乏风风机及辅机变压器供电。

8.4.7.2　发电电源输送

发电机投入运行后，切换至发电状态，断开供电电源，上述自用电由发电机提供，其余电能用架空线路输送至邻近的供电部杨柏变电所。

电站自用电有功功率1108kW，年耗电量432 万 kW · h。供电及输送系统见图 8-4-7。

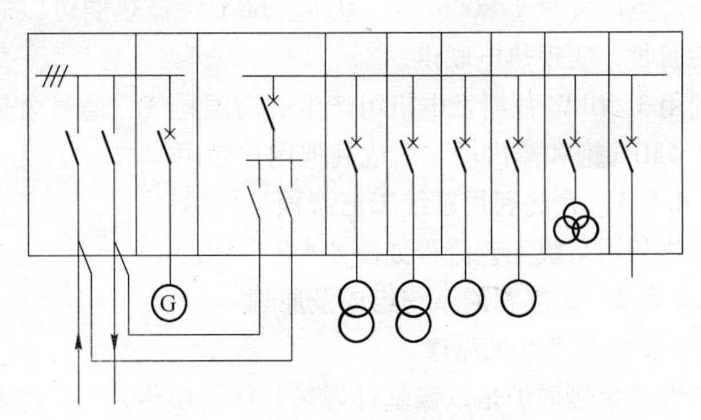

图 8-4-7　瓦斯发电站供电及输送系统示意图

8.4.7.3　主要辅助电气设备

主要辅助电气设备见表 8-4-6。

表 8-4-6 瓦斯发电站主要辅助电气设备

序 号	设备及材料名称	型号及规格	数 量
1	高压配电柜	XGN11-12 6kV	7 台
2	直流电源屏	MK-10-24-HA/220V	1 台
3	UPS 电源	UL50S/L 5kV · A	1 台
4	干式变压器	6/0. 4kV 315kV · A	1 台
5	低压配电柜	GGD2	9 台
6	50 点工控机		1 台
7	就地控制箱	非标	10 台
8	动力电缆	YJV22-6kV(3 × 16)mm ~ (3 × 120)mm	500m
9	动力电缆	VV-1kV(3 × 6)mm ~ (3 × 150)mm	270m
10	控制电缆	kVV-500 4 ~ 14 芯	430m
11	钢芯铝绞线	LGJ-240mm^2	900m
12	混凝土杆	$H = 10$m	8 根

8. 4. 8 尾气余热利用

燃气发电机组在发电的同时，燃烧尾气还产生大量的热能，本机组产生尾气量 17800m^3/h，温度 360℃。该热能可以通过余热锅炉回收，实现热电联供。

利用 3500kW 瓦斯发电机组产生的高温尾气，通过余热锅炉生产 0. 4MPa 饱和蒸汽供本厂或其他用户使用。

8. 4. 8. 1 余热利用系统工艺流程

余热利用系统工艺流程如图 8-4-8 所示。

8. 4. 8. 2 余热利用系统组成及原理

A 余热利用系统原理

热管式余热锅炉是以镍基钎焊热管作为换热元件，将发电机组产生的高温尾气通过伸入烟道中的热管，传递给汽包中的介质，并加热介质，把水变为饱和蒸气。通过水位控制器控制水位高低，当水位达到低水位时，控制柜将信号给水泵，水泵开启。

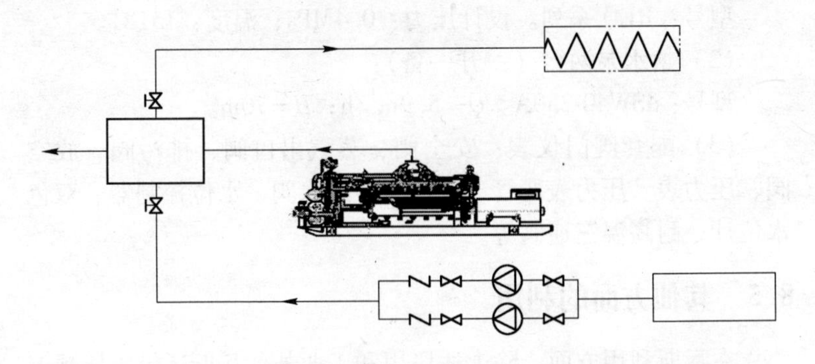

图 8-4-8　余热利用系统工艺流程

当水位达到高水位时，水泵停止，如此反复循环。余热利用系统见图 8-4-9。

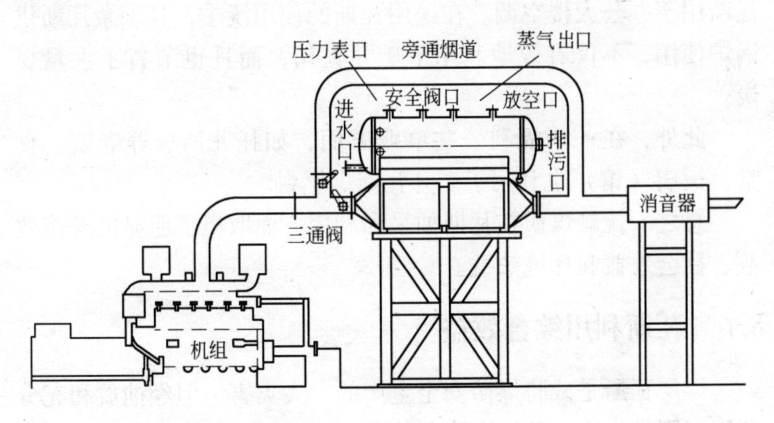

图 8-4-9　余热利用系统简图

B　余热利用系统组成

系统主要由热管式余热锅炉、给水泵、阀门仪表、输水输汽管线以及尾气管线等组成。

系统的设计压力为 0.4MPa，蒸汽介质工作温度在 151℃。

设备型号及参数：

(1) 管式余热蒸气锅炉 1 台。

型号：REQ 系列。设计压力：0.4MPa；温度：151℃。

（2）给水泵两台（一开一备）：

型号：ISW40-250A。$Q=5.9\mathrm{m}^3/\mathrm{h}$；$H=70\mathrm{m}$。

（3）配套阀门仪表：安全阀、蒸汽出口阀、排污阀、放空阀、压力表、压力表弯管、针形阀、给水阀、水位控制器、双色水位计；耐高温三通阀等。

8.5　其他方面的利用

在瓦斯利用方面，除上述民用和工业外，瓦斯还供给抚顺市玻璃厂做燃料，生产工艺玻璃；为塑料厂生产塑料做原料；20 世纪 60 年代中期还为灯泡厂提供矿井瓦斯 2200 万 m^3；为火药厂生产安全被筒炸药用矿井瓦斯燃料炒盐；近年来老虎台矿还将瓦斯用于办公大楼空调。在民用瓦斯的使用淡季，其剩余瓦斯供锅炉使用，不仅有效地利用了矿井瓦斯，而且也节省了大量煤炭。

此外，在一些福利公共事业方面，如托儿所、养老院、食堂、饭店（馆）也利用了矿井瓦斯做燃料。

总之，抚顺煤矿在瓦斯抽采和利用方面取得了明显的经济效益、社会效益和环境效益。

8.6　瓦斯利用综合效益

煤层瓦斯是威胁煤矿安全生产的一大灾害，但经抽放和充分利用，则可作为一种洁净能源使其“化害为利”，“变废为宝”。抚顺煤矿在瓦斯抽放与利用方面，就收到了明显的综合效益。

8.6.1　安全效益

抚顺煤矿煤层瓦斯含量较高，开采过程中瓦斯涌出量较大，如若不抽放瓦斯或抽放效果不好，根本无法开采。历史上曾多次发生过瓦斯燃爆事故。新中国成立前 1907～1949 年的 43 年中瓦斯事故死亡 3334 人，百万吨死亡率高达 13.777；新中国成立后尤其近几年，瓦斯抽放技术与工艺不断改进，瓦斯事故的百万吨死亡率大幅度下降：1950～1979年（30年）为1.196，1980～1997年（18年）为0.696，而1998年至今为0，重大瓦斯事故基本得到控制（见表8-6-1）。

表8-6-1 抚顺煤矿历年瓦斯事故死亡人数表

年　度	生产原煤/t	瓦斯事故死亡数/人	死亡率(人/百万t)/%
1907～1949年(43年)	242×10^6	3334	13.777
1950～1979年(30年)	184×10^6	220	1.196
1980～1997年(18年)	109.2×10^6	76	0.696
1998～2007年(10年)	34.78×10^6	0	0

8.6.2 经济效益

煤层瓦斯是一种可燃气体，燃烧时放出热量（不同浓度的甲烷其发热量见表8-6-2）。1.5m³的纯瓦斯可等于1kg汽油；1m³的纯瓦斯可使6.5kg的水煮沸。煤层瓦斯可用作民用燃料，能够节省大量木材和煤炭；还可用作工业原料或发电，同样可收到可观的经济效益。

表8-6-2 不同浓度甲烷的发热量

甲烷浓度（体积分数）/%	30	40	50	60	70	80	90	100
发热量/$MJ \cdot m^{-3}$	10.47	14.23	17.79	21.35	24.91	28.47	31.82	35.19

抚顺煤矿瓦斯利用较早，利用率较高，同时也获得了较好的经济效益。仅近3年（2005～2007年）抚矿集团公司瓦斯销售收入就达1.139亿元，其中用于工业燃料和沈阳居民燃气收入为4901.4万元，用于抚顺市和矿区居民燃气收入分别为3878.6万元、2609万元。老虎台矿近10年瓦斯收入约2.1亿元（见表8-6-3）。

表 8-6-3　老虎台矿近 10 年瓦斯收入和成本及利润情况

时　间	收入/万元	成本/万元	税金/万元	利润/万元
1998 年	1763	748		1015
1999 年	1107	418	20	669
2000 年	1482	774	15	693
2001 年	1670	663	19	988
2002 年	1640	1218	20	402
2003 年	2050	1311	28	711
2004 年	2962	1368	42	1552
2005 年	2903	1521	48	1334
2006 年	2985	1815	46	1124
2007 年	2363	2577	53	-267
合　计	20925	12413	291	8221

另外，按瓦斯和煤的发热量进行折算，并考虑到瓦斯比煤的热效率高的因素，250m^3瓦斯即可代替 1t 标准煤。抚顺煤矿每年抽出瓦斯 1 亿 m^3，可折合年 40 万 t 标准煤；1952 ~ 2007 年抽放总量为 51.02 亿 m^3，折合标准煤 2040.8 万 t，相当于一个 100 万 t/a 矿井 20 年的产煤量。

8.6.3　环境效益

研究表明，作为瓦斯主要成分的甲烷是继 CO_2之后的另一种重要的温室气体（占 15%），且甲烷在大气中的生命期为 CO_2（10 年）的 20 倍。甲烷对大气臭氧层的破坏而导致温室效应的强烈程度要比 CO_2高得多。在过去的 100 年中，甲烷的强度比 CO_2高 21 倍，在最近的 20 年中其强度比 CO_2高 63 倍。减少煤层瓦斯排入大气的数量而尽量加以利用，不仅可收到显著的经济效益，而且还可起到减少对大气环境的污染、控制温室效应的重要作用，这是世界各产煤国家面临的迫切任务。中国每年泄出的甲烷占世界总量的 26.46% ~ 31.13%，为世界之首，因此应加大煤层瓦斯开发利用的工作力度。

抚顺煤矿每年抽出 1 亿 m^3 以上的瓦斯全部利用而不排入大气，不仅是避免了瓦斯（甲烷）对大气的直接污染（温室效应）；而且，也避免了 21.56 万户居民每年烧掉 107.8 万 t 煤炭（按每户 5t/a 计）所产生的大量烟尘、垃圾及其他有害气体对城市环境和人体健康的恶劣影响。

由此可见，在煤层瓦斯综合利用方面，目前主要工程建设内容已经完成，矿井瓦斯已为民用和工业使用，瓦斯利用率达到 100%，取得了合理充分利用瓦斯资源重要成果。

新建瓦斯利用设施及配套瓦斯储存罐一座，现在建年发电量 6000 万 kW·h 坑口电站。项目实施后，将形成民用、工业、发电并举的瓦斯利用新格局。民用与工业用瓦斯工程现已完成；与日本三菱公司合作实施的矿井瓦斯与乏风发电工程项目正在实施过程中，预计 2009 年 10 月开始发电。

9　瓦斯综合治理与利用技术集成

9.1　《矿井瓦斯抽采与利用管理规范》

一、总则

第1条： 为切实贯彻执行《煤矿安全规程》中有关瓦斯抽放的各项规定，加强瓦斯抽放技术管理，提高瓦斯抽放效果，保证煤矿安全生产；为贯彻落实“先抽后采、监测监控、以风定产”的瓦斯治理方针；为更好地执行AQ1027—2006《煤矿瓦斯抽放规范》；充分利用资源，保护生态环境，制定《抚顺矿区瓦斯抽放规范》（以下简称《规范》）。

二、范围

第2条： 本标准规定了建立矿井瓦斯抽放系统的条件及工程设计要求、瓦斯抽放方法、瓦斯抽放管理及职责、瓦斯利用、瓦斯抽放系统的报废程序，以及瓦斯抽放基础参数的测算方法、各类瓦斯抽放方法的抽放率、瓦斯抽放监控系统参数的指标要求和瓦斯抽放工程设计有关计算方法。

三、规范性引用文件

第3条： 下列文件中的条款通过本标准的引用而成为本标准的条款。凡是注日期的引用文件，其随后所有的修改单或修订版均不适用于本标准。凡是不注日期的引用文件，其最新版本适用于本标准。

《煤矿瓦斯抽放规范》（国家安全生产监督管理总局AQ1027—2006）。

《抚顺煤田瓦斯及其防治》（1992 年煤炭工业出版社）。

四、术语和定义

第 4 条：下列术语和定义适用于本标准：

（1）瓦斯抽放：采用专用设备和管路把煤层、岩层和采空区中的瓦斯抽出的措施。

（2）未卸压抽放瓦斯：抽放未受采动影响和未经人为松动卸压煤（岩）层的瓦斯，也称为预抽。

（3）卸压抽放瓦斯：抽放受采动影响和经人为松动卸压煤（岩）层的瓦斯。

（4）本煤层抽放瓦斯：抽放开采煤层的瓦斯。

（5）采空区抽放瓦斯：抽放现采工作面采空区和老采空区的瓦斯。前者称现采空区（半封闭式）抽放，后者称老采空区（全封闭式）抽放。

（6）地面瓦斯抽放：在地面向井下煤（岩）层打钻孔抽放瓦斯。

（7）综合抽放瓦斯：在一个矿井或工作面同时采用 2 种或 2 种以上方法进行抽放瓦斯。

（8）预抽：在煤层未受采动以前进行的瓦斯抽放。

（9）瓦斯储量：煤田开采过程中，能够向开采空间排放瓦斯的煤层和岩层中赋存瓦斯的总量。

（10）矿井瓦斯抽放纯量：矿井抽出瓦斯气体中的甲烷含量。

（11）煤层透气性系数：表征煤层对瓦斯流动的阻力，反映瓦斯沿煤层流动难易程度的系数。

（12）钻孔瓦斯流量衰减系数：表示钻孔瓦斯流量随时间延长呈衰减变化的系数。

（13）瓦斯抽放率：矿井、采空区、工作面等的抽放瓦斯量占瓦斯涌出总量（风排瓦斯量与抽放量之和）的百分比。

（14）瓦斯预抽率：煤层未采动之前抽出的瓦斯量与煤层瓦斯原始储量之比。

(15) 边采边抽：抽放回采工作面前方卸压煤体的瓦斯或厚煤层开采时抽放未采分层卸压煤体的瓦斯。

(16) 边掘边抽：掘进巷道的同时，抽放巷道周围卸压煤体内的瓦斯。

(17) 穿层钻孔：在岩石巷道或煤层巷道内向煤层打垂直或斜交层理的钻孔。

(18) 顺层钻孔：在煤层巷道内，沿煤层布置的钻孔。

(19) 斜交钻孔：与工作面呈一定夹角布置的顺层钻孔。

(20) 平行钻孔：与工作面平行布置的顺层钻孔。

(21) 高位钻孔：在风巷向煤层顶板施工的抽放钻孔（进入裂隙带）。

(22) 深孔预裂爆破：在钻孔内利用炸药爆破作为动力，使煤体裂隙增大，提高煤层透气性的一种措施。

(23) 封孔器：瓦斯抽放和煤层注水钻孔孔口的密封装置。

(24) 放水器：用于储存和放出抽放管中积水的专用装置。

(25) 防回火装置：在抽放瓦斯管中，阻止火焰蔓延的安全装置。

五、建立抽放瓦斯系统

第5条：有下列情况的矿井，必须建立地面永久抽放瓦斯系统：

(1) 一个采煤工作面的瓦斯涌出量大于5m^3/min或一个掘进工作面瓦斯涌出量大于3m^3/min，用通风方法解决瓦斯问题不合理的；

(2) 矿井绝对瓦斯涌出量大于或等于40m^3/min或矿井瓦斯涌出量大于等于10m^3/t的；

(3) 开采有煤与瓦斯突出危险煤层的。

六、地面永久瓦斯抽放系统

第6条：地面永久瓦斯抽放系统工程设计内容：

（1）矿井概况：煤层赋存条件、矿井煤炭储量、生产能力、巷道布置、采煤方法及通风状况；

（2）瓦斯基础数据：瓦斯鉴定参数，矿井瓦斯涌出量，煤层瓦斯压力、含量，矿井瓦斯储量及可抽量，煤层透气性系数与钻孔瓦斯流量及其衰减系数。

（3）抽放方法：钻孔（尾巷）布置与抽放工艺参数；

（4）抽放设备：抽放泵、管路系统、检测及安全装置；

（5）泵房建筑：泵房、供水、供电、采暖、避雷及其他；

（6）利用瓦斯：利用方式和利用量、利用方案、资金概算；

（7）技术经济指标：投资概算及工期；

（8）设计文件：设计说明书、设备与器材清册、资金概算、图纸。

第7条：瓦斯抽放系统工程设计的一般规定：

（1）瓦斯抽放工程设计应体现技术先进、经济合理、安全可靠的原则，因地制宜地采取新技术、新工艺、新设备、新材料。

（2）生产矿井以本矿地质、瓦斯资料为依据。

（3）瓦斯抽放工程设计应与矿井开采设计同步进行，合理安排掘进、抽放、回采三者之间的超前与接替关系，保证有足够的工程施工及抽放时间。

（4）因矿井走向长、瓦斯涌出量大、瓦斯利用点分散，一套瓦斯抽放系统难以满足要求，瓦斯抽放站应分散建立。

（5）瓦斯抽放工程设计应进行矿井瓦斯资源的评价。

第8条：矿井瓦斯储量、可抽瓦斯量、瓦斯抽放率、年抽放量及抽放年限：

（1）矿井瓦斯储量应为矿井可采煤层的瓦斯储量、受采动影响后能够向开采空间排放的不可采煤层及围岩瓦斯储量之和。

（2）矿井可抽瓦斯量是指矿井瓦斯储量中在当前技术水平下能被抽出来的最大瓦斯量。

（3）设计瓦斯抽放率，可根据煤层瓦斯抽放方法、瓦斯涌出来源等因素综合确定。

(4) 矿井设计年瓦斯抽放量或矿井设计年瓦斯抽放规模按设计的日瓦斯抽放量乘以矿井设计年工作日数计算。

(5) 矿井或水平的抽放年限应与其抽放瓦斯区域的开采年限相适应。

第9条：抽放管路系统：

(1) 抽放管路系统应根据井下巷道的布置、抽放地点的分布、瓦斯利用的要求以及矿井的发展规划等因素确定，避免或减少主干管系统的频繁改动，确保管道运输、安装和维护方便，并应符合下列要求：

1) 抽放管路通过的巷道曲线段少、距离短，管路安装应平直，转弯时角度不应大于50°；

2) 抽放管路系统架设应便于行人、行车和维修；

3) 抽放干管必须在容易积水地点设置放水装置；

4) 管径要统一，变径时必须设过渡节。

(2) 瓦斯抽放管路的管径应按最大流量分段计算，并与抽放设备能力相适应，抽放管路按经济流速为5~15m/s和最大通过流量来计算管径，抽放系统管材的备用量可取10%。

(3) 当采用专用钻孔敷设抽放管路时，专用钻孔直径应比管道外形尺寸大100mm。

(4) 抽放管路总阻力包括摩擦阻力和局部阻力；摩擦阻力可用低负压瓦斯管路阻力公式计算；局部阻力可用估算法计算，一般取摩擦阻力的10%~20%。

(5) 地面管路布置：

1) 尽可能避免布置在车辆通行频繁的主干道旁；

2) 不得将抽放管路和动力电缆、照明电缆及通讯电缆敷设在同一条地沟内；

3) 主干管应与城市及矿区的发展规划和建筑布置相结合；

4) 抽放管道与土地上、下建（构）筑物及设施的间距，符合《工业企业总平面设计规范》的有关规定；

5）瓦斯管道不得从地下穿过房屋或其他建（构）筑物，一般情况下也不得穿过其他管网，当必须穿过其他管网时，应按有关规定采取措施。

（6）抽放管路附属装置及设施：

1）主管、分管、支管及其与钻场连接处应装设瓦斯计量装置；

2）抽放钻场、管路拐弯、低洼温度突变处及沿管路适当距离（间距一般为200～300m，最大不超过500m）应设置放水器；

3）在管路的适当部位应设置除渣装置和测压装置；

4）抽放管路分岔处应设置控制阀门，阀门规格应与安装地点的管径相匹配；

5）地面主管上的阀门应设置在地表下用不燃性材料砌成的不透水观察井内，其间距为500～1000m。

（7）在条件允许的地点，可选用新材料的瓦斯管，但井下抽放瓦斯管路禁止采用玻璃钢管。

（8）在倾斜巷道中，管路应设置防滑卡，其间距可根据巷道坡度确定。对28°以下的斜巷，间距一般取15～20m。

（9）抽放管路应有良好的气密性及采取防腐蚀、防砸坏、防带电及防冻等措施。

（10）通往井下的抽放管路应采取防雷措施。

第10条：抽放设备及抽放站：

（1）矿井瓦斯抽放设备能力应满足矿井瓦斯抽放期间或在瓦斯抽放设备服务年限内所达到的开采范围的最大抽放量和最大抽放阻力的要求，且应有不小于15%的富余能力。矿井抽放系统的总阻力，必须按管网最大阻力计算，瓦斯抽放系统应不出现正压状态。

（2）在一个抽放站内，瓦斯抽放泵及附属设备只有一套工作时，应备用一套；两套或两套以上工作时，应至少备用一套。

（3）抽放站位置：

1）设在不受洪涝威胁且工程地质条件可靠地带，应避开滑坡、溶洞、断层破碎带及塌陷区等；

2）宜设在回风井场地内，站房距井口和主要建筑物及居住区不得小于50m；

3）站房及站房周围20m范围内禁止有明火；

4）站房应建在靠近公路和有水源的地方；

5）站房应考虑进出管敷设方便，有力瓦斯输送，并尽可能留有扩能的余地。

（4）抽放站建筑：

1）站房建筑必须采用不燃性材料，耐火等级为二级；

2）站房周围必须设置栅栏或围墙。

（5）站房附近管道应设置防水器及防爆、防回火、防回水装置，设置放空管及压力、流量、浓度测量装置，并应设置采样孔、阀门等附属装置。放空管设置在泵的进、出口，管径应大于或等于泵的进、出口直径，放空管的管口要高出泵房房顶3m以上。

（6）泵房内电器设备、照明和其他电器、检测仪表均应采用矿用防爆型。

（7）抽放站应有双回供电线路。

（8）抽放站应有防雷电、防火灾、防洪涝、防冻等设备。

（9）干式瓦斯抽放泵吸气侧管路系统必须装有防回火、防回气、防爆炸的安全装置。

（10）站房必须有直通矿调度的电话。

（11）抽放泵运转时，必须对泵水流量、水温度、泵轴温度等进行监测监控。

（12）抽放泵站应有供水系统。泵房设备冷却水一般采用闭路循环。给水管路及水池容积均应考虑消防水量。污水应设置地沟排放。

（13）抽放站采暖与通风应符合现行的《煤炭工业矿井设计规范》的有关规定。

（14）废水、噪声和对空气排放瓦斯不得超过工业卫生规定指标，抽放站场地应搞好绿化。

第 11 条： 瓦斯抽放参数的监测、监控：

（1）地面永久瓦斯抽放系统必须建立瓦斯抽放参数监控系统。

（2）矿井瓦斯抽放系统必须监测抽放管道中的瓦斯浓度、流量、负压、温度和一氧化碳等参数，同时监测抽放泵站内瓦斯泄漏等。当出现瓦斯抽放浓度过低、一氧化碳超限、泵房内有瓦斯泄漏等情况时，应能报警并使抽放泵主电源断电。

（3）抽放泵站内应配置专用检测瓦斯抽放参数的仪器仪表。

七、瓦斯抽放方法

第 12 条： 一般规定：

（1）建立瓦斯抽放系统的矿井必须实施先抽后采或边采边抽。

（2）按矿井瓦斯来源实施开采煤层瓦斯抽放、采空区瓦斯抽放。

（3）对瓦斯涌出较大，采取一种措施不能有效治理瓦斯超限时，应采用综合瓦斯抽放方法。

第 13 条： 瓦斯抽放方法选择：

（1）开采层瓦斯抽放方法：

未卸压煤层进行预抽，煤层瓦斯抽放的难易程度可划分为三类，见表 9-1-1。

表 9-1-1　煤层瓦斯抽放难易程度

类　别	钻孔流量衰减系数（d^{-1}）	煤层透气性系数/$m^2 \cdot (MPa^2 \cdot d)^{-1}$
容易抽放	<0.003	>10
可以抽放	0.003~0.05	10~0.1
较难抽放	>0.05	<0.1

1）煤层透气性较好、容易抽放的煤层，宜采用本层预抽方法，一般采用穿层布孔方式。

2）煤巷掘进瓦斯涌出量较大的煤层，可采用边掘边抽或先抽后掘的抽放方法。

（2）采空区瓦斯抽放方法：

1）老采空区应选用全封闭式抽放方法。

2）现采空区应主要采取尾巷抽放。

3）在采取尾巷抽放仍然不能很好解决瓦斯超限问题时，可辅以埋管抽放、迎巷钻孔抽放、平行钻孔抽放等综合抽放。

4）综放工作面开采初期应采取顶煤道抽放瓦斯。

5）必须经常检测抽放管中 CO 浓度和气体温度等有关参数的变化。发现有自然发火征兆时，必须采取防止煤自燃的措施。

6）对现采空区抽放瓦斯地点每班都必须检查抽放管中瓦斯浓度，一般情况下尾巷浓度不得低于 80%（光谱瓦斯检测仪测定），其他地点不应低于 50%。

（3）煤与瓦斯突出矿井开采保护层时，必须同时抽放被保护煤层的瓦斯。

第 14 条：专用抽放瓦斯巷道的要求：

（1）专用抽放瓦斯巷道的位置、数量应能达到良好的抽放效果。

（2）必须提前掘好巷道，保证有足够的抽放时间，有较大的抽放范围。

（3）专用于敷设抽放管路、布置钻长、钻孔的瓦斯抽放巷道采用矿井全风压通风时，巷道风速不得低于 0.5m/s。

第 15 条：钻场钻孔布置：

（1）钻场的布置应免受采动影响，避开地质构造带，便于维护，利于封孔，保证抽放效果。

（2）尽量利用现有的开拓、准备和回采巷道布置钻场。

（3）对开采层未卸压抽放，除按钻孔抽放半径确定合理的孔间距外，应尽量增大钻孔的见煤长度。

（4）临近层卸压抽放，应将钻孔打在采煤工作面顶板冒落后所形成的裂隙带内，并避开冒落带。

（5）强化抽放布孔方式除考虑应取得良好的抽放效果外，

还应考虑施工方便。

(6) 边采边抽钻孔的方向应与开采推进方向相迎，避免采动首先破坏钻孔或钻场。

(7) 钻孔方向应尽可能正交或斜交煤层层理。

(8) 穿层钻孔终孔位置，应在穿过煤层顶板0.5m处。

第16条：封孔：

(1) 封孔方法的选择应根据抽放方法及孔口所处煤(岩)层位、岩性、构造等因素综合确定,因地制宜地选用新方法、新工艺。

(2) 岩壁钻孔，宜采用封孔器封孔。封孔器械应满足密封性能好、操作便捷、封孔速度快的要求。

(3) 煤壁钻孔，宜采用充填材料进行压风封孔。封孔材料可选用膨胀水泥、聚氨酯等新型材料。在钻孔所处围岩条件较好的情况下，以可选用水泥砂浆或其他封孔材料。

(4) 封孔长度：

1) 孔口段围岩条件好、构造简单、孔口负压中等时，封孔长度可取2~3m。

2) 孔口段围岩裂隙较发育或孔口负压高时，封孔长度可取4~6m。

3) 在煤壁开孔的钻孔，封口长度可取5~8m。

4) 采用除聚氨酯以外的其他材料封孔时，封孔长度与封孔深度相等。

5) 采用聚氨酯封孔时，封孔长度见表9-1-2。

表9-1-2 聚氨酯封孔参数

封孔材料	钻孔条件	封孔长度	封孔深度
聚氨酯	孔口段较完整	0.8	3~5
	孔口段较破碎	1.0	4~6

(5) 钻孔封孔质量检查标准：

1) 预抽瓦斯钻孔抽放过程中孔口瓦斯浓度不应小于40%。

2) 边采边抽和边掘边抽瓦斯钻孔抽放过程中孔口瓦斯浓度

不应小于30%。

3）当钻孔封孔质量达不到上述标准时，应加大封口段长度。

当采用地面钻孔瓦斯抽放时，抽放结束后应全孔封实。

八、瓦斯抽放管理

第17条：根据《煤矿安全规程》第145条规定：建立完善的瓦斯抽采系统的矿井，严格执行“逢采必抽”和以“预抽为主”、“边采边抽”、“采空区”抽放为辅的综合抽放措施，做到采、掘、抽平衡。

第18条：矿井必须把瓦斯抽采工程列入矿井正常的生产程序，与矿井采区开采设计同步进行，在编制矿井长远和近期生产计划的同时，必须编制相应的长远和近期的瓦斯抽采计划，合理安排掘进、抽放、回采三者之间的超前与接替关系。在设计新水平、新采区时必须认真考虑瓦斯抽采工作，在保证安全的前提下确保瓦斯抽采工程按期实施，从而保证有足够的工程施工及抽放时间。

第19条：瓦斯抽采工作作为矿井安全生产的一个重要环节，必须纳入到矿井年度考核的指标。集团公司每年将瓦斯抽采指标同样列为集团公司对老虎台矿矿井考核的重要指标。

第20条：矿井必须实行“先抽后采”及“边抽边采”。采区或采煤工作面准备前必须进行瓦斯预抽，瓦斯预抽率达不到30%的，必须由矿总工程师负责制定补救措施，报集团公司审批。

第21条：地面瓦斯抽放设备及抽放站必须符合下列要求：

（1）矿井瓦斯抽放设备能力应满足矿井瓦斯抽放期间或在瓦斯抽放设备服务年限内所达到的开采范围的最大抽放量和最大抽放阻力的要求，且应有不小于15%的富余能力。矿井抽放系统的总阻力，必须按管网最大阻力计算，瓦斯抽放系统应不出现正压状态。

（2）在一个抽放站内，瓦斯抽放泵及附属设备只有一套工作时，应备用一套；两套或两套以上工作时，应至少备用一套。

（3）抽放站位置：设在不受洪涝威胁且工程地质条件可靠地带，应避开滑坡、溶洞、断层破碎带及塌陷区等；宜设在回风井场地内，站房距井口和主要建筑物及居住区不得小于50m；站房及站房周围20m范围内禁止有明火；站房应建在靠近公路和有水源的地方；站房应考虑进出管敷设方便，有利于瓦斯输送，并尽可能留有扩能的余地。

（4）抽放站建筑：站房建筑必须采用不燃性材料，耐火等级为二级；站房周围必须设置栅栏或围墙；站房附近管道应设置放水器及防爆、防回火、防回水装置，设置放空管及压力、流量、浓度测量装置，并应设置采样孔、阀门等附属装置。放空管设置在泵的进、出口，管径应大于或等于泵的进、出口直径，放空管的管口要高出泵房房顶3m以上。泵房内电器设备、照明和其他电器、检测仪表均应采用矿用防爆型。抽放站应有双回供电线路。抽放站应有防雷电、防火灾、防洪涝、防冻等设备。干式瓦斯抽放泵吸气侧管路系统必须装有防回火、防回气、防爆炸的安全装置。站房必须有直通矿调度的电话。抽放泵运转时，必须对泵水流量、水温度、泵轴温度等进行监测监控。抽放泵站应有供水系统。泵房设备冷却水一般采用闭路循环。给水管路及水池容积均应考虑消防水量。污水应设置地沟排放。废水、噪声和对空气排放瓦斯不得超过工业卫生规定指标，抽放站场地应搞好绿化。

第22条：瓦斯抽采工程管网系统铺设必须符合下列要求：

（1）抽放管路系统应根据井下巷道的布置、抽放地点的分布、瓦斯利用的要求以及矿井的发展规划等因素确定，避免或减少主干管系统的频繁改动，确保管道运输、安装和维护方便。

（2）瓦斯抽放管路的管径应按最大流量分段计算，并与抽放设备能力相适应，抽放管路按经济流速为5～15m/s和最大通过流量来计算管径，抽放系统管材的备用量可取10%。

（3）当采用专用钻孔敷设抽放管路时，专用钻孔直径应比管道外形尺寸大100mm。

（4）抽放管路总阻力包括摩擦阻力和局部阻力；摩擦阻力可用低负压瓦斯管路阻力公式计算；局部阻力可用估算法计算，一般取摩擦阻力的10%～20%。

（5）地面管路布置：尽可能避免布置在车辆通行频繁的主干道旁；不得将抽放管路和动力电缆、照明电缆及通讯电缆敷设在同一条地沟内；主干管应与城市及矿区的发展规划和建筑布置相结合；抽放管道与土地上、下建（构）筑物及设施的间距，符合《工业企业总平面设计规范》的有关规定；瓦斯管道不得从地下穿过房屋或其他建筑物，一般情况下也不得穿过其他管网，当必须穿过其他管网时，应按有关规定采取措施。

（6）抽放管路附属装置及设施：抽放钻场、管路拐弯、低洼温度突变处及沿管路适当距离（间距一般为200～300m，最大不超过500m）应设置放水器；在管路的适当部位应设置除渣装置和测压装置；抽放管路分岔处应设置控制阀门，阀门规格应与安装地点的管径相匹配；地面主管上的阀门应设置在地表下用不燃性材料砌成的不透水观察井内，其间距为500～1000m。

（7）在条件允许的地点，可选用新材料的瓦斯管，但井下抽放瓦斯管路禁止采用玻璃钢管。

（8）通往井下的抽放管路应采取防雷措施。

第23条：施工钻场及打钻过程中，按规定吊挂便携式瓦斯报警仪，瓦斯超限禁止作业。钻孔见煤前必须形成抽放系统，见煤后必须采取“边钻边抽”的措施。钻机安装牢固稳定，有防止瓦斯突然喷出的措施。

第24条：钻场布置及封孔：

（1）钻场钻孔布置：

1）钻场的布置应免受采动影响，避开地质构造带，便于维护，利于封孔，保证抽放效果；尽量利用现有开拓、准备和回采巷道布置钻场。

2）对开采层未卸压抽放，除按钻孔抽放半径确定合理的孔间距外，应尽量增大钻孔的见煤长度。

3）钻孔方向应尽可能正交或斜交煤层层理。

4）穿层钻孔终孔位置，应在穿过煤层顶板0.5m处。

（2）封孔：

1）封孔方法的选择应根据抽放方法及孔口所处煤（岩）层位、岩性、构造等因素综合确定，因地制宜地选用新方法、新工艺。岩壁钻孔，宜采用封孔器封孔。封孔器械应满足密封性能好、操作便捷、封孔速度快的要求。煤壁钻孔，宜采用充填材料进行压风封孔。封孔材料可选用膨胀水泥、聚氨酯等新型材料。在钻孔所处围岩条件较好的情况下，可以选用水泥砂浆或其他封孔材料。

2）封孔长度：孔口段围岩条件好、构造简单、孔口负压中等时，封孔长度可取2~3m；孔口段围岩裂隙较发育或孔口负压高时，封孔长度可取4~6m。在煤壁开孔的钻孔，封孔长度可取5~8m；采用除聚氨酯以外的其他材料封孔时，封孔长度与封孔深度相等。

3）采用聚氨酯封孔时封孔长度，孔口段较完整封孔长度0.8m封孔深度3~5m，孔口段较破碎封孔长度1.0m封孔深度4~6m。

第25条：矿井瓦斯抽放参数的监测、监控：

（1）地面永久瓦斯抽放系统必须建立瓦斯抽放参数监控系统。

（2）矿井瓦斯抽放系统必须监测抽放管道中的瓦斯浓度、流量、负压、温度和一氧化碳等参数，同时监测抽放泵站内瓦斯泄漏等。当出现瓦斯抽放浓度过低、一氧化碳超限、泵房内有瓦斯泄漏等情况时报警，泵站工作人员必须立即进行处理。

（3）抽放泵站内应配置专用检测瓦斯抽放参数的仪器仪表。

第26条：抽放系统必须定期进行测定瓦斯流量、负压、浓度等参数。泵站每小时测定一次，预抽区及干、支管路每周测定一次；旧区、边采边抽区每天采样化验分析并测定一次。如果发现异常必须立即向有关调度和领导汇报。

第27条：井下瓦斯抽放系统必须建立专人定期检查制度。对瓦斯抽放的钻场、密闭必须每天检查一次，将浓度、温度、负压、流量等参数填写到记录牌板上。

第28条：矿井必须建立以下瓦斯抽放技术资料并安排专人管理：

（1）图纸：抽放瓦斯系统图，泵站平面与管网（包括阀门、安全装备、检测仪表等）布置图，抽放钻场及钻孔布置图，泵站供电系统图。

（2）记录：抽放工程和钻孔施工记录，抽放参数测定记录，泵房值班记录。

（3）报表：抽放工程年、季、月报表，抽放量年、季、月、旬报表；

（4）台账：抽放设备台账，抽放工程台账，瓦斯抽放系统和抽放参数、抽放量管理台账。

（5）报告：矿井和采区抽放工程设计文件及竣工报告，瓦斯抽放总结与分析报告。

第29条：瓦斯抽放管理：

（1）瓦斯抽放工作由矿总工程师全面负责技术责任，应定期检查、平衡瓦斯抽放工作；负责组织编制、审批、实施、检查瓦斯抽放工作长远规划、年度计划和安全技术措施，保证瓦斯抽放工作的正常衔接，做到“掘、抽、采”平衡。企业行政正、副职负责落实和检查所分管范围内的有关抽放瓦斯工作，各职能部门负责人对本职范围内的瓦斯抽放工作负责。抽放瓦斯所需的费用、材料和设备等，必须列入企业财务、供应计划和生产环节计划。必须配备专业技术人员，负责瓦斯抽放日常管理，总结分析瓦斯抽放效果，研究和改进抽放技术，组织新技术推广等。

（2）瓦斯抽放矿井必须建立专门的瓦斯抽放队伍，负责打钻、管路安装回收等工程的施工和瓦斯抽放参数测定等工作。

（3）瓦斯抽放矿井必须建立健全岗位责任制、钻孔钻场检查管理制度、抽放工程质量验收制度等。

（4）井下抽放地点管理。边抽边采地点必须设置调控气门，协调好瓦斯抽放与自然发火之间的关系。根据抽放气体变化随时调整抽放负压。抽放当瓦斯浓度低于85%，一氧化碳浓度大于50×10^{-6}或管内气体温度超过50℃时必须控制或停止抽放。预抽地点每个钻场钻孔集中管路必须设安设调控气门，正常情况瓦斯浓度必须控制在40%以上，负压控制在6～13kPa，一旦瓦斯浓度达不到要求就可以通过调控气门调控瓦斯抽放情况。

九、瓦斯利用

第30条： 瓦斯利用的必备条件：

（1）有合乎质量要求（混合气体中瓦斯浓度不能低于30%或更高）的瓦斯气源；

（2）气源充足，压力稳定，炊具用煤气压力不低于300Pa；

（3）输配气管网阻力匹配合理，不泄露；

（4）燃烧充分，热效率高，耗量低；

（5）设备检查、维护方便，不易发生故障；

（6）用户以表计量，计量准确。

第31条： 瓦斯利用规划与设计符合下列要求：

（1）瓦斯利用规划：

1）气源充足时，必须制定长远利用瓦斯规划，积极发展用户；

2）气源减少时，要提前做好关停用户准备工作；

3）做好瓦斯抽放和利用比例关系，保证抽放和利用协调发展。

（2）瓦斯利用设计：

1）气源概况：包括可供利用瓦斯量、瓦斯浓度或热值。

2）输配气的能力：包括瓦斯泵能力（额定流量和压力）大小，瓦斯泵在负荷状态下的最大出口压力大小。

3）瓦斯耗量：单耗量（平均每户每天消耗瓦斯量大小），设计规划内发展户数。

4）供气方式。

5）调峰、调压措施。

6）地面利用瓦斯规划区地形、地貌及其分布。

7）利用瓦斯专项设计内容：输配瓦斯管路（网）布置，输配瓦斯管路（网）阻力计算，输配瓦斯主干、支管路（网）断面的选择和计算，输配瓦斯管路（网）的材质、连接方式及安装方法的选择，输配瓦斯管路（网）敷设方式（法）的选择，输配瓦斯管路（网）敷设管沟的设计与计算，调压站的确定与选择计算，输配气系统安全防护装置的选择与计算，计量装置的选择，灶具的选择。

8）利用瓦斯调节措施，应考虑高、低峰用气的平衡与调节，使“抽、用”不协调的局面通过人为调节得到解决。

9）利用瓦斯安全措施：①防止管路漏气，防止砸、撞损坏，防止水堵措施；②防止瓦斯泵出口“回火、回气、爆炸”的措施；③防雷电、防火灾的措施；④防止用户瓦斯中毒、窒息及燃烧爆炸的措施；⑤安全利用瓦斯的操作要求与措施。

第32条：输配气管路（网）系统选择与计算：

（1）管路（网）系统选择：

1）管路（网）应布置在利用瓦斯规划区的中心地带。其方式以中心为主，辐射两翼。

2）输配气瓦斯的主干管（网）力求选择路线最短、地形简单的地区布置。

3）辐射管路（网）的走向尽量避开主要建筑物和公共设施。

4）选管路（网）辐射的土方工程最小的地区布置。

5）管路（网）应布置在安装施工容易，检修、维修、维护方便的地点。

6）管路（网）布置，应避开塌陷区和易受外力破坏的地区。

7）管路（网）布置，应避开可能产生静电和电腐蚀地区。如受地形、地貌等条件限制，又必须在此地区布置时，应保持不小于5m的安全距离。

8）管路（网）应避开产生火花、明火、作业的工厂或车间。

(2) 对管路（网）断面进行计算。

(3) 对管路（网）摩擦阻力进行计算。

第33条：地面永久瓦斯抽放系统的报废：

(1) 矿井永久瓦斯抽放系统报废申请报告，由煤矿企业技术负责人组织编写，经具有相关资质的专门机构论证。

(2) 矿井永久瓦斯抽放系统报废申请报告内容：

1）矿井概况：煤层赋存条件、矿井保有储量、生产能力、巷道布置、采煤方法及通风状况。

2）瓦斯基础资料：历年瓦斯抽放数据、瓦斯等级鉴定数据、煤层瓦斯含量等值线、瓦斯涌出量等值线图、矿井瓦斯现有储量等。

9.2 《矿井瓦斯现场管理规范》

一、总则

第1条：为认真贯彻执行《煤矿安全规程》中瓦斯管理的有关规定，切实做好煤矿瓦斯管理工作，提升抚顺集团公司老虎台矿瓦斯管理水平，防止瓦斯事故发生，保证矿井安全生产，特制定《抚顺矿业集团公司老虎台矿瓦斯管理规范》（以下简称《规范》）。

第2条：本《规范》适用于抚顺矿业集团有限责任公司老虎台矿。

第3条：矿井瓦斯管理工作由矿总工程师负责全面技术责任。应定期检查、平衡各项瓦斯治理措施的实施情况，解决所需设备、器材及资金；负责组织编写、审批、实施、检查瓦斯治理工作的长远及近期规划和技术措施，保证瓦斯治理工作的正常有序进行。矿行政正、副职负责落实和检查所分管的范围内有关瓦斯管理的有关工作，矿各职能部门负责人对本职范围内的瓦斯管理工作负责。

第4条：瓦斯治理工作中所需要的费用、材料和设备等，必须列入集团公司、矿财务、供应计划和生产计划中。

第5条：矿井水平、采区、工作面设计过程中必须把瓦斯治理规划列入其中，投产验收检查时，必须同时进行检查验收，瓦斯治理工作不具体或者检查不合格不得生产。

第6条：各级安全检查机构负责对本《规范》的贯彻实施进行监督、检查。

第7条：要切实加强瓦斯治理技术工作的研究，大力推广使用新技术、新设备、新材料。

二、瓦斯检查管理

第8条：矿井必须建立瓦斯巡回检查制度，并遵守下列规定：

(1) 矿长、矿技术负责人、爆破工、采掘区队长、通风区队长、工程技术人员、安全监察人员、班组长、流动电钳工、监测电工、瓦斯检查工下井时必须携带便携式瓦斯报警仪，并且瓦斯检查工还必须同时携带光学瓦斯检定仪。

(2) 所有采掘工作面、硐室，回风侧安设机电设备的地点、有人作业的地点都应纳入到检查范围。

(3) 高瓦斯、煤与瓦斯突出矿井的采煤工作面和煤巷掘进工作面每班必须安排一名专职瓦斯检查员巡回检查，每班至少检查三次，其他无瓦斯涌出的岩巷掘工作面及外围有可能涌出瓦斯或集聚瓦斯的硐室和巷道每班至少检查一次。

(4) 有煤与瓦斯突出危险或者瓦斯变化异常的采掘工作面每班必须有专职瓦斯检查员经常检查瓦斯变化情况。

（5）井下停风地点栅栏外风流瓦斯每班至少检查一次，外围挡风墙外的瓦斯每天至少检查一次。

（6）对有可能积聚和涌出瓦斯和二氧化碳的硐室或巷道每班必须安排专人经常进行检查。

（7）瓦斯检查员必须严格执行瓦斯巡回检查制度和请示报告制度，并且每次检查结果必须记入瓦斯检查手册和检查地点的记录牌板上，做到手册、牌板和调度台账三对口。当瓦斯浓度超过《煤矿安全规程》及集团公司有关规定时，瓦斯检查员有权责令现场人员停止工作撤出人员，并且有义务处理瓦斯。

（8）《通风瓦斯日报》每天必须送达矿长、矿技术负责人审阅并签字。对重大的通风瓦斯隐患，必须制定出切实可行的措施，进行处理。

第9条：煤层巷道的高顶、砂门、密闭及其他隐患地点都是瓦斯检查员当班巡回检查瓦斯的重点地点并吊挂瓦斯检查牌板。

第10条：井下各地点瓦斯浓度极限及处理规定：

（1）矿井总回风巷或一翼回风巷风流中瓦斯浓度或二氧化碳浓度超过0.7%时，矿总工程师必须立即查明原因，立即进行处理，并报集团公司总工程师。

（2）采区回风巷、采掘工作面回风巷风流中瓦斯浓度达到1.0%或二氧化碳浓度达到1.5%时都必须停止工作，撤出人员，并由矿总工程师负责采取措施进行处理。

（3）采掘工作面风流中瓦斯浓度达到1.0%，严禁放炮。采掘工作面风流中瓦斯浓度达到1.5%时，必须停止工作，撤出人员，切断电源进行处理。

（4）电动机及其开关附近20米范围内风流中瓦斯浓度达到1.5%时，必须停止运转，撤出人员，切断电源，进行处理。

（5）采掘工作面内，体积大于0.5m^3的空间，局部瓦斯浓度达到2.0%时，附近20米范围内必须停止工作，撤出人员，切断电源，进行处理。

（6）采用串两通风时被串工作面的入风流瓦斯不得超过

0.5%。

三、停风及瓦斯排放管理

第 11 条：矿井必须制定因停电或检修主要通风机停止运转或通风系统遭到破坏以后恢复通风、排放瓦斯和送电的安全措施。恢复通风以后，所有受到停风影响的地点都必须经过通风、瓦斯检查人员的检查，确认无危险后，方可恢复工作。所有安装电动机及其开关附近 20 米范围内，都必须检查瓦斯，只有瓦斯浓度低于 1.0% 方可开启电动机。

第 12 条：临时停工的地点不得停风，否则必须切断电源，设置栅栏、揭示警标，禁止人员入内并向矿调度汇报。严禁在停风或者瓦斯超限区域内作业。

第 13 条：停工区域内瓦斯或二氧化碳浓度达到 3% 或其他有毒有害气体浓度超过《规程》规定不能立即处理时，必须在 24 小时内封闭处理。恢复已封闭的停工区域或采掘工作面接近这些地点时，必须提前排除其中积聚的瓦斯。排除瓦斯工作必须制定安全技术措施。

第 14 条：掘进工作面的局部通风机必须保证连续运转，不得停风，因需要或故障停风时，必须立即切断电源，撤出人员，设置栅栏，揭示警标，禁止人员进入。

第 15 条：局部通风机因故停止运转，在恢复通风前，首先必须先检查瓦斯，只有停风区域内瓦斯浓度不超过 1.0%，局部通风机及其开关附近 10 米范围内风流中瓦斯浓度不超过 0.5% 时方可人工开启局部通风机。

第 16 条：临时停风区域中瓦斯浓度超过 1.0% 或者二氧化碳浓度超过 1.5%，最高瓦斯浓度和二氧化碳浓度不超过 3% 时，必须采取安全措施，控制风流排放瓦斯。

第 17 条：停风区域中瓦斯浓度或二氧化碳浓度超过 3.0% 时，必须制定安全排放瓦斯措施，报矿技术负责人批准。

第 18 条：排放瓦斯过程中排除的瓦斯与全风压风流混合处

的瓦斯和二氧化碳的浓度都不得超过1.5%，且回风系统中必须停电撤人，其他地点的停电撤人范围应在排放瓦斯措施中明确规定。恢复通风的巷道中风流瓦斯浓度不得超过1.0%方可人工恢复局部通风机供风巷道内电器设备的电源和采区回风系统内供电。

第19条：瓦斯排放措施的编、审及贯彻：

各种原因造成瓦斯积聚需要排放瓦斯时，都必须由工程技术人员编制排放瓦斯措施，必须根据不同地点、不同情况编制有针对性的措施，禁止通用措施，更不能几个地点使用同一个措施。检修停风集体排放瓦斯措施由矿通风科统一编制，临时及有计划停风需要排放瓦斯时措施由通风区施工队编制。排放瓦斯安全措施主要包括下列内容：

(1) 采取控制排放的瓦斯的措施，要计算排放瓦斯量、供风量和排放时间。利用控制风量排放的方法瓦斯检查员要在全风压风流混合出检查瓦斯浓度，以便控制排放量。

(2) 确定瓦斯排放的路线和方向，风量控制的位置，各种电器设备的位置，明确停电撤人范围、警戒人员的位置等。措施必须做到图文并茂。

(3) 凡是受排放影响的硐室、巷道及被排放瓦斯风流切断安全出口的采掘工作面，都必须切断电源，撤出人员指定警戒人员禁止人员误入。

(4) 瓦斯排放后，指定专人检查瓦斯，只有排放瓦斯巷道的瓦斯浓度不超过1.0%，并检查有关电器设备无问题后方准复电工作。

第20条：每个掘进工作面必须根据现场的实际情况制定出切实可行的临时排放瓦斯措施并吊挂在局部通风机附近，防备掘进工作面临时停风时排放瓦斯所用。

第21条：每个掘进工作面停风后必须利用矿井全风压对停风区域进行借风或者利用防火砂管对停风掘进工作面进行瓦斯抽放，防止停风过程中瓦斯从掘进工作面溢出。

第 22 条： 每个掘进工作面供风的风筒在进入掘进工作面第一个接头处安设卸压三通，以后每隔 50 米安设一个，为安全排放瓦斯及接设风筒提供便利条件。

第 23 条： 严禁使用 3 台以上（包括 3 台）的局部通风机向 1 个掘进工作面同时供风，并且每台局部通风机都必须实现风电闭锁。不得使用 1 台局部通风机同时向 2 个作业的掘进工作面供风。

第 24 条： 严格掘进巷道局部通风机管理，局部通风机必须保证正常运转，严禁随意停开局部通风机造成瓦斯超限。

第 25 条： 计划内机电检修或更换局部通风机、风筒等情况，涉及掘进工作面停风时，必须提前编制停电停风措施和排放瓦斯措施，经通风、安监、机电等有关部门及矿总工程师审查批准后，按规定组织好排放人员有序进行排放。不论是机电检修还是更换风筒，必须做到事先准备好，尽可能缩短停风时间，减少瓦斯积聚量。

第 26 条： 排放瓦斯严禁“一风吹”，必须严格控制风量和排出风流的瓦斯浓度，确保全风压风流混合处瓦斯浓度不得超过 1.5%。

第 27 条： 矿井检修实施集中排放瓦斯时，必须有矿安监、通风、机电和生产部门及施工单位人员参加，并派救护队员带齐装备参与全部排放过程，确保排放安全。

第 28 条： 加强瓦斯排放记录工作，每次排放瓦斯后瓦斯检查员都要向通风调度汇报排放情况，通风调度做好每次排放记录并存档。

四、旧区（盲巷）、巷道贯通瓦斯管理

第 29 条： 井下必须消灭盲巷。井下正在施工或停工的岩、煤掘进工作面、旧巷等地点必须保持正常的通风状态。

第 30 条： 有瓦斯涌出或积聚的盲巷，必须在 24 小时内进行封闭。无瓦斯涌出的或积聚的独头岩巷，停风后可以不封闭，但是必须设置栅栏，揭示警标，禁止人员进入。

第31条：长度小于6米的扩散通风巷道，其中各种有毒有害气体浓度超过《煤矿安全规程》规定时必须按盲巷管理的有关规定进行处理。

第32条：巷道贯通前必须编制防治瓦斯、调整通风系统等内容的巷道贯通措施。巷道贯通措施和改风措施由安监部门负责监督执行，措施不落实严禁贯通。

第33条：巷道贯通措施，综合机械化掘进巷道在相距50米、其他巷道在20米前，必须停止一个工作面作业，做好通风系统调整的准备工作。

第34条：巷道贯通时，被贯通巷道要保持正常通风，设置栅栏，揭示警标，并经常检查风筒完好状态和工作面及其回风流中的瓦斯情况，瓦斯浓度超限时，必须立即处理。掘进工作面每次爆破前必须安排专人汇同检查员共同对停掘的工作面进行瓦斯检查，当瓦斯超限时，必须先停止在掘工作面的工作，然后处理瓦斯，只有两个工作面及其回风流的瓦斯浓度都在1.0%以下时，掘进工作面方可爆破。贯通后必须停止采区内一切工作，立即进行通风系统调整。待通风系统稳定正常、瓦斯符合《煤矿安全规程》规定后，方可恢复其他工作。

五、监测监控

第35条：矿井必须按照《煤矿安全规程》一百五十八条要求，安设瓦斯监控系统。

第36条：煤矿安全监控系统必须24小时连续运行；监控系统接入各类传感器必须符合《AQ6201—2006》的规定，稳定性不得小于15天；监控系统的传感器的数据或状态必须传输到地面中心站主机里面。

第37条：甲烷传感器应垂直悬挂，距顶板的距离不得大于300mm，距巷道侧壁不得小于200mm，并应该安装方便，不影响通车和行人。

第38条：各地点甲烷传感器的报警浓度、断点浓度、复电浓度和断电范围必须符合下列规定：

甲烷传感器设置地点	甲烷传感器编号	报警浓度	断电浓度	复电浓度	断电范围
采煤工作面上隅角	T_0	≥1.0% CH_4	≥1.5% CH_4	<1.0% CH_4	工作面及其回风巷内全部非本质安全型电气设备
低瓦斯和高瓦斯矿井的采煤工作面	T_1	≥1.0% CH_4	≥1.5% CH_4	<1.0% CH_4	工作面及其回风巷内全部非本质安全型电气设备
煤与瓦斯突出矿井的采煤工作面	T_1	≥1.0% CH_4	≥1.5% CH_4	<1.0% CH_4	工作面及其进、回风巷内全部非本质安全型电气设备
采煤工作面回风巷	T_2	≥1.0% CH_4	≥1.0% CH_4	<1.0% CH_4	工作面及其回风巷内全部非本质安全型电气设备
高瓦斯、煤与瓦斯突出矿井回采工作面进风巷	T_3	≥0.5% CH_4	≥0.5% CH_4	<0.5% CH_4	进风巷内全部非本质安全型电气设备
采用串联通风的被串采煤工作面进风巷	T_4	≥0.5% CH_4	≥0.5% CH_4	<0.5% CH_4	被串采煤工作面及其进回风巷内全部非本质安全型电气设备
高瓦斯、煤与瓦斯突出矿井采煤工作面回风巷中部	T_1	≥1.0% CH_4	≥1.0% CH_4	<1.0% CH_4	工作面及其回风巷内全部非本质安全型电气设备
煤巷、半煤岩巷和有瓦斯涌出岩巷的掘进工作面	T_1	≥1.0% CH_4	≥1.5% CH_4	<1.0% CH_4	掘进巷道内全部非本质安全型电气设备

续表

甲烷传感器设置地点	甲烷传感器编号	报警浓度	断电浓度	复电浓度	断电范围
煤巷、半煤岩巷和有瓦斯涌出岩巷的掘进工作面回风流中	T_2	≥1.0% CH_4	≥1.0% CH_4	<1.0% CH_4	掘进巷道内全部非本质安全型电气设备
采用串联通风的被串掘进工作面局部通风机前	T_3	≥0.5% CH_4	≥0.5% CH_4	<0.5% CH_4	掘进巷道内全部非本质安全型电气设备
		≥0.5% CH_4	≥1.5% CH_4	<0.5% CH_4	包括局部通风机在内的掘进巷道内全部非本质安全型电气设备
高瓦斯矿井双巷掘进工作面混合回风流处	T_3	≥1.5% CH_4	≥1.5% CH_4	<1.0% CH_4	包括局部通风机在内的全部非本质安全电源
高瓦斯和煤与瓦斯突出矿井掘进巷道中部		≥1.0% CH_4	≥1.0% CH_4	<1.0% CH_4	掘进巷道内全部非本质安全型电气设备
采区回风巷		≥1.0% CH_4	≥1.0% CH_4	<1.0% CH_4	采区回风巷内全部非本质安全型电气设备。
一翼回风巷及总回风巷		≥0.70% CH_4	—	—	
回风流中的机电硐室的进风侧		≥0.5% CH_4	≥0.5% CH_4	<0.5% CH_4	机电硐室内全部非本质安全型电气设备

续表

甲烷传感器设置地点	甲烷传感器编号	报警浓度	断电浓度	复电浓度	断电范围
矿用防爆特殊型蓄电池电机车内		≥0.5% CH_4	≥0.5% CH_4	<0.5% CH_4	机车电源
矿用防爆特殊型蓄电池电机车内设置的便携式甲烷检测报警仪		≥0.5% CH_4			
采区回风巷、一翼回风巷及总回风巷道内临时施工的电气设备上风侧		≥1.0% CH_4	≥1.0% CH_4	<1.0% CH_4	回风巷道内全部非本质安全型电气设备
井下煤仓上方、地面选煤厂煤仓上方		≥1.5% CH_4	≥1.5% CH_4	<1.5% CH_4	贮煤仓运煤的各类运输设备及其他非本质安全型电源
封闭的地面选煤厂内		≥1.5% CH_4	≥1.5% CH_4	<1.5% CH_4	选煤厂内全部电气设备
地面瓦斯抽放泵站室内		≥0.5% CH_4			

第 39 条： 采煤工作面甲烷传感器的设置如图 9-2-1 所示。

第 40 条： 高瓦斯和煤与瓦斯突出矿井采煤工作面的回风巷长度超过 1000m 时，必须在回风巷中部增设甲烷传感器。

第 41 条： 煤巷、半煤岩巷和有瓦斯涌出的岩巷的掘进工作面甲烷传感器的设置如图 9-2-2 所示。

第 42 条： 采用串联通风的掘进工作面，必须在被串掘进工作面局部通风机前设置掘进工作面进风流甲烷传感器。如图 9-2-3 所示。

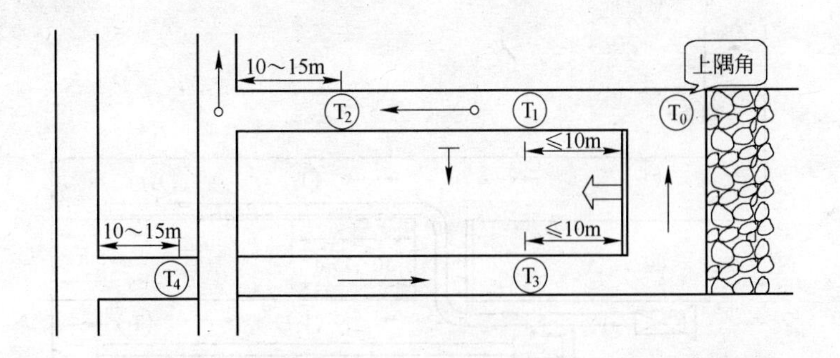

图 9-2-1　U 形通风方式采煤工作面甲烷传感器的设置

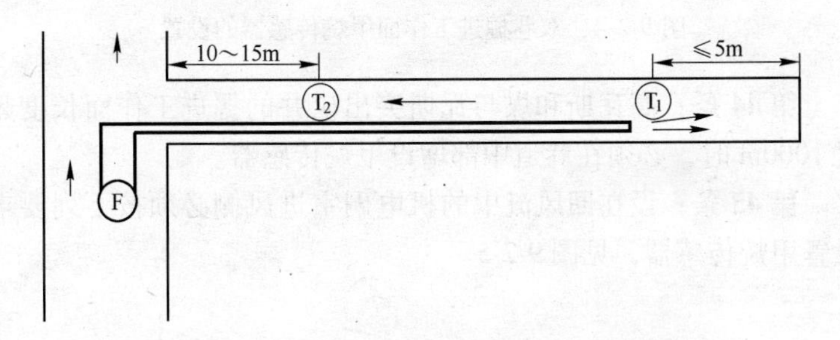

图 9-2-2　掘进工作面甲烷传感器的设置

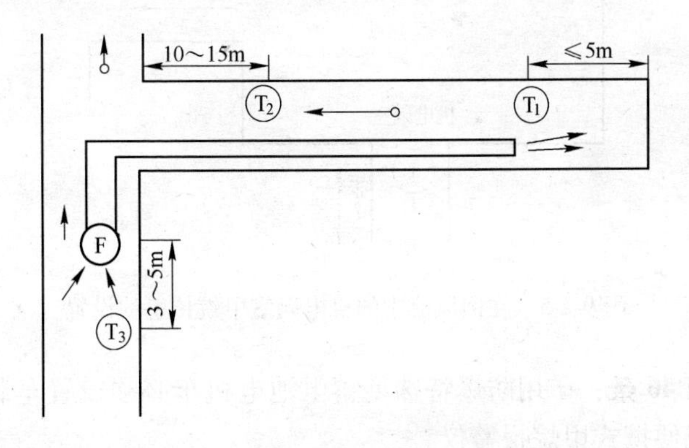

图 9-2-3　被串掘进工作面甲烷传感器的设置

第 43 条：高瓦斯和煤与瓦斯突出矿井双巷掘进工作面甲烷传感器的必须如图 9-2-4 要求设置。

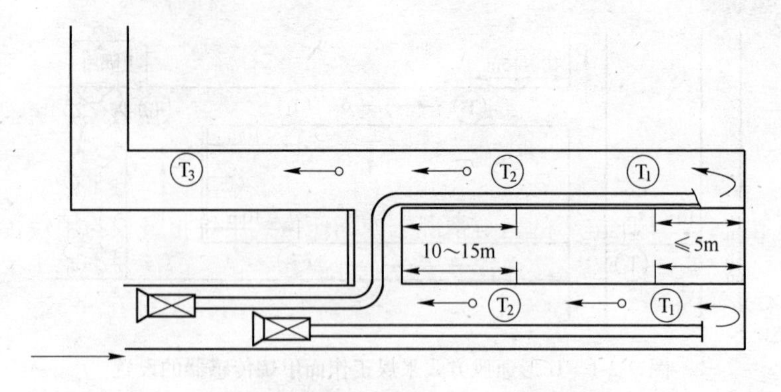

图 9-2-4　双巷掘进工作面甲烷传感器的设置

第 44 条： 高瓦斯和煤与瓦斯突出矿井的掘进工作面长度超过 1000m 时，必须在巷道中部增设甲烷传感器。

第 45 条： 设在回风流中的机电硐室进风侧必须按下列要求设置甲烷传感器，见图 9-2-5。

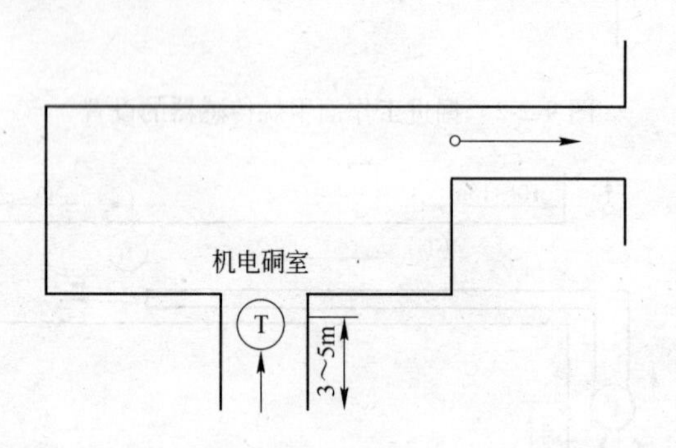

图 9-2-5　在回风流中的机电硐室甲烷传感的设置

第 46 条： 矿用防爆特殊型蓄电池电机车必须设置车载式断电仪或便携式甲烷报警仪。

第 47 条： 井下煤仓、地面选煤厂煤仓上方应设置甲烷传感器；封闭的地面选煤厂机房内上方应设置甲烷传感器。

第 48 条： 安全监控设备必须按照说明书的要求定期调校，

采用载体催化原理的甲烷传感器、便携式甲烷报警仪，每隔10天必须使用标准气体和空气样，按要求调校一次。调校时应首先用空气样调校零点，使仪器显示值为零，再通入甲烷校准气体，调校仪器的显示值与校准气体值一致。

第49条：井下安全监测电工必须24小时值班，每天检查安全监测系统及电缆的运行情况。使用便携式甲烷报警仪与甲烷传感器进行对照，但两者误差大于允许误差时，先以读数大者为依据，采取安全措施，并必须在8小时内将两种仪器校准。

9.3 《矿井防治煤与瓦斯突出管理规范》

第1条：突出矿井在编制年度、季度、月份计划生产计划的同时必须编制防突措施计划。计划内容包括：

（1）保护层开采计划；

（2）抽放煤层瓦斯计划；

（3）石门揭煤计划，包括揭煤时间、地点和防治突出措施等；

（4）采掘工作面局部防治突出措施计划；

（5）防治突出措施的工程量、完成时间以及所需要的设备、材料、资金和劳动力等。

第2条：新水平、新采区的设计中必须包括防治煤与瓦斯突出设计的内容，报集团公司总工程师批准。

第3条：开采突出煤层时，必须采取包括突出危险性预测、防治突出措施、防治突出措施效果检验、安全防护措施的“四位一体”综合措施。

第4条：在防治突出措施时，必须优先选择区域性防突措施，如果不具备采取区域防突措施的条件，必须采取局部防突措施。

第5条：开采突出煤层时，矿井必须建立专门机构，负责掌握突出动态和规律。填写突出卡片、积累资料、总结经验教训，制定防治突出措施。

第 6 条：突出矿井巷道布置应符合下列要求：

（1）主要巷道应布置在岩层或非突出煤层中；

（2）煤层巷道应尽可能布置在卸压范围内；

（3）井巷揭穿突出煤层的次数尽可能减少，并且揭穿煤层的地点应避开地质构造破坏带；

（4）突出煤层的掘进工作量应尽可能减少；

（5）开采保护层的矿井，应尽可能利用保护层保护；

（6）井巷揭穿突出煤层前，必须具有独立可靠的通风系统。

第 7 条：开采有煤与瓦斯喷出或有煤与瓦斯突出的危险的煤层严禁任何形式的串联通风。

第 8 条：有煤与瓦斯突出危险的采煤工作面严禁采用下行通风。

第 9 条：开采突出煤层时工作面回风侧不应设置调节风窗。

第 10 条：有突出危险的采掘工作面严禁使用风镐落煤。

第 11 条：突出矿井必须把防治煤与瓦斯突出作为安全培训的主要内容，井下作业人员，必须接受防突知识培训，熟悉突出预兆、防治突出的基本知识及避灾路线，经考核合格后方准上岗。

第 12 条：突出矿井经区域预测划分突出煤层和非突出煤层；突出煤层再经区域预测划分为突出危险区、突出威胁区和无突出危险区；突出危险区内采掘工作面经工作面预测划分为突出危险工作面和无突出危险工作面。为了加强防突工作管理，认真执行“预防为主、区别对待、综合治理的防突方针，对老虎台矿煤与瓦斯危险区和危险煤层进行了划定：老虎台矿 B 煤和本层煤的二、三、四分层中的“炉灰煤”是煤与瓦斯突出危险煤层。

第 13 条：在突出危险工作面进行采掘作业前，必须采取防治突出措施，采取防治突出措施后，还要进行措施的效果检验，检验证明措施有效后，方可采取安全防护措施进行采掘作业。每执行一次防治突出措施作业循环后，再进行工作面预测，如无突出危险时，还必须再执行防治突出措施，只有连续两次预测为无突出危险时该工作面可视为无突出危险工作面。在无突出危险工作面进行采掘作业时，可不采取防治突出措施，但必须采取安全防护措施。

第14条：区域预测：依据《煤矿安全规程》、《防治煤与瓦斯突出细则》的规定要求，结合突出部位、地质构造、煤层结构等因素，采用瓦斯地质统计法、综合指标法：

$$K = \Delta p / f$$

式中　Δp——煤的瓦斯放散出速度指标；

f——煤的坚固性系数（$K \geqslant 15$）。

$$D = (0.0075H/f - 3)(p - 0.74)$$

式中　H——开采深度，m；

p——煤层瓦斯压力最大值；

f——煤的坚固性系数（$D \geqslant 0.25$）。

单项指标 $\Delta p(\Delta p \geqslant 10)$、$f(f \leqslant 0.5)$ 等都有突出危险。

突出危险区域划分一般还应符合下列要求：

（1）在上一个水平发生过突出的区域，下水平垂直对应区域应预测为突出危险区域；

（2）根据上水平突出分布与地质构造关系，确定突出点距构造线两侧的最远距离，按照上水平构造线两侧的最远距离向下一水平推测突出危险区域；对老虎台矿突出危险区域进行预测和突出危险区域划分，确定老虎台矿 B 层煤 -490m 以下水平为突出危险区域，本层煤 -530m 以下水平为突出危险区域。在危险区域必须实施预抽瓦斯、煤层注水等防治突出措施，经采取措施后煤层瓦斯抽出率达 30% 以上、煤体内残存瓦斯压力小于 0.74MPa；注水后煤体全水分达 4% 以上、水分增值在 2% 以上，可认为解除突出危险。

第15条：工作面预测：在突出危险区域煤层实施防治措施后，进行采掘前和采掘过程中还必须进行工作面预测，预测钻孔布置如图 9-3-1 所示，做到有疑必探、有疑必测、有疑必防、心中有数、安全施工，采掘面预测采用瓦斯解析指标 Δh_2 和钻屑量 S 进行，临界危险指标为 $\Delta h_2 \geqslant 15 \times 9.8\text{Pa}$、$S \geqslant 4\text{kg/m}$。只有经预测确认无突出危险，方可采取安全防护措施进行采掘工作。

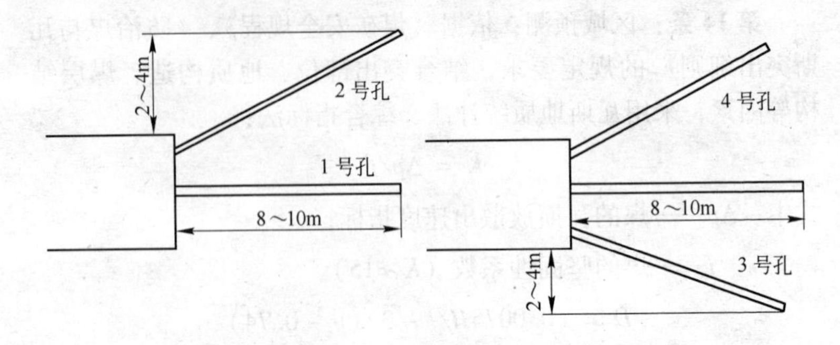

图 9-3-1　预测钻孔布置

另外，在突出煤层中有下列情况之一者，应视为突出危险工作面：

（1）在突出煤层的构造破坏带，包括断层、褶曲、火成岩等；

（2）煤层赋存条件急剧变化的区域；

（3）采掘应力叠加的区域；

（4）在工作面预测过程中出现喷孔、顶钻等动力现象；

（5）工作面出现明显的突出预兆。

第 16 条： 石门揭穿突出煤层工作面前，应选择综合指标法、钻屑瓦斯解析法预测工作面的突出危险性，具体方法参照《防治煤与瓦斯突出细则》中有关规定进行。

第 17 条： 区域性防突措施：

（1）开采保护层。开采保护层遵循的原则：

1）应首先选择无突出危险的煤层作为保护层，当煤层都有突出危险时应选择突出危险程度较小的煤层作为保护层，但必须采取防治突出措施。

2）开采保护层时必须优先选择上保护层，条件不允许时，也可以选择下保护层，但是开采下保护层时，不得破坏被保护层的开采条件。

开采保护层保护范围的划定，根据老虎台矿实测资料确定，报集团公司总工程师批准后执行。

（2）预抽煤层瓦斯。预抽煤层瓦斯防治突出措施应遵循下列规定：

1）钻孔控制整个预抽区域并均匀布置；

2）煤层瓦斯预抽率达到30%；

3）在未达到预抽率的区段进行采掘作业时，必须采取补充的防治突出措施；

4）抽放钻孔封堵必须严密。穿层钻孔的封孔深度不得小于3m，沿层钻孔的封孔深度不小于5m。钻孔抽放负压不得小于13kPa。

第18条：局部防治突出措施：

（1）石门揭煤：

1）揭穿突出煤层应按下列顺序进行：

①探明石门工作面和煤层的相对位置；

②在揭煤地点测定煤层瓦斯压力，预测煤层突出危险性；

③预测有突出危险时采取防突措施；

④实施防突措施效果检验；

⑤用远距离放炮或震动放炮揭开煤层；

2）石门揭煤工作面尽量不布置在地质破坏带。如果条件允许，石门应布置在被保护区或先掘出石门揭煤点的煤层巷道，然后再与石门贯通。

3）石门揭穿突出煤层设计，必须具有下列主要内容：

①突出预测方法及预测钻孔布置、控制煤层层位和测定煤层瓦斯压力的钻孔布置；

②明确放炮地点、停电范围、警戒地点及撤人范围；

建立安全可靠的独立通风系统，放震动炮揭穿突出煤层时，与此石门通风系统有关地点的全部人员必须撤出至地面，井下全部断电；

③揭穿突出煤层的防治突出措施；

④安全防护措施。

4）石门揭穿突出煤层前，必须遵守下列规定：

①石门揭穿突出煤层前，必须打钻控制煤层层位、测定煤层瓦斯压力或预测石门工作面的突出危险性；

②在石门工作面掘进至煤层10m垂直距离之前，至少打两个穿透煤层全厚而且进入煤层顶板不小于0.5m的前探钻孔，并详细记录岩心资料；地质构造复杂、岩石破碎的区域，石门工作面掘至距煤层20m之前，必须在石门断面四周轮廓线外5m范围内布置前探钻孔，以保证能确切掌握煤层厚度、倾角的变化、地质构造和瓦斯情况等。

③在石门工作面距煤层5m垂直距离以外，至少打2个穿透煤层全厚的测压钻孔，测定煤层瓦斯压力、煤的瓦斯放散初速度指标与坚固性系数或钻屑瓦斯解析指标等。测压钻孔应布置在岩石比较完整的地方，测压钻孔与前探钻孔不能共用时，两者见煤点的间距不得小于5m。

④石门掘进工作面与煤层之间必须保持一定厚度的岩柱。具体尺寸根据岩石性质来确定。

（2）采掘工作面防治突出措施

1）在突出煤层中进行采掘作业时，必须进行预测煤层的突出危险性，并根据煤层的突出危险性采取“两掘一钻”、“两钻一掘”、“大小循环”、“轮掘”、“边掘边抽”、“工作面注水”“深孔大循环”等防治突出措施。措施的参数应根据矿井实测资料或参照有关资料确定，并报矿总工程师批准。

2）在同一个或相邻两个采区中，同一阶段的突出煤层中进行采掘作业时，不得布置两个工作面相向回采或掘进；突出煤层的掘进工作面，不得进入本煤层或邻近层采煤工作面的应力集中区。

3）突出煤层的采掘工作面靠近或处于地质构造破坏和煤层

赋存条件急剧变化地点时，必须认真检验防治突出措施的效果。如果措施无效，应及时采取补救措施。

4）突出煤层上山与上部平巷贯通前，上部平巷必须超过贯通位置，超过距离不得小于5m，贯通放炮前，必须通知上部平巷撤人并保持正常通风。

5）突出煤层上山掘进工作面采用爆破作业时，应采用浅炮眼远距离全断面一次爆破。

6）在突出煤层的煤巷中更换、维修、回撤支架时，必须采取预防煤体垮落而引起突出的安全措施。

第19条： 井巷揭穿突出煤层或在突出煤层中进行采掘作业时，都必须采取安全防护措施，安全防护措施包括震动放炮、远距离放炮、压风自救、避难所、隔离式自救器等。

第20条： 震动放炮必须制定专门设计并符合下列要求：

（1）震动放炮专门设计必须经矿总工程师批准后报集团公司备案；

（2）震动放炮的数目，应根据具体的岩石性质确定，一般每平方米石门断面4～5个为宜。

（3）震动放炮的炮眼布置应根据断面和岩石的性质来确定。

（4）炮眼不得打入煤层，炮眼距煤层的距离应保持在0.2m。如果炮眼已进入煤层还必须在炮眼底充填0.2m的炮泥。

（5）震动放炮的单位炸药消耗量，应按正常掘进的1.5～2倍。

（6）装药炮眼必须使用水泡泥，每个孔必须封严堵实至孔口。

（7）震动放炮必须采用铜脚线的毫秒雷管，最后一段的延期时间不得超过130ms，并不得跳段使用。电雷管使用前必须进行导通试验。放炮母线必须采用专用电缆。

（8）震动放炮工作面，必须具有独立可靠的回风系统；振动放炮时回风系统内电气设备必须切断电源，严禁人员作业和通过。

第 21 条： 石门揭穿突出煤层采用震动放炮时，必须遵守下列规定：

（1）工作面必须具有独立的通风系统，并保证回风系统中风流畅通，同时严禁人员通行和作业；在其入风侧局部通风机后头的巷道中设置两道牢固的反向风门。

（2）放炮地点、反向风门位置、避灾路线及停电撤人范围，必须在设计中明确规定。

（3）震动炮必须由矿总工程师在现场统一指挥，并由救护队在指定地点值班，放炮后警戒本班任何人不能进入，下一个班由救护队员戴装备进入工作面检查，根据检查结果，确定工作面是否恢复生产。

（4）揭开煤层后，在石门附近 30m 范围内掘进煤层巷道时，必须加强支护，严格执行防突措施。

第 22 条： 突出危险区域设置反向风门时，必须遵守下列规定：

（1）反向风门必须设置在石门掘进工作面的进风侧，能足以控制突出时的瓦斯沿回风道流入回风系统。

（2）反向风门必须牢固可靠，风门墙可以用料石和红砖，嵌入巷道周边的深度可根据岩石的性质确定，但不得小于 0. 2m，墙体厚度不得小于 0. 8m，木质风门门板厚度不得小于 50mm。反向风门一组两道间距不得小于4m。

（3）对于通过墙体的风筒必须设置铁风筒，并且安设有反向控制装置（隔断风流逆转），放炮时风门必须关闭，放炮后恢复生产时反向风门必须打开支牢。

（4）反向风门距工作面的距离和组数，应根据掘进工作面预计突出强度的大小来确定。

第 23 条： 采用远距离放炮，放炮地点选择在反向风门以外的地点，放炮地点距工作面的距离根据实际情况确定，但不得小于 300m，放炮地点必须配备压风自救。采用远距离放炮时回风系统必须停电撤人，放炮后 45min 后方可进入工作面检查，确认无异常瓦斯涌出现象，方可进行其他工作。

第24条：在井下突出危险区域按要求设置压风自救系统：

（1）压风自救系统安设在井下压风管路上；

（2）压风自救系统应设置在距工作面25～40m的巷道内、放炮地点、撤离人员与警戒人员所在的位置以及回风侧有人作业的地点。长距离的掘进巷道中，每隔50m设置一组压风自救系统；

（3）靠近工作面一组压风自救系统不得少于9个人用，后面的每组不得少于5个人用，压风供给量每人不得少于$0.1m^3/min$；

（4）每班生产前和放炮前必须安排专人检查压风自救系统，发现压风自救系统不能正常使用严禁施工和放炮。

第25条：有突出危险的采掘工作面，电气设备每班安排专人检查、维修，严禁使用防爆性能不合格的电气设备。突出危险采掘工作面放炮时必须切断工作面及其回风侧的所有电气设备的电源。

第26条：入井所有人员必须随身携带隔离式自救器。

结　语

本著作重点阐述了老虎台矿瓦斯综合防治与利用技术做法和经验，老虎台矿是国家重点监控的45个局矿之一。多年来，集团公司和老虎台矿在上级领导的关怀和帮助下，不断总结和创新矿井隐患治理的技术措施和手段，在瓦斯、煤尘、发火、突出、冲击地压等各种灾害严重威胁的条件下，实施综放分层安全开采，取得了一整套具有重大突破的综合防治技术措施和研究成果。

第一，在矿井瓦斯综合治理方面：

（1）坚持“抽采先行，通风保证，监测监控，严管严惩”的原则。“抽采先行”是从源头上治理瓦斯灾害的治本之策和关键之举，是瓦斯防治的基础；“通风保证”是防止瓦斯超限或积聚的先决条件，也是防治瓦斯最基本的生产管理措施；“监测监控”是防止瓦斯事故的重要防线和保障措施；“严管严惩”是用法律法规和规章制度来规范人的行为，消除导致瓦斯事故主导原因的主观因素。四者形成了一个相辅相成的有机整体。

（2）建立健全了矿井通风、安全监控、瓦斯抽采三大系统。

（3）健全并严格落实了瓦斯检查规章制度、通风治理瓦斯管理制度、瓦斯抽采管理制度、预防煤与瓦斯突出管理制度、放炮和排放瓦斯管理制度、瓦斯监测管理制度等。

第二，在瓦斯抽采方面：

（1）坚持“抽采为主，通风为辅”和“多点、低压、高浓”的抽放原则，抽采指标符合要求后方可开采。

（2）井下采用区域性预抽、揭煤前预抽、边抽边掘、采前预抽、边抽边采、旧区抽放等六种不同方式的抽放方法，矿井瓦斯抽放率77%～84%之间。另外，还采取了地面钻井抽放。

(3) 对综放工作面实施了瓦斯引巷、顶煤道、埋管、注浆道打钻及联合互补等五种高强度开放式抽放采空区瓦斯兼顾采空区防火的综合治理技术，采面瓦斯抽放率达 90% 以上。单个采面瓦斯涌出量高过 $100m^3$/min 得以安全开采。矿井瓦斯超限次数由 2005 年的 248 次下降到 2006 年、2007 年的 104 次、44 次。

(4) 提出了综放采空区抽放瓦斯“应抽强度”的相关参数值，较好地解决了采空区高强度抽放瓦斯与防止采空区漏风发火这对突出矛盾。

第三，在煤与瓦斯突出防治方面，除了严格遵守“四位一体”的综合防突出措施，确定了适合该矿实际的突出危险临界指标之外，还根据煤层突出危险性具体情况采取了“两掘一钻”、“两钻一掘”、“大小循环”、“轮掘”、“边掘边抽”、“工作面注水”、“深孔大循环”等防治突出措施。取得了 1998 年以来矿井杜绝了煤与瓦斯突出事故和突出动力现象的显著效果。

第四，在瓦斯利用方面，抚顺煤矿每年抽放瓦斯 1 亿 m^3，1952 ~ 2007 年抽放总量为 51.02 亿 m^3，这些瓦斯基本全部利用，包括民用、工业用和瓦斯发电等，收到了在安全生产、经济、环境保护等方面的明显的综合效益。

第五，在其他方面：

(1) 发现并提出了综放工作面瓦斯涌出量达到“峰值”后不再随产量和推进距离的增大而增加，反而呈波动或逐渐下降趋势的观点。为综放开采有效的实施瓦斯治理措施提供了理论依据。

(2) 对“三带”分布理论进行修正：提出了以采空区气体温升速度（1.0℃/d）作为“氧化可燃带”宽度的划分依据。较过去一般采用氧气浓度（体积分数）大于 7% ~8% 作为依据，更具合理性、科学性。

(3) 提出了采面推进速度 v（m/月）大于氧化可燃带宽度 D（m）与自然发火期 T（月）之比值时，可大大减少发火几率或基本不发火的理论观点。

(4) 根据多年实践经验，编制了《矿井瓦斯抽采与利用管理规范》、《矿井瓦斯现场管理规范》和《防治煤与瓦斯突出管理规范》。

总之，通过对老虎台矿多年自然灾害治理工作的全面总结，为今后老虎台矿安全生产和实现长治久安的目标，提供了可靠的技术支撑；也为我国灾害较多且较严重或条件相同的矿井，在灾害治理尤其在瓦斯综合治理与利用方面，提供了可供参考与借鉴的经验。

附　　录

附录A　瓦斯参数测定与计算

A.1　瓦斯压力测定

应在岩石巷道向煤层打钻孔、封孔及安装压力表直接测定煤层瓦斯压力：

（1）测定地点要选在无断层、裂隙等地质构造处，瓦斯赋存状况要具有代表性。

（2）测压巷道距煤层的岩柱不应小于10m。

（3）测压孔的孔径以75mm为宜，要贯穿整个煤层3m以上，完钻后应及时封孔，封孔要严密，测压管接头不得漏气。

A.2　瓦斯含量测定与计算

煤层瓦斯含量是指每吨煤或每立方米煤中含有的瓦斯量，单位为m^3/t或m^3/m^3。

（1）直接测定法：

1）密闭式岩芯采取器。其作用原理是：利用岩心接受器上、下两端的活门，于钻孔中就将煤样封闭，在煤样保持不脱气的状态下提到地面，并在保持气密状态下送到实验室，采用加温、真空、破碎的方法抽出煤样内含有的瓦斯，测定抽出瓦斯的成分及体积，称出煤样的重量，即可计算出单位重量煤中含有的瓦斯量。

密闭式岩芯采取器总重量50kg，全长1.8m，钻孔外径87mm，在100个大气压下可保持气密性。

2）集气式岩芯采取器。作用原理：利用岩芯接受器上部的集气室，搜集在钻进及提升的过程中从煤芯泄出的瓦斯，将采样仪器送到实验室，测定和分析集气室中的瓦斯量，然后加上煤中的残存瓦斯，即可计算出煤的瓦斯含量。

集气式岩芯采取器的总重量56kg，全长2.42m，钻头直径91mm。

3）瓦斯含量快速测定仪。由煤炭科学研究总院抚顺分院开发研制的WP-1型煤层瓦斯含量快速测定仪，是根据煤样瓦斯解析速度随时间变化的幂函数关系，利用瓦斯解析速度特征指针，计算煤层瓦斯含量的原理而设计的。

WP-1型煤层瓦斯含量快速测定仪，在国内外首次采用无阻力和微量气体流量传感技术。其优点是：适用于井下任一工作地点；测定期间不影响采掘工作面的正常工作，测定快速，可及时提供采掘工作面前方煤体瓦斯压力和瓦斯含量的变化情况；仪器结构合理，性能稳定可靠，体积小，质量轻，操作简便，不需培训；且实现了资料自动采集、记录、储存、处理、显示、打印等功能。

（2）间接测定计算法：取煤样送实验室做煤的吸附性能试验，求出吸附常量 a、b 值，并在井下相应地点测定煤层的瓦斯压力，以下列公式计算瓦斯含量：

$$X = \frac{abp}{1 + bp} \times \frac{100 - A_{ad} - M_{ad}}{100} \times \frac{1}{1 + 0.31M_{ad}} + \frac{10KP}{\gamma} \quad (A\text{-}1)$$

式中 X——煤层瓦斯含量，m^3/t；

a，b——吸附常数；

P——煤层绝对瓦斯压力，MPa；

A_{ad}——煤的灰分，%；

M_{ad}——煤的水分，%；

K——煤的孔隙率，m^3/m^3；

γ——煤的密度，t/m^3。

A.3 矿井瓦斯储量计算

矿井瓦斯储量系指煤田开发过程中，能够向开采空间排放瓦斯的煤岩层赋存的瓦斯总量。其计算公式为：

$$W_k = W_1 + W_2 \quad (A\text{-}2)$$

式中　W_k——矿井瓦斯储量，Mm^3；

W_1——可采煤层瓦斯储量总和，Mm^3，

$$W_1 = A \times X_{均} \quad (A\text{-}3)$$

A——可采煤层煤炭储量，Mt；

$X_{均}$——可采煤层平均瓦斯含量，m^3/t；

W_2——围岩瓦斯储量，Mm^3。

W_2可实测或按下式计算：

$$W_2 = 0.32 \times W_1 \quad (A\text{-}4)$$

式中，0.32 系抚顺煤田瓦斯储量系数。

A.4　可抽瓦斯量概算

可抽瓦斯量是指瓦斯储量中在当前技术水平能被抽出来的最大瓦斯量。

$$可抽瓦斯量 = 瓦斯储量 \times 抽放率 \quad (A\text{-}5)$$

A.5　矿井设计年瓦斯抽放量计算

$$Q_a = Q_{采} + Q_{旧} + Q_{预} + Q_{边} \quad (A\text{-}6)$$

式中　Q_a——矿井设计年抽放瓦斯量，Mm^3/a；

$Q_{采}$——采煤涌出瓦斯量，Mm^3/a，

$$Q_{采} = 0.8 \times \sum_{i=1}^{n} A_{ai} \times X_i \quad (A\text{-}7)$$

0.8——采煤瓦斯抽放率系数；

A_{ai}——每一个采煤工作面年产量，Mm^3；

X_i——每一个采煤工作面瓦斯含量，m^3/t；

$Q_{旧}$——旧区实测年瓦斯抽放量，m^3/a，

$$Q_{旧} = 525600 \times 实测每分钟旧区瓦斯抽放量 \quad (A\text{-}8)$$

$Q_{预}$，$Q_{边}$——实测预抽、边抽瓦斯量，m^3/a，

$$Q_{预} = 525600 \times 实测每分钟预抽瓦斯量 \tag{A-9}$$

$$Q_{边} = 525600 \times 实测每分钟边抽瓦斯量 \tag{A-10}$$

A.6 抽放率计算

矿井（或采区）抽放率：

$$\eta_k = \frac{100Q_{kc}}{Q_{kc} + Q_{kf}} \tag{A-11}$$

式中 η_k——矿井月平均瓦斯抽放率，%；

Q_{kc}——矿井月平均瓦斯抽放量，m^3/min；

Q_{kf}——矿井月平均风排瓦斯量，m^3/min。

工作面瓦斯抽放率：

$$\eta_m = \frac{100Q_{mc}}{Q_{mc} + Q_{mf}} \tag{A-12}$$

式中 η_m——工作面月平均瓦斯抽放率，%；

Q_{mc}——回采期间，工作面月平均瓦斯抽放量，m^3/min；

Q_{mf}——工作面月平均风排瓦斯量，m^3/min。

A.7 预抽率计算

对于未采动煤层或尚未开采的采区、工作面进行预抽瓦斯时，其抽放率（也称预抽率）可按下式计算：

$$d_{预} = \frac{Q_{抽}}{Q_{储}} = \frac{Q_{抽}}{W_h \cdot A_m} \tag{A-13}$$

式中 $d_{预}$——未开采煤层（采区、工作面）预抽瓦斯率，%；

$Q_{抽}$——未开采煤层（采区、工作面）预抽瓦斯总量，m^3；

$Q_{储}$——未开采煤层（采区、工作面）瓦斯地质储量，m^3；

W_h——未开采煤层（采区、工作面）原始瓦斯含量，m^3/t；

A_m——未开采煤层（采区、工作面）煤炭地质储量，t。

A. 8　抽放量（标量）换算

$$Q_{标} = Q_{测}\frac{p_1 T_{标}}{p_{标} T_1} \quad (A\text{-}14)$$

式中　$Q_{标}$——标准状态下的瓦斯抽放量，T_1；

$Q_{测}$——测得的抽放瓦斯量，T_1；

p_1——测定时管道内气体绝对压力，MPa；

T_1——测定时管道内气体绝对温度，K，

$$T_1 = t + 273 \quad (A\text{-}15)$$

t——测定时管道内气体摄氏温度，℃；

$p_{标}$——标准绝对压力，101. 325kPa；

$T_{标}$——标准绝对温度，（20 + 273）K。

A. 9　钻孔瓦斯流量衰减系数

钻孔瓦斯流量随着时间延续呈衰减变化关系的系数，可作为评估开采层预抽瓦斯难易程度的一个指标。

测算方法：选择具有代表性的地区打钻孔，现测其初始瓦斯流量 q_0，经过时间 t 后，在测其瓦斯流量 q_t，然后以下式计算。

$$q_t = q_0 \cdot e^{-at} \quad (A\text{-}16)$$

式中　a——钻孔瓦斯流量衰减系数，d^{-1}；

q_0——钻孔初始瓦斯流量，m^3/min；

q_t——经 t 时间后的钻孔瓦斯流量，m^3/min；

t——时间，d。

A. 10　瓦斯来源分析

矿井瓦斯来源是确定抽放方法的主要依据，因此，应尽量详细地做好下述测定工作：

（1）必须测定出掘进、采煤与采空区的瓦斯涌出量分别占全矿井瓦斯涌出量的比例；

（2）必须准确地判断出采空区工作面的瓦斯主要来源。一般由三部分构成：开采区段、下分层原生煤体、上分层采空区。

附录 B　瓦斯抽放方法类别及抽放率

瓦斯抽放方法类别及抽放率见表 B-1。

表 B-1　瓦斯抽放方法分类

分类			方法简述	适用条件	工作面抽放率/%
开采层瓦斯抽放	未卸压抽放	岩巷揭煤与煤巷掘进抽放	（1）由岩巷向煤层打穿层钻孔抽放；（2）由巷道工作面打超前钻孔抽放	高瓦斯煤层或有突出危险煤层	10～30
开采层瓦斯抽放	未卸压抽放	采区（工作面）大面积抽放	由开采层工作面运输巷、回风巷打穿层钻孔抽放	有预抽时间的高瓦斯煤层	10～30
开采层瓦斯抽放	采动卸压抽放	边掘边抽	由巷道两侧或沿巷道向掘进巷道周围打钻孔抽放	瓦斯涌出量大的掘进巷道	20～30
开采层瓦斯抽放	采动卸压抽放	边采边抽	（1）由运输巷、回风巷向工作面前方卸压区打钻孔抽放；（2）由岩巷、煤门向开采层下部未采的分层打钻抽放	煤层透气性较小，预抽时间不充分的煤层	10～20
开采层瓦斯抽放	人为卸压抽放	松动爆破	由工作面运输巷或回风巷打钻进行松动爆破	低透气性煤层	20～30
采空区抽放		全封闭式抽放	密闭采空区插管抽放	瓦斯涌出量大的老采空区	15
采空区抽放		半封闭式抽放	(1)尾巷抽放；(2)顶煤道抽放；(3)顺槽埋管抽放；(4)迎巷打钻抽放		30
地面钻孔抽放			由地面向预抽地点打钻抽放	有预抽时间的高瓦斯煤层	30～45

附录C　瓦斯抽放参数监控系统

C.1　用途

连续监测抽放管路中的浓度、压差、温度、负压、正压等参数，连续监测瓦斯泵房内泄漏瓦斯浓度、抽放泵和电机的轴温等参数。可编制瓦斯抽放报表，由微机完成测量显示、打印等功能。当任一参数超限时，可发出声光报警信号，并按给定的程序停止或启动。

C.2　技术参数

瓦斯抽放监控系统参数指标见表C-1。

表C-1　瓦斯抽放监控系统监测参数指标

监测参数名称	精　度	测试范围	备　注
抽放量（通过压差换算）	±2%	抽放泵能力内的全范围	抽放管路参数
瓦斯浓度	（0%～50%）±3% （50%～80%）±5% （80%～90%）±10%	0%～100%	
管道内负压	±1%	（0～0.1）MPa	
管道内正压	±1%	（0～0.1）MPa	
负压管道内温度	±1%	（0～100）℃	
正压管道内温度	±1%	（0～100）℃	
泵房内泄漏瓦斯浓度	±1%	0%～5%	抽放泵参数
泵水流量	±2%	全范围	
泵水温度	±1%	（0～100）℃	
泵轴温度	±1%	（0～100）℃	

附录 D　瓦斯抽放工程设计

D.1　瓦斯抽放管径选择

选择瓦斯管径，可按下式计算：

$$D = 0.1457\sqrt{\frac{Q}{V}}$$

式中　D——瓦斯管路内径，m；

Q——管内瓦斯流量，m^3/min；

V——瓦斯在管中的平均流速，一般取 $V=10\sim15m/s$。

D.2　管路摩擦阻力计算

计算直管摩擦阻力，可按计算如下：

$$H_z = \frac{\gamma LQ}{K^2D^5}$$

式中　H_z——阻力损失，Pa；

L——管路长度，m；

Q——瓦斯流量，m^3/h；

D——管道内径，m；

K——与管径有关的系数，见表 D-1；

γ——混合瓦斯对空气的相对密度，见表 D-2。

表 D-1　不同管径的系数 K 值

D/mm	15	20	25	32	40	50	70	80	100	125	150	150以上
K	0.46	0.47	0.48	0.49	0.50	0.52	0.55	0.57	0.62	0.67	0.70	0.71

局部阻力可用估算法计算，一般取摩擦阻力的 10% ~20%。管路系统长，网络复杂或主管管径较小者，可按上限取值，反之则按下限取值。

表 D-2　在 20℃及 101.325×10^3 Pa 气压时的 γ 值

瓦斯浓度/%	0	1	2	3	4	5	6	7	8	9
0	0.932	0.928	0.923	0.920	0.915	0.911	0.907	0.903	0.898	0.894
10	0.890	0.886	0.882	0.878	0.874	0.869	0.866	0.861	0.857	0.853
20	0.849	0.844	0.840	0.837	0.832	0.828	0.824	0.820	0.815	0.812
30	0.807	0.803	0.799	0.795	0.790	0.786	0.783	0.778	0.774	0.770
40	0.766	0.761	0.758	0.753	0.749	0.744	0.741	0.737	0.732	0.729
50	0.724	0.683	0.716	0.712	0.707	0.703	0.699	0.695	0.961	0.687
60	0.683	0.678	0.675	0.670	0.666	0.662	0.658	0.653	0.649	0.646
70	0.641	0.637	0.634	0.629	0.624	0.621	0.616	0.612	0.608	0.604
80	0.600	0.595	0.592	0.587	0.583	0.579	0.575	0.570	0.567	0.562
90	0.558	0.554	0.550	0.546	0.541	0.538	0.533	0.529	0.524	0.558
100	0.516	—	—	—	—	—	—	—	—	—

D.3　瓦斯抽放泵容量的计算

D.3.1　瓦斯泵流量计算：

$$Q=\frac{100Q_zK}{X\eta}$$

式中　Q——瓦斯泵的额定力量，m^3/min；

Q_z——矿井瓦斯最大抽放总量（纯量），m^3/min；

X——瓦斯泵入口处的瓦斯浓度，%；

η——瓦斯泵的机械效率，一般取 $\eta=0.8$；

K——瓦斯抽放的综合系数（备用系数），$K=1.2$。

D.3.2　瓦斯泵压力计算

$$\begin{aligned}H&=(H_{入}+H_{出})K\\&=[(h_{入摩}+h_{入局}+h_{钻负})+(h_{出摩}+h_{出局}+h_{出正})K]\\&=(h_{摩}+h_{局}+h_{钻负}+h_{出正})K\end{aligned}$$

式中　H——瓦斯泵的压力，Pa；

$H_{入}$——井下负压段管路全部阻力损失，Pa；

$H_{出}$——井上正压段管路全部阻力损失，Pa；

K——备用系数，$K=1.2$；

$h_{入摩}$——井下负压段管路摩擦阻力损失，Pa；

$h_{入局}$——井下负压段管路局部阻力损失，Pa；

$h_{钻负}$——井下抽放钻场或钻孔孔口必须造成的负压，Pa；一般情况孔口所能达到的负压不得低于13.32kPa；

$h_{出摩}$——井上正压段管路摩擦阻力损失，Pa；

$h_{出局}$——井上正压段管路局部阻力损失，Pa；

$h_{出正}$——用户在瓦斯出口所需的正压，Pa；

$h_{摩}$——井上、下管路最大总摩擦阻力，Pa；

$h_{局}$——井上、下管路最大总局部阻力，Pa。

D.3.3　根据D.3.1、D.3.2计算出来的流量和压力值，选择所需要的瓦斯泵

附录E　主要单位换算

主要单位换算：

1毫米汞柱（mmHg）=133.322Pa

1毫米水柱（mmH_2O）=9.80665Pa

1千克力每平方厘米（kgf/cm^2）$=9.80665\times10^4$Pa

1标准大气压（atm）$=1.01325\times10^5$Pa

透气性系数：$1m^2/(MPa^2\cdot d)\approx0.025mD$（毫达西）

参考文献

[1] 国家安全生产监督管理总局. 煤矿安全规程 [M]. 北京: 煤炭工业出版社, 2006.

[2] 刘洪等. 煤矿安全规程专家解读 (井工部分) [M]. 北京: 中国矿业大学出版社, 2006.

[3] 王佑安等. 煤矿安全手册第二篇矿井瓦斯防治 [M]. 北京: 煤炭工业出版社, 1994.

[4] 王云等. 抚顺煤田瓦斯及其防治 [M]. 北京: 煤炭工业出版社, 1992.

[5] 中国煤炭工业劳动保护科学技术学会 [C]. 防治煤与瓦斯突出论文集. 2001.

[6] 煤与瓦斯突出防治细则 [M]. 北京: 煤炭工业出版社, 1995.

[7] 矿井瓦斯抽放管理规范 [M]. 北京: 煤炭工业出版社, 1997.

[8] 秦汝祥. 煤与瓦斯突出预报研究现状综述 [J]. 能源技术与管理, 2005 (1): 7 ~ 9.

[9] 张国辉. 煤层应力状态及煤与瓦斯突出防治研究 [D]. 辽宁工程技术大学博士论文, 2005.

[10] 孙学会. 高瓦斯易燃特厚煤层综放开采瓦斯抽放与自然发火防治 [J]. 煤矿科学与应用技术.

[11] 孙学会. 高瓦斯矿井采空区瓦斯抽放技术研究与应用 [C]. 北京第一届国际煤矿瓦斯防治与利用大会论文集. 北京: 煤炭工业出版社, 2005.

[12] 孙学会, 综放开采二分层自然发火及防治措施 [C]. 上海第十三届国际煤炭研究会议论文集. 北京: 煤炭工业出版社, 2004.